"十三五"普通高等教育本科规划教材

# 材料工程基础

## Fundamentals of Materials Engineering

陈 杰 主编　　　锁要红 副主编

化学工业出版社

·北京·

"材料工程基础"是高等学校材料科学与工程一级学科专业课程体系中一门重要的学科基础课程，是探讨材料制造和加工过程中共性基本理论的课程，主要突出三种传递现象（动量、能量和质量传递现象）的基本规律和典型工程运用实例。本书共分为5章，分别为流体力学基础、热量传递原理、质量传递原理以及三传的典型运用——物料干燥、燃料与燃烧。本书强调理论知识与工程实践的有机结合，并试图将材料工程领域的最新研究方法与科技成果充实到内容之中。

　　本书可作为高等院校材料科学与工程类专业本科生的专业基础教材和研究生的教学参考书，也可供有关材料工程领域的研究、设计和生产技术人员参考。

**图书在版编目（CIP）数据**

材料工程基础/陈杰主编．—北京：化学工业出版社，
2017.7（2025.3重印）
"十三五"普通高等教育本科规划教材
ISBN 978-7-122-29869-0

Ⅰ.①材…　Ⅱ.①陈…　Ⅲ.①工程材料-高等学校-教材
Ⅳ.①TB3

中国版本图书馆 CIP 数据核字（2017）第 128297 号

责任编辑：王　婧　杨　菁　　　　装帧设计：史利平
责任校对：边　涛

出版发行：化学工业出版社（北京市东城区青年湖南街 13 号　邮政编码 100011）
印　　装：北京虎彩文化传播有限公司
787mm×1092mm　1/16　印张 21　字数 523 千字　　2025 年 3 月北京第 1 版第 6 次印刷

购书咨询：010-64518888　　　　　售后服务：010-64518899
网　　址：http://www.cip.com.cn
凡购买本书，如有缺损质量问题，本社销售中心负责调换。

定　　价：55.00 元

# 前言

　　"材料工程基础"是高等学校材料科学与工程一级学科专业课程体系中一门重要的学科基础课程，是探讨材料制造和加工过程中共性基本理论的课程，主要突出三种传递现象（动量传递、能量传递和质量传递）的基本规律和典型工程运用。本书是煤炭高等教育"十三五"规划教材，本着重视基础、加强实践的原则，结合长期从事本课程教学和科研工作的经验编写而成。是根据教学改革要求，力求在内容和体系上有较大的改革和突破，适应高等教育材料科学与工程学科发展以及创新性人才培养目标而编写的材料科学与工程类的本科教材。

　　本书共分为5章：流体力学基础、热量传递原理、质量传递原理以及三传的典型运用——物料干燥原理、燃料与燃烧。本书强调理论知识与工程实践的有机结合，并试图将材料工程领域的最新研究方法与科技成果充实到内容之中。

　　本书由陈杰主编，锁要红副主编，廉晓庆、邓军平参编。第一章"流体力学基础"由锁要红编写；第二章"热量传递原理"和第三章"质量传递原理"由陈杰编写；第四章"干燥原理"由邓军平编写；第五章"燃烧原理"由廉晓庆编写，附录由陈杰编写，全书由陈杰统稿。在编写过程中，李阳在第二章中"导热问题的数值求解"部分做了大量数值模拟工作，张晴、刘永、车明超、高尚勇做了部分资料整理和文字录入工作，杜慧玲在编写及出版过程中也给予了很大的帮助。在编写过程中，还参考了相关的教材及专著，在此一并表示衷心感谢。

　　《材料工程基础》可作为高等院校材料科学与工程类专业本科生的专业基础教材和研究生的教学参考书，也可供有关工程领域的研究、设计和生产技术人员参考。

　　由于编者水平有限，加之时间仓促，书中不妥与疏漏之处在所难免，敬请广大读者不吝指正。

编　者

2017 年 3 月

# 目录

# ◎ 第二章　热量传递原理　　105

## ○ 第三章　质量传递原理

226

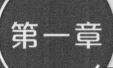

# 第一章 流体力学基础

**本章提要**

本章详述了流体力学的基本理论及应用。主要内容包括：流体力学基础、流体静力学、流体动力学、窑炉系统内的气体流动、流动阻力和能量损失计算、相似原理及量纲分析、流体输送机械等。

**掌握内容**

流体的主要物理性质；流体静止及运动中涉及的基本概念、基本原理；相似原理、量纲分析；窑炉系统内的气体流动规律；流体输送机械中泵与风机的基本理论、运行特性、工况调节、选型等。

**了解内容**

流体力学的发展史、流体力学的研究方法；圆管内黏性流体运动阻力的推导；边界层理论；能量损失系数的确定；其他类型的流体机械输运等。

流体力学是研究流体平衡和运动规律的一门学科。流体平衡包含相对平衡和绝对平衡，绝对平衡是指流体相对于地球没有相对运动；相对平衡是流体相对于地球有相对运动。流体力学的主要内容是流体静力学和流体动力学。它在土木、水利、机械、动力、石油、化工、造船、气象乃至航天等领域都有广泛的应用。因此，学好流体力学，掌握其基本理论和基本方法才能对专业范围内的流体力学现象作出正确判断，并快速解决专业领域内的流体力学问题。

## 第一节 流体的物理性质及力学模型

### 一、流体的主要物理性质

流体的主要物理性质包括密度、黏性、压缩性、表面张力和毛细现象等，下面逐一介绍。

### (一) 流体的密度与容重

对于均质流体（质量分布均匀、各点密度均相同的流体），密度 $\rho$ 的计算公式为：

$$\rho = \frac{m}{V} \tag{1-1}$$

式中　$\rho$——流体的密度，$kg/m^3$；

　　　$m$——流体的质量，$kg$；

　　　$V$——流体的体积，$m^3$。

对于非均质流体（质量分布不均匀、各点密度不完全相同的流体），某点的密度 $\rho$ 为：

$$\rho = \lim_{\Delta V \to 0} \frac{\Delta m}{\Delta V} \tag{1-2}$$

式中　$\Delta m$——流体微元的质量，$kg$；

　　　$\Delta V$——流体微元的体积，$m^3$。

单位体积的流体重量称为重力密度，简称重度或容重，用 $\gamma$ 表示，$N/m^3$。对于均质流体，某点的重度为：

$$\gamma = \frac{G}{V} = \frac{mg}{V} = \rho g \tag{1-3}$$

式中　$G$——流体所受的重力，$N$。

对于非均质流体，某点的重度为：

$$\gamma = \lim_{\Delta V \to 0} \frac{\Delta G}{\Delta V} = \frac{dG}{dV} \tag{1-4}$$

式中　$\Delta G$——包含该点的流体微元的重量，$N$。

显然，流体密度和重度之间的关系为：

$$\gamma = \rho g \tag{1-5}$$

### (二) 流体的黏性

当用一根棍子旋拨容器中的水时，容器中的水被带动做旋转运动，当把棍子取出后，水的旋转速度逐渐减小，直至静止。这表明：流体内部质点间或流体层间因相对运动而产生内摩擦力（内力）以反抗相对运动的性质称为黏滞性，简称黏性。流体的黏性表现在相邻两层流体做相对运动时抵抗流体变形而产生内摩擦力，如图 1-1 所示。在相互平行且相距 $h$ 的两块无限大平板之间充满流体，下板固定不动，使上板沿所在平面以速度 $u_0$ 向右匀速运动。由于流体与固体分子间的附着力使紧贴上板的一层流体黏附在上板上，它将随平板以速度 $u_0$ 向右运动，黏附于下板的流体固定不动（速度为 0）。假设流体分层运动，则上板至下板

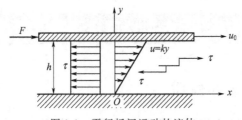

图 1-1　平行板间运动的流体

有许多层流体。由于流体的黏性，上层流体带动下层流体运动，下层流体阻碍上层流体运动，这样导致了流体层的速度自上而下逐渐降低。下面通过牛顿实验的方法介绍内摩擦力的求解。

**1. 牛顿内摩擦定律**

假设流体中的流速为线性分布，如图 1-1 所示，则流体的切应变率（即单位时间的角应变）为 $u/h$。实验表明：切应力与切应变率正比，比例系数为流体的黏性系数，即：

$$\tau = \mu \frac{u}{h} \tag{1-6}$$

式中　$\mu$——流体的动力黏性系数，简称动力黏度，Pa·s 或 N·m/s$^2$；
　　　　$\tau$——流体的切应力，N/m$^2$；
　　　　$u$——上板平移动速度，m/s；
　　　　$h$——两平板间距离，m。

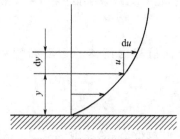

图 1-2　非线性速度分布

当流体中的速度为非线性变化时（如图 1-2 所示），则对应的切应变为在 d$t$ 时间内有 d$\theta$ 的角度变化。由于 d$t$ 很小，因此 d$\theta$ 也很小，于是有：

$$d\theta \approx \tan\theta = \frac{du\,dt}{dy}$$

进而有：

$$\frac{du}{dy} = \frac{d\theta}{dt}$$

大量的实验结果表明：切应力与切应变率成正比，即：

$$\tau = \pm \mu \frac{du}{dy} \tag{1-7}$$

式中　$\dfrac{du}{dy}$——速度梯度。当 $\dfrac{du}{dy}>0$ 时，取"＋"号；当 $\dfrac{du}{dy}<0$ 时，取"－"号。速度梯度 $\dfrac{du}{dy}$ 是速度沿垂直于速度方向的变化率，即直角变形速度，它是在切应力的作用下发生的，常称为剪切变形速度。

式（1-6）、式（1-7）是牛顿提出的，称为牛顿内摩擦定律或黏性定律。它表明流体作层流运动时，层间流体的内摩擦力（切应力）与速度梯度成正比。

**2. 动力黏性系数 $\mu$**

动力黏性系数 $\mu$ 是对流体黏性的度量，其物理意义为单位速度下的切应力，其值与流体的种类、温度、压强等有关。$\mu$ 值越大，其黏性越强，流体的流动性越弱。牛顿内摩擦定律适用于空气、水、石油等环境工程和土木工程中的流体。凡内摩擦力按此规律变化的流体称为牛顿流体，反之称为非牛顿流体。如图 1-3 所示，牛顿流体为通过原点的一条直线。非牛顿流体一般分为三种：①胀塑性流体，如油漆、油墨等；②假塑性流体，如泥浆、纸浆、高分子溶液等；③塑性流体，如凝胶、牙膏等。本书如果不特别说明，黏性流体是指牛顿流体。

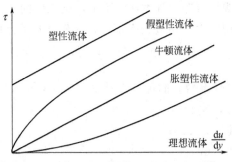

图 1-3　牛顿流体和其他几种非牛顿流体

### 3. 运动黏性系数 $\nu$

流体动力黏度与其密度的比值称为流体的运动黏性系数，简称运动黏度，用 $\nu$ 表示，即：

$$\nu = \frac{\mu}{\rho} \tag{1-8}$$

运动黏性系数也称为运动黏度，其单位为 $m^2/s$ 或 $cm^2/s$。运动黏度 $\nu$ 只适合判定密度几乎不变的同一种流体在不同温度和压强下黏性的变化规律。

黏度与流体的温度、压强及种类有关。一般情况下，液体的黏度随着温度的升高而减小，气体的黏度随着温度的升高而增大；压强对黏度影响较小，只有发生几百个大气压变化时，黏度才有明显改变，高压下气体和液体的黏度都会增大。下面给出液体和气体的动力黏度随温度的变化规律：

对液体，动力黏度与温度的关系为：

$$\mu = \mu_0 e^{-\lambda(t-t_0)} \tag{1-9}$$

式中　$\mu_0$——温度为 $t_0$（可取 0℃、15℃、20℃等）时液体的动力黏度；

　　　$\lambda$——反映液体黏度降低快慢的指数，称为液体的黏温指数，取值为 0.035～0.052。

对气体，动力黏度与温度的关系为：

$$\mu = \mu_0 \frac{1+\dfrac{C}{273}}{1+\dfrac{C}{T}} \sqrt{\frac{T}{273}} \tag{1-10}$$

式中　$\mu_0$——气体在 0℃时的动力黏度；

　　　$T$——气体的绝对温度，$T = 273 + t$℃，K；

　　　$C$——常数，几种气体的 $C$ 值见表 1-1。

### 4. 理想流体

通常把不考虑黏性的流体称为无黏性流体或理想流体，即 $\mu = \nu = 0$。理想流体在流体力学中是一个重要的假设模型。

表 1-1 几种气体的 *C* 值

| 气体 | 空气 | 氢 | 氧 | 氮 | 水蒸气 | 二氧化碳 | 一氧化碳 |
|---|---|---|---|---|---|---|---|
| *C* 值 | 122 | 83 | 110 | 102 | 961 | 260 | 100 |

**例 1-1** 如图 1-4 所示，轴置于轴套中，其间充满流体。以 90N 的力从左端推轴向右移动。轴移动的速度为 $u=0.122\text{m/s}$，轴的直径 $d=75\text{mm}$，轴套宽 $l=200\text{mm}$，求轴与轴套间流体的动力黏度 $\mu$。

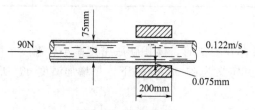

图 1-4 轴与轴套

**解** 由于轴与轴套的间距很小，可认为流体的速度按线性规律变化，则依据牛顿内摩擦定律知：

$$\mu=\frac{\tau h}{u}=\frac{Fh}{Au}=\frac{Fh}{\pi dlu}=\frac{90\times0.075\times10^{-3}}{3.142\times75\times10^{-3}\times0.2\times0.122}=1.174(\text{Pa}\cdot\text{s})$$

**（三）压缩性和膨胀性**

气体的压缩性和膨胀性较液体更明显，常将液体与气体的压缩性和膨胀性分开介绍。

**1. 液体的压缩性和膨胀性**

（1）液体的压缩性

液体的压缩性指在一定温度下，每增加单位压强所产生的液体体积变化率，用体积压缩系数 $\alpha_p$ 表示。设液体体积为 $V$，当压强增加 $\text{d}p$ 后，体积减小 $\text{d}V$，则体积压缩系数为：

$$\alpha_p=-\frac{\frac{\text{d}V}{V}}{\text{d}p}=-\frac{1}{V}\times\frac{\text{d}V}{\text{d}p} \tag{1-11}$$

因为压强增加，体积减小。即 $\text{d}p>0$ 时，$\text{d}V<0$，故前面冠以"—"号，使 $\alpha_p$ 为正。其单位为 $\text{m}^2/\text{N}$。体积压缩系数用密度表示为：

$$\alpha_p=-\frac{1}{V}\times\frac{\text{d}V}{\text{d}p}=-\frac{\rho}{m}\times\frac{\text{d}(m/\rho)}{\text{d}p}=-\rho\times\left(-\frac{1}{\rho^2}\right)\frac{\text{d}\rho}{\text{d}p}=\frac{1}{\rho}\times\frac{\text{d}\rho}{\text{d}p}$$

工程中，用体积弹性模量 $E(\text{m}^2/\text{N})$ 表示流体的压缩性，它为体积压缩系数的倒数，即：

$$E=\frac{1}{\alpha_p} \tag{1-12}$$

流体的弹性模量与压强和温度有关。表 1-2 为不同温度和压强下水的弹性模量，可以看出：压强和温度对水的弹性模量影响很小，显然水的体积压缩系数也很小，因此认为水是不可压缩的。一般常将液体视为不可压缩流体，除水锤的计算、水击现象等。

**表 1-2　水在不同温度和压强下的弹性模量**　　　　　单位：m²/N

| 温度/℃ | 压强/MPa | | | | |
| --- | --- | --- | --- | --- | --- |
| | 0.5 | 1 | 2 | 4 | 8 |
| 0 | $1.852 \times 10^9$ | $1.862 \times 10^9$ | $1.882 \times 10^9$ | $1.911 \times 10^9$ | $1.940 \times 10^9$ |
| 5 | $1.891 \times 10^9$ | $1.911 \times 10^9$ | $1.931 \times 10^9$ | $1.970 \times 10^9$ | $2.030 \times 10^9$ |
| 10 | $1.911 \times 10^9$ | $1.931 \times 10^9$ | $1.970 \times 10^9$ | $2.009 \times 10^9$ | $2.078 \times 10^9$ |
| 15 | $1.931 \times 10^9$ | $1.960 \times 10^9$ | $1.985 \times 10^9$ | $2.048 \times 10^9$ | $2.127 \times 10^9$ |
| 20 | $1.940 \times 10^9$ | $1.980 \times 10^9$ | $2.019 \times 10^9$ | $2.078 \times 10^9$ | $2.173 \times 10^9$ |

（2）液体的膨胀性

液体的膨胀性是指液体在受热时，体积膨胀密度减小，温度下降能恢复原状的性质。用体积膨胀系数 $\alpha_T$ 表示，其定义为在一定压强下，每增加温度 $dT$ 所引起的体积变化率，即：

$$\alpha_T = \frac{1}{V} \times \frac{dV}{dT} \tag{1-13}$$

其单位为 1/K。液体的体积膨胀系数随温度、压强及种类的变化而变化。

同理，体积膨胀系数 $\alpha_T$ 也可表示为：

$$\alpha_T = -\frac{1}{\rho} \times \frac{d\rho}{dT}$$

表 1-3 给出了不同温度和压强下水的体积膨胀系数，从表中可以看出：压强和温度对水的体积膨胀系数影响很小。其他液体与水类似，温度和压强对其密度和重度的影响很小。

**表 1-3　水在不同温度和压强下的体积膨胀系数**　　　　　单位：K⁻¹

| 压强/MPa | 温度/℃ | | | | |
| --- | --- | --- | --- | --- | --- |
| | 1～10 | 10～20 | 40～50 | 60～70 | 90～100 |
| 0.1 | $0.14 \times 10^{-4}$ | $1.50 \times 10^{-4}$ | $4.22 \times 10^{-4}$ | $5.56 \times 10^{-4}$ | $7.19 \times 10^{-4}$ |
| 10 | $0.43 \times 10^{-4}$ | $1.65 \times 10^{-4}$ | $4.22 \times 10^{-4}$ | $5.48 \times 10^{-4}$ | $7.04 \times 10^{-4}$ |
| 20 | $0.72 \times 10^{-4}$ | $1.83 \times 10^{-4}$ | $4.26 \times 10^{-4}$ | $5.39 \times 10^{-4}$ | — |
| 50 | $1.49 \times 10^{-4}$ | $2.36 \times 10^{-4}$ | $4.29 \times 10^{-4}$ | $5.23 \times 10^{-4}$ | $6.61 \times 10^{-4}$ |
| 90 | $2.29 \times 10^{-4}$ | $2.89 \times 10^{-4}$ | $4.37 \times 10^{-4}$ | $5.14 \times 10^{-4}$ | $6.21 \times 10^{-4}$ |

**2. 气体的压缩性和膨胀性**

温度和压强的变化对气体的压缩性和膨胀性影响较大。在压强不太大的情况下，气体压缩性和膨胀性可用气体状态方程描述，即：

$$pV = mRT \quad 或 \quad \frac{p}{\rho} = RT \tag{1-14}$$

式中　$p$——气体的绝对压强，N/m²；

$T$——气体的绝对温度，K；

$\rho$——流体的密度，kg/m³；

$R$——气体常数，J/(kg·K)。对干燥空气 $R = 287$J/(kg·K)，中等潮湿气体 $R = 288$J/(kg·K)。

**3. 不可压缩流体**

流体具有一定的压缩性和膨胀性，但有时为了研究问题的方便，常将流体的压缩系数和膨胀系数都看作零，这种流体称为不可压缩流体。一般情况下，认为液体不可压缩（除压缩性起关键作用的水击现象、液压冲击、水中爆炸波的传播等问题）、气体可压缩（除压强与温度变化不大时，密度和重度的变化也不大的气体，如通风机、低速压气机、内燃机进气系统、低温烟道等气流计算问题）。本章主要讨论不可压缩流体的运动规律。

## 二、作用在流体上的力

流体处于平衡还是运动与作用在流体上的力密切相关。作用在流体上的力按其物理性质可分为惯性力、重力、黏性力、压力等；按其作用方式可分为质量力和表面力。下面重点讨论按作用方式分类的质量力和表面力。

### （一）质量力

质量力是指作用在流体或流体质点上的非接触外力。它的大小与质量成正比，且作用于流体的质量中心，故称为质量力。对于均质流体，其大小与流体的体积成正比，因此质量力也称为体积力，简称体力。

流体力学中常见的质量力主要有两种：①外界物质对流体的吸引力，如地心引力、重力等；②流体作加速运动时产生的惯性力，如作直线加速运动时的直线惯性力、作圆周运动时的向心加速度而产生的离心力等都属于质量力。

单位质量力是指单位质量流体所受的质量力，用 $J$ 表示。则 $J$ 与 $G$ 的关系为：

$$J=\frac{G}{m}$$

假设 $G$ 在直角坐标系 $x$、$y$、$z$ 轴上的分量为 $G_x$、$G_y$、$G_z$，$J$ 在 $x$、$y$、$z$ 轴上的分量用 $X$、$Y$、$Z$ 表示，则：

$$X=\frac{G_x}{m},\ Y=\frac{G_y}{m},\ Z=\frac{G_z}{m}$$

或

$$J=X\mathbf{i}+Y\mathbf{j}+Z\mathbf{k}$$

显然单位质量力与质量力的方向一致，其单位为 $m^2/s$。

若作用在流体上的质量力只有重力，取 $xoy$ 平面为水平面，$z$ 轴竖直向上为正，则单位质量力在三根坐标轴的投影分量分别为：

$$X=0,\quad Y=0,\quad Z=-g$$

式中　$g$——重力加速度，负号表示与 $z$ 轴向相反。

### （二）表面力

表面力是指作用在流体表面或内部任一表面上的力，其大小与流体表面积成正比，常用 $P$ 表示。一般常将表面力分解为法向分力和切向分力，如图 1-5 所示。单位面积上的法向力称为法向应力，用 $\sigma$ 表示；单位面积上的切向力是由于流体黏性产生的切应力，用 $\tau$ 表示。对于静止流体及理想流体，没有切向力，只有法向力。

## 三、描述流体的力学模型

在分析流体力学问题时，常见的力学模型有以下几种。

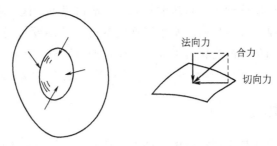

图 1-5　作用在流体上的表面力

## （一）连续介质模型

### 1. 流体质点的概念

流体质点是指宏观尺寸非常小、微观尺寸足够大的物理实体。它包含四方面的含义。①流体质点的宏观尺寸非常小，小到甚至肉眼观察不到、精密仪器无法测量。用数学描述是流体质点所占据的宏观体积极限为零。②流体质点的微观尺寸足够大。流体质点的微观体积远大于流体分子尺寸的数量级，在流体质点内任何时刻都包含有足够多的流体分子，个别分子的行为不会影响质点总体的统计平均特性。③流体质点是包含足够多分子在内的一个物理实体，因而在任何时刻它都具有一定的宏观物理量，如质量、温度、压强、密度、速度、动量、动能等。④流体质点的形状可以任意界定，因而质点与质点之间没有空隙。流体所在空间中，质点间紧密毗邻、连绵不断。于是引出下面连续介质的概念。

### 2. 连续介质模型

由于假定组成流体的最小单位是流体质点而非流体分子，这样流体是由无穷多个流体质点紧密毗邻连绵不间断的流体质点排列组成的没有间隙的连续介质。

在连续介质模型中，流体质点的物理量是空间坐标与时间变量 $(r, y, z, t)$ 的单值、连续、可微函数，从而形成各种物理量的标量场和矢量场（也称为流场），这样可以运用连续函数和场论等数学知识来研究流体的运动和平衡问题。

## （二）无黏流体（理想流体）模型

指不考虑黏性的流体称为无黏流体或理想流体。静止流体为无黏流体，某些运动流体当黏性较小时，也可视为无黏流体。对于黏性流体的运动，可以采用直接方法，也可以先将其视为无黏流体得出结论，然后依据实验对结论进行修正或补充。

## （三）不可压缩流体模型

不可压缩流体实际上是指对膨胀性和压缩性变化不明显的流体。它意味着密度在流体运动过程中保持不变，恒为常数。本章主要讨论不可压缩流体的运动规律。

# 第二节　流体静力学

流体静力学主要研究流体平衡时的力学规律以及这些规律在工程实际中的应用。

由于流体处于平衡状态，流体质点间没有相对运动，故不考虑黏性，可将流体视为无黏

（理想）流体。本节主要讨论平衡微分方程、重力场中流体静压强的计算、静压强的测量、静止流体对壁面的作用力等问题。

## 一、流体静压强及其特征

### （一）流体静压强的定义及计算

在如图 1-6 所示的静止流体中，如果取水平截面 $abcd$ 将其分为 Ⅰ、Ⅱ 两部分，假设舍弃第 Ⅰ 部分，则在剩余第 Ⅱ 部分的 $abcd$ 截面上，必然受到第 Ⅰ 部分流体对它的作用力，以保持平衡状态。

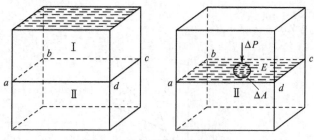

图 1-6　静止流体中的隔离体

在此截面 $E$ 点处取一微面积 $\Delta A$，设作用于其上的力为 $\Delta P$，则该面积上的平均应力为：

$$p_{\mathrm{m}} = \frac{\Delta P}{\Delta A} \tag{1-15}$$

当面积 $\Delta A$ 无限缩小趋近于 0 时，$E$ 点的应力为：

$$p = \lim_{\Delta A \to 0} \frac{\Delta P}{\Delta A} = \frac{\mathrm{d}P}{\mathrm{d}A} \tag{1-16}$$

式中，$p$ 为静止流体中某点的应力，称为静压强，$\mathrm{N/m^2}$，常用的单位还有 $\mathrm{N/mm^2}$、$\mathrm{Pa}$、$\mathrm{MPa}$ 等。

### （二）流体静压强的特征

流体静压强有如下两个主要特性。

① 静压强对应的压力的方向垂直于作用面且指向其内法线方向。在图 1-7 所示的静止流体中，假设作用在 $AB$ 面上的应力 $p'$ 与该作用面斜交，则 $p'$ 可分解为切向应力 $\tau$ 和法向

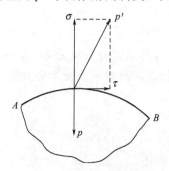

图 1-7　流体静压强的方向

应力 $\sigma$。依据牛顿第二定律，在切线方向必然引起流体的运动，这与流体静止矛盾。因此 $\tau$ 只能等于零，这时 $p'$ 必然与 $AB$ 面垂直。又由于流体内部不能承受拉力，所以 $p'$ 只能与作用面 $AB$ 的内法线方向相同，即图 1-7 中 $p$ 的方向。

② 平衡流体中任一点的静压强沿各方向均相等，即压强与作用方向无关。

证明：设静止流体中 $M$（$x$，$y$，$z$）点的压强为 $p$。以 $M$ 为顶点建立一边长分别为 $dx$、$dy$、$dz$ 的微元四面体 $MABC$，如图 1-8 所示。斜面 $ABC$ 外法线记为 $\boldsymbol{n}$，各个面的面积分别为 $dA_x$、$dA_y$、$dA_z$、$dA_n$，微元四面体斜面 $dA_n$ 的法线与 $x$，$y$，$z$ 轴的方向余弦分别为 $\cos(n,x)$、$\cos(n,y)$、$\cos(n,z)$。设四个表面的压强分别为 $p_x$、$p_y$、$p_z$、$p_n$，则作用在微元四面体上的表面力分别为：$P_x = p_x dA_x = \dfrac{1}{2} p_x dy dz$，$P_y = \dfrac{1}{2} p_y dx dz$，$P_z = \dfrac{1}{2} p_z dy dx$，$P_n = p_n dA_n$。

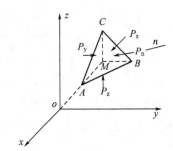

图 1-8　静止流体中的微元四面体

作用在微元四面体上的质量力 $dG$ 在三个坐标轴上的投影分别为 $dG_x$、$dG_y$、$dG_z$。若 $J$ 表示单位质量力，$X$，$Y$，$Z$ 表示 $J$ 在相应坐标轴上的投影，$\rho$ 表示流体的密度，则：

$$dG_x = \frac{1}{6}\rho\, dx\, dy\, dz\, X,\ dG_y = \frac{1}{6}\rho\, dx\, dy\, dz\, Y,\ dG_z = \frac{1}{6}\rho\, dx\, dy\, dz\, Z,\ dG = \frac{1}{6}\rho\, dx\, dy\, dz\, J$$

由于微元体处于静止状态，则 $\sum F = 0$，即 $P_x - P_n \cos(n,x) + dG_x = 0$。

也就是：

$$\frac{1}{2} p_x dy dz - p_n dA_n \cos(n,x) + \frac{1}{6}\rho\, dx\, dy\, dz\, X = 0$$

上式中由于 $dA_n \cos(n,x) = dA_x = \dfrac{1}{2} dy dz$，则第三项与前两项相比为高阶无穷小量，可以忽略。于是上式可化简为 $p_x = p_n$。

同理，$y$、$z$ 方向的平衡方程经化简后可得 $p_y = p_n$、$p_z = p_n$，故有：

$$p_x = p_y = p_z = p_n$$

当 $dx$、$dy$、$dz$ 无限趋近于零时，$p_x$、$p_y$、$p_z$、$p_n$ 就是 $M$ 点各个方向的压强。因此，任一点的压强各个方向均相等，即静压强与方向无关，是一个标量，其值只取决于空间点的位置，即 $p = p(x,y,z)$，该结论将通过下面流体平衡微分方程得以证明。

**（三）流体平衡微分方程**

下面讨论流体平衡微分方程。

设 $M(x,y,z)$ 为流体中的任意一点，其压强为 $p$，以 $M$ 为体心建立一边长分别为 $dx$、$dy$、$dz$ 的微元长方体 $abcda'b'c'd'$，如图 1-9 所示。则作用在微元长方体上的作用力有

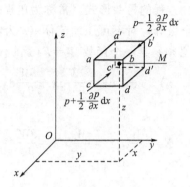

图 1-9 平衡流体中的微元六面体

六个表面力和一个质量力。由于微元体的边长非常小，压强的变化可视为变量的连续函数，这样沿 $x$ 方向作用在 $ad$ 面和 $a'd'$ 面的压强可用泰勒级数展开并略去二阶以上无穷小量得到：$ad$ 面压强为 $p+\dfrac{\partial p}{\partial x}\times\dfrac{\mathrm{d}x}{2}$，$a'd'$ 面压强为 $p-\dfrac{\partial p}{\partial x}\times\dfrac{\mathrm{d}x}{2}$。同理，$y$ 方向作用在 $ac'$ 和 $bd'$ 面上的压强分别为 $p-\dfrac{\partial p}{\partial y}\times\dfrac{\mathrm{d}y}{2}$、$p+\dfrac{\partial p}{\partial y}\times\dfrac{\mathrm{d}y}{2}$；$z$ 方向作用在 $a'b$ 和 $c'd$ 面上的压强分别为 $p+\dfrac{\partial p}{\partial z}\times\dfrac{\mathrm{d}z}{2}$、$p-\dfrac{\partial p}{\partial z}\times\dfrac{\mathrm{d}z}{2}$。假设质量力在坐标轴方向的投影分别为 $\mathrm{d}G_x$、$\mathrm{d}G_y$、$\mathrm{d}G_z$，则 $\mathrm{d}G_x=\rho\,\mathrm{d}x\,\mathrm{d}y\,\mathrm{d}z\,X$，$\mathrm{d}G_y=\rho\,\mathrm{d}x\,\mathrm{d}y\,\mathrm{d}z\,Y$，$\mathrm{d}G_z=\rho\,\mathrm{d}x\,\mathrm{d}y\,\mathrm{d}z\,Z$，其中 $X$，$Y$，$Z$ 表示单位质量力 $J$ 在相应 $x$，$y$，$z$ 轴上的投影。

由于微元体处于静止状态，所以有 $\sum F_x=0$，也就是 $P_x+\mathrm{d}G_x=0$。

即：
$$-\left(p+\frac{1}{2}\times\frac{\partial p}{\partial x}\mathrm{d}x\right)\mathrm{d}y\,\mathrm{d}z+\left(p-\frac{1}{2}\times\frac{\partial p}{\partial x}\mathrm{d}x\right)\mathrm{d}y\,\mathrm{d}z+\rho\,\mathrm{d}x\,\mathrm{d}y\,\mathrm{d}z\,X=0$$

化简得：
$$-\frac{\partial p}{\partial x}\mathrm{d}x\,\mathrm{d}y\,\mathrm{d}z+\rho X\mathrm{d}x\,\mathrm{d}y\,\mathrm{d}z=0$$

同理可得 $y$，$z$ 轴上的平衡方程。

若两端同时除以微元体的质量 $\rho\,\mathrm{d}x\,\mathrm{d}y\,\mathrm{d}z$，可得单位质量的流体平衡微分方程为：

$$X-\frac{1}{\rho}\times\frac{\partial p}{\partial x}=0$$
$$Y-\frac{1}{\rho}\times\frac{\partial p}{\partial y}=0 \qquad\qquad (1\text{-}17)$$
$$Z-\frac{1}{\rho}\times\frac{\partial p}{\partial z}=0$$

式（1-17）表示单位质量的流体在质量力和表面力作用下的平衡关系。它是瑞士学者欧拉（Euler）1755 年导出的，称为欧拉平衡微分方程。

将式（1-17）中各式分别乘以 $\mathrm{d}x$、$\mathrm{d}y$、$\mathrm{d}z$，然后相加，整理后可得：

$$\frac{\partial p}{\partial x}\mathrm{d}x+\frac{\partial p}{\partial y}\mathrm{d}y+\frac{\partial p}{\partial z}\mathrm{d}z=\rho(X\mathrm{d}x+Y\mathrm{d}y+Z\mathrm{d}z) \qquad\qquad (1\text{-}18)$$

因为 $p=p(x,y,z)$，故 $\mathrm{d}p=\dfrac{\partial p}{\partial x}\mathrm{d}x+\dfrac{\partial p}{\partial y}\mathrm{d}y+\dfrac{\partial p}{\partial z}\mathrm{d}z$，这样式（1-18）可变形为：

$$\mathrm{d}p=\rho(X\mathrm{d}x+Y\mathrm{d}y+Z\mathrm{d}z) \qquad\qquad (1\text{-}19)$$

式（1-19）是欧拉平衡微分方程的另一形式，常称为压强差公式。

式（1-19）左端是压强的全微分，对不可压缩流体（$\rho$ 为常量）来说，要使上式能够积分，则右端括号内的三项之和必须是某一个函数 $W = F(x, y, z)$ 的全微分。不妨设：

$$dW = X dx + Y dy + Z dz = \frac{\partial W}{\partial x} dx + \frac{\partial W}{\partial y} dy + \frac{\partial W}{\partial z} dz$$

由此得：

$$X = \frac{\partial W}{\partial x}, \ Y = \frac{\partial W}{\partial y}, \ Z = \frac{\partial W}{\partial z} \qquad (1\text{-}20)$$

这样，式（1-19）变为：

$$dp = \rho dW \qquad (1\text{-}21)$$

满足式（1-20）的函数称为势函数，相应的质量力称为有势的质量力。重力、惯性力都是有势的质量力。式（1-21）称为平衡流体中压强 $p$ 的全微分方程，将式（1-21）积分，可得：

$$p = \rho W + c$$

不妨假设点 $(x_0, y_0, z_0)$ 的压强为 $p_0$ 及势函数为 $W_0$，则有：

$$c = p_0 - \rho W_0$$

将 $c$ 值代入积分公式，可得欧拉平衡微分方程的积分为：

$$p = p_0 + \rho(W - W_0) \qquad (1\text{-}22)$$

由式（1-22）知，若已知势函数 $W$，便可求出平衡流体中任意点的压强 $p$。值得注意的是在运用该积分方程时，必须要求流体是不可压缩流体且质量力为有势质量力。

## 二、流体静压强的表示方法与度量单位

### （一）流体静压强的表示方法

以绝对真空或完全真空为起点计算的压强称为绝对压强，用 $p$ 表示；绝对压强与大气压强之差称为相对压强，用 $p'$ 表示，即 $p' = p - p_a = \gamma h$。在工程中，测压仪表的读数为相对压强（又称计示压强或表压强）。真空度是指大气压与绝对压强之差，通常用 $p_v$ 表示，即 $p_v = p_a - p$。

为了正确理解并区别绝对压强、相对压强和真空度，将它们的关系表示在图 1-10 上。

### （二）度量单位

#### 1. 单位面积上的力

国际制单位为 $Pa(N/m^2)$ 或 $MPa(1MPa = 10^6 Pa)$。工程上单位为 $kgf/m^2$ 或 $kgf/cm^2$（kgf 表示千克力）。两者之间的换算关系为：

$$1kgf/m^2 = 9.8N/m^2 \ \text{或} \ 1kgf/cm^2 = 9.8N/cm^2$$

#### 2. 液柱高度

常用的液柱有水柱、酒精柱和汞柱，其单位有 $mH_2O$、$mmH_2O$ 或 $mmHg$ 等。液柱高度、液体重度及压强之间的关系为 $h = p/\gamma$。不同液柱高度之间的换算关系可由 $p = \gamma_1 h_1 = \gamma_2 h_2$ 求得。此度量单位多用于实验室计量、通风、排水等工程测量中。

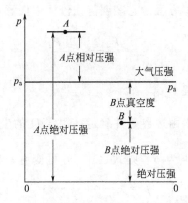

图 1-10　绝对压强、相对压强与真空度的关系

### 3. 大气压的倍数

用大气压的倍数表示压强的大小。1 标准大气压（atm）是 0℃时海平面上的大气压强：

$$1atm = 1.033\ kgf/cm^2 = 1.01325 \times 10^5\ Pa = 760mmHg = 10.332mH_2O$$

也有用工程大气压来表示压强大小的，工程大气压、液柱高度及压强之间的换算关系为：

$$1\ 工程大气压 = 1kgf/cm^2 = 9.8 \times 10^4\ Pa = 735.6mmHg = 10mH_2O$$

## 三、流体静力学基本方程

### （一）流体静力学基本方程

在重力场中，作用在静止流体上的质量力只有重力，图 1-11 中假设其表压强为 $p_0$，则单位质量力为 $X=0$、$Y=0$、$Z=-g$，代入式（1-19）可得：

$$dp = \rho(-g\,dz) = -\rho g\,dz = -\gamma\,dz$$

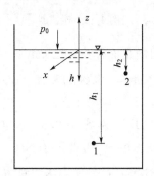

图 1-11　重力作用下的平衡液体

对于不可压缩流体（$\rho$＝常数），上式积分得：

$$p = -\gamma z + c_1 \tag{1-23}$$

两边同除以 $\gamma$ 并移项后得：

$$z + \frac{p}{\gamma} = c \tag{1-24}$$

式（1-24）称为流体静力学基本方程。它表明静止液体中任意点的 $z+\dfrac{p}{\gamma}$ 值均相等，即：

$$z_1+\frac{p_1}{\gamma}=z_2+\frac{p_2}{\gamma} \tag{1-25}$$

**（二）静止液体中的压强计算**

式（1-24）中的积分常数 $c$ 由边界条件确定。假定 $D$ 的坐标为 $z_0$，压强为 $p_0$，静止液体中任意点 $C$ 的坐标为 $z$，压强为 $p$，则式（1-25）可变为 $z+\dfrac{p}{\gamma}=z_0+\dfrac{p_0}{\gamma}$，经整理可得：

$$p=p_0+\gamma(z_0-z)$$

即：

$$p=p_0+\gamma h \tag{1-26}$$

式中 $h=z_0-z$ 为液面下任意一点的深度，称为淹深。式（1-26）表明：静止液体中任意位置的压强为液体表面压强与液重压强 $\gamma h$ 之和，且随其深度增加而增大。

因为平衡流体的等压面垂直于质量力，而静止液体中的质量力只有重力，所以静止液体中的等压面必然为水平面。因此，对于任意形状的连通器，在同一性质的静止均质液体中，深度相同的点，压强必然相等。在图 1-12 所示的连通器中，有 $p_1=p_2$、$p_3=p_4$、$p_C=p_D$。而 $p_1\neq p_3$、$p_2\neq p_4$，因为 A、B 两容器中的液体既不相连，也不是同一性质的液体。

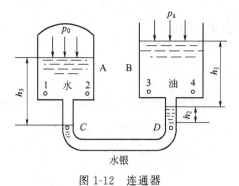

图 1-12　连通器

**例 1-2**　如图 1-12 所示的静止液体中，已知：$p_a=9.8\mathrm{N/cm^2}$，$h_1=100\mathrm{cm}$，$h_2=20\mathrm{cm}$，油的重度 $\gamma_{oil}=0.00745\mathrm{N/cm^3}$，水银的重度 $\gamma_M=0.133\mathrm{N/cm^3}$，水的重度 $\gamma_W=0.0098\mathrm{N/cm^3}$。$C$ 点与 $D$ 点同高，求 $C$ 点的压强。

**解**　由式（1-26）可得 $D$ 点的压强为 $p_D=9.8+0.00745\times100+0.133\times20=13.205$（$\mathrm{N/cm^2}$），因为 $h_C=h_D$，所以 $p_C=p_D=13.205\mathrm{N/cm^2}$。

**例 1-3**　图 1-13 为一封闭水箱，已知箱内水面到 $N$-$N$ 面的距离 $h_1=20\mathrm{cm}$，$N$-$N$ 面到 $M$ 点的距离 $h_2=50\mathrm{cm}$。求 $M$ 点的绝对压强和相对压强。箱内液面压强 $p_0$ 为多少？箱内液面处若有真空，求其真空度。大气压强 $p_a=9.8\mathrm{N/cm^2}$，水的重度 $\gamma=0.0098\mathrm{N/cm^3}$。

**解**　$N$-$N$ 为等压面，由式（1-26）可得 $M$ 点的绝对压强为：

$$p_M=p_a+\gamma h_2=9.8+0.0098\times50=10.29(\mathrm{N/cm^2})$$

$M$ 点的相对压强为：$p_M'=p_M-p_a=\gamma h_2=0.0098\times50=0.49(\mathrm{N/cm^2})$

$M$ 点的绝对压强也可表示为：$\quad p_M=p_0+\gamma(h_1+h_2)$

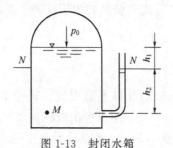

图 1-13 封闭水箱

则箱内液面压强为：$p_0 = p_M - \gamma(h_1 + h_2) = 10.29 - 0.0098 \times (20 + 50) = 9.60(\text{N/cm}^2)$
由于 $p_0 < p_a$，故液面处有真空存在，其真空度为：

$$p_v = p_a - p_0 = 9.8 - 9.60 = 0.20(\text{N/cm}^2)$$

**（三）流体静力学基本方程的几何意义与能量意义**

如图 1-14 所示，以水平面 $O$-$O$ 为基准，$z_A$、$z_B$、$z_C$、$z_D$ 分别为 $A$、$B$、$C$、$D$ 点距离基准面 $O$-$O$ 的位置高度，称为位置水头（简称位头），亦即单位重量液体对基准面 $O$-$O$ 的位能，称为比位能。

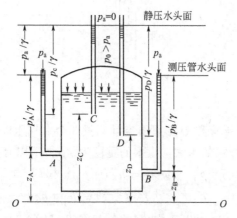

图 1-14 测压管水头与静压管水头

$p'_A/\gamma$、$p'_B/\gamma$ 为 $A$、$B$ 点处的液体在压强 $p'_A$、$p'_B$ 作用下能够上升的高度，称为测压管高度或相对压强高度。$p_C/\gamma$、$p_D/\gamma$ 为 $C$、$D$ 点处的液体在压强 $p_C$、$p_D$ 作用下能够上升的高度，称为压强水头（简称压头），亦即单位重量液体所具有的压强势能，称为比压能。

位置高度与测压管高度之和，称为测压管水头或静压水头。比位能与比压能之和表示单位重量液体相对于基准面所具有的势能，称为比势能。根据式（1-25）可得：

$$z_A + \frac{p'_A}{\gamma} = z_B + \frac{p'_B}{\gamma}, \quad z_C + \frac{p_C}{\gamma} = z_D + \frac{p_D}{\gamma}$$

流体静力学基本方程表明单位重量流体的比位能和比压能可以相互转化，但两者之和（比势能）保持不变，因此流体静力学基本方程又称为能量转化方程或机械能守恒方程。

## 四、流体静力学基本方程的应用（压强及压差测量）

静压强的测量仪表主要有液体压力计、金属压力表和电测式压力计。鉴于与流体力学基本理论的相关性，这里仅介绍液柱式和金属式测压仪表。

### （一）液体压力计

#### 1. 测压管

在欲测压强处，直接连一根顶端开口直通大气、直径不小于 0.5cm 的玻璃管，即测压管，如图 1-15 所示。由于 $h_A = p'_A/\gamma$，所以量出液柱高度 $h_A$，便可计算出容器中 $A$ 点的相对压强 $p'_A$。这种测压管可以测量小于 0.2 个工程大气压的压强。

图 1-16 为倒式测压管或真空计。由于容器 D 中液面压强 $p_0$ 与大气压强 $p_a$ 满足关系式 $p_0 + \gamma h_v = p_a$，因此测量 $h_v$ 的数值，便可算出容器 D 中自由液面处的真空度。

如果所测压强较小，则相应的液柱高度也较小，为了提高测量精度，可用图 1-17 所示的倾斜测压管或斜管压力计，此时 $p_0 = p_a + \gamma h \approx p_a + \gamma l \sin\theta$。只需量取 $l$ 值，即可计算出 $p_0$ 值。

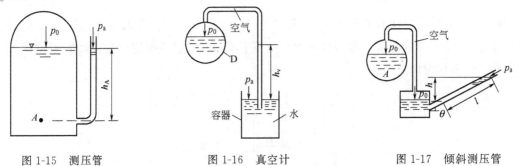

图 1-15　测压管　　　　　图 1-16　真空计　　　　　图 1-17　倾斜测压管

#### 2. U 形测压管

工程上常使用 U 形测压管和 U 形管真空计测量 3 个大气压以内的压强，如图 1-18 所示 U 形测压管，内装重为 $\gamma_M$ 的水银，设水的重度为 $\gamma_W$，所以有：

$$p_0 + \gamma_W(h_1 + h_2) = p_a + \gamma_M h_m$$

则有：
$$p_0 = p_a + \gamma_M h_m - \gamma_W(h_1 + h_2)$$
$$p_A = p_0 + \gamma_W h_1 = p_a + \gamma_M h_m - \gamma_W h_2$$

因此，只要测出 $h_1$、$h_2$、$h_m$，便可计算 $p_0$ 和 $p_A$。

#### 3. 杯式测压计

杯式测压计是一种改良的 U 形测压管，如图 1-19 所示。它是由一个内盛水银的金属杯与装在刻度板上的开口玻璃管相连接而组成的测压计。一般测量时，杯内水银面升降变化不大，可以略去，故以此面为刻度零点。要求精确测量时，可移动刻度零点，使之与杯内水银面平齐。设水和水银的重度分别为 $\gamma_W$、$\gamma_M$，则 $C$ 点的绝对压强为：

$$p_C = p_a + \gamma_M h - \gamma_W L$$

#### 4. 多支 U 形管测压计

如图 1-20 所示，多支 U 形管测压计是几个 U 形管的组合。当容器 A 中气体的压强大于 3atm 时，可采用此类测压计，也可在右边多装几支 U 形管，以便测量更大的压强。显然容器 A 中气体的相对压强为：

$$p'_A = \gamma_M h_1 + \gamma_M h_2$$

如果容器内和 U 形管上部接头处都充满水，则图中 $B$ 点的相对压强为：

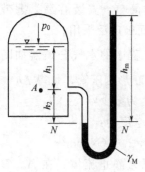

图 1-18　U 形测压管图

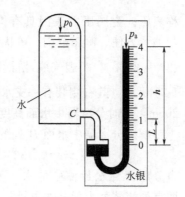

图 1-19　杯式测压计

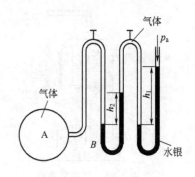

图 1-20　多支 U 形管测压计

$$p'_B = \gamma_M h_1 + (\gamma_M - \gamma_W) h_2$$

求出 B 点压强后，可以推算容器 A 中任意一点的压强。

**5. 差压计**

差压计是测量两点压强差的仪表。在工程实际中，有时只需知道某两点的压强差。如图 1-21 所示，量取 $h_a$、$h_b$ 之值，便可得到容器 A、B 中 1、2 两点的压强差为：

$$\Delta p = p_1 - p_2 = \gamma_{oil} h_b + \gamma_M h_c - \gamma_w h_a$$

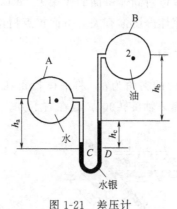

图 1-21　差压计

**（二）金属压力表**

图 1-22 为金属压力表。其内部装有一端开口、一端封闭的环形金属管，开口端与测量点相通，封闭端与转动的齿轮相连。测压时，金属管随着压强的变化略有伸张，从而带动齿轮使指针偏转，将压强值显示在刻度盘上。压力表测出的压强是相对压强，又称表压强，简

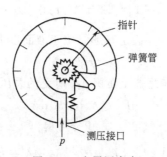

图 1-22　金属压力表

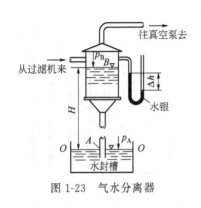

图 1-23 气水分离器

称表压。金属压力表因具有构造简单、安装容易、携带与测读方便、测压范围广等优点而被广泛采用。

**例 1-4** 烟气脱硫除尘工程中的水气分离器如图 1-23 所示，其右侧装有一支水银 U 形测压管，量得 $\Delta h = 20\text{cm}$，此时分离器中水面高度 $H$ 为多少？

**解** 分离器中水面 $B$ 处的真空度为：

$$p_v = \gamma_M \Delta h = 0.133 \times 20 = 2.66(\text{N/cm}^2)$$

自分离器到水封槽中的水，可视为静止流体。在 $A$、$B$ 两点列流体静力学基本方程：

$$0 + p_A/\gamma = H + p_B/\gamma$$

即：

$$0 + p_A/\gamma = H + (p_A - p_v)/\gamma$$

故：

$$H = p_v/\gamma = 2.66/0.0098 = 2.71\text{m}$$

## 五、流体对固体表面的作用力

工程上常遇到水库闸门、油箱、水箱、密封容器、管道、锅炉、水坝或防水墙等结构物的强度计算问题，它涉及静止液体对固体壁面的作用力，即流体静压力。静压力的大小、方向、作用点与受压面的形状、流体静压强有关。下面重点讨论静止液体对平面壁的作用力。

### （一）静压力的大小与方向

设有平面壁 $CBAF$ 与水平面的夹角为 $\alpha$，将液体拦蓄在其左侧，如图 1-24 所示。取如图所示的坐标系，并将平面壁绕 $z$ 轴旋转 90°，绘在右下方。

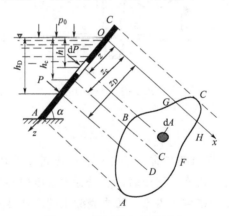

图 1-24 平面壁上的总压力

在平面壁上取微元面积 $dA$，并假定其形心位于液面以下 $h$ 深处，则形心处的压强为：

$$p = p_0 + \gamma h$$

式中，$p_0$ 为大气压强。这样此微元面积 $dA$ 所受的总压力为：

$$dP = (p_0 + \gamma h)dA \tag{1-27}$$

因为 $h = z\sin\alpha$，将其代入式（1-27）并积分可得：

$$P = \int_A (p_0 + \gamma h)dA = \int_A (p_0 + \gamma z\sin\alpha)dA = p_0 A + \gamma\sin\alpha\int_A z\,dA \tag{1-28}$$

由平面图形的几何性质知，$\int_A z\,\mathrm{d}A$ 是面积 $GBAFH$ 对 $x$ 轴的静矩，其值为 $z_c A$，其中 $z_c$ 是受压面面积 $A$ 的形心 $C$ 到 $x$ 轴的距离。于是，式（1-28）变为：

$$P = p_0 A + \gamma \sin\alpha z_c A = p_0 A + \gamma h_c A \tag{1-29}$$

式中 $h_c$——受压面 $GBAFH$ 的形心 $C$ 在液面下的深度。

就平面壁 $GBAFH$ 来说，其左、右两侧都承受大气压强 $p_0$ 的作用，互相抵消其影响。这样静止流体作用在平面壁上的总压力为：

$$P = \gamma h_c A \tag{1-30}$$

式（1-30）表明：总压力等于受压面积与其形心处液体静压强的乘积，方向为受压面的内法线方向。

（二）总压力的作用点

总压力的作用点又称为压力中心。设总压力的作用点为 $D$，其坐标为 $(x_D, z_D)$，在液面下的深度为 $h_D$。由合力矩定理知：合力对任一轴的力矩等于其分力对同一轴的力矩之和，即：

$$P z_D = \int_A \gamma h z\,\mathrm{d}A = \int_A \gamma z^2 \sin\alpha\,\mathrm{d}A = \gamma \sin\alpha \int_A z^2\,\mathrm{d}A \tag{1-31}$$

式中 $\int_A z^2\,\mathrm{d}A = I_x$ 为受压面 $GBAFH$ 对 $x$ 轴的惯性矩，而总压力 $P = \gamma h_c A$，因此有：

$$z_D = \frac{I_x}{h_c A} \sin\alpha \tag{1-32}$$

依据惯性矩移轴定理得 $I_x = I_c + z_c^2 A$，其中 $I_c$ 为受压面对通过其形心 $C$ 且与 $x$ 轴平行的轴的惯性矩，所以有：

$$z_D = \frac{(I_c + z_c^2 A)}{h_c A} \sin\alpha = \frac{(I_c + z_c^2 A)}{\dfrac{h_c}{\sin\alpha} A} = \frac{I_c + z_c^2 A}{z_c A}$$

即：

$$z_D = z_c + \frac{I_c}{z_c A} \tag{1-33}$$

由式（1-33）可看出，$z_D > z_c$ 即总压力的作用点位于形心之下。

同理可求压力中心 $D$ 沿 $x$ 轴的作用位置 $x_D$。但实际工程中的受压面多是轴对称的，压力中心 $P$ 必然位于对称轴上。设对称轴与 $z$ 轴平行，利用式（1-33）完全可以确定 $D$ 点的位置。如果受压面是垂直的，则 $z_c$、$z_D$ 分别为受压面形心 $C$ 及总压力作用点 $D$ 在水面下的垂直深度 $h_c$ 及 $h_D$。如果受压面水平放置，则其总压力的作用点与受压面的形心重合。故工程上不需要求 $x_D$。下面列出了几种常见平面图形的面积 $A$、形心坐标 $z_c$ 和惯性矩 $I_c$，见表1-4。

**例 1-5** 如图1-25所示，倾斜闸门 $AB$，宽度 $b$ 为 1m（垂直于图面），$A$ 处为铰链轴，整个闸门可绕此轴转动。已知水深 $H = 3\mathrm{m}$，$h = 1\mathrm{m}$，闸门自重及铰链中的摩擦力可略去不计。求升起此闸门时所需垂直向上的拉力。

**解** 根据式（1-30），闸门所受液体的总压力为

表 1-4　几种常见平面图形的 $A$、$z_c$、$I_c$ 值

| 平面形状 | | 面积 $A$ | 形心坐标 $z_c$ | 惯性矩 $I_c$ |
|---|---|---|---|---|
| 矩形 | | $bh$ | $\dfrac{1}{2}h$ | $\dfrac{1}{12}bh^3$ |
| 三角形 | | $\dfrac{1}{2}bh$ | $\dfrac{2}{3}h$ | $\dfrac{1}{36}bh^3$ |
| 圆形 | | $\dfrac{1}{4}\pi d^2$ | $\dfrac{d}{2}$ | $\dfrac{\pi}{64}d^4$ |
| 半圆形 | | $\dfrac{1}{8}\pi d^2$ | $\dfrac{2d}{3\pi}$ | $\dfrac{1}{16}\left(\dfrac{\pi}{8}-\dfrac{8}{9\pi}\right)$ |
| 梯形 | | $\dfrac{h}{2}(a+b)$ | $\dfrac{h}{3}\left(\dfrac{a+2b}{a+b}\right)$ | $\dfrac{h^3}{36}\left(\dfrac{a^2+4ab+b^2}{a+b}\right)$ |
| 椭圆形 | | $\dfrac{\pi}{4}bh$ | $\dfrac{h}{2}$ | $\dfrac{\pi}{64}bh^3$ |

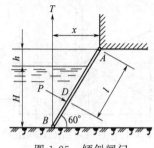

图 1-25　倾斜闸门

$$P = \gamma h_c A = \gamma \cdot \frac{1}{2} H \cdot b \cdot \frac{H}{\sin 60°} = 9800 \times \frac{1}{2} \times 3 \times 1 \times \frac{3}{\sin 60°} = 50922 (\text{N}) = 50.92 (\text{kN})$$

由式（1-33）知，总压力作用点 $D$ 到铰链轴 $A$ 的距离为：

$$l = \frac{h}{\sin 60°} + \left( z_c + \frac{I_c}{z_c A} \right) = \frac{h}{\sin 60°} + \left[ \frac{\frac{1}{2} H}{\sin 60°} + \frac{\frac{1}{12} b \left( \frac{H}{\sin 60°} \right)^3}{\frac{1}{2} \times \frac{H}{\sin 60°} \left( b \times \frac{H}{\sin 60°} \right)} \right]$$

$$= \frac{h}{\sin 60°} + \frac{H}{2\sin 60°} + \frac{H}{6\sin 60°} = 3.455 (\text{m})$$

由图 1-25 可看出：

$$x = \frac{H + h}{\tan 60°} = \frac{3 + 1}{\sqrt{3}} = 2.31 (\text{m})$$

由理论力学平衡方程知：当闸门刚刚转动时，$\sum M_A(F) = 0$，即：

$$Pl - Tx = 0$$

故：

$$T = \frac{Pl}{x} = \frac{50.923 \times 3.455}{2.31} = 76.16 (\text{kN})$$

液体对曲面壁的作用力可以转化为对平面壁的作用力，这里不再做详细介绍。

## 六、流体的相对平衡

流体的相对平衡是指在重力和牵连惯性力共同作用下的流体平衡规律，是以流体的平衡微分方程为基础的。

### （一）容器作匀加速直线运动

一盛有液体的开口容器，以加速度 $a$ 向右作直线运动，液体的自由面将由原来静止时的水平面变成倾斜面，如图 1-26 所示。假如观察者随容器运动，则容器和液体均没运动。这时作用在每一个质点上的质量力除重力外，还有牵连惯性力。设自由液面的中心为坐标原点，$x$ 轴正向和运动方向相同，$z$ 轴向上为正。

则三根坐标轴上的单位质量力分别为：

$$X = -a, Y = 0, Z = -g$$

**1. 液体静压强的分布规律**

将单位质量力代入流体平衡微分方程得：

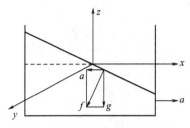

图 1-26　容器匀加速直线运动

$$dp = \rho(-a\,dx - g\,dz)$$

对上式积分，可得：

$$p = -\rho(ax + gz) + C \tag{1-34}$$

式中　$C$ ——积分常数，可由已知边界条件确定其值。设坐标原点处的压强为 $p_0$，则 $C = p_0$。

这样，液面下任一点处的压强为：

$$p = p_0 + \rho(-ax - gz) = p_0 - \rho g\left(\frac{a}{g}x + z\right) = p_0 - \gamma\left(\frac{a}{g}x + z\right) \tag{1-35}$$

式（1-35）为匀加速直线运动容器中液体相对平衡时压强的分布规律。该式表明相对平衡时，液体压强是点的坐标 $x$ 和 $z$ 的函数。

当 $p_0 = p_a$ 时，其相对压强为：

$$p = -\rho g\left(\frac{a}{g}x + z\right) = -\gamma\left(\frac{a}{g}x + z\right) \tag{1-36}$$

**2. 等压面方程**

在等压面上，$dp = 0$ 即 $dp = \rho(-a\,dx - g\,dz) = 0$，则：

$$-a\,dx - g\,dz = 0$$

对上式积分可得：

$$ax + gz = C_1 \quad 或 \quad z = -(a/g)x + C_1' \tag{1-37}$$

式（1-37）为匀加速直线运动容器中液体的等压面方程。该方程为线性方程，表明等压面为倾斜平面，不同的积分常数 $C_1$ 代表不同的等压面。等压面与水平面的夹角为：

$$\alpha = -\arctan\frac{a}{g} \tag{1-38}$$

**3. 自由表面方程**

对于自由液面，$C_1' = 0$，则式（1-37）变为：

$$z_s = -\frac{a}{g}x \tag{1-39}$$

式（1-39）为匀加速直线运动容器中液体相对平衡时的自由面方程。从式（1-39）可知，对于任意坐标 $x$，其自由表面上点的 $z$ 坐标都等于 $x$ 与 $-a/g$ 的乘积，则式（1-35）可改写为：

$$p = p_0 + \rho g(z_s - z) = p_0 + \rho g h = p_0 + \gamma h \tag{1-40}$$

式（1-40）说明匀加速直线运动容器中液体相对平衡时，其内任一点的静压强仍然是液面上的压强与液柱产生的压强之和。

（二）容器等作等角速旋转运动

有一直立圆筒形容器盛有液体，绕其中心轴作等角速旋转运动，如图 1-27 所示。由于液体的黏性，液体的自由面将由原来静止时的水平面变成绕中心轴的旋转抛物面。这时，作用在每一质点上的质量力除重力外，还有牵连离心惯性力。

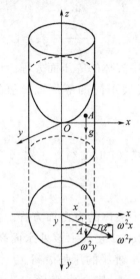

图 1-27　容器等角速旋转运动

坐标系如图 1-27 所示，原点为旋转抛物面的顶点，$z$ 轴竖直向上。那么距 $z$ 轴半径为 $r$ 处任一质点 $A$ 所受的单位质量力在各轴上的分量为：

$$X = \omega^2 r \cos\alpha = \omega^2 x, \; Y = \omega^2 r \sin\alpha = \omega^2 y, \; Z = -g$$

**1. 液体静压强的分布规律**

将单位质量力代入流体平衡微分方程，得：

$$dp = \rho(\omega^2 x\,dx + \omega^2 y\,dy - g\,dz)$$

对上式积分，可得：

$$p = \rho\left(\frac{1}{2}\omega^2 x^2 + \frac{1}{2}\omega^2 y^2 - gz\right) + C$$

或

$$p = \rho\left(\frac{1}{2}\omega^2 r^2 - gz\right) + C \tag{1-41}$$

在坐标原点，液面下任一点处的压强为：

$$p = p_0 + \rho\left(\frac{1}{2}\omega^2 r^2 - gz\right) = p_0 + \rho g\left(\frac{\omega^2 r^2}{2g} - z\right) = p_0 + \gamma\left(\frac{\omega^2 r^2}{2g} - z\right) \tag{1-42}$$

式（1-42）为绕竖直轴作等角速度旋转的容器中的液体平衡时压强的分布规律。此式说明压强随点的坐标 $z$ 和 $r$ 变化，且因液体旋转而产生的压强与半径 $r$ 的平方成正比。

当 $p_0 = p_a$ 时，其相对压强为：

$$p = \rho g\left(\frac{\omega^2 r^2}{2g} - z\right) = \gamma\left(\frac{\omega^2 r^2}{2g} - z\right) \tag{1-43}$$

**2. 等压面方程**

在等压面上，$\mathrm{d}p=0$，即 $\mathrm{d}p=\rho(\omega^2 x\mathrm{d}x+\omega^2 y\mathrm{d}y-g\mathrm{d}z)=0$，则：

$$\omega^2 x\mathrm{d}x+\omega^2 y\mathrm{d}y-g\mathrm{d}z=0$$

对上式积分可得：

$$\frac{\omega^2 x^2}{2}+\frac{\omega^2 y^2}{2}-gz=C_1$$

$$\text{或}\qquad \frac{\omega^2 r^2}{2}-gz=C_1 \tag{1-44}$$

式（1-44）为等角速旋转容器中液体的等压面方程。该方程是以 $z$ 轴为旋转轴的旋转抛物面方程，不同的积分常数 $C_1$ 代表不同的等压面，可见等压面是绕铅直轴旋转的抛物面簇。

**3. 自由表面方程**

对于自由液面，$C_1=0$，则由式（1-44）得：

$$z_s=\frac{\omega^2 r^2}{2g} \tag{1-45}$$

式（1-45）为等角速旋转容器中液体的自由面方程。由式（1-45）知，轴心处（$r=0$），$z_s=0$；半径为 $r$ 处，$z_s=\omega^2 r^2/(2g)$；它表示该处水面高于旋转轴处水面的高度。即在同一水平面上，旋转中心的压强最低，外缘的压强最高。

由式（1-45）知，对任意半径 $r$，其自由表面上点的 $z$ 坐标都为 $\omega^2 r^2/(2g)$，则式（1-42）可改写成：

$$p=p_0+\rho g(z_s-z)=p_0+\rho gh \tag{1-46}$$

式（1-46）说明等角速旋转容器中液体相对平衡时，其内任一点的静压强仍然是液面上的压强与液柱产生的压强之和。

**4. 等角速旋转容器中液体相对平衡的工程实例**

① 盛满水的圆柱形容器，盖板中心开一小孔，如图 1-28 所示。容器以旋转角速度 $\omega$ 绕竖直轴转动，等压面由静止时的水平面变成旋转抛物面，因为盖板封闭，迫使水面不能上升（$z=0$），由式（1-43）得盖板各点承受的压强为：

$$p=\rho g\frac{\omega^2 r^2}{2g} \tag{1-47}$$

相对压强为零的面如图中虚线所示。可见轴心处（$r=0$）压强最低，边缘处（$r=R$）压强最高。而压强与 $\omega^2$ 成正比，$\omega$ 增大，边缘压强也增大，离心铸造机就是利用这个原理工作的。

② 盛满水的圆柱容器，盖板边缘开一个孔，如图 1-29 所示。容器以某一角速度 $\omega$ 绕竖直轴转动，容器旋转后，液体虽未流出，但压强发生了改变，相对压强为零的面如图中虚线所示。可见，盖板上各点承受的相对压强为：

$$0-\rho g\left(\frac{\omega^2 R^2}{2g}-\frac{\omega^2 r^2}{2g}\right)=p$$

$$p=-\rho g\left(\frac{\omega^2 R^2}{2g}-\frac{\omega^2 r^2}{2g}\right) \tag{1-48}$$

或者真空压强为：

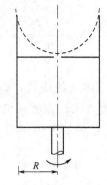
图 1-28 容器中心开孔

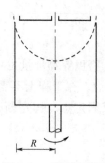
图 1-29 容器边缘开孔

$$p_v = -\rho g \left( \frac{\omega^2 R^2}{2g} - \frac{\omega^2 r^2}{2g} \right) \tag{1-49}$$

在轴心处（$r=0$），$p_v = \omega^2 R^2 / 2g$，说明轴心真空最大。在边缘处（$r=R$），$p_v = 0$，说明边缘真空为 0，离心泵和风机就是利用这个原理使流体不断被吸入叶轮中。

## 第三节 流体动力学基础

自然界与工程实际中，流体大多数处于流动（运动）状态，因此研究其运动规律具有重要的意义。流体与固体相比极易流动，这样导致研究流体运动的方法与固体的研究方法不同。本节内容主要介绍研究流体运动的方法、流体流动基本概念、连续方程、伯努利方程及动量方程等。

### 一、研究流体运动的两种方法

研究流体运动的方法有两种，分别为拉格朗日法和欧拉法。

#### （一）拉格朗日法

拉格朗日法着眼于流体质点，它以每个运动着的流体质点为研究对象，跟踪观察流体质点的运动轨迹及运动参量随时间的变化，然后将整个流体运动当成无穷多流体质点运动的总和来进行考虑，进而得到流体的运动规律。

设某时刻 $t_0$，某一流体质点的位置坐标为（$a,b,c$），则 $t$ 时刻后，位置坐标（$x,y,z$）可表示为：

$$x = f_1(a,b,c,t), \quad y = f_2(a,b,c,t), \quad z = f_3(a,b,c,t) \tag{1-50}$$

式中，$a$，$b$，$c$ 和 $t$ 称为拉格朗日变量。对于给定的流体质点，$a$，$b$，$c$ 是不变的。如果 $t$ 取定值而 $a$，$b$，$c$ 为变量，式（1-50）表示在某一瞬时 $t$ 所有流体质点在该空间区域的分布情况；如果 $a$，$b$，$c$ 取定值而 $t$ 为变量，则式（1-50）表示一固定流体质点的运动轨迹随时间的变化。

由此可求得该质点的速度分量为：

$$u_x = \frac{\partial x}{\partial t} = \frac{\partial f_1(a,b,c,t)}{\partial t}, \quad u_y = \frac{\partial y}{\partial t} = \frac{\partial f_2(a,b,c,t)}{\partial t}, \quad u_z = \frac{\partial z}{\partial t} = \frac{\partial f_3(a,b,c,t)}{\partial t} \tag{1-51}$$

该质点的加速度分量为：

$$a_x = \frac{\partial^2 x}{\partial t^2} = \frac{\partial^2 f_1(a,b,c,t)}{\partial t^2}, \; a_y = \frac{\partial^2 y}{\partial t^2} = \frac{\partial^2 f_2(a,b,c,t)}{\partial t^2}, \; a_z = \frac{\partial^2 z}{\partial t^2} = \frac{\partial^2 f_3(a,b,c,t)}{\partial t^2}$$

(1-52)

流体的压强和密度等物理量也可类似地表示为 $a$，$b$，$c$ 和 $t$ 的函数，即 $p = f_4(a,b,c,t)$，$\rho = f_5(a,b,c,t)$。在工程上不需要追踪绝大多数流体质点来讨论流体的运动情况，而是着眼于流场中的某固定点、固定断面或固定空间的流动，这种研究流体运动的方法称为欧拉法。

### （二）欧拉法

欧拉法并不关心单个质点的运动，而是研究整个流体在流过（流经）某一流动空间（某固定位置）时，各质点在该位置时所具有的速度、加速度及其密度、重度、动压强等，并建立它们之间的动力学关系。欧拉法着眼于充满运动流体的空间（这种空间称为流场）。

欧拉法主要考虑两点：①分析流动空间某固定位置处，流体的流动参数随时间的变化规律；②分析流体由某一空间位置运动到另一空间位置时，流动参数随位置变化的规律。

用欧拉法研究流体运动时，表征流体运动特征的物理量都可以表示为时间 $t$ 和坐标 $x$，$y$，$z$ 的函数。如在任意时刻通过任意空间位置的流体质点的速度 $u$ 为：

$$u = u(x,y,z,t)$$

(1-53)

其在各轴上的分量为 $u_x = u_x(x,y,z,t)$，$u_y = u_y(x,y,z,t)$，$u_z = u_z(x,y,z,t)$。

流体的压强、密度也可以表示为 $p = p(x,y,z,t)$ 和 $\rho = \rho(x,y,z,t)$。

运动流体质点的加速度可表示为：

$$a = \frac{du}{dt}$$

(1-54)

$du$ 是流体质点由空间点 $(x,y,z)$ 经 $dt$ 时间后运动到相邻点 $(x+dx, y+dy, z+dz)$ 时的速度变化，这样 $du$ 在 $x$ 轴上的投影为：

$$du_x = \frac{\partial u_x}{\partial t}dt + \frac{\partial u_x}{\partial x}dx + \frac{\partial u_y}{\partial y}dy + \frac{\partial u_z}{\partial z}dz$$

式中 $dx = u_x dt$，$dy = u_y dt$，$dz = u_z dt$，将此关系式代入上式，可得 $x$ 轴上的加速度，即：

$$a_x = \frac{du_x}{dt} = \frac{\partial u_x}{\partial t} + u_x \frac{\partial u_x}{\partial x} + u_y \frac{\partial u_x}{\partial y} + u_z \frac{\partial u_x}{\partial z}$$

同理可得 $y$，$z$ 方向上的加速度为：

$$a_y = \frac{du_y}{dt} = \frac{\partial u_y}{\partial t} + u_x \frac{\partial u_y}{\partial x} + u_y \frac{\partial u_y}{\partial y} + u_z \frac{\partial u_y}{\partial z}$$

$$a_z = \frac{du_z}{dt} = \frac{\partial u_z}{\partial t} + u_x \frac{\partial u_z}{\partial x} + u_y \frac{\partial u_z}{\partial y} + u_z \frac{\partial u_z}{\partial z}$$

(1-55)

式（1-55）右侧的后三项表示流体质点由于位置移动 $dx$，$dy$，$dz$ 而产生的速度分量的变化率，称为位变加速度（又称为当地加速度）；第一项表示流体质点在经过一定时间的运动后而形成的速度分量的变化率，称为时变加速度（又称为迁移加速度）。因此，流体质点的加速度为时变加速度与位变加速度之和。

流场中的任一物理量对时间的变化率称为质点导数。当用欧拉法表示时可写为：

$$\frac{\mathrm{d}}{\mathrm{d}t}=\frac{\partial}{\partial t}+u_x\frac{\partial}{\partial x}+u_y\frac{\partial}{\partial y}+u_z\frac{\partial}{\partial z}$$

## 二、流体流动基本概念

### （一）迹线和流线

#### 1. 迹线

迹线是指流体质点的运动轨迹。如图 1-30 所示，曲线 $AB$ 为质点 $M$ 的迹线。设质点 $M$ 在 $\mathrm{d}t$ 时间内运动的微元长度为 $\mathrm{d}l$，则其速度为：

$$u=\frac{\mathrm{d}l}{\mathrm{d}t} \tag{1-56}$$

其分量为：

$$u_x=\frac{\mathrm{d}x}{\mathrm{d}t},\ u_y=\frac{\mathrm{d}y}{\mathrm{d}t},\ u_z=\frac{\mathrm{d}z}{\mathrm{d}t} \tag{1-57}$$

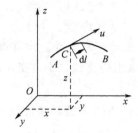

图 1-30　迹线

式中 $\mathrm{d}x$、$\mathrm{d}y$、$\mathrm{d}z$ 分别为微元位移 $l$ 在各个坐标轴上的投影，式（1-57）变形后可得：

$$\frac{\mathrm{d}x}{u_x}=\frac{\mathrm{d}y}{u_y}=\frac{\mathrm{d}z}{u_z}=\mathrm{d}t \tag{1-58}$$

式（1-58）为迹线的微分方程，表示质点 $M$ 的轨迹。

#### 2. 流线

流线是指同一时刻，相邻流体质点速度方向的连线。即在给定某瞬时 $t$，在流场中人为画出的一条曲线，使得该瞬时此曲线上所有点的切线与流体质点流经该点时的速度方向重合，如图 1-31 所示。迹线与流线的区别是：同一流体质点在不同时刻的速度方向所形成的曲线为迹线，而流线是同一时刻不同质点的速度方向所形成的曲线。

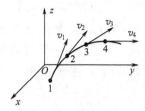

图 1-31　流线

设某质点的瞬时速度为 $\boldsymbol{u}=u_x\boldsymbol{i}+u_y\boldsymbol{j}+u_z\boldsymbol{k}$，流线上的微段矢量为 $\mathrm{d}\boldsymbol{s}=\mathrm{d}x\boldsymbol{i}+\mathrm{d}y\boldsymbol{j}+\mathrm{d}z\boldsymbol{k}$。根据定义，这两个矢量（速度与切线）方向一致，也就是这两个矢量的矢量积为零，即：

$$u \times \mathrm{d}s = 0 \qquad\qquad (1\text{-}59)$$

写成分量形式为：

$$\frac{\mathrm{d}x}{u_x} = \frac{\mathrm{d}y}{u_y} = \frac{\mathrm{d}z}{u_z} \qquad\qquad (1\text{-}60)$$

上式为流线的微分方程。实际流场中除驻点或奇点外，流线不能相交、不能突然转折。这是因为假如两条流线相交，则交点处的流体质点存在两个速度，这与速度为矢量（方向唯一）相矛盾。此外，在迹线方程中 $t$ 是变量；而流线方程中 $t$ 为某固定瞬时。迹线是流场中真实存在的曲线，流线是流场中假想存在的曲线。

### （二）定常流动和非定常流动

**1. 定常流动（steady）**

如果描述流体运动的物理量与时间无关，这种流动称为定常流动，其运动物理量可表示为：

$$\begin{aligned}
u &= f_1(x, y, z) \\
p &= f_2(x, y, z) \\
\rho &= f_3(x, y, z)
\end{aligned} \qquad\qquad (1\text{-}61)$$

如图 1-32(a) 所示，稳定的泄流是定常流动。定常流动时，同一位置处不同时刻的速度、压强均为常值；在同一位置处做出的流线也不改变，即定常流动时，迹线、流线重合。

**2. 非定常流动（unsteady）**

如果描述流体运动的物理量是时间的函数，这种流动称为非定常流动。如图 1-32(b) 所示，泄流是非定常流动。

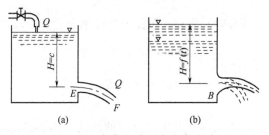

图 1-32　定常流动和非定常流动

### （三）一元、二元、三元流动

如果流场中的流动参数依赖于三个空间坐标，则流动称为三元流动或空间流动；若流动参数依赖于两个空间坐标，则称为二元流动或平面流动；若流动参数仅依赖于一个空间坐标，则流动称为一元流动。显然坐标变量数目越小，处理问题就越简单。对于工程问题，在保证一定精度的情况下，尽可能将三元流动简化为二元、甚至一元流动来求解。

### （四）流管及流束

不同流线组成的面，称为流面。流面上的质点只能沿流面运动，两侧的流体质点不能穿过流面而运动。

封闭的流面称为流管，如图 1-33 所示。管中的流体称为流束，管内外的流体质点不能穿越。微元流管中的流体称为微元流束。当微元流束的横截面面积趋近于零时，微元流束变成流线。由无限多微元流束所组成的总的流束称为总流。

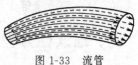

图 1-33　流管

### （五）过流断面、流量、平均流速

#### 1. 过流断面（过水断面）

垂直于流线的截面称为过流断面或过水断面，如图 1-34 所示。过流断面可以是平面，也可以是曲面。

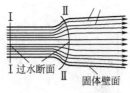

图 1-34　过流断面

#### 2. 流速

由于研究对象的不同，流体的运动速度可分为以下两种。

（1）点速：指流场中某流体质点在某时刻的速度，用 $u$ 表示。同一过流断面上各点的点速是不相等的。

（2）均速：在同一过流断面上，各点速度 $u$ 对断面 $A$ 的平均值，称为该过流断面的平均速度，简称均速，用 $v$ 表示。显然，均速与点速的关系为：

$$v = \frac{\int_A u\,dA}{A}$$

#### 3. 流量

单位时间内通过过流断面的流体体积，称为通过该断面的体积流量，用 $Q$ 表示，单位是米³/秒（m³/s）或升/秒（L/s）。单位时间内通过过流断面的流体质量称为质量流量。本章如不特别说明，流量指体积流量。

用 $dQ$ 表示微元流束的流量，由于过流断面与速度方向垂直，则单位时间内通过过流断面的流体体积为：

$$dQ = u\,dA \tag{1-62}$$

式（1-62）两端积分，可得总流的流量，即同一过流断面上各个微元流束的流量之和：

$$Q = \int_Q dQ = \int_A u\,dA \tag{1-63}$$

式（1-63）结合均速的定义，可知均速就是体积流量与过流断面面积的比值，即：

$$v = \frac{\int_A u\,dA}{A} = \frac{Q}{A} \tag{1-64}$$

由式（1-64）知流量等于面积乘以平均流速。

## 三、连续性方程

流体无论经历什么形式的运动，质量是不变的，这就是质量守恒定律，其数学描述为 $dm = 0$。质量守恒定律在流体力学中称为连续性方程，下面将探讨几种形式的连续性方程。

### （一）微元流束和总流的连续性方程

设有微元流束如图 1-35 所示，其流入和流出过流断面的面积分别为 $dA_1$ 及 $dA_2$，相应的流速分别为 $u_1$ 及 $u_2$，密度为 $\rho_1$ 及 $\rho_2$。

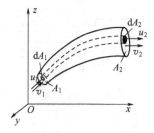

图 1-35　微元流束和总流

在 $dt$ 时间内，经过 $dA_1$ 流入的流体质量为 $dM_1 = \rho_1 u_1 dA_1 dt$，经过 $dA_2$ 流出的流体质量为 $dM_2 = \rho_2 u_2 dA_2 dt$。根据质量守恒定律，流入的质量等于流出的质量，即：

$$dM_1 = dM_2$$

也就是：

$$\rho_1 u_1 dA_1 = \rho_2 u_2 dA_2 \tag{1-65}$$

对不可压缩流体，$\rho_1 = \rho_2$，故式（1-65）变为：

$$u_1 dA_1 = u_2 dA_2 \quad 即 \quad dQ_1 = dQ_2 \tag{1-66}$$

式（1-65）是微元流束的连续性方程，式（1-66）是不可压缩流体微元流束的连续性方程。式（1-66）表明：在同一时间内通过微元流束上任一过流断面的流量是相等的。

将式（1-65）在相应的过流断面上积分，得：

$$\int_{A_1} \rho_1 u_1 dA_1 = \int_{A_2} \rho_2 u_2 dA_2$$

结合式（1-64），上式可写成：

$$\rho_{1m} v_1 A_1 = \rho_{2m} v_2 A_2$$

即：

$$\rho_{1m} Q_1 = \rho_{2m} Q_2 \tag{1-67}$$

式中 $\rho_{1m}$、$\rho_{2m}$ 分别为过流断面 1、2 上流体的平均密度，式（1-67）为总流的连续性方程。

对于不可压缩流体，式（1-67）变为：

$$Q_1 = Q_2 \text{ 或 } A_1 v_1 = A_2 v_2 \tag{1-68}$$

式（1-68）表明：不可压缩流体作定常流动时，在任何一个过流断面上其流量保持不变，且过流断面面积与平均速度成反比。

以上所列连续性方程，表示管段两个断面间的流量进出平衡，它可以推广到任意空间，如三通管的合流与分流、管网总管的流入及支管的流出、车间的自然换气等，均可由质量守恒得出相应的连续性方程。如三通管道在分流与合流时，连续方程分别如下所述。

分流时：$Q_1 = Q_2 + Q_3$，即 $A_1 v_1 = A_2 v_2 + A_3 v_3$

合流时：$Q_1 + Q_2 = Q_3$，即 $A_1 v_1 + A_2 v_2 = A_3 v_3$

**例 1-6**　图 1-36 为一旋流器，入口为矩形断面，其面积为 $A_2 = 100\text{mm} \times 20\text{mm}$；进气管为圆形断面，其直径为 $100\text{mm}$，问当入口流速为 $v_2 = 12\text{m/s}$ 时，进气管中的流速为多大？

图 1-36　旋流器

**解**　由连续性方程知

$$A_1 v_1 = A_2 v_2$$

故

$$v_1 = \frac{A_2 v_2}{A_1} = \frac{0.1 \times 0.02 \times 12}{\frac{\pi}{4} \times 0.1^2} = 3.06 (\text{m/s})$$

### （二）直角坐标系中的连续性方程

设 $C(x, y, z)$ 点的流体密度为 $\rho$，流体经过 $C$ 点时的流速 $u$ 在坐标轴上的投影为 $u_x$，$u_y$，$u_z$。以 $C$ 为体心，在流场中取一边长分别为 $\mathrm{d}x$、$\mathrm{d}y$、$\mathrm{d}z$ 的长方体微元，如图 1-37 所示。先考察流入、流出左、右两侧面的流体质量的变化。流入、流出左、右两侧面的流体质点的速度，用在 $C$ 点附近的多元函数的泰勒级数展开并略去高阶（二阶以后）项后分别为 $u_y - \dfrac{\partial u_y}{\partial y} \times \dfrac{\mathrm{d}y}{2}$ 和 $u_y + \dfrac{\partial u_y}{\partial y} \times \dfrac{\mathrm{d}y}{2}$。则在 $\mathrm{d}t$ 时间内，由左侧面流入的流体质量为 $\mathrm{d}M_{左} = \left( \rho - \dfrac{\partial \rho}{\partial y} \times \dfrac{\mathrm{d}y}{2} \right) \left( u_y - \dfrac{\partial u_y}{\partial y} \times \dfrac{\mathrm{d}y}{2} \right) \mathrm{d}x \mathrm{d}z \mathrm{d}t$，由右侧面流出的流体质量为 $\mathrm{d}M_{右} = \left( \rho + \dfrac{\partial \rho}{\partial y} \times \dfrac{\mathrm{d}y}{2} \right) \left( u_y + \dfrac{\partial u_y}{\partial y} \times \dfrac{\mathrm{d}y}{2} \right) \mathrm{d}x \mathrm{d}z \mathrm{d}t$。这样在 $\mathrm{d}t$ 时间内，流入、流出左、右侧面的流体质量的变化为（入增出减）$\mathrm{d}M_y = \mathrm{d}M_{左} - \mathrm{d}M_{右} = -\dfrac{\partial (\rho u_y)}{\partial y} \mathrm{d}x \mathrm{d}y \mathrm{d}z \mathrm{d}t$。同理，可得在 $x$ 方向和 $z$ 方向上流体质量的变化量分别为 $\mathrm{d}M_x = \mathrm{d}M_{后} - \mathrm{d}M_{前} = -\dfrac{\partial (\rho u_x)}{\partial x} \mathrm{d}x \mathrm{d}y \mathrm{d}z \mathrm{d}t$、$\mathrm{d}M_z = \mathrm{d}M_{下} - \mathrm{d}M_{上} = -\dfrac{\partial (\rho u_z)}{\partial z} \mathrm{d}x \mathrm{d}y \mathrm{d}z \mathrm{d}t$。因此，在 $\mathrm{d}t$ 时间内，流入、流出整个微元六面体的流体质量的变化量为：

$$\mathrm{d}M = \mathrm{d}M_x + \mathrm{d}M_y + \mathrm{d}M_z = -\left[ \frac{\partial (\rho u_x)}{\partial x} + \frac{\partial (\rho u_y)}{\partial y} + \frac{\partial (\rho u_z)}{\partial z} \right] \mathrm{d}x \mathrm{d}y \mathrm{d}z \mathrm{d}t$$

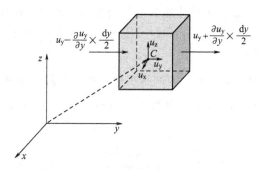

图 1-37 运动流体的微元六面体

另外，在 $t$ 时刻微元体内的质量为 $\rho \, \mathrm{d}x \mathrm{d}y \mathrm{d}z$。经过 $\mathrm{d}t$ 时间后，微元体内的质量为 $\left(\rho + \dfrac{\partial \rho}{\partial t}\mathrm{d}t\right)\mathrm{d}x\mathrm{d}y\mathrm{d}z$，所以在 $\mathrm{d}t$ 时间内微元体的质量变化量为：

$$\mathrm{d}M' = \left(\rho + \frac{\partial \rho}{\partial t}\right)\mathrm{d}x\mathrm{d}y\mathrm{d}z - \rho \,\mathrm{d}x\mathrm{d}y\mathrm{d}z = \frac{\partial \rho}{\partial t}\mathrm{d}x\mathrm{d}y\mathrm{d}z\mathrm{d}t$$

由质量守恒定律知 $\mathrm{d}M' = \mathrm{d}M$，即：

$$-\left[\frac{\partial(\rho u_x)}{\partial x} + \frac{\partial(\rho u_y)}{\partial y} + \frac{\partial(\rho u_z)}{\partial z}\right]\mathrm{d}x\mathrm{d}y\mathrm{d}z\mathrm{d}t = \frac{\partial \rho}{\partial t}\mathrm{d}x\mathrm{d}y\mathrm{d}z\mathrm{d}t$$

整理后得：

$$\frac{\partial \rho}{\partial t} + \frac{\partial(\rho u_x)}{\partial x} + \frac{\partial(\rho u_y)}{\partial y} + \frac{\partial(\rho u_z)}{\partial z} = 0 \tag{1-69}$$

式（1-69）是直角坐标系下流体的连续性方程。

利用散度的定义，式（1-69）可写为：

$$\frac{\partial \rho}{\partial t} + \mathrm{div}(\rho \boldsymbol{u}) = 0$$

下面讨论几种特殊情况。

① 可压缩流体定常流动的连续性方程为：

$$\frac{\partial(\rho u_x)}{\partial x} + \frac{\partial(\rho u_y)}{\partial y} + \frac{\partial(\rho u_z)}{\partial z} = 0 \tag{1-70}$$

② 不可压缩流体（$\rho$ 为常数）定常流或非定常流的连续性方程为：

$$\frac{\partial u_x}{\partial x} + \frac{\partial u_y}{\partial y} + \frac{\partial u_z}{\partial z} = 0 \tag{1-71}$$

## 四、元流能量方程——元流伯努利方程

### （一）理想流体运动微分方程

在理想流体中取出以 $C(x,y,z)$ 为体心的一长方体微元，如图 1-38 所示。假设 $C$ 点的动压强为 $p$，流体密度为 $\rho$，且作用在微元体上的质量力为 $\mathrm{d}G$，其单位质量力为 $\boldsymbol{J}$（它在各轴上的分力为 $X$，$Y$，$Z$）。整个微团的运动速度为 $u$，其分量为 $u_x$，$u_y$，$u_z$，加速度为 $a$。

则流体微团沿 $x$ 轴方向的表面力的合力为：

$$\left(p - \frac{\partial p}{\partial x}\times\frac{\mathrm{d}x}{2}\right)\mathrm{d}y\mathrm{d}z - \left(p + \frac{\partial p}{\partial x}\times\frac{\mathrm{d}x}{2}\right)\mathrm{d}y\mathrm{d}z = -\frac{\partial p}{\partial x}\mathrm{d}x\mathrm{d}y\mathrm{d}z$$

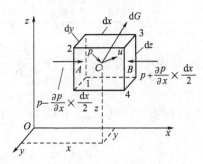

图 1-38  无黏性运动流体微元受力情况

对流体微团在 $x$ 轴上运用牛顿第二定律，可得：

$$\rho\,dx\,dy\,dz\,X - \frac{\partial p}{\partial x}dx\,dy\,dz = \rho\,dx\,dy\,dz\,\frac{du_x}{dt}$$

整理上式，可得 $x$ 轴上单位质量流体的运动微分方程为

$$X - \frac{1}{\rho}\times\frac{\partial p}{\partial x} = \frac{du_x}{dt}$$

同理，$y$，$z$ 轴上的运动微分方程为：

$$Y - \frac{1}{\rho}\times\frac{\partial p}{\partial y} = \frac{du_y}{dt}$$

$$Z - \frac{1}{\rho}\times\frac{\partial p}{\partial z} = \frac{du_z}{dt} \tag{1-72}$$

式（1-72）为理想（无黏）流体的运动微分方程，它表明单位质量无黏性流体（理想流体）所受外力与运动之间的关系。它是欧拉于 1755 年导出的，又称为欧拉运动微分方程，这奠定了流体动力学的基础。如果 $u_x = u_y = u_z = 0$，则式（1-72）退化为欧拉平衡微分方程。

方程（1-72）右端的加速度展开可变为：

$$X - \frac{1}{\rho}\times\frac{\partial p}{\partial x} = \frac{\partial u_x}{\partial x}u_x + \frac{\partial u_x}{\partial y}u_y + \frac{\partial u_x}{\partial z}u_z + \frac{\partial u_x}{\partial t}$$

$$Y - \frac{1}{\rho}\times\frac{\partial p}{\partial y} = \frac{\partial u_y}{\partial x}u_x + \frac{\partial u_y}{\partial y}u_y + \frac{\partial u_y}{\partial z}u_z + \frac{\partial u_y}{\partial t} \tag{1-73}$$

$$Z - \frac{1}{\rho}\times\frac{\partial p}{\partial z} = \frac{\partial u_z}{\partial x}u_x + \frac{\partial u_z}{\partial y}u_y + \frac{\partial u_z}{\partial z}u_z + \frac{\partial u_z}{\partial t}$$

式（1-73）是更详细的欧拉运动微分方程，它含有 $u_x$，$u_y$，$u_z$，$p$ 四个未知函数，与连续性方程联立从理论上可求解无黏性流体的动力学问题，但求解难度较大。然而在某些特定的条件下，经过一些简化和假设，可以得到解答。

**（二）理想流体运动微分方程的积分**

理想流体运动微分方程的积分目前只能在特殊条件下进行，即以下四个假设条件。

① 不可压缩流体  将式（1-72）中的各个方程对应地乘以 dx、dy、dz，然后相加，可得：

$$(X\mathrm{d}x + Y\mathrm{d}y + Z\mathrm{d}z) - \frac{1}{\rho}\left(\frac{\partial p}{\partial x}\mathrm{d}x + \frac{\partial p}{\partial y}\mathrm{d}y + \frac{\partial p}{\partial z}\mathrm{d}z\right) = \frac{\mathrm{d}u_x}{\mathrm{d}t}\mathrm{d}x + \frac{\mathrm{d}u_y}{\mathrm{d}t}\mathrm{d}y + \frac{\mathrm{d}u_z}{\mathrm{d}t}\mathrm{d}z \quad (1\text{-}74)$$

② 流场是定常，此时流线与迹线重合。即 $\frac{\partial p}{\partial t} = 0$，$\frac{\partial u_x}{\partial t} = \frac{\partial u_y}{\partial t} = \frac{\partial u_z}{\partial t} = 0$，且有 $\mathrm{d}x = u_x\mathrm{d}t$，$\mathrm{d}y = u_y\mathrm{d}t$，$\mathrm{d}z = u_z\mathrm{d}t$。

③ 作用在流体上的质量力只有重力，则 $X\mathrm{d}x + Y\mathrm{d}y + Z\mathrm{d}z = -g\mathrm{d}z$，则式（1-74）可变为：

$$-g\mathrm{d}z - \frac{1}{\rho}\mathrm{d}p = u_x\mathrm{d}u_x + u_y\mathrm{d}u_y + u_z\mathrm{d}u_z = \mathrm{d}\frac{(u_x^2 + u_y^2 + u_z^2)}{2} = \mathrm{d}\left(\frac{u^2}{2}\right)$$

④ 沿流线积分，则上式变为：

$$gz + \frac{p}{\rho} + \frac{u^2}{2} = C'$$

两端同除以 $g$，得：

$$z + \frac{p}{\gamma} + \frac{u^2}{2g} = C \quad (1\text{-}75)$$

针对同一流线上的任意两点，式（1-75）可写为：

$$z_1 + \frac{p_1}{\gamma} + \frac{u_1^2}{2g} = z_2 + \frac{p_2}{\gamma} + \frac{u_2^2}{2g} \quad (1\text{-}76)$$

式（1-76）称为不可压缩无黏性流体运动的伯努利方程。该式可推广到微元流束中，称为不可压缩无黏性流体微元流束的伯努利方程。

微元流束伯努利方程中各项的物理意义为：$z$ 表示单位重量流体流经某点时所具有的位置势能，称为比位能；$p/\gamma$ 表示单位重量流体流经某点时所具有的压力势能，称为比压能；$u^2/2g$ 表示单位重量流体流经某点时所具有的动能，称为比动能；

令：

$$H = z + \frac{p}{\gamma} + \frac{u^2}{2g}$$

则 $H$ 为单位重量流体所具有的机械能，称为总比能。无黏性流体的伯努利方程表明：单位重量无黏性流体沿流线自位置 1 流到位置 2 时，其比位能、比压能和比动能之间可以互相转化，但总比能（机械能）保持不变。所以，它又称为能量转化定律或机械能守恒原理。

若为可压缩流体，对气体流动，重力影响很小可以忽略，则有：

$$\frac{\mathrm{d}p}{\rho} + \mathrm{d}\left(\frac{u^2}{2}\right) = 0 \quad (1\text{-}77)$$

如果气体是不可压缩的，积分式（1-77）可得：

$$\frac{p_1}{\rho} + \frac{u_1^2}{2} = \frac{p_2}{\rho} + \frac{u_2^2}{2} \quad (1\text{-}78)$$

如果气体是可压缩气体的流出，由于其流速很快，可视为可逆绝热过程（等熵流动），由绝热方程知：

$$p/\rho^k = C \quad (1\text{-}79)$$

将式（1-79）代入式（1-77）并积分可得：

$$\frac{k}{k-1} \times \frac{p}{\rho} + \frac{u^2}{2} = C \quad (1\text{-}80)$$

对同一流线上任意两点有：

$$\frac{k}{k-1} \times \frac{p_1}{\rho_1} + \frac{u_1^2}{2} = \frac{k}{k-1} \times \frac{p_2}{\rho_2} + \frac{u_2^2}{2} \tag{1-81}$$

对式（1-80）变形后可得：

$$\frac{1}{k-1} \times \frac{p}{\rho} + \frac{p}{\rho} + \frac{u^2}{2} = C \tag{1-82}$$

式（1-82）比式（1-78）多一项 $\frac{1}{k-1} \times \frac{p}{\rho}$。由热力学知，该项是绝热过程中单位质量气体所具有的内能 $u'$，这样式（1-82）可写为：

$$u' + \frac{p}{\rho} + \frac{u^2}{2} = C \tag{1-83}$$

式（1-83）表明理想气体作等熵流动（绝热流动）时，同一流线上单位气体所具有的内能、比压能和比动能之和为常数。

由热力学知 $u' + \frac{p}{\rho} = h$，$h$ 称为气体的焓，将其代入式（1-83）可得：

$$h + \frac{u^2}{2} = C \tag{1-84}$$

式（1-80）～式（1-84）是理想气体绝热运动的能量方程，又称为可压缩流体的元流伯努利方程。

## 五、总流能量方程——总流伯努利方程

前面讨论了理想流体微元流束的伯努利方程，但工程实际中，需要得出实际流体与平均流速和压强有关的总能量方程式，即总流的伯努利方程。下面重点讨论总流的能量方程。

### （一）不可压缩流体的总流的伯努利方程

由于流体具有黏性，它在流体运动过程中将消耗部分机械能，这样总能量沿流程逐渐减小，用 $h_l'$ 表示微元流束 1，2 两断面间的机械能损失（水头损失），则式（1-76）可改写为：

$$z_1 + \frac{p_1}{\gamma} + \frac{u_1^2}{2g} = z_2 + \frac{p_2}{\gamma} + \frac{u_2^2}{2g} + h_1' \tag{1-85}$$

此即黏性流体微元流束的伯努利方程。$h_1'$ 为损失的能量，又称为机械能损失。

为了得到总流的伯努利方程，将式（1-85）两端同乘以重量 $\gamma \mathrm{d}Q$，然后积分，可得：

$$\int_Q \left(z_1 + \frac{p_1}{\gamma} + \frac{u_1^2}{2g}\right) \gamma \mathrm{d}Q = \int_Q \left(z_2 + \frac{p_2}{\gamma} + \frac{u_2^2}{2g} + h_1'\right) \gamma \mathrm{d}Q \tag{1-86}$$

由于总流断面 1 或 2 上各点的 $z$、$p$、$u$ 及 $h_1'$ 并不相同，要积分式（1-86），需引入均匀流动和非均匀流动的概念。如图 1-39 所示，质点流速的大小和方向均不变的流动称为均匀流动，否则为非均匀流动。非均匀流动按流速随流向变化的缓急分为缓变流和急变流。

急变流是指流线之间的夹角 $\beta$ 很大或流线的曲率半径 $r$ 很小的流动。缓变流是指流线之间的夹角很小或流线的曲率半径很大，近乎平行直线的流动。如图 1-39 中，流段 3—4、5—6 内的流动是缓变流。在缓变流段中，过流断面上的压强分布符合流体静压强分布规律，即 $z + p/\gamma =$ 常数（证明过程见附录Ⅰ）。因此伯努利方程中的过流断面应取在缓变流段。这样式（1-86）中的积分两端的前两项可写成：

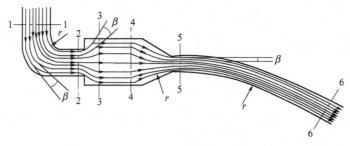

图 1-39　急变流与缓变流

$$\int_Q z\gamma\,\mathrm{d}Q + \int_Q \frac{p}{\gamma}\gamma\,\mathrm{d}Q = \int_Q \left(z + \frac{p}{\gamma}\right)\gamma\,\mathrm{d}Q = \gamma\left(z + \frac{p}{\gamma}\right)Q$$

第三项 $\int_Q \dfrac{u^2}{2g}\gamma\,\mathrm{d}Q$，可以用均速 $v$ 表示，即 $\dfrac{v^2}{2g}$ 乘以动能修正系数 $\alpha$ 来代替 $\dfrac{u^2}{2g}$ 并进行积分，也就是：

$$\int_Q \frac{u^2}{2g}\gamma\,\mathrm{d}Q = \int_Q \frac{\alpha v^2}{2g}\gamma\,\mathrm{d}Q = \frac{\alpha v^2}{2g}\gamma Q$$

若用 $h_l$ 表示单位重量流体的平均能量损失，则 $\int_Q h'_1\gamma\,\mathrm{d}Q = h_1\gamma Q$。

将积分结果代入式（1-86），然后两端同时除以 $\gamma Q$，可得总流的伯努利方程为：

$$z_1 + \frac{p_1}{\gamma} + \frac{\alpha_1 v_1^2}{2g} = z_2 + \frac{p_2}{\gamma} + \frac{\alpha_2 v_2^2}{2g} + h_1 \tag{1-87}$$

式中，$\alpha$ 为动能校正系数，在实际流体流动中，$\alpha = 1.05 \sim 1.10$。一般在工程计算中，常取 $\alpha = 1$，即：

$$z_1 + \frac{p_1}{\gamma} + \frac{v_1^2}{2g} = z_2 + \frac{p_2}{\gamma} + \frac{v_2^2}{2g} + h_1 \tag{1-88}$$

式（1-87）、式（1-88）为不可压缩流体在重力场中作定常流动时总流的伯努利方程，是工程流体力学中很重要的方程。在使用总流伯努利方程时，应注意适用条件：①流体不可压缩；②流场为定常；③作用于流体上的质量力只有重力；④所取过流断面 1、2 都在缓变流区域；⑤所取两过流断面间没有流量汇入或流出，也没有能量输入或输出。

### （二）其他几种形式的伯努利方程

#### 1. 气流的伯努利方程

定常流动总流的伯努利方程（1-87）也适用于可压缩气体。但气体流动时，重度 $\gamma$ 一般是变化的。如果不考虑气体内能的影响，则气流的伯努利方程为：

$$z_1 + \frac{p_1}{\gamma_1} + \frac{\alpha_1 v_1^2}{2g} = z_2 + \frac{p_2}{\gamma_2} + \frac{\alpha_2 v_2^2}{2g} + h_1 \tag{1-89}$$

#### 2. 有能量输入输出的伯努利方程

如果两过流断面之间有能量的输入或输出，用 $\pm E$ 表示，则伯努利方程为：

$$z_1 + \frac{p_1}{\gamma} + \frac{\alpha_1 v_1^2}{2g} \pm E = z_2 + \frac{p_2}{\gamma} + \frac{\alpha_2 v_2^2}{2g} + h_1 \tag{1-90}$$

如果流体机械对流体做功，向系统输入能量时，$E$ 取正号，如水泵或风机；如果流体对流体机械做功，即系统输出能量时，$E$ 取负号，如水轮机管路系统。

### （三）伯努利方程的应用

工程上测量流速和流量的仪器，大都是以伯努利方程为工作原理而制成的。下面分别介绍测量流速的仪器——毕托管和测量流量的仪器——文丘里流量计。

#### 1. 毕托管

毕托管是将流体动能转化为压能，通过测压计测定流体运动速度的仪器。最简单的毕托管是一根弯成 $90°$ 的开口细管，如图 1-40(a) 所示。测量管中某点 $M$ 的流速时，就将弯管一端的开口放在 $M$ 点，并正对流向，流体进入管中上升到某一高度后，速度变为零（$M$ 点称为停滞点）。在过 $M$ 点的同一流线上，有一与其极为接近的 $M_0$ 点对这两点所在的过流断面建立伯努利方程，设 $M_0$ 点的流速为 $u$，则有：

$$z_{M_0} + \frac{p_{M_0}}{\gamma} + \frac{u^2}{2g} = z_M + H = z_M + \frac{p_M}{\gamma} + h$$

因为 $M_0$ 与 $M$ 非常接近，故 $z_{M_0} = z_M$，$p_{M_0} = p_M$。结合上式可得：

$$u = \sqrt{2gh} \tag{1-91}$$

这表明 $M_0$ 点的流体动能 $\dfrac{u^2}{2g}$ 转化成为停滞点 $M$ 的流体压能 $h$。但实际流体具有黏性，能量转换时会有损失，速度值会减小，所以对式（1-91）修正后得到：

$$u = \varphi \sqrt{2gh} \tag{1-92}$$

式中，$\varphi$ 称为毕托管的流速系数，一般条件下 $\varphi = 0.97 \sim 0.99$。如果毕托管制作精密，$\varphi$ 取 1。加工成商品的毕托管如图 1-40(b) 所示，可测定水管、风管、渠道和矿井巷道中任意点的流体速度。

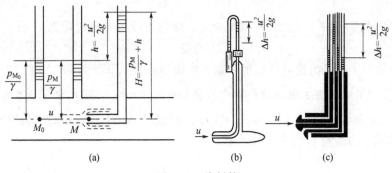

(a)　　　　　　(b)　　　　　　(c)

图 1-40　毕托管

#### 2. 文丘里流量计

文丘里流量计由主管路、渐缩管 $A$、喉管 $B$ 和渐扩管 $C$ 组成，如图 1-41 所示。在主管路和喉部上各安装一测压管，并设基准面 $O—O$，对 1—1 及 2—2 列伯努利方程：

$$z_1 + \frac{p_1}{\gamma} + \frac{v_1^2}{2g} = z_2 + \frac{p_2}{\gamma} + \frac{v_2^2}{2g}$$

由流体连续性方程知：

$$A_1 v_1 = A_2 v_2$$

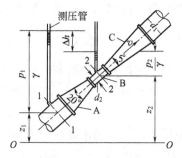

图 1-41　文丘里流量计

$$v_2 = \frac{A_1}{A_2} v_1 = \left( \frac{\pi d_1^2}{4} \bigg/ \frac{\pi d_2^2}{4} \right) v_1 = \frac{d_1^2}{d_2^2} v_1$$

代入上述各参数到伯努利方程，得：

$$\left( z_1 + \frac{p_1}{\gamma} \right) - \left( z_2 + \frac{p_2}{\gamma} \right) = \frac{v_1^2}{2g} \left( \frac{d_1^4}{d_2^4} - 1 \right)$$

$$v_1 = \frac{1}{\sqrt{\dfrac{d_1^4}{d_2^4} - 1}} \sqrt{2g \left[ \left( z_1 + \frac{p_1}{\gamma} \right) - \left( z_2 + \frac{p_2}{\gamma} \right) \right]}$$

设 $\sqrt{2g} \big/ \sqrt{d_1^4/d_2^4 - 1} = k$，$\left( z_1 + \dfrac{p_1}{\gamma} \right) - \left( z_2 + \dfrac{p_2}{\gamma} \right) = \Delta h$，则：

$$v_1 = k \sqrt{\Delta h} \tag{1-93}$$

式中，$k$ 称为仪器常数，对于某一固定尺寸的文丘里流量计，$k$ 为常数。故流量为：

$$Q_0 = A_1 v_1 = \frac{\pi d_1^2}{4} k \sqrt{\Delta h} \tag{1-94}$$

由于未考虑能量损失，上式计算结果偏大，修正后可得实际流量为：

$$Q = \mu Q_0 \tag{1-95}$$

式中，$\mu$ 称为文丘里流量计的流量系数，取值通常在 $0.95 \sim 0.98$ 之间。

**例 1-7**　图 1-42 为水泵系统，管中流量 $Q = 0.06 \text{m}^3/\text{s}$，吸水管和压水管直径 $D$ 均为 200mm，排水池与吸水池的水面高差 $H = 25\text{m}$。设管路 $A-B-C$ 中的水头损失为 $h_1 = 5\text{m}$，求水泵向系统输入的能量 $E$ 为多少米水柱。

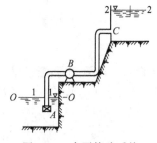

图 1-42　水泵管路系统

**解**　选取吸水池、水面为水平基准面 $O-O$ 及过流断面 1—1，排水池水面为过流断面 2—2。沿流程列 1—1、2—2 两断面间的伯努利方程为：

$$z_1 + \frac{p_1}{\gamma} + \frac{v_1^2}{2g} + E = z_2 + \frac{p_2}{\gamma} + \frac{v_2^2}{2g} + h_1$$

由已知条件知 $z_1 = 0$，$z_2 = 25$，$p_1 = p_2 = p_a$，$v_1 = v_2 \approx 0$，$h_1 = 5\mathrm{m}$

结合已知条件和伯努利方程，可得：

$$E = z_2 + h_1 = 25 + 5 = 30 (\mathrm{mH_2O})$$

工程上常以 $E = H$，即低位水池到高位水池之高差称为水泵的扬程，它用来提高水位和克服管路中的损失，其中水泵以下的部分称为吸程。

## 六、定常流动总流动量方程

要解决运动流体对固体的作用力，如水力采煤射流对壁面的冲击力、快艇航行时射流的反推力、水流作用于闸门上的动水压力等，需要运用下面的动量方程来分析。

### （一）定常总流的动量方程

由理论力学知，动量定理可表述为质点系的总动量对时间的一阶导数等于作用在质点系上的合外力，即：

$$\frac{\mathrm{d}}{\mathrm{d}t}(\sum mv) = \sum F \tag{1-96}$$

如图 1-43 所示，在某定常总流中任取一流段 1—1、2—2，其中心流线处的压强分别为 $p_1$、$p_2$，速度分别为 $v_1$、$v_2$。经过 $\mathrm{d}t$ 时间后，流段 1—2 将运动到 $1'$—$2'$ 的位置，由于流体的黏性及固体对流体的作用力导致了速度发生变化，因而流段内的动量亦变化。

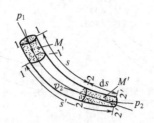

图 1-43　流体动量方程的推导

流段的动量变化量为流段 $1'$—$2'$ 的动量（末动量）与流段 1—2 的动量（初动量）之差，但因为是定常流动，在 $\mathrm{d}t$ 时间内，流段 $1'$—$1'$、2—2 区域内的动量没有变化，因此 $\mathrm{d}t$ 时间内的动量变化应等于流段 2—$2'$ 与流段 1—$1'$ 两者（即图中两阴影部分）的动量差，即：

$$\rho \mathrm{d}Q_2 \mathrm{d}t v_2 - \rho \mathrm{d}Q_1 \mathrm{d}t v_1$$

结合连续性方程 $Q_1 = Q_2 = Q$，并将上式推广到总流中，得：

$$\rho Q \mathrm{d}t \, \mathrm{d}v_2 - \rho Q \mathrm{d}t v_1 = \rho Q \mathrm{d}t (v_2 - v_1)$$

将上式代入式（1-96）可得：

$$\rho Q(v_2 - v_1) = \sum F \tag{1-97}$$

上述方程是以断面各点流速均为平均流速导出的，实际流速的非均匀分布使式（1-97）存在计算误差。为此，以动量修正系数 $\alpha_0$ 来修正，$\alpha_0$ 定义为实际动量与按照平均流速计算出的动量的比值，即：

$$\alpha_0 = \frac{\int_A \rho u^2 \, dA}{\rho Q v} = \frac{\int_A u^2 \, dA}{v^2 A}$$

一般 $\alpha_0 = 1.02 \sim 1.05$。为了简化计算,常取 $\alpha_0 = 1$。但当流速分布不均匀时,其定常流动量方程为:

$$\sum F = \alpha_2 \rho Q v_2 - \alpha_1 \rho Q v_1 \tag{1-98}$$

在工程实际中,常用到式(1-98)的投影式,即:

$$\sum F_x = \alpha_2 \rho Q v_{2x} - \alpha_1 \rho Q v_{1x}$$
$$\sum F_y = \alpha_2 \rho Q v_{2y} - \alpha_1 \rho Q v_{1y} \tag{1-99}$$
$$\sum F_z = \alpha_2 \rho Q v_{2z} - \alpha_1 \rho Q v_{1z}$$

式(1-99)是动量定理的投影形式,常用来确定流体与固体壁面之间的相互作用力,是流体力学中的重要方程之一。

### (二)动量方程的应用

#### 1. 流体对管壁的作用力

渐缩弯管如图1-44(a)所示,设流体流入 1—1 断面的平均速度为 $v_1$,流出 2—2 断面的平均速度为 $v_2$。以断面 1—1、2—2 间的流体为控制体[图1-44(b)],其受力包括:重力 $G$,弯管对流体的约束力 $R$,压力 $p_1 A_1$、$p_2 A_2$。取如图所示坐标系,动量方程为:

$$\sum F_x = p_1 A_1 - p_2 A_2 \cos\theta - R_x = \rho Q(v_{2x} - v_{1x})$$
$$\sum F_z = -p_2 A_2 \sin\theta - G + R_z = \rho Q(v_{2z} - v_{1z})$$

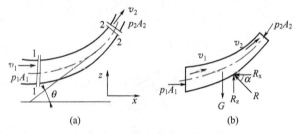

图 1-44 流体对管壁的作用力

解得:

$$R_x = p_1 A_1 - p_2 A_2 \cos\theta - \rho Q(v_2 \cos\theta - v_1)$$
$$R_z = p_2 A_2 \sin\theta + G + \rho Q v_2 \sin\theta$$

合力大小为 $R \sqrt{R_x^2 + R_z^2}$,合力的方向为 $\alpha = \arctan \dfrac{R_z}{R_x}$。

流体作用于管壁上的力 $F$ 为弯管对流体的约束力 $R$ 的反作用力。

特别地,当 $\theta = 90°$ 且 $A_1 \neq A_2$(直角变径弯管),但由连续性方程知 $Q = A_1 v_1 = A_2 v_2$,此时流体对管壁的作用力为:

$$F_x = (p_1 + \rho v_1^2) A_1$$
$$F_z = (p_2 + \rho v_2^2) A_2 + G$$

当 $\theta = 90°$,且 $A_1 = A_2 = A$ 时(直角等径弯管),如果管道在水平平面内,则流体对管壁的作用力为:

$$F_x = (p_1 + \rho v^2)A$$
$$F_z = (p_2 + \rho v^2)A$$

**2. 射流对固体平板的冲击力**

图 1-45 为水平射流射向一个与之成 $\theta$ 角的固定平板。当流体自喷嘴射出时，其喷嘴处面积为 $A_0$，平均流速为 $v_0$，射向平板后分散成两股，其平均速度分别为 $v_1$ 与 $v_2$。下面求解射流对固体壁的冲击力。

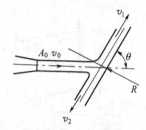

图 1-45 射流对平板的冲击力

取射流为控制体，设平板沿其法线方向对射流的约束力为 $R$。由于射流口离壁面很近，故不考虑流体扩散，且不计板面阻力及空气阻力，这样由伯努利方程容易得到 $v_1 = v_2 = v_0$。

以平板切线方向为 $x$ 轴，平板法线方向为 $y$ 轴，分别列两个方向的动量方程为：

$$\sum F_x = 0 = \rho(Q_1 v_1 - Q_2 v_2 - Q_0 v_0 \cos\theta)$$
$$\sum F_y = -R = -\rho Q_0 v_0 \sin\theta$$

结合连续性方程 $Q_1 + Q_2 = Q_0$ 并求解，可得：

$$Q_1 = \frac{Q_0}{2}(1 + \cos\theta), \quad Q_2 = \frac{Q_0}{2}(1 - \cos\theta), \quad R = \rho Q_0 v_0 \sin\theta = \rho A_0 v_0^2 \sin\theta$$

射流对固定平板的冲击力为平板对射流的约束力 $R$ 的反作用力。当 $\theta = 90°$，即射流沿平板法线方向射去时，$Q_1 = Q_2 = Q_0/2$，$R = \rho A_0 v_0^2$。

**3. 射流的反推力**

内装流体的容器，在其侧壁上开一面积为 $A$ 的小孔，流体自小孔流出，如图 1-46 所示，求射流对容器的反推力。

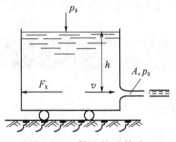

图 1-46 射流的反推力

设小孔处流体的出流量很小，在很短的时间内可以看成是定常流动，即出流速度 $v = \sqrt{2gh}$。此时流体沿水平方向（$x$ 轴）的动量变化率为：$\rho Q v_x = \rho A v^2$，射流给容器的反推力在 $x$ 轴的投影用 $R_x$ 表示，由动量定理知：

$$R_x = \rho A v^2$$

则射流给容器的反推力为：

$$F_x = -R_x = -\rho A v^2$$

如果容器能沿 $x$ 轴自由移动，则容器在 $F_x$ 的作用下朝射流的反方向运动，这就是射流的反推力。火箭、喷气式飞机、喷水船等都是凭借这个反推力而工作的。

**例 1-8** 在直径为 $D=100\mathrm{mm}$ 的水平管路末端，接一个出口直径为 $d=50\mathrm{mm}$ 的喷嘴，如图 1-47 所示。已知管中流量 $Q=1\mathrm{m}^3/\mathrm{min}$，求喷嘴与管路结合处的纵向拉力。

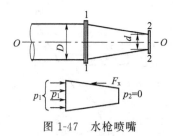

图 1-47　水枪喷嘴

**解**　由连续性方程可知：

$$v_1 = \frac{Q}{A_1} = \frac{Q}{\frac{\pi D^2}{4}} = \frac{\frac{1}{60} \times 4}{\pi \times 0.1^2} = 2.122(\mathrm{m/s}),\ v_2 = \frac{Q}{A_2} = \frac{Q}{\frac{\pi d^2}{4}} = \frac{\frac{1}{60} \times 4}{\pi \times 0.05^2} = 8.492(\mathrm{m/s})$$

取管轴线为水平基准面 $O$—$O$，列过流断面 1—1、2—2 的伯努利方程为：

$$z_1 + \frac{p_{1相对}}{\gamma} + \frac{v_1^2}{2g} = z_2 + \frac{p_{2相对}}{\gamma} + \frac{v_2^2}{2g}$$

已知 $z_1 = z_2$，$p_{2相对} = 0$，$v_1 = 2.122\mathrm{m/s}$，$v_2 = 8.492\mathrm{m/s}$，代入上式可得 $p_{1相对} = 33837\mathrm{Pa}$。

设喷嘴作用于液流上的约束力沿 $x$ 轴的投影为 $F_x$，由动量定理知：

$$p_{1相对} A_1 - F_x = \rho Q (v_2 - v_1)$$

综上可得：

$$F_x = p_{1相对} A_1 - \rho Q (v_2 - v_1) = 33837 \times \frac{\pi}{4} \times 0.1^2 - 1000 \times \frac{1}{60}(8.496 - 2.123) = 159.5(\mathrm{N})$$

也即喷嘴与管路结合处的纵向拉力大小为 159.5N，方向向右。

# 第四节　窑炉系统内的气体流动

## 一、气体流动基本原理

### （一）连续性方程

气体的连续性方程为：

$$\frac{\partial \rho}{\partial t} + \mathrm{div}(\rho \boldsymbol{u}) = 0$$

对不可压缩气体，其连续性方程可写为：

$$\mathrm{div}\boldsymbol{u}=0$$

### (二) 能量守恒方程

根据能量守恒原理知在稳定态时单位时间传入系统的热量应等于系统内气体能量的增加与系统对外作出的功率之和，其数学表达式为：

$$gz_1+h_1+\frac{v_1^2}{2}=gz_2+h_2+\frac{v_2^2}{2} \qquad (1\text{-}100)$$

式中 $h=e+\dfrac{p}{\rho}$ 是单位质量气体的焓，其中 $e$ 为内能；对理想气体 $h=c_\mathrm{p}T$。

对于可压缩气体的高速流动，位能与其他项相比较小，可以忽略，这样能量方程变为：

$$h_1+\frac{v_1^2}{2}=h_2+\frac{v_2^2}{2} \qquad (1\text{-}101)$$

其微分形式为：

$$\mathrm{d}h+v\mathrm{d}v=0$$

## 二、两气体流动的伯努利方程

气体作等温流动时有能量损失，能量损失用 $h_\mathrm{L}$ 表示，则伯努利方程可写为：

$$p_1+\rho gz_1+\rho\frac{v_1^2}{2}=p_2+\rho gz_2+\rho\frac{v_2^2}{2}+h_\mathrm{L} \qquad (1\text{-}102)$$

窑炉系统是和大气相通的，炉内的热气体会受到大气浮力的影响。对炉外的空气相应两个断面列静力学方程为：

$$p_{\mathrm{a}1}+\rho_\mathrm{a}gz_1=p_{\mathrm{a}2}+\rho_\mathrm{a}gz_2 \qquad (1\text{-}103)$$

式中，$p_\mathrm{a}$ 为当地大气压强；$\rho_\mathrm{a}$ 为空气的密度。

式 (1-102) 和式 (1-103) 两式相减可得：

$$(p_1-p_{\mathrm{a}1})+(\rho-\rho_\mathrm{a})gz_1+\rho\frac{v_1^2}{2}=(p_2-p_{\mathrm{a}2})+(\rho-\rho_\mathrm{a})gz_2+\rho\frac{v_2^2}{2}+h_\mathrm{L} \qquad (1\text{-}104)$$

由于 $\rho<\rho_\mathrm{a}$，式 (1-104) 可改写为：

$$\Delta p_1+(\rho_\mathrm{a}-\rho)gz_1+\rho\frac{v_1^2}{2}=\Delta p_2+(\rho_\mathrm{a}-\rho)gz_2+\rho\frac{v_2^2}{2}+h_\mathrm{L} \qquad (1\text{-}105)$$

式 (1-104) 和式 (1-105) 均称为二流体伯努利方程，第一项是窑炉内气体的表压强，称为静压头；第二项是窑炉内气体的位能，称为位头；第三项是窑炉内气体的动能，称为速度头。

为书写方便，可将二流体伯努利方程简写为：

$$h_{\mathrm{s}1}+h_{\mathrm{ge}1}+h_{\mathrm{k}1}=h_{\mathrm{s}2}+h_{\mathrm{ge}2}+h_{\mathrm{k}2}+h_\mathrm{L} \qquad (1\text{-}106)$$

式中　$h_\mathrm{s}$——二流体的静压头；

　　　$h_\mathrm{ge}$——二流体的位头；

　　　$h_\mathrm{k}$——二流体的速度头。

## 三、气体的流出和流入

当炉窑系统的两侧存在压差时，气体会通过小孔和炉门从压强高的一侧流向压强低的一侧，窑炉系统内为正压时窑内气体会流出，窑炉系统内为负压时外界气体会被吸入。下面分别介绍气体从小孔、炉门流出和吸入的规律。

**1. 气体通过小孔的流出和吸入**

当气体由一较大的空间突然经过小孔向外流出时，气体的静压头转变为动压头，其压强降低，速度增加，在流出气体的惯性作用下，气流发生收缩，在Ⅱ截面处形成一个小截面 $A_2$（如图 1-48 所示），这种现象称为缩流。气体最小截面 $A_2$ 与小孔截面 $A$ 的比值称为缩流系数：

$$\varepsilon = \frac{A_2}{A} \tag{1-107}$$

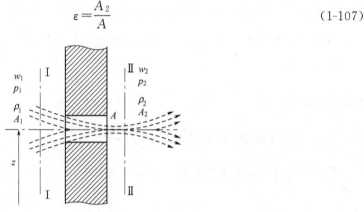

图 1-48　气流通过小孔流出

在图 1-48 中，Ⅰ—Ⅰ截面取在窑内，Ⅱ—Ⅱ截面取在气流最小的截面上，它们的物理参数分别为 $w_1$，$p_1$，$\rho_1$ 和 $w_2$，$p_2$，$\rho_2$，由于气体通过小孔时的压差很小，可以认为 $\rho_1 = \rho_2$，此时Ⅰ—Ⅱ截面间的伯努利方程为：

$$h_{g_1} + h_{k_1} + h_{s_1} = h_{g_2} + h_{k_2} + h_{s_2} + \sum h_1$$

因为 $z_1 = z_2$，$\rho_1 = \rho_2$，所以 $h_{g_1} = h_{g_2}$；因为 $A_1 \gg A_2$，$w_1 \ll w_2$，所以 $h_{k_1}$ 可忽略；因为 $p_2 = p_a$，所以 $h_{s_2} = 0$。这样热气体伯努利方程可简化为：

$$h_{s_1} = h_{k_2} + \sum h_1$$

即：

$$w_2 = \frac{1}{\sqrt{1+\xi}} \sqrt{\frac{2(p_1 - p_a)}{\rho}}$$

令：

$$\varphi = \frac{1}{\sqrt{1+\xi}}$$

$$w_2 = \varphi \sqrt{\frac{2(p_1 - p_a)}{\rho}} \tag{1-108}$$

式中　$\xi$——局部阻力系数；

$\quad p_1$——Ⅰ截面上的压强，Pa；

$\quad p_a$——外界的压强，Pa；

$\quad \rho$——窑内气体的密度，$kg/m^3$；

$\quad \varphi$——速度系数，与气体流出时的阻力有关。

通过小孔 $A$ 截面流出的气体体积流量 $Q$ 为：

$$Q = A_2 w_2 = A_2 \varphi \sqrt{\frac{2(p_1 - p_a)}{\rho}} = \varepsilon A \varphi \sqrt{\frac{2(p_1 - p_a)}{\rho}} = \mu A \sqrt{\frac{2(p_1 - p_a)}{\rho}} \quad (1\text{-}109)$$

式中  $\mu$——流量系数，$\mu = \varepsilon\varphi$。

缩流系数 $\varepsilon$，速度系数 $\varphi$ 和流量系数 $\mu$ 之值均由实验确定，缩流系数与壁厚有关。往往薄壁和厚壁是按气流最小截面的位置来区分的，凡气流最小截面在孔口外的壁称为薄壁，在孔口内的壁称为厚壁。构成厚壁的条件是

$$\delta \geqslant 3.5 d_e \quad (1\text{-}110)$$

式中  $\delta$——壁的厚度，m；

$d_e$——孔口的当量直径，m。

由于厚壁的缩流系数较薄壁大很多，因此厚壁的流量系数要比薄壁大。

同理可证，通过小孔 $A$ 截面吸入的气体体积流量为：

$$Q = \mu A \sqrt{\frac{2(p_a - p_1)}{\rho_a}} \quad (1\text{-}111)$$

式中  $\rho_a$——外界的空气密度，$kg/m^3$。

**2. 气体通过炉门的流出和吸入**

气体通过炉门时，单位时间内通过微元面积 $dA$ 的流量可用气体通过小孔的流量公式来计算：

$$dQ = \mu_z dA \sqrt{\frac{2(p_z - p_1)}{\rho}}$$

对于矩形炉门（设宽度为 $B$，高度为 $H$），在距炉底（假设此处为零压）处取一微小单元带，高度为 $dz$，则 $dA = B dz$。由于窑底处（$z = 0$）为零压，所以窑底与高度之间的热气体伯努利方程可简化为：

$$h_{g0} = h_{sz}$$

$$zg(\rho_a - \rho) = p_z - p_a$$

即：

$$dQ = \mu_z B dz \sqrt{\frac{2gz(\rho_a - \rho)}{\rho}} = \mu_z B \sqrt{\frac{2g(\rho_a - \rho)}{\rho}} z^{\frac{1}{2}} dz$$

积分上式可得整个炉门的气体溢出量为：

$$Q = \int_{z_1}^{z_2} \mu_z B \sqrt{\frac{2g(\rho_a - \rho)}{\rho}} z^{\frac{1}{2}} dz$$

实际上不同炉门高度上的流量系数 $\mu_z$ 是不相等的。为了简化，将上式中的流量系数 $\mu_z$ 看作常数，认为是整个炉门上的平均流量系数 $\mu$，积分后得矩形炉门气体体积流出量为：

$$Q = \frac{2}{3} \mu B \sqrt{\frac{2g(\rho_a - \rho)}{\rho}} (z_2^{\frac{3}{2}} - z_1^{\frac{3}{2}}) \quad (1\text{-}112)$$

式中  $\mu$——炉门流量系数，其值由实验确定，可取 $0.52 \sim 0.62$；

$z_1$、$z_2$——炉门下缘和上缘至零压面的距离，m。

式（1-112）中的 $(z_2^{\frac{3}{2}} - z_1^{\frac{3}{2}})$ 的牛顿二项式展开为：

$$z_2^{\frac{3}{2}} - z_1^{\frac{3}{2}} = \frac{3}{2} H \sqrt{z_0} \left[ 1 - \frac{1}{96} \left( \frac{H}{z_0} \right)^2 - \cdots \right] \approx \frac{3}{2} H \sqrt{z_0}$$

上式联立式（1-112）后可得炉门气体体积流出量的近似计算为：

$$Q = \mu A \sqrt{\frac{2gz_0(\rho_a - \rho)}{\rho}} \qquad (1\text{-}113)$$

式中　$A$——炉门的截面积，$A = BH$；

　　　$z_0$——炉门中心线至零压面的距离，m。

如果炉门下沿的正压 $h_s$ 已知，则通过炉门溢出的气体量也可用式（1-114）计算：

$$Q = \frac{2}{3}(0.52 \sim 0.62)\frac{B}{g(\rho_a - \rho)}\sqrt{\frac{2}{\rho}}\left\{\sqrt{[h_s + Hg(\rho_a - \rho)]^3} - \sqrt{h_s^3}\right\} \qquad (1\text{-}114)$$

在推导上面的公式时曾假设 $w_1 = w_2$，忽略 $h_{k_1}$，实际上窑内的气体都处于流动状态，这些公式计算出来的气体体积流量与实际有误差。当窑内为正压，而在孔口处的气流速度较大时（如油喷嘴或煤气烧嘴入口处），可能在孔口附近产生负压，出现倒吸外界空气的现象。

**例 1-9**　有一矩形炉门，宽 $B = 0.5$m，高 $H = 0.5$m，窑内气体温度 $t_g = 1600℃$，密度 $\rho_{g,0} = 1.315$kg/m³；外界空气温度 $t_a = 20℃$，密度 $\rho_{a,0} = 1.293$kg/m³，零压面在炉门下缘以下，距炉门中心 0.75m，流量系数 0.6，求炉门开启时的气体溢出量。

**解**　零压面在炉门下缘的下部，炉门内为正压，溢出气体量用式（1-112）或式（1-113）计算。

$$\rho_a = \rho_{a,0}\frac{T_0}{T_a} = 1.293 \times \frac{273}{273+20} = 1.205(\text{kg/m}^3)$$

$$\rho = \rho_0\frac{T_0}{T_a} = 1.315 \times \frac{273}{273+1600} = 0.192(\text{kg/m}^3)$$

$$z_1 = z_0 - \frac{H}{2} = 0.75 - \frac{0.5}{2} = 0.5(\text{m})$$

$$z_2 = z_0 + \frac{H}{2} = 0.75 + \frac{0.5}{2} = 1(\text{m})$$

用式（1-112）计算时，有：

$$Q = \frac{2}{3} \times 0.6 \times 0.5\sqrt{\frac{2 \times 9.81 \times (1.205 - 0.192)}{0.192}}(1^{\frac{3}{2}} - 0.5^{\frac{3}{2}})$$
$$= 1.31(\text{m}^3/\text{s})$$

用式（1-113）计算时，有：

$$Q = 0.6 \times 0.5 \times 0.5\sqrt{\frac{2 \times 9.81 \times 0.75 \times (1.205 - 0.192)}{0.192}} = 1.32(\text{m}^3/\text{s})$$

上述计算说明，当 $z_0$ 较大时，式（1-112）与式（1-113）之间的计算误差很小，计算结果较接近。

## 第五节　流动阻力和能量损失

本节讨论黏性流体流动时的流动阻力、流体运动状态及能量损失规律，主要借助于一些实验和经验公式来探讨能量损失的计算。

## 一、流体阻力与能量损失的类型

在流体运动过程中会引起能量损失，能量损失与流动状态和流动边界有关，为便于分析，本节依据流动边界条件的不同，将能量损失分为沿程能量损失与局部能量损失。

### （一）沿程能量损失

流体运动时若过流断面的大小、形状和方位沿流程都不改变，这种流动称为均匀流动。在均匀流动中，流体所受到的阻力只有不变的切应力（或摩擦阻力），称为沿程阻力。克服沿程阻力所产生的能量损失称为沿程能量损失，或沿程水头损失，简称沿程（能量）损失，用 $h_f$ 表示。其大小与流程的长度成正比，$h_f$ 的计算公式为：

$$h_f = \lambda \frac{l}{d} \frac{v^2}{2g} \tag{1-115}$$

式中　$l$——管长，m；

　　　$d$——管径，m；

　　　$v$——平均速度，m/s；

　　　$\lambda$——沿程阻力系数，它与流体的黏度、流速、管道的内径及管壁粗糙度有关，是一个无量纲数，由实验确定。

### （二）局部能量损失

流体运动时若过流断面的大小、形状和方位沿流程发生急剧变化，其流速分布也产生较大变化，这种流动称为非均匀流动。流体在边壁形状急剧变化的区域内流动时，往往伴有流动分离或漩涡运动，流体内部的摩擦作用增大，这种流段内的流动阻力称为局部阻力。局部阻力往往发生在管径突然扩大、管径突然缩小、弯管、阀门等流段内。局部阻力所引起的能量损失称为局部（能量）损失，或局部水头损失，简称局部损失，用 $h_r$ 表示，其计算公式为：

$$h_r = \zeta \frac{v^2}{2g} \tag{1-116}$$

式中　$\zeta$——局部阻力系数，是一无量纲数，由实验确定。

管路中的流动阻力可分解为沿程阻力和局部阻力。因此，总能量损失可表示为

$$h_l = \sum h_f + \sum h_r \tag{1-117}$$

## 二、流体流动形态及其判定

1883 年，英国物理学家雷诺（O. Reynolds）通过实验发现了实际流动存在两种不同的流动状态——层流和湍流，以及流动状态和摩擦阻力之间的关系。下面介绍雷诺实验、流动形态及其判定等知识。

### （一）雷诺实验

在 1876～1883 年间，雷诺进行了流体在管内流动的阻力和流态实验。图 1-49 为实验装置：A 为供水管，B 为水箱，J 为溢流板，让多余的水从泄水管 C 流出，这是为了保持箱内

水面高度恒定及玻璃管中的流动为定常流动。水箱 B 中的水流入玻璃管，再经阀门 H 流入量水箱 I 中，以便测量。E 为小水箱，内盛红色液体，开启小活栓 D 后，红色液体流入玻璃管 G，与水一道流走。

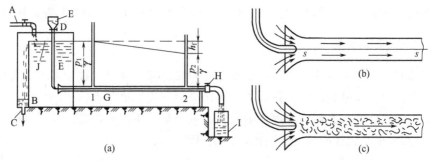

图 1-49　雷诺实验图

先将阀门 H 微微开启，让水以较低的速度在管 G 内流动，同时打开活栓 D，使红色液体与水一起流动。此时红色液体在管内呈现出一条位置固定、界限分明的直线流束，与周围水并不互相混杂，如图 1-49(b) 所示，这种流动状态称为流体的层流运动。

继续微开阀门 H，使管 G 中的水流速度增大，便可看到红色流线开始波动，甚至发生断裂；当流速继续增大到一定值时，红色流线扩展到整个管道内，如图 1-49(c) 所示，这表明流体运动变为互相混杂、穿插的湍流运动。流速越大，紊乱程度也越强烈。由层流状态转变为湍流状态时的速度称为上临界流速，用 $v_c'$ 表示。

实验也可按相反的顺序进行：先将阀门 H 开启得很大，使流体以较高的速度在管 G 中流动，然后慢慢关小阀门 H，使流体以低速、较低速在管 G 中流动。实验发现：在流速由大变小的过程中，运动状态由湍流变为层流。由湍流状态转变为层流状态时的流速称为下临界流速，用 $v_c$ 表示。实验证明：上临界速度大于下临界速度，即 $v_c' > v_c$。

由实验现象知：当流速 $v > v_c'$ 时，流体做湍流运动；当 $v < v_c$ 时，流体做层流运动；当 $v_c < v < v_c'$ 时，流态不稳，可能保持原有的层流或湍流运动。此外，实验发现下临界流速比上临界流速稳定，所以临界流速通常指的是下临界流速。

### （二）流动状态的判断标准——雷诺数

确定流动的状态是层流还是湍流，直接用临界速度判断有很多困难。因为在实际管道或渠道中，临界流速不能直接观测到，而且流动状态还与管径 $d$、流体性质（如流体密度 $\rho$、动力黏度 $\mu$ 等）等有关。通过进一步分析雷诺实验结果可知，临界流速与流体的密度 $\rho$ 和管径 $d$ 成反比，而与流体的动力黏度 $\mu$ 成正比，即：

$$Re = \frac{vd\rho}{\mu} = \frac{vd}{\nu}$$

式中，$Re$ 为无量纲常数，称为下临界雷诺数，它反映了惯性力与黏性力的比值。临界流速 $v_c'$ 对应的临界雷诺数为：

$$Re' = \frac{v_c'd}{\nu} \tag{1-118}$$

由此可以得出结论：雷诺数是流体流动状态的判别标准，即当 $Re < Re_c$ 时，属于层流；当 $Re > Re_c$ 时，属于湍流；当 $Re_c < Re < Re_c'$ 时，层流向湍流转变的过渡区，不稳定，称为

转换。因此，雷诺数越大，流动越不稳定，流动越趋向于湍流。

雷诺及其他许多学者对圆管做了大量实验，得出圆管内流体的下临界雷诺数为：

$$Re_c = \frac{v_c d}{\nu} = 2320 \tag{1-119}$$

在实际工程中，圆管的下临界雷诺数取值为

$$Re_c = 2000 \tag{1-120}$$

非圆形管道的临界雷诺数为：

$$Re_c = 500 \tag{1-121}$$

明渠流常取：

$$Re_c = 300 \tag{1-122}$$

**例 1-10** 运动黏度 $\nu = 0.01114\text{cm}^2/\text{s}$ 的水，在直径 $d = 100\text{mm}$ 的管中流动，流速为 $v = 0.5\text{m/s}$，试判别水流的流动状态。如果管中流动的是油，且流速不变，但运动黏度为 $\nu = 31 \times 10^{-6}\text{m}^2/\text{s}$，试问油在管中的运动状态又如何？

**解** 管中水流的雷诺数为：

$$Re = \frac{vd}{\nu} = \frac{0.5 \times 0.1}{1 \times 10^{-6}} = 50000 > 2320，属于湍流。$$

管中油的雷诺数为：

$$Re = \frac{vd}{\nu} = \frac{0.5 \times 0.1}{31 \times 10^{-6}} = 1613 < 2320，属于层流。$$

**例 1-11** 温度 $t = 15℃$、运动黏度 $\nu = 0.0114\text{cm}^2/\text{s}$ 的水，在直径 $d = 20\text{mm}$ 的管中流动，测得流速 $v = 8\text{cm/s}$。试判别水流的流动状态，如果要改变其运动状态，可以采取哪些方法？

**解** 管中水流的雷诺数为：

$$Re = \frac{vd}{\nu} = \frac{8 \times 2}{0.0114} = 1403.5 < 2000$$

水流为层流运动。如要改变流态，可采取如下方法。

① 增大流速。如采用 $Re_c = 2000$ 且水的黏性不变，则水的流速应为：

$$v = Re_c \frac{\nu}{d} = 2000 \times \frac{0.0114}{2} = 11.4(\text{cm/s})$$

② 提高水温降低水的黏性。如采用 $Re_c = 2000$ 且水的流速不变，则水的运动黏度为：

$$\nu = \frac{vd}{Re_c} = \frac{8 \times 2}{2000} = 0.008(\text{cm}^2/\text{s})$$

查表可得：水温 $t = 30℃$、$\nu = 0.00804\text{cm}^2/\text{s}$；水温 $t = 35℃$、$\nu = 0.00727\text{cm}^2/\text{s}$。故若将水温提高到 $31℃$，可使水流变为湍流。

**（三）边界层的概念**

我们来考察一个典型的边界层流动。如图 1-50 所示，有一个等速平行的平面流动，各点的流速都是 $u_0$，在这样一个流动中，放置一块与流动平行的薄板，平板是不动的。设想在平板的上下方流场的边界都为无穷远，由于实际流体与固体相接触时，固体边界上的流体质点必然贴附在边界上，不会与边界发生相对运动，因此，平板上质点的流速必定为零，在其附近的质点由于黏性的作用,流速也有不同程度的减小,形成了横向的流速梯度,离板越远流速越接近于原有的来流流速 $u_0$。严格地说,黏性影响是逐步减小的,只有在无穷远处流速才能恢复到 $u_0$,才是理想流体流动。但从实际上看,如果规定在 $u=0.99u_0$ 的地方作为边界层的界限,则在该界限以外,由于流速梯度甚小,已完全可以近似看作为理想流体。因此,边界层的厚度定义为从平板壁面至 $u=0.99u_0$ 处的垂直距离,以 $\delta$ 表示。

边界层开始于平板的首端,越往下游,边界层越发展,即黏性的影响逐渐从边界向流区内部发展。在边界层的前部,由于厚度较小,流速梯度更大,因此切应力 $\tau = \mu \dfrac{\mathrm{d}u}{\mathrm{d}y}$ 作用越大,这时边界层内的流动将属于层流状态,这种边界层称为层流边界层。之后,随着边界层厚度增大,流速梯度减小,黏性作用也随之减小,边界层内的流态将从层流经过过渡段变为湍流,边界层也将转变为湍流边界层。如图 1-50 所示,湍流边界层内流动结构存在不同层次,板面附近是层流底层,向外依次是过渡层和湍流层。

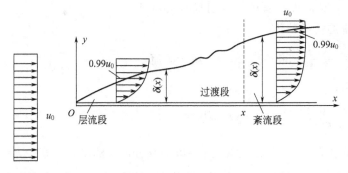

图 1-50　平板边界层

## 三、圆管内流体层流运动沿程阻力损失

圆管中的层流运动又称为泊萧叶流动,这里主要讨论圆管中不可压缩流体均匀流动——层流的速度分布、切应力分布、流量、平均速度和水头损失等问题。

### (一) 圆管均匀流沿程损失与沿程阻力的关系

如图 1-51 所示,在圆管管轴处取一流束,半径为 $r$,作用在两截面中心的压强分别为 $p_1$、$p_2$,流束表面上的切应力为 $\tau$,作用在流束上的重力为 $G$。列该流束沿流程方向的平衡方程为:

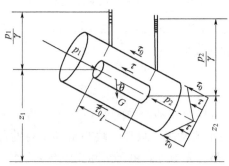

图 1-51　圆管内的均匀流动

$$(p_1 - p_2)\pi r^2 - \tau \times 2\pi r l + \gamma l \pi r^2 \cos\theta = 0$$

因为 $\dfrac{z_1 - z_2}{l} = \cos\theta$，则上式可变为：

$$\left(z_1 + \frac{p_1}{\gamma}\right) - \left(z_2 + \frac{p_2}{\gamma}\right) = \frac{2\tau l}{r\gamma} \tag{1-123}$$

由于 $v_1 = v_2$，所以由伯努利方程知：

$$\left(z_1 + \frac{p_1}{\gamma}\right) - \left(z_2 + \frac{p_2}{\gamma}\right) = h_f \tag{1-124}$$

将式（1-124）代入式（1-123），整理后可得：

$$\tau = \frac{r}{2}\gamma \frac{h_f}{l} = \frac{r}{2}\gamma i \tag{1-125}$$

式（1-125）为圆管均匀流动的基本方程式，它反映了沿程损失与沿程阻力之间的关系。式中 $i$ 为水力坡度，其物理意义是单位长度上的沿程损失。水力坡度是个常数，它不随流速的变化而变化。这样由式（1-125）知，$\tau$ 与 $r$ 成正比。因此，最大的阻力在管壁 $r = r_0$ 处取得，其值为 $\tau_{\max} = \dfrac{r_0}{2}\gamma i$；最小的阻力在管中心 $r = 0$ 处取得，其值为 $\tau_{\min} = 0$。

**（二）圆管层流的速度分布**

因为圆管中流体的流动为层流，速度求解可依据牛顿内摩擦定律 $\tau = -\mu\dfrac{\mathrm{d}u}{\mathrm{d}r}$，结合式（1-125）可得：

$$-\mu\frac{\mathrm{d}u}{\mathrm{d}r} = \frac{r}{2}\gamma i$$

积分上式得：

$$u = -\frac{\gamma i}{4\mu}r^2 + C$$

依据边界条件确定积分常数 $C$，即 $r = r_0$ 时，$u = 0$。于是，$C = \dfrac{\gamma i}{4\mu}r_0^2$。因此圆管层流的速度为：

$$u = \frac{\gamma i}{4\mu}(r_0^2 - r^2) \tag{1-126}$$

式（1-126）称为斯托克斯公式。它表明过流断面上的速度与半径成二次旋转抛物面关系，如图 1-52 所示。

由式（1-126）知，当 $r = 0$ 时，流速达到最大，即最大流速在管轴线处取得，其值为：

$$u_{\max} = \frac{\gamma i}{4\mu}r_0^2 \tag{1-127}$$

下面计算圆管层流中的流量。在半径 $r$ 处取厚度为 $\mathrm{d}r$ 的微小圆环，其面积为 $\mathrm{d}A = 2\pi r\mathrm{d}r$。管中流量为：

$$Q = \int_A u\,\mathrm{d}A = \int_0^{r_0} \frac{\gamma i}{4\mu}(r_0^2 - r^2)2\pi r\,\mathrm{d}r = \frac{\gamma i}{8\mu}\pi r_0^4 = \frac{\gamma i}{128\mu}\pi d^4 \tag{1-128}$$

对于水平管段或 $z_1 - z_2 = \Delta z$ 可以忽略不计时，$h_f = \dfrac{p_1 - p_2}{\gamma} = \dfrac{\Delta p}{\gamma}$，这样 $i = \dfrac{h_f}{l} = \dfrac{\Delta p}{\gamma l}$，

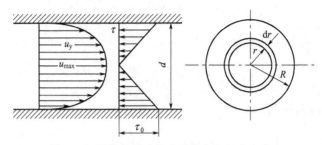

图 1-52 圆管中层流的速度分布和切应力分布

将其代入式（1-128）和式（1-126）可得：

$$u = \frac{\Delta p}{4\mu l}(r_0^2 - r^2) \tag{1-129}$$

$$Q = \frac{\Delta p}{128\mu l}\pi d^4 \tag{1-130}$$

式（1-130）称为哈根-泊萧叶（Hagen-Poiseuille）定律，它与精密实验的测定结果一致。哈根-泊萧叶定律也是测定流体黏度的一种方法，将式（1-130）变形后得：

$$\mu = \frac{\pi\Delta p d^4}{128lQ} = \frac{\pi\Delta p d^4 t}{128lV}$$

流体作层流运动时，切应力遵循牛顿内摩擦定律，这样结合式（1-129），切应力可写为：

$$\tau = -\mu\frac{du}{dr} = \frac{\Delta p r}{2l} \tag{1-131}$$

结合式（1-128）可知圆管中的平均速度为：

$$v = \frac{Q}{A} = \frac{\gamma i}{8\mu}r_0^2 \tag{1-132}$$

由式（1-127）和式（1-132）可知 $u_{max} = 2v$，这表明圆管层流中平均速度是管轴线处最大速度的一半，且圆管中层流运动的速度分布很不均匀。

依据动能修正系数 $\alpha$ 的定义，可得：

$$\alpha = \frac{1}{A}\int_A\left(\frac{u}{v}\right)^3 dA = \frac{1}{\pi r_0^2}\int_0^{r_0}\left[\frac{2(r_0^2 - r^2)}{r_0^2}\right]^3 2\pi r\,dr = 2$$

### （三）圆管层流的沿程损失

由伯努利方程知，等径管路的沿程损失为管路两端压强水头之差，即：

$$h_f = \frac{\Delta p}{\gamma} = \frac{8\mu l v}{\gamma R^2} = \frac{32\mu l v}{\gamma d^2} \tag{1-133}$$

由式（1-133）知层流沿程水头损失与 $v$ 成正比，这与雷诺实验得出的结论完全吻合。此外，式（1-133）还给出了雷诺实验中比例常数 $k_1$ 的取值，即 $\frac{8\mu l}{\gamma R^2}$ 或 $\frac{32\mu l}{\gamma d^2}$。

工程计算中，圆管的沿程水头损失常用速度水头 $\frac{v^2}{2g}$ 表示。因此，可将式（1-133）变形为：

$$h_f = \frac{32\mu l v}{\gamma d^2} = \underbrace{\frac{64}{\frac{\rho v d}{\mu}}}_{} \times \frac{l}{d} \times \frac{v^2}{2g} = \frac{64}{Re} \times \frac{l}{d} \times \frac{v^2}{2g} = \lambda\, \frac{l}{d} \times \frac{v^2}{2g} \tag{1-134}$$

式中，$\lambda = \dfrac{64}{Re}$ 称为层流的沿程阻力系数或摩阻系数，式（1-134）称为达西（H. Darvcy）公式。

泵在管路中输送流体时，常需要计算克服沿程阻力所消耗的功率。若管中流体的重度 $\gamma$ 和流量 $Q$ 已知，则流体以层流状态在长度为 $l$ 的管中运动时所消耗的功率为：

$$N = rQh_f = rQ\, \frac{32\mu v}{\rho g d^2} l = \frac{128\mu l}{\pi d^4} Q^2 \tag{1-135}$$

## 四、圆管内流体湍流运动沿程阻力损失

### （一）湍流运动的时均化

如图 1-53 所示，当流体作层流运动时，经过 $m$（或 $n$）点的流体质点将遵循一定途径到达 $m'$（或 $n'$）点。而湍流运动中，在某一瞬时 $t$，经过 $m$ 处的流体质点，将沿着曲折、杂乱的途径到 $n$ 点；而在另一时间 $t+dt$，经过 $m$ 处的流体质点，则可能沿着另一曲折、杂乱的途径流到另外的 $C$ 点。并且于不同瞬间到达 $n$ 处（或 $C$ 处）的流体质点，其速度 $u$ 随时间剧烈变化。像这样经过流场中某一固定位置的流体质点，其运动要素随时间而剧烈变动的现象，称为运动要素的脉动。

观察发现：在较长时间内，流体湍流运动仍然存在一定的规律。以流速为例，设每一瞬时流经该处的速度 $u$，其方向虽然随时改变，但对 $x$ 轴起决定性作用的则是 $u$ 在 $x$ 轴的投影 $u_x$。虽然 $u_x$ 的大小也随时间推移而表现出剧烈的无规则的变化，但是如果观测时间 $T$ 足够长，则可测出其对时间 $T$ 的算术平均值 $\bar{u}_x$，如图 1-54 所示。并且可以证明，在 $T$ 内，$u_x$ 的值总是围绕着这一 $\bar{u}_x$ 值脉动的。

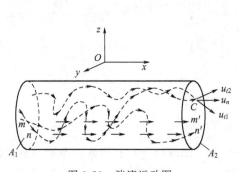

图 1-53　湍流运动图

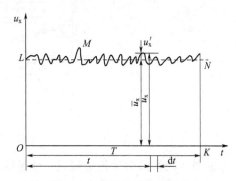

图 1-54　湍流速度的时均化

由于 $\bar{u}_x$ 是瞬时速度 $u_x$ 对时间 $T$ 的平均值，故称为时均速度。$u_x$ 与 $\bar{u}_x$ 的差 $u'_x$，称为脉动速度。$u_x$、$\bar{u}_x$ 和 $u'_x$ 之间存在如下关系：

$$u_x = \bar{u}_x + u'_x \tag{1-136}$$

由时均速度的定义知，$\bar{u}_x$ 可由式（1-137）计算：

$$\bar{u}_x = \frac{1}{T} \int_0^T u_x \, dt \tag{1-137}$$

显然，在足够长的时间内，脉动速度 $u'_x$ 的时均值 $\overline{u}'_x$ 也为零，证明如下：

$$\overline{u}_x = \frac{1}{T}\int_0^T u_x \mathrm{d}t = \frac{1}{T}\int_0^T (\overline{u}_x + u'_x)\mathrm{d}t = \frac{1}{T}\int_0^T \overline{u}_x \mathrm{d}t + \frac{1}{T}\int_0^T u'_x \mathrm{d}t = \overline{u}_x + \overline{u}'_x$$

由此得：

$$\overline{u}'_x = \frac{1}{T}\int_0^T u'_x \mathrm{d}t = 0 \tag{1-138}$$

同理，对于其他的参数，均可采用上述方法将其视为时均量和脉动量之和，即：

$$u_y = \overline{u}_y + u'_y$$
$$u_z = \overline{u}_z + u'_z \tag{1-139}$$
$$p = \overline{p} + p'$$

### (二) 湍流切应力（雷诺应力）

1925 年，普朗特（Prandtl）提出了湍流的混合长度理论，比较合理地解释了脉动对时均流动的影响。

在湍流运动中，由于有垂直流向的脉动分速度，使相邻的流体层产生质点交换，从而将形成不同于层流运动中的另一种摩擦阻力，称为湍流运动中的附加切应力，或称为雷诺切应力。因此，湍流时的阻力比层流时大，求解雷诺应力更复杂，目前常采用普朗特混合长度理论来推导。取平面坐标系如图 1-55 所示，沿 $y$ 轴方向取相距 $l_1$、但属于相邻两层流体中的 $a$、$a'$、$b$、$b'$ 四点，其中 $a$、$b$ 两点处于慢速层，$a'$、$b'$ 点处于快速层。设想在某一瞬时，原来处于 $a$ 处的流体质点，以脉动速度 $u'_y$ 向上运动到 $a'$ 点（其沿流向速度保持不变）。当它到达 $a'$ 点后，其沿流向的速度将比周围流体的小一些，并显示出负值的脉动速度 $u'_x$，周围的流体质点将对它起推动作用（即切应力作用）；反之，如果原来在 $b'$ 点处的流体质点以脉动速度 $u'_y$ 向下运动到 $b$ 点，则会受到周围流体质点的拖曳作用（亦为切应力作用）。这样，在相邻两层流体之间产生了动量交换（或动量的传递）。

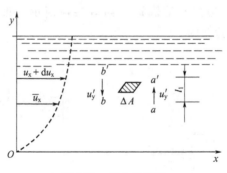

图 1-55　混合长度图

依据普朗特的动量传递理论：动量的增量等于外力（即摩擦力）的冲量。在两层流体的交界面上取一个平行于流向的微小面积 $\Delta A$，并取时间为 $\Delta t$，则摩擦阻力与动量的关系为：

$$\tau \Delta A \Delta t = -(\rho \Delta A u'_y)u'_x \Delta t$$

化简上式可得：

$$\tau = -\rho u'_x u'_y$$

由于正的 $u'_y$ 联系着负的 $u'_x$，负的 $u'_y$ 联系着正的 $u'_x$，所以上式右端必须加上负号，以使 $\tau$ 为正值。如取 $\tau$ 的时均值 $\overline{\tau}$（简记为 $\tau$），则上式可写为：

$$\tau = -\rho \, \overline{u'_x}\, \overline{u'_y}$$

这就是由于脉动项产生的脉动切应力，也称为附加切应力或雷诺切应力。由此可见，在一般的湍流运动中，其内摩擦力包括牛顿内摩擦力和附加切应力两部分，即：

$$\tau = \tau_1 + \tau_2 = -\mu \frac{d\overline{u}_x}{dy} - \rho \overline{u_x' \, u_y'} \tag{1-140}$$

根据普朗特假设，附加切应力可用时均速度表示。如果设 $a \to a'$ 或 $b \to b'$ 的平均距离为 $l_1$，则脉动速度绝对值的时均值 $\overline{|u_x'|}$ 或 $\overline{|u_y'|}$ 与 $\frac{d\overline{u}}{dy}l_1$ 成正比，即：

$$\overline{|u_x'|} = c_1 l_1 \frac{d\overline{u}}{dy} \tag{1-141}$$

根据连续性方程可知，$\overline{|u_y'|}$ 与 $\overline{|u_x'|}$ 成正比，即：

$$\overline{|u_y'|} = c_2 \overline{|u_x'|} = c_2 c_1 l_1 \frac{d\overline{u}}{dy}$$

虽然 $\overline{|u_x'|}$、$\overline{|u_y'|}$ 与 $\overline{u_x' \, u_y'}$ 不等，但可认为它们是成比例的，即：

$$\overline{u_x' u_y'} = c_3 \overline{|u_x'|} \ \overline{|u_y'|} = c_1^2 c_2 c_3 l_1^2 \left(\frac{d\overline{u}}{dy}\right)^2$$

因此，湍流中的附加切应力为：

$$\tau_2 = -\rho \overline{u_x' \, u_y'} = -\rho c_1^2 c_2 c_3 l_1^2 \left(\frac{d\overline{u}}{dy}\right)^2$$

式中，$c_1$、$c_2$、$c_3$ 均为比例常数。

令 $l^2 = c_1^2 c_2 c_3 l_1^2$，则有：

$$\tau_2 = \rho l^2 \left(\frac{d\overline{u}}{dy}\right)^2 \tag{1-142}$$

式（1-142）是由混合长度理论得到的附加切应力的表达式，式中，$l$ 称为混合长度，但没有明显的物理意义。

这样圆管中湍流的总切应力为：

$$\tau = \tau_1 + \tau_2 = \mu \frac{d\overline{u}}{dy} + \rho l^2 \left(\frac{d\overline{u}}{dy}\right)^2 \tag{1-143}$$

式中，两部分切应力的大小随流动的情况有所不同：当 $Re$ 较小时，$\tau_1$ 占主导地位。当 $Re$ 较大时，湍流程度加剧，$\tau_2$ 作用逐渐加大。当 $Re$ 很大时，湍流充分发展，$\tau_2$ 远远大于 $\tau_1$，$\tau_1$ 可以忽略不计。

（三）圆管湍流的速度分布

**1. 速度分布**

依据卡门实验，混合长度 $l$ 与流体层到圆管管壁的距离 $y$ 的函数关系可近似表示为：

$$l = ky\sqrt{1 - \frac{y}{R}} \tag{1-144}$$

式中 $R$——圆管半径。

当 $y \ll R$，即在壁面附近时，混合长度为：

$$l = ky \tag{1-145}$$

式中，$k$ 为实验常数，通常称为卡门通用常数，可取为 0.4。

因此，式（1-142）可写成：

$$\tau = \rho k^2 y^2 \left(\frac{\mathrm{d}u}{\mathrm{d}y}\right)^2 \tag{1-146}$$

式中为了简便，省略了时均符号，并且只讨论完全发展的湍流。上式变形后得：

$$\mathrm{d}u = \frac{1}{k}\sqrt{\frac{\tau}{\rho}} \times \frac{\mathrm{d}y}{y} \tag{1-147}$$

如果用管壁处切应力 $\tau_0$ 代替 $\tau$，并令 $\sqrt{\frac{\tau_0}{\rho}} = v_*$，称其为切应力速度，则式（1-147）可变为：

$$\mathrm{d}u = \frac{v_*}{k} \times \frac{\mathrm{d}y}{y}$$

积分上式可得：

$$u = \frac{v_*}{k}\ln y + C \tag{1-148}$$

式（1-148）是混合长度理论下的湍流流速分布规律，即在湍流运动中，过流断面上的速度成对数曲线变化，如图 1-56 所示。在湍流中，平均速度 $v$ 是管轴线处流速 $u_{\max}$ 的 0.75～0.87 倍。实验研究表明：该式适用于除黏性底层以外的整个过流断面。

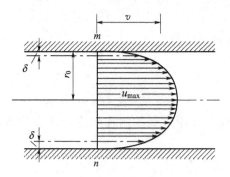

图 1-56　湍流的速度分布

湍流速度的对数分布规律比较准确，但使用起来非常不便。根据光滑管湍流的实验曲线，湍流的速度分布也可近似地用比较简单的指数公式表示：

$$\frac{u_x}{u_{\max}} = \left(\frac{y}{R}\right)^n \tag{1-149}$$

式中，指数 $n$ 随雷诺数 $Re$ 的变化而变化，通常 $n = \frac{1}{4} \sim \frac{1}{10}$。

**2. 层流底层、水力光滑管与水力粗糙管**

由实验知，在圆管湍流中，绝大部分流体处于湍流状态，在紧贴管道壁面处的流体由于受到固体壁面的约束，脉动量几乎为零，黏性力起主要作用，基本保持层流状态，速度梯度很大。这一紧靠管壁存在的黏性切应力起控制作用、厚度为 $\delta$ 的流体层称为层流底层。

层流底层的厚度 $\delta$ 与流体的运动黏度 $\nu$、流体的运动速度 $v$、管径 $d$ 及沿程阻力系数 $\lambda$ 有关。$Re$ 越大，层流底层越薄。通过理论与实验计算，可得到 $\delta$ 的半经验公式为：

$$\delta = \frac{32.8d}{Re\sqrt{\lambda}} \tag{1-150}$$

式中　$\lambda$——沿程阻力系数；

$d$ —— 管道直径。

尽管层流底层的厚度较小，但是它在湍流中的作用不可忽略。例如，在冶金炉内、采暖工程的管道内，层流底层的厚度 $\delta$ 越大，放热量就越小，流动阻力也越小。

由于管子的材料、加工方法、使用条件以及使用年限等因素影响，使得管壁会出现各种不同程度的凹凸不平，它们的平均尺寸 $\Delta$ 称为绝对粗糙度，如图 1-57 所示。

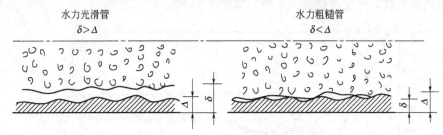

图 1-57 水力光滑管与水力粗糙管

当 $\delta > \Delta$ 时，管壁的凹凸不平部分完全被层流底层覆盖，粗糙度对湍流核心几乎没有影响，这种情况称为水力光滑管。当 $\delta < \Delta$ 时，管壁的凹凸不平部分暴露在层流底层之外，湍流核心的运动流体冲击在凸起部分，不断产生新的旋涡，加剧湍流紊乱程度，进而增大能量损失。粗糙度的大小对湍流特性产生直接影响，这种情况称为水力粗糙管。

（四）圆管湍流的水头损失

由于所讨论的是均匀流动，管壁处的切应力 $\tau_0$ 仍可由式（1-131）计算，即 $\tau_0 = \dfrac{\Delta p R}{2l} = \dfrac{\Delta p d}{4l}$，而 $h_f = \dfrac{\Delta p}{\rho g}$，因此：

$$h_f = \frac{4\tau_0 l}{\rho g d} \tag{1-151}$$

实验指出，$\tau_0$ 与 $Re$、$\Delta/r$ 有关系，它们的关系可用式（1-152）表示为：

$$\tau_0 = f(Re, v, \Delta/r) = f_1(Re, \Delta/r)v = Fv^2 \tag{1-152}$$

将式（1-152）代入式（1-151），可得：

$$h_f = \frac{4Fv^2 l}{\rho g d} = \frac{8F}{\rho} \times \frac{l}{d} \times \frac{v^2}{2g} = \lambda \frac{l}{d} \times \frac{v^2}{2g} \tag{1-153}$$

式中，$\lambda = \dfrac{8F}{\rho} = f_1(Re, \Delta/r)$，称为湍流的沿程阻力系数，可由实验确定。

## 五、圆管流动沿程阻力系数的计算

圆管流动是工程实际中最常见、最重要的流动，它的沿程阻力可采用达西公式来计算，即 $h_f = \lambda \dfrac{l}{d} \times \dfrac{v^2}{2g}$，对层流而言，$\lambda = \dfrac{64}{Re}$；但对于湍流，目前理论上没有 $\lambda$ 的计算公式，工程上大多采用经验和半经验公式来确定。

（一）尼古拉兹实验

为了探索 $\lambda$ 的变化规律，1933 年德国科学家尼古拉兹（Nikuradse）利用多种管径对多种人工粗糙度的管子进行了全面的实验研究。

尼古拉兹人工做成不同相对粗糙度 $\Delta/d$（分别为 $\frac{1}{1014}$、$\frac{1}{504}$、$\frac{1}{252}$、$\frac{1}{120}$、$\frac{1}{60}$、$\frac{1}{30}$）的六种管子，实验中先对每一根管子测量出在不同流量时的断面平均流速 $v$ 和沿程能量损失 $h_f$；再由公式计算出 $\lambda$ 与 $Re$；然后以 $\lg Re$ 为横坐标、$\lg(100\lambda)$ 为纵坐标描绘出管路 $\lambda$ 与 $Re$ 的对数关系曲线，即尼古拉兹实验图，如图 1-58 所示。

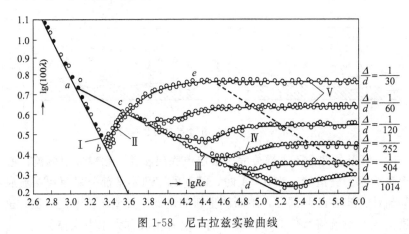

图 1-58　尼古拉兹实验曲线

实验表明：流体流动从层流状态到充分发展的湍流状态，都要经过层流、过渡区、水力光滑、水力光滑向水力粗糙的过渡区、水力粗糙等阶段，并对应不同的阻力系数。由图 1-58 可以看出，根据 $\lambda$ 的变化规律，尼古拉兹实验管道中的流动可分为五个阻力区，如下所述。

**1. 第Ⅰ区域——层流区（直线 $ab$）**

雷诺数 $Re<2320$（$\lg Re<3.36$），实验点均落在直线 $ab$ 上，从图中可得 $\lambda=\dfrac{64}{Re}$，这与已知的理论结果完全一致，说明粗糙度与层流的沿程阻力系数无关。根据式（1-133）还可知，$h_f$ 与 $v$ 成正比，这与雷诺实验的结果一致。

**2. 第Ⅱ区域——层流向湍流的过渡区（曲线 $bc$）**

雷诺数 $2320<Re<4000$（$\lg Re=3.36\sim3.6$），层流开始转变为湍流，实验点落在曲线 $bc$ 上或附近。$\lambda$ 随 $Re$ 的增大而增大，与相对粗糙度无关。$\lambda$ 常按下面的水力光滑管处理。

**3. 第Ⅲ区域——湍流水力光滑区（直线 $cd$）**

$4000<Re<22.2\left(\dfrac{d}{\Delta}\right)^{\frac{9}{8}}$，$\lambda$ 的公式如下。

（1）当 $4000<Re<10^5$ 时，可用布拉休斯（Blasius）公式：

$$\lambda=\frac{0.3164}{\sqrt[4]{Re}} \tag{1-154}$$

（2）当 $10^5<Re<3\times10^6$ 时，可用尼古拉兹光滑管公式：

$$\lambda=0.0032+0.221Re^{-0.237} \tag{1-155}$$

（3）更通用的公式是：　　$\dfrac{1}{\sqrt{\lambda}}=2\lg(Re\sqrt{\lambda})-0.8$

**4. 第Ⅳ区域——水力光滑区向水力粗糙区的过渡区（直线 *ad* 和 *ef* 所夹区域）**

$22.2\left(\dfrac{d}{\Delta}\right)^{\frac{9}{8}}<Re<597\left(\dfrac{d}{\Delta}\right)^{\frac{9}{8}}$，湍流水力光滑管开始转变为湍流水力粗糙管。在这个区间内。

计算 $\lambda$ 的公式很多，常用的是柯列布茹克（Colebrook）半经验公式：

$$\frac{1}{\sqrt{\lambda}}=1.14-2\lg\left(\frac{\Delta}{d}+\frac{9.35}{Re\sqrt{\lambda}}\right) \tag{1-156}$$

此公式不仅适用于过渡区，也适用于 $Re$ 数从 4000 到 10 的整个湍流的Ⅲ、Ⅳ、Ⅴ三个区域。柯列布茹克公式比较复杂，其简化的形式称为阿里特苏里公式：

$$\lambda=0.11\left(\frac{\Delta}{d}+\frac{68}{Re}\right)^{0.25} \tag{1-157}$$

**5. 第Ⅴ区域——湍流水力粗糙区（直线 *ef* 右侧）**

$Re>597>\left(\dfrac{d}{\Delta}\right)^{\frac{9}{8}}$。实验测得，在此区域水头损失 $h_\mathrm{f}$ 与速度 $v$ 的二次方成正比，因此此区域又称为阻力平方区或完全粗糙区，$\lambda$ 的计算公式为：

$$\lambda=\frac{1}{\left[2\lg\left(3.7\frac{d}{\Delta}\right)\right]^2} \tag{1-158}$$

**（二）莫迪图**

1944 年美国工程师莫迪（Moody）对天然粗糙管（指工业用管）绘制出 $\lambda$ 与 $Re$ 及 $\Delta/d$ 的关系图，供实际运算时查阅，这个图称为莫迪图，如图 1-59 所示。

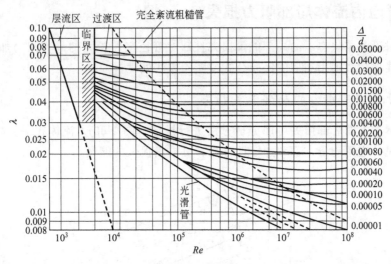

图 1-59 莫迪图

如果已知 $Re$ 和 $\Delta/d$，从莫迪图上很容易查到对应的 $\lambda$ 值。表 1-5 给出了常用管材绝对粗糙度 $\Delta$ 的参考值。

**例 1-12** 已知通过直径 $d=200\mathrm{mm}$，管长 $l=300\mathrm{mm}$，管壁绝对粗糙度 $\Delta=0.4\mathrm{mm}$ 的铸铁管道的油的流量 $Q=1000\mathrm{m^3/h}$，运动黏度 $\nu=2.5\mathrm{cm^2/s}$，求单位重量流体的沿程能

**表 1-5　常用管材的绝对粗糙度**　　　　　　　　单位：mm

| 管材 | Δ 值 | 管材 | Δ 值 |
|---|---|---|---|
| 干净的黄铜管、铜管 | 0.0015～0.002 | 沥青钢管 | 0.12 |
| 新的无缝钢管 | 0.04～0.17 | 镀锌铁管 | 0.15 |
| 新钢管 | 0.12 | 玻璃、塑料管 | 0.001 |
| 精致镀锌钢管 | 0.25 | 橡胶软管 | 0.01～0.03 |
| 普通镀锌钢管 | 0.39 | 木管、纯水泥表面 | 0.25～1.25 |
| 旧的生锈的钢管 | 0.60 | 混凝土管 | 0.33 |
| 普通的新铸铁管 | 0.25 | 陶土管 | 0.45～6.0 |
| 旧的铸铁管 | 0.50～1.60 | 水泥浆砖砌体 | 0.8～6.0 |
| 粗陋镀锌钢管 | 0.50 | 水管道 | 0.25～1.25 |
| 普通条件下浇成的钢管 | 0.19 | 刨平木板制成的木槽 | 0.25～2.0 |
| 污秽的金属管 | 0.75～0.90 | 非刨平木板制成的木槽 | 0.80～4.0 |

量损失 $h_f$。

**解**　油在管内的平均流速：

$$v = \frac{Q}{A} = \frac{1000}{\frac{\pi}{4} \times 0.2^2 \times 3600} = 8.84 (\text{m/s})$$

雷诺数 $Re = \frac{vd}{\nu} = \frac{8.84 \times 0.2}{2.5 \times 10^{-6}} = 7.07 \times 10^5 > 2320$，属于湍流；相对粗糙度 $\frac{\Delta}{d} = \frac{0.4}{200} = 0.002$。

由 $Re$ 及 $\frac{\Delta}{d}$，在莫迪图上查得沿程阻力系数 $\lambda = 0.0238$，则沿程水头损失为：$h_f = \lambda \frac{l}{d} \times \frac{v^2}{2g} = 0.0238 \times \frac{300}{0.2} \times \frac{8.84^2}{2 \times 9.80} = 142.3 (\text{mH}_2\text{O})$。

## 六、管道内流体局部阻力损失

这里仅讨论湍流状态下的局部能量损失且针对管径突然扩大的局部阻力加以理论分析，其他类型的局部阻力则用类似的经验公式或实验方法处理。

### （一）管径突然扩大的局部能量损失

管径突然扩大的局部损失可用分析方法进行推导。图 1-60 为流体在一突然扩大的圆管中的流动情况，应用动量方程和连续性方程，可求出损失的能量。

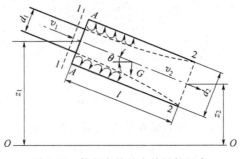

图 1-60　管径突然扩大的局部阻力

设小管径和大管径分别为 $d_1$ 和 $d_2$，流体从小管径断面进入大管径断面后，脱离边界，产生回流区，回流区的长度约为 $(5\sim8)d_2$，断面 1-1 和 2-2 为缓变流断面。由于 $l$ 较短，该段的沿程水头损失 $h_f$ 忽略，仅考虑局部水头损失 $h_r$。对断面 1-1 和 2-2 内的流体列伯努利方程：

$$z_1+\frac{p_1}{\gamma}+\frac{\alpha_1 v_1^2}{2g}=z_2+\frac{p_2}{\gamma}+\frac{\alpha_2 v_2^2}{2g}+h_r \qquad (1\text{-}159)$$

再对 $A\text{-}A$ 和 2-2 之间的流体列总流动量方程：

$$\sum F=p_1 A_1+P+G\sin\theta-p_2 A_2=\rho Q(\alpha_{02} v_2-\alpha_{01} v_1) \qquad (1\text{-}160)$$

式中，$P$ 为位于断面 $A\text{-}A$ 上环形面积 $A_2\text{-}A_1$ 的管壁对流体的压力。实验证明此环形面上的动压强符合静压强分布规律，即有：

$$P=p_1(A_2-A_1) \qquad (1\text{-}161)$$

由图 1-60 知，重力 $G$ 在管轴上的分量为：

$$G\sin\theta=\gamma A_2 l\frac{z_2-z_1}{l}=\gamma A_2(z_2-z_1) \qquad (1\text{-}162)$$

将式 (1-161)、式 (1-162) 及连续性方程 $Q=A_1 v_1=A_2 v_2$ 代入动量方程 (1-160)，整理后可得：

$$(z_1-z_2)+\left(\frac{p_1}{\gamma}-\frac{p_2}{\gamma}\right)=\frac{(\alpha_{02} v_2-\alpha_{01} v_1)v_2}{g}$$

再将上式代入式 (1-159) 得：

$$h_r=\frac{(\alpha_{02} v_2-\alpha_{01} v_1)v_2}{g}+\frac{\alpha_1 v_1^2-\alpha_1 v_2^2}{2g}$$

雷诺数较大时，$\alpha_1$，$\alpha_2$，$\alpha_{01}$ 及 $\alpha_{02}$ 均接近于 1，故上式又可改写为：

$$h_r=\frac{(v_1-v_2)^2}{2g} \qquad (1\text{-}163)$$

式 (1-163) 称为包达定理。将 $v_2=A_1 v_1/A_2$ 及 $v_1=A_2 v_2/A_1$ 代入式 (1-163)，可得：

$$h_r=\left(1-\frac{A_1}{A_2}\right)^2\frac{v_1^2}{2g}=\xi_1\frac{v_1^2}{2g},\ \xi_1=\left(1-\frac{A_1}{A_2}\right)^2 \qquad (1\text{-}164)$$

$$h_r=\left(\frac{A_2}{A_1}-1\right)^2\frac{v_2^2}{2g}=\xi_2 v_2^2,\ \xi_2=\left(\frac{A_2}{A_1}-1\right)^2 \qquad (1\text{-}165)$$

式中，$\xi_1$、$\xi_2$ 称为管径突然扩大的局部阻力系数，其值与 $A_1/A_2$ 有关。值得注意的是，通常选下游的参数及阻力系数来计算局部能量损失。

当流体由管道流入面积较大的水池时，由于 $A_2\gg A_1$，所以 $\xi_1=1$，则管道出口的能量损失为 $h_r=\frac{v_1^2}{2g}$，管道中水流的速度头完全耗散于水池中。

## （二）其他类型的局部能量损失

大多数局部地段的水头损失，目前还不能用理论方法推导，故工程中采用通用的公式：局部损失可用速度水头乘上一个系数来表示，即：

$$h_r=\xi\frac{v^2}{2g} \qquad (1\text{-}166)$$

式中，$\xi$ 称为局部阻力系数。

下面给出几种常见局部装置的阻力系数 $\xi$ 值的计算和列表。

**1. 管径突然缩小**（如图 1-61 所示）

$\xi$ 值随截面缩小 $A_2/A_1$ 比值的不同而异，见表 1-6。

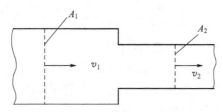

图 1-61　管径突然缩小管

**表 1-6　管径突然缩小的局部阻力系数 $\xi$**

| $\dfrac{A_2}{A_1}$ | 0.01 | 0.1 | 0.2 | 0.3 | 0.4 | 0.5 | 0.6 | 0.7 | 0.8 | 0.9 |
| --- | --- | --- | --- | --- | --- | --- | --- | --- | --- | --- |
| $\xi$ | 0.490 | 0.469 | 0.431 | 0.387 | 0.343 | 0.298 | 0.257 | 0.212 | 0.161 | 0.07 |

**2. 逐渐扩大管**（如图 1-62 所示）

$\xi$ 值可由式（1-167）确定

$$\xi=\frac{\lambda}{8\sin\dfrac{\alpha}{2}}\left[1-\left(\frac{A_2}{A_1}\right)^2\right]+K\left(1-\frac{A_2}{A_1}\right) \tag{1-167}$$

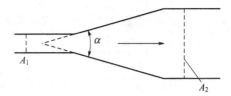

图 1-62　逐渐扩大管

式中，$K$ 是与扩张角 $\alpha$ 有关的系数，当 $A_1/A_2=1/4$ 时的 $K$ 值列于表 1-7 中。

**表 1-7　计算逐渐扩大管局部阻力系数 $\xi$ 时的 $K$ 值**

| $\alpha/(°)$ | 2 | 4 | 6 | 8 | 10 | 12 | 14 | 16 | 20 | 25 |
| --- | --- | --- | --- | --- | --- | --- | --- | --- | --- | --- |
| $K$ | 0.022 | 0.048 | 0.072 | 0.103 | 0.138 | 0.177 | 0.221 | 0.270 | 0.386 | 0.645 |

**3. 逐渐缩小管**（如图 1-63 所示）

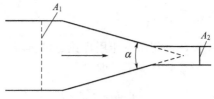

图 1-63　逐渐缩小管

$\xi$ 值可用式（1-168）计算：

$$\xi = \frac{\lambda}{8\sin\frac{\alpha}{2}}\left[1-\left(\frac{A_2}{A_1}\right)^2\right] \qquad (1\text{-}168)$$

**4. 弯管**（如图 1-64 所示）**与折管**（如图 1-65 所示）

由于流动惯性，在弯管和折管内侧往往产生流线分离形成旋涡区。在外侧，流体往往冲击壁面增加液流的混乱程度。

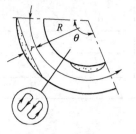

图 1-64  弯管

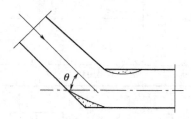

图 1-65  折管

弯管 $\xi$ 值的经验公式为：

$$\xi = \left[0.131+1.847\left(\frac{r}{R}\right)^{3.5}\right]\frac{\theta}{90°} \qquad (1\text{-}169)$$

当 $\theta=90°$ 时，常用弯管的阻力系数如表 1-8 所示。

表 1-8  90°弯管的局部阻力系数

| $\frac{r}{R}$ | 0.1 | 0.2 | 0.3 | 0.4 | 0.5 | 0.6 | 0.7 | 0.8 | 0.9 |
|---|---|---|---|---|---|---|---|---|---|
| $\xi$ | 0.132 | 0.138 | 0.158 | 0.206 | 0.294 | 0.440 | 0.661 | 0.977 | 1.408 |

对于一般铸铁管弯头 $\frac{r}{R}=0.75$，其阻力系数 $\xi=0.9$。

折管 $\xi$ 值的经验公式为：

$$\xi = 0.976\sin^2\left(\frac{\theta}{2}\right)+2.407\sin^4\left(\frac{\theta}{2}\right) \qquad (1\text{-}170)$$

折管的局部阻力系数如表 1-9 所示。

表 1-9  折管的局部阻力系数

| $\theta/(°)$ | 20 | 40 | 60 | 80 | 90 | 100 | 110 | 120 | 130 | 160 |
|---|---|---|---|---|---|---|---|---|---|---|
| $\xi$ | 0.046 | 0.139 | 0.364 | 0.741 | 0.985 | 1.260 | 1.560 | 1.861 | 2.150 | 2.431 |

**5. 三通管**

三通管根据流动方式不同，局部阻力系数的取值列于表 1-10 中。

**6. 闸板阀**（如图 1-66 所示）**与截止阀**（如图 1-67 所示）

其局部阻力系数与开度有较大关系，其 $\xi$ 取值列于表 1-11 中。

**表 1-10　三通管的局部阻力系数**

| 90°三通 | | | | |
|---|---|---|---|---|
| $\xi$ | 0.1 | 1.3 | 1.3 | 3 |
| 45°三通 | | | | |
| $\xi$ | 0.15 | 0.05 | 0.5 | 3 |

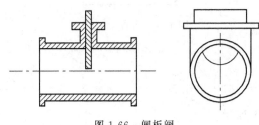

图 1-66　闸板阀　　　　　　　　　　　　　　　　　图 1-67　截止阀

**表 1-11　闸板阀与截止阀的局部阻力系数**

| 开度/% | 10 | 20 | 30 | 40 | 50 | 60 | 70 | 80 | 90 | 全开 |
|---|---|---|---|---|---|---|---|---|---|---|
| 闸板阀 $\xi$ | 60 | 15 | 6.5 | 3.2 | 1.8 | 1.1 | 0.60 | 0.30 | 0.18 | 0.1 |
| 截止阀 $\xi$ | 85 | 24 | 12 | 7.5 | 5.7 | 4.8 | 4.4 | 4.1 | 4.0 | 3.9 |

**7. 管路的进口、出口及其他常用管件**

它们的 $\xi$ 值列于表 1-12 中。

**（三）水头损失的叠加原则**

在计算管道上的总水头（压强、能量）损失时，常将管道上所有沿程损失与局部损失按算术加法求和计算，这就是水头损失的叠加原则。

根据叠加原则，管道上的总水头损失可表示为：

$$h_1 = h_f + \sum h_r = \left( \lambda \frac{l}{d} + \sum \xi \right) \frac{v^2}{2g} \tag{1-171}$$

为了简化运算，常将局部阻力损失折合成一个适当长度上的沿程阻力，即令

$$\xi = \lambda \frac{l_e}{d} \text{ 或 } l_e = \frac{\xi}{\lambda} d \tag{1-172}$$

式中，$l_e$ 称为局部阻力的当量管长。于是管道上的总水头损失可简化为：

$$h_1 = \lambda \frac{(l + \sum l_e) v^2}{d} \times \frac{v^2}{2g} = \lambda \frac{L}{d} \times \frac{v^2}{2g} \tag{1-173}$$

式中，$l_e$ 称为管道的总阻力长度。各种常用局部装置的当量管长可查表 1-13。

表 1-12　管路的进口、出口及其他常用管件的局部阻力系数

| 锐缘进口 | | $\xi=0.5$ | 圆角进口 | | $\xi=0.2$ |
|---|---|---|---|---|---|
| 锐缘斜进口 | | $\xi=0.505+$ $0.303\sin\theta+$ $0.226\sin^2\theta$ | 管道出口 | | $\xi=1$ |
| 闸门 | | $\xi=0.12$ （全开） | 蝶阀 | | $\alpha=20°$时，$\xi=1.54$ $\alpha=45°$时，$\xi=18.7$ |
| 旋风分离器 | | $\xi=2.5\sim3$ | 吸水管 （有底阀） | | $\xi=10$ 无底阀时，$\xi=5\sim6$ |
| 逆止阀 | | $\xi=1.7\sim14$ 视开启大小 而定 | 渐缩短管 （锥角5°） | | $\xi=0.06$ （水枪喷嘴同此） |

表 1-13　几种常用局部装置的 $l_e/d$

| 局部装置名称 | $l_e/d$ | 局部装置名称 | $l_e/d$ |
|---|---|---|---|
| 45°肘管 | 15 | 标准球心阀 | 100~120 |
| 90°肘管 | | 闸阀 | 10~15 |
| 9.5~63.5(mm) | 30 | 单向阀 | 75 |
| 76~135(mm) | 40 | 盘形阀 | 70 |
| 178~254(mm) | 50 | 转子流量计 | 200~300 |
| 180°弯头 | 50~75 | 文丘里流量计 | 12 |
| 三通 25~100(mm) | | 盘式流量计 | 400 |
| | 10 | 进口 | 20 |
| | 60 | 90°圆弯($R=d$) 25~400(mm) | 0.25~4.0 |
| | 90 | ($R>2d$) 25~400(mm) | 0.1~1.6 |

实际工程中的管路，多是由几段等径管道和一些局部装置构成的，因此其水头损失可由式（1-174）计算：

$$h_1 = \sum h_f + \sum h_r$$

$$h_1 = \sum_{i=1}^{n}\lambda_i\,\frac{l_i}{d_i}\times\frac{v_i^2}{2g} + \sum_{j=1}^{m}\xi_j\,\frac{v_j^2}{2g} = \sum_{i=1}^{n}\lambda_i\,\frac{l_i}{d_i}\times\frac{v_i^2}{2g} + \sum_{j=1}^{m}\lambda_j\,\frac{l_{ej}}{d}\times\frac{v_j^2}{2g} \tag{1-174}$$

**例 1-13**　冲洗用水枪，出口流速 $v=50\mathrm{m/s}$，问经过水枪喷嘴时的水头损失为多少？

**解**　查表可得，流经水枪喷嘴的局部阻力系数 $\xi=0.06$，故其水头损失为：

$$h_r = \xi\frac{v^2}{2g} = 0.06\times\frac{50^2}{2\times9.8} = 7.65\,(\mathrm{mH_2O})$$

由此可见，因水枪出口流速高，其局部损失是很大的，因此应改善喷嘴形式，降低管嘴内表面的粗糙度，以改善射流质量，减少水头损失。

**例 1-14**　图 1-68 为用于测试新阀门压强降的设备。21℃的水从一容器通过锐边入口进入管系，钢管的内径均为 50mm，绝对粗糙度为 0.04mm，管路中三个弯管的管径和曲率半径之比 $d/R=0.1$。用水泵保持稳定的流量 12m³/h，若在给定流量下水银差压计的示数

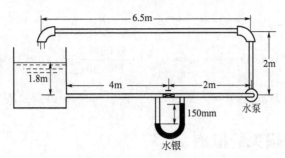

图 1-68　新阀门压强降的测试

为 150mm：①求水通过阀门的压强降；②计算水通过阀门的局部损失系数；③计算阀门前水的计示压强；④不计水泵损失，求通过该系统的总损失，并计算水泵供给水的功率。

**解**　管内的平均流速为：

$$v = \frac{4Q}{\pi d^2} = \frac{4 \times 12}{3.14 \times 0.05^2 \times 3600} = 1.699 (\text{m/s})$$

① 流体经过阀门的压强降：

$$\Delta p = (\rho_{Hg} - \rho_{water}) gh = (13600 - 1000) \times 9.8 \times 0.15 = 18522 (\text{Pa})$$

② 阀门的局部损失系数

由 $h_r = \zeta \frac{v^2}{2g} = \frac{\Delta p}{\rho g}$，解得：$\zeta = \frac{2\Delta p}{\rho v^2} = \frac{2 \times 18522 \Delta p}{1000 \times 1.699^2} = 12.83$

③ 计算阀门前的计示压强，由于要用到黏性流体的伯努利方程，必须用有关已知量确定过程中的沿程损失系数。

21℃水的密度近似取为 $\rho = 1000 \text{kg/m}^3$，其动力黏度为：

$$\mu = \frac{\mu_0}{1 + 0.0337t + 0.000221t^2} = \frac{1.729 \times 10^{-3}}{1 + 0.0337 \times 21 + 0.000221 \times 21^2} = 0.993 \times 10^{-3} (\text{Pa} \cdot \text{s})$$

管内流动的雷诺数为　$Re = \frac{\rho v d}{\mu} = \frac{1000 \times 1.699 \times 0.05}{0.993 \times 10^{-3}} = 8.55 \times 10^4$

由于 $4000 < Re < 26.98 \times (d/\Delta)^{8/7}$，所以沿程损失系数的计算可用布拉休斯公式，即：

$$\lambda = \frac{0.3164}{Re^{0.25}} = \frac{0.3164}{(8.55 \times 10^4)^{0.25}} = 0.0185$$

管道入口的局部损失系数 $\xi = 0.5$，根据黏性流体的伯努利方程可解得：

$$p = \gamma \left[ 1.8 - (1 + \xi + \lambda l/d) \frac{v^2}{2g} \right]$$

$$= 1000 \times 9.807 \times \left[ 1.8 - \left( 1 + 0.5 + 0.185 \times \frac{4}{0.05} \right) \times \frac{1.699^2}{2 \times 9807} \right]$$

$$= 13317 (\text{Pa})$$

④ 根据已知条件 $d/R = 0.1$ 查表知局部阻力系数 $\xi_1 = 0.131$，则：

$$h_l = \sum h_f + \sum h_r$$

$$= \left( 0.0185 \times \frac{4 + 2 + 2 + 6.5}{0.05} + 0.5 + 3 \times 0.131 + 12.82 \right) \times \frac{1.699^2}{2 \times 9.807}$$

$$= 2.71 (\text{mH}_2\text{O})$$

计算单位重量流体经过水泵时获得的能量为 $h_p$，列水箱液面和水管出口的伯努利方程：

$$0=(2-1.8)+\frac{v^2}{2g}-h_p+h_1$$

由上式可解得：$h_p=(2-1.8)+\frac{v^2}{2g}+h_1=0.2+\frac{1.699^2}{2\times9.807}+2.70=3.047(\mathrm{mH_2O})$

水泵的功率 $P$ 为：$P=\lambda Q h_p=1000\times9.807\times\frac{12}{3600}\times3.047=99.61(\mathrm{W})$

## 七、减小阻力损失的措施

减小流体阻力损失的方法有两种：一是改进流体外部的边界，改善边壁对流动的影响；二是在流体内加入少量的添加剂。工程上常用改善边壁的方法来减小阻力损失。

减小粗糙区或过渡区的紊流沿程阻力，常用减小管路的粗糙度和用柔性边壁代替刚性边壁。减小紊流局部阻力的办法是管路尺寸尽量过度平缓，不要有大的变化；过渡部分使用导流板；遏制突扩或突缩处的漩涡形成。下面通过几种典型的配件来说明减小阻力损失的方法。

### 1. 管道进口

平顺的管道进口可以减小局部损失系数 90% 以上，如图 1-69 所示。

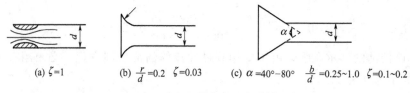

(a) $\zeta=1$　　(b) $\frac{r}{d}=0.2$　$\zeta=0.03$　　(c) $\alpha=40°\sim80°$　$\frac{b}{d}=0.25\sim1.0$　$\zeta=0.1\sim0.2$

图 1-69　几种进口阻力系数

### 2. 渐扩管和突扩管

缩小渐扩管的扩散角，如图 1-70(a) 所示，阻力系数约减小一半。突扩管制成台阶式，如图 1-70(b) 所示，阻力系数也可能有所减小。

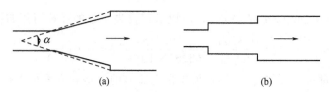

(a)　　　　　　　　　　(b)

图 1-70　复合式渐扩管和台阶式突扩管

### 3. 弯管

弯管的阻力系数见表 1-14，它随曲率半径 $R$ 增大而减小。

表 1-14　不同 $R/d$ 时 90°弯管的 $\xi$ 值 ($Re=10^6$)

| $R/d$ | 0 | 0.5 | 1 | 2 | 3 | 4 | 6 | 10 |
|---|---|---|---|---|---|---|---|---|
| $\xi$ | 1.14 | 1.00 | 0.246 | 0.159 | 0.145 | 0.167 | 0.20 | 0.24 |

由表可知，$R/d<1$，$\xi$ 值随 $R/d$ 的减小而急剧增加。$R/d>3$，$\xi$ 值又随 $R/d$ 的增大而增大，因此弯管的 $R$ 最好在 $(1\sim4)d$ 的范围内。

断面大的弯管，往往只能采用较小的 $R/d$，可在弯管内部布置一组导流叶片，图 1-71 所示的弯管，装上圆弧形导流叶片后，阻力系数由 1.0 降低到 0.3 左右。

**4. 三通**

尽可能地减小支管与合流管之间的夹角，或将支管与合流管连接处的折角改缓，均能改进三通的工作，减小局部阻力系数。例如将"T"形三通的折角切割成如图 1-72 所示的斜角，则合流时的 $\xi_{1-3}$ 和 $\xi_{2-3}$ 约减小 30%～50%，分流时的 $\xi_{1-3}$ 减小 20%～30%，但对分流的 $\xi_{3-2}$ 影响不大。如将切割的三角形加大，阻力系数能显著下降。

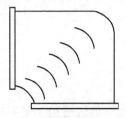

图 1-71　装有导叶的弯管

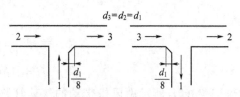

图 1-72　切割折角的"T"形三通

配件之间的不合理衔接，也会使局部阻力加大。例如在既要转，又要扩大断面的流动中，如均选用 $R/d=1$ 的弯管和 $A_2/A_1=2.28$、$l_d/r_1=4.1$ 的渐扩管，在直接连接（$l_s=0$）的情况下，先弯后扩的水头损失为先扩后弯的水头损失的 4 倍。即使中间都插入一段 $l_s=4d$ 的短管，也仍然大 2.4 倍。因此，如果没有其他原因，先弯后扩是不合理的。

## 八、管路计算

管路计算是连续性方程、伯努利方程及能量损失计算的综合应用。管路的计算包括简单管路和复杂管路，分别介绍如下。

### （一）简单管路

通常将等径、无分支管路系统称为简单管路；而将由几段不同管径、不同长度的管段组合而成的管路系统称为复杂管路。简单管路是复杂管路水力计算的基础。

以图 1-73 为例，当忽略自由液面速度，且流体流入大气时，以 0—0 为基准线，列 1—1、2—2 两断面间的能量方程式：

$$H=\left(\lambda\,\frac{l}{d}+\sum\zeta+1\right)\frac{v^2}{2g}$$

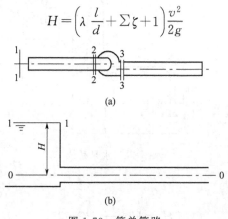

(a)

(b)

图 1-73　简单管路

因出口局部阻力系数 $\zeta_0 = 1$，若将上式括号中的 1 作为 $\zeta_0$ 包括到 $\Sigma\zeta$ 中，则上式就变为了总阻力损失的表达式：

$$H = \left(\lambda\,\frac{l}{d} + \Sigma\zeta\right)\frac{v^2}{2g}$$

用 $v = \dfrac{4Q}{\pi d^2}$ 代入上式，得：

$$H = \frac{8\left(\lambda\,\dfrac{l}{d} + \Sigma\zeta\right)}{\pi^2 d^4 g}Q^2$$

令：
$$S_H = \frac{8\left(\lambda\,\dfrac{l}{d} + \Sigma\zeta\right)}{\pi^2 d^4 g} \tag{1-175}$$

则：
$$H = S_H Q^2 \tag{1-176}$$

对于图 1-73(a) 所示由风机带动的气体管路，式（1-176）仍然适用。但因气体常用压强表示，于是有：

$$p = \gamma H = \gamma S_H Q^2$$

令：
$$S_p = \gamma S_H = \frac{8\rho\left(\lambda\,\dfrac{l}{d} + \Sigma\zeta\right)}{\pi^2 d^4} \tag{1-177}$$

则：
$$p = S_p Q^2 \tag{1-178}$$

式（1-178）多用于不可压缩的气体管路计算，如空调、通风管道。而式（1-176）则多用于液体管路的计算，如给水管路。

从式（1-175）、式（1-177）可知，$S_p$、$S_H$ 对于给定的管路是一个常数，它综合反映了管路的沿程阻力和局部阻力情况，故称为管路阻抗。引入这一概念对于分析管路流动较为方便，式（1-175）、式（1-177）即为管路阻抗的两种表达式，两者的区别仅在于有无容重 $\gamma$。

图 1-74 给出的是水泵向压力水箱送水的简单管路（$d$ 及 $Q$ 不变），应用有能量输入的伯努利方程可得：

$$H_i = (z_2 - z_1) + \frac{p_0}{\gamma} + \frac{a_2 v_2^2 - a_2 v_1^2}{2g} + h_{l1\text{-}2}$$

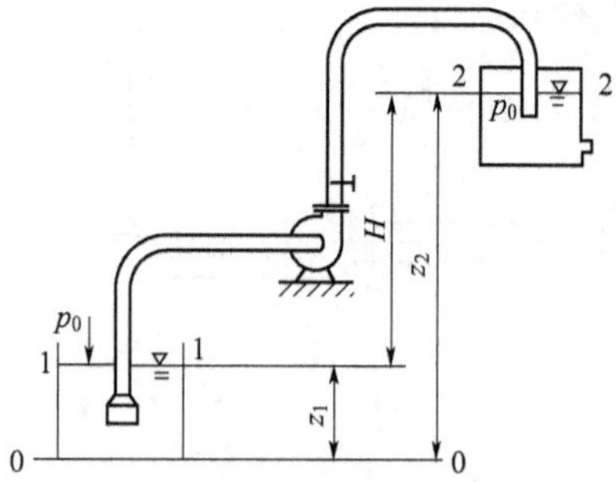

图 1-74　水泵系统

由于 $v_1 \approx 0$，则上式可写为：

$$H_i = H + \frac{p_0}{\gamma} + S_H Q^2 \tag{1-179}$$

式（1-179）说明水泵所提供的能量（又称为扬程）不仅用来克服流动阻力，还用来提升液体的位头和压头，使之流到高位压力水箱之中。

## （二）复杂管路

复杂管路是由简单管路经串联或并联组合而成的，如图 1-75 和图 1-76 所示。复杂管路如城市、工矿企业的供水管，送风系统的干管等。

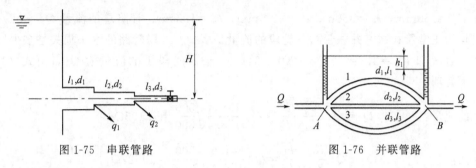

图 1-75　串联管路　　　　　　　　　　图 1-76　并联管路

### 1. 串联管路

串联管路中各段的流量不一定相同，但在每一段范围内是不变的。在每一段末端的分出流量 $q_i$，一般来说是不相等的，并且也不为零。

串联管路中的每一段管路都是简单管路，各管段的水头损失为：

$$h_{fi} = Q_i^2 \frac{l_i}{K_i^2}$$

对于由几个管段组成的管路来说，整个水头损失等于各管段水头损失之和，即：

$$h_f = H = \sum_{i=1}^{n} h_{fi} = Q_i^2 \frac{l_i}{K_i^2} = \frac{Q_1^2 l_1}{K_1^2} + \frac{Q_2^2 l_2}{K_2^2} + \cdots + \frac{Q_n^2 l_n}{K_n^2} \tag{1-180}$$

由连续性条件知：

$$Q_{n+1} = Q_n - q_n \tag{1-181}$$

若分出流量 $q_n = 0$ 时，则式（1-180）可变为：

$$h_f = H = \sum_{i=1}^{n} h_{fi} = Q_i^2 \frac{l_i}{K_i^2} \tag{1-182}$$

### 2. 并联管路

在工矿企业部门，为了保证供水的可靠性，常常组成一种并联管路，如图 1-76 所示。它是自起始节点 $A$ 分为几条管线，至下游某点 $B$ 又汇成一条管段，这样两节点间几条管线并联，称为并联管路。

假设 $A$、$B$ 两节点间有三根管道并联，总流量为 $Q$，各管的直径分别为 $d_1$，$d_2$，$d_3$，长度分别为 $l_1$，$l_2$，$l_3$，流量分别为 $Q_1$，$Q_2$，$Q_3$，水头损失为 $h_{f1}$，$h_{f2}$，$h_{f3}$。因为 $A$ 和 $B$ 是三条并联管路共同的节点，所以并联管路中各管段的水头损失是相同的，这是并联管路的特点，即：

$$h_f = h_{f1} = h_{f2} = h_{f3}$$

由于每个管段都是简单管路，所以有：

$$h_f = \frac{Q_1^2 l_1}{K_1^2} = \frac{Q_2^2 l_2}{K_2^2} = \frac{Q_3^2 l_3}{K_3^2} \tag{1-183}$$

由连续性方程知：

$$Q=Q_1+Q_2+Q_3 \tag{1-184}$$

值得注意的是：几条管段组成的并联管路，它的水头损失等于这些管路中任一单个管路的水头损失，但这只说明各管段上单位重量的液体能量损失相等。因为并联各管段的流量并不相等，所以各管段上全部液体重量的总机械能损失并不相同。

**例 1-15**　一并联管路如图 1-76 所示，各管段的直径和长度分别为 $d_1=150$mm，$l_1=500$m；$d_2=150$mm，$l_2=350$m；$d_3=400$mm，$l_3=1000$m。管路总的流量 $Q=80$L/s，所有管段均为正常管；试求并联管路各管段的流量是多少？并联管路的水头损失是多少？

**解**　查表知 $K_1=K_2=158.4$，$K_3=341.0$，假设管段 1 的流量为 $Q_1$，由式（1-183）得出以下各项。

管段 2 的流量：
$$Q_2=Q_1\frac{K_2}{K_1}\sqrt{\frac{l_1}{l_2}}=Q_1\frac{158.4}{158.4}\sqrt{\frac{500}{350}}=1.195Q_1$$

管段 3 的流量：
$$Q_3=Q_1\frac{K_3}{K_1}\sqrt{\frac{l_1}{l_3}}=Q_1\frac{341.0}{158.4}\sqrt{\frac{500}{1000}}=1.522Q_1$$

总流量：
$$Q=Q_1+Q_2+Q_3=Q_1+1.195Q_1+1.522Q_1=2.717Q_1$$

解得：
$$Q_1=21.5\text{L/s}, Q_2=25.8\text{L/s}, Q_3=32.7\text{L/s}$$

并联管路的水头损失为：

$$h_{\text{f}}=Q_1^2\frac{l_1}{K_1^2}=21.5^2\times\frac{500}{158.4^2}=9.2(\text{mH}_2\text{O})$$

## 九、烟囱计算

### （一）烟囱的工作原理

烟囱自然排烟的原理是由于烟囱内的热烟气受到大气浮力的作用，使之由下而上自然流动，在烟囱底部形成负压，从而可使窑炉内的热烟气源源不断地流入烟囱底部。图 1-77 为某工业窑炉的排烟系统。窑炉内火焰空间的压强近似为大气压 $p_{\text{a}}$。以烟囱底部为基准面，则窑炉内火焰空间（1—1 面）和烟囱底部（2—2 面）的伯努利方程为：

$$p_1+g(\rho_{\text{a}}-\rho)(0-H_1)+\frac{\rho v_1^2}{2}=p_2+\frac{\rho v_2^2}{2}+p_{\text{l}1\text{-}2} \tag{1-185}$$

式中，$\rho$ 为 1—1，2—2 两个断面之间热烟气的平均密度；$p_{\text{l}1\text{-}2}$ 为从 1—1 断面到 2—2 断面之间的所有沿程损失和局部损失之和。

因为 $p_1=0$，则式（1-185）变形为：

$$-p_2=H_1g(\rho_{\text{a}}-\rho)+\frac{\rho(v_2^2-v_1^2)}{2}+p_{n\text{-}2}=\sum p_1 \tag{1-186}$$

式中，$\sum p_1$ 表示单位体积烟气的总能量损失，包括沿程损失、局部损失、气体动压头及位头增量等。

烟囱底部和顶部两个断面的伯努利方程为：

$$p_2+Hg(\rho_{\text{a}}-\rho_{\text{m}})+\frac{\rho_{\text{m}}v_2^2}{2}=p_3+\frac{\rho_{\text{m}}v_3^2}{2}+p_{\text{f}} \tag{1-187}$$

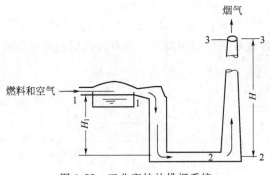

图 1-77　工业窑炉的排烟系统

式中，$\rho_m$ 为烟囱内热烟气的平均密度；$p_f$ 为烟气在烟囱中的沿程损失，且 $p_f = \lambda \dfrac{H}{d_{av}}$ $\times \dfrac{\rho_m v_{av}^2}{2}$，其中对砖烟囱和混凝土 $\lambda = 0.05$；钢板烟囱 $\lambda = 0.02$；$d_{av}$ 为烟囱的平均内径，且 $d_{av} = (d_B + d_T)/2$，其中 $d_T$ 为烟囱的出口直径，$d_B$ 为烟囱的底部直径；$v_{av}$ 为烟囱内烟气的平均速度。

由于 $p_3 = 0$，则式（1-187）变形为：

$$-p_2 = Hg(\rho_a - \rho_m) - \frac{\rho_m(v_3^2 - v_2^2)}{2} - p_f \tag{1-188}$$

式（1-188）右端的第一项比第二、第三项大得多。烟囱底部负压的绝对值称为烟囱的抽力，抽力越大，表示烟囱的排烟能力越强。式（1-188）表示：烟囱的抽力主要由位头形成。烟囱越高，烟气温度越高及空气温度越低，则烟囱的抽力越大，反之则越小。

将式（1-186）代入式（1-188），有：

$$Hg(\rho_a - \rho_m) = \sum p_1 + \frac{\rho_m(v_3^2 - v_2^2)}{2} + p_f \tag{1-189}$$

式（1-189）说明烟囱中热烟气的位头是推动力，它用于克服气体在窑炉系统中的总阻力 $\sum p_1$ 以及烟气在烟囱中的沿程损失与动压头增量，其中后两项比第一项小得多。

### （二）烟囱的热工计算

#### 1. 烟囱顶部内径

依据连续性方程，联立烟气量 $Q_0$ 和排烟速度 $v_T = v_3$ 可得烟囱的顶部内径 $d_T$ 为：

$$d_T = \sqrt{\frac{4Q_0}{\pi v_T}} \tag{1-190}$$

自然通风时，排烟速度为 $v_T = 2.0 \sim 4.0 \text{m/s}$。排烟速度过大时，烟囱本身阻力增大，影响排烟能力；排烟速度太小，容易产生倒风现象，使窑炉排气不畅而影响生产。人工排烟时，排烟速度为 $v_T = 8 \sim 15 \text{m/s}$。

砖烟囱与混凝土烟囱的顶部内径通常不小于 0.7m，砖烟囱顶部的厚度不小于一块标准建筑砖的厚度 24cm。

#### 2. 烟囱底部内径

砖烟囱和混凝土烟囱通常是顶部直径小而底部直径大的锥形体，其斜率为 1% ～ 2%，

故烟囱底部内径 $d_B$ 为:

$$d_B = d_T + 2 \times (0.01 \sim 0.02)H \tag{1-191}$$

小型烟囱通常用钢板卷焊成等直径的圆筒形,也有砖砌成的方形烟囱。

**3. 烟囱高度**

由式(1-189)可得:

$$H = \cfrac{\sum p_1 + \cfrac{\rho_m(v_3^2 - v_2^2)}{2}}{g(\rho_a - \rho_m) - \cfrac{\lambda}{d_{av}} \times \cfrac{\rho_m v_{av}^2}{2}} \tag{1-192}$$

在确定烟囱高度时应考虑炉窑后期阻力增大及窑炉生产能力扩大的需要,故应在上述计算值的基础上增加 $15\% \sim 20\%$ 作为储备能力。

因烟囱本身的沿程损失及动压头增量比窑炉系统的总损失小得多,故烟囱高度也可用式(1-193)近似计算为:

$$H = K \frac{\sum p_1}{g(\rho_a - \rho_m)} \tag{1-193}$$

式中,$K$ 为储备系数,其取值范围为 $1.2 \sim 1.3$。

通常只知道烟囱底部的烟气温度,烟囱顶部的烟气温度需根据烟气沿烟囱高度的温降率求出,从而可求得烟气平均温度 $t_m$,烟囱单位高度上的烟气温降值如表1-15。

表1-15　烟囱单位高度上的烟气温降值　　　　　　　单位:℃

| 烟囱类别 | | 不同烟气温度下的每米温降 | | | |
|---|---|---|---|---|---|
| | | 300~400 | 400~500 | 500~600 | 600~800 |
| 砖烟囱及混凝土烟囱 | | 1.5~2.5 | 2.5~3.5 | 3.5~4.5 | 4.5~6.5 |
| 钢板烟囱 | 带耐火衬砖 | 2~3 | 3~4 | 4~5 | 5~7 |
| | 不带耐火衬砖 | 4~6 | 6~8 | 8~10 | 10~14 |

按式(1-193)计算烟囱高度时,可先将烟囱顶部的烟气温度代入式中求出 $H$ 的一次近似值,然后按照表1-15中的数据求出烟囱顶部烟气温度及烟气平均温度 $t_m$,再求所需烟囱高度,砖烟囱的高度不能超过80m。

根据工业窑炉系统规格,不同材料的烟囱出口直径与其高度都有对应范围,可查阅相关资料。在确定烟囱尺寸时还需注意以下几点。

① 为保证在任何季节都有足够的抽力,计算时应该用夏季最高温度时的空气密度。

② 如果当地的空气湿度较大,计算时必须用湿空气的密度。

③ 如果地处高原或山区,应考虑当地气压的影响,当地气压可按海拔高度查图1-78得到。

④ 如果附近有机场,则所建烟囱不妨碍飞机的升降,此时烟囱高度一般不超过20m。

⑤ 烟囱高度应符合环卫部门规定(参考《工业炉设计手册》),尽量减少公害。

估计烟囱高度时要把烟气上升高度考虑在内。烟囱排烟时,由于烟气出口速度造成的冲力和温度造成的浮力,使烟气自烟囱口出去后能继续上升,如图1-79所示。故烟囱有效高度等于烟囱高度与烟气上升高度之和,在开阔地上平稳气流中烟气上升高度 $H_s$ 经验公式为:

$$H_s = \frac{1.5 v_T d_T + 9.55 \times 10^{-3} q}{v_a} \tag{1-194}$$

式中，$v_a$ 为风速；$q$ 为烟气含热量。如果不在开阔地上，则要考虑地形和建筑物的影响。

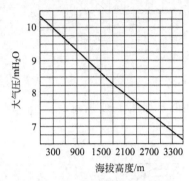

图 1-78　不同海拔高度的大气压力

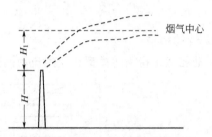

图 1-79　烟气上升时烟囱有效高度

增高烟囱的措施时要注意：在达到一定的烟囱高度后，继续增高烟囱会大大提高其造价，而对地面污染却改善不大。我国一些大型冶金、化工、电力等工厂的烟囱高度为 $150 \sim 200 m$。

# 第六节　流体流动相似原理及量纲分析

## 一、力学相似性原理

很多流体力学问题是依靠实验的方法来解决的。实验通常是做一个较实物小很多的几何相似模型（也有模型较实物大的情况），然后在模型上进行试验，得到所需要的实验数据，再换算到实物上去。这样自然就产生了实物和模型之间的流动相似问题。相似原理是进行模型试验的理论基础，也是对流动现象进行理论分析的重要手段。所谓模型（model）和原型（prototype）相似，是指这两个流动系统对应点的对应物理量成比例、对应角相等。

在流体力学中，两流动相似包括几何相似、运动相似和动力相似三个方面。

### 1. 几何相似

几何相似是指模型和原型流动流场的几何形状相似，即对应线段的夹角相同，对应线段成比例，如图 1-80 所示。

$$\frac{l_{m1}}{l_{p1}} = \frac{l_{m2}}{l_{p2}} = \frac{d_m}{d_p} = L = C_l \tag{1-195}$$

式中，$C_l$ 称为长度比例系数。

显然，两相应面积之比为比例常数的平方，即 $\dfrac{A_m}{A_p} = C_A = C_l^2$；而相应体积之比为长度比例常数的立方，即 $\dfrac{V_m}{V_p} = C_V = C_l^3$。

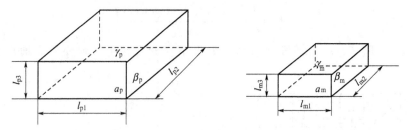

图 1-80　几何相似

### 2. 运动相似

运动相似是指描述模型和原型流动的运动物理量相似，如图 1-81 所示。

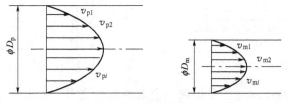

图 1-81　运动相似

$$\frac{v_{m1}}{v_{p1}}=\frac{v_{m2}}{v_{p2}}=\cdots=C_v \tag{1-196}$$

不难证明，加速度比例常数是速度比例常数除以时间比例常数，即 $C_a=C_v/C_t=C_v^2/C_l$。

### 3. 动力相似

动力相似是指模型和原型流动对应点处质点所受同名力的大小成比例，方向相同。同名力是指具有相同物理性质的力，如惯性力、黏性力、重力、压力等，如图 1-82 所示。

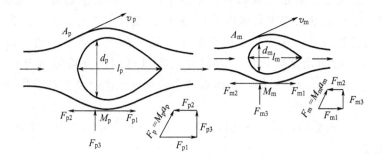

图 1-82　动力相似

$$\frac{F_{m1}}{F_{p1}}=\frac{F_{m2}}{F_{p2}}=\cdots=C_F \tag{1-197}$$

由牛顿第二定律知：

$$C_F=\frac{F_m}{F_p}=\frac{M_m a_m}{M_p a_p}=\frac{\rho_m l_m^2 v_m^2}{\rho_p l_p^2 v_p^2}=C_\rho C_l^2 C_v^2$$

即：

$$\frac{C_F}{C_\rho C_l^2 C_v^2}=1$$

有：

$$\frac{F_m}{\rho_m l_m^2 v_m^2}=\frac{F_p}{\rho_p l_p^2 v_p^2}=Ne \tag{1-198}$$

这一无量纲准则数称为牛顿数，它是判断流动是否动力相似的判据，牛顿数相等是两个流动满足力学相似的必要条件。

在以上的几何相似、运动相似和动力相似中，几何相似是力学相似的前提，是运动相似的先决条件，而运动相似又是动力相似的必要前提。

惯性力与某种主动力的比值称为相似准测数，显然它是无量纲数。下面我们介绍几个常用的相似准则数。流动参数中速度的特征量是 $v$、长度的特征量是 $l$、时间的特征量是 $t$ 等。

## 二、相似特征数

相似准则数是惯性力与其他力的比值。惯性力 $ma\propto\rho l^3 l/t^2\propto\rho l^2 v^2$，其他力为黏性力（摩擦力）、压力、重力、弹性力及表面张力等。

### （一）雷诺准则数

定义：惯性力与黏性力（摩擦力）的比值，用 $Re$ 表示。黏性切应力为 $\mu v/l$；黏性力为 $\mu v l$。从而，雷诺准则数为：

$$Re=\frac{\rho v^2 l^2}{\mu v l}=\frac{\rho v l}{\mu}=\frac{v l}{\nu} \tag{1-199}$$

式中　$l$——特征长度。对于圆管来说，是管径 $d$；对非圆管来说，是水力半径 $R$；

　　　$v$——特征速度；

　　　$\mu$——动力黏性系数；

　　　$\nu$——运动黏性系数。

雷诺数是用英国工程师雷诺（Reynolds）的名字命名的，它是摩擦力起主要作用的流动现象的重要准则数。摩擦力起主要作用的有：完全封闭的流动。如管道中的流量计、风机、泵、水轮机等；物体全部浸没在流体中的运动，如车辆、潜水艇、飞机、建筑物及流体中的固体颗粒等。

### （二）弗劳德准则数

定义：惯性力与重力的比值，用 $Fr$ 表示。

重力为质量 $\rho l^3$ 与重力加速度 $g$ 的乘积，即 $\rho g l^3$。从而，弗劳德准则数为：

$$Fr=\frac{\rho l^2 v^2}{\rho g l^3}=\frac{v^2}{g l} \tag{1-200}$$

弗劳德数是重力起主要作用的流动现象的重要准则数。常常用在具有自由面的液体流动中，如明渠流、堰流、孔口及管嘴出流、波浪的运动等。

### （三）欧拉数

定义：压力与惯性力的比值，用 $Eu$ 表示。

压力等于压强（或压差）乘以面积，即 $pl^2$（或 $\Delta pl^2$）。从而欧拉数为：

$$Eu = \frac{\Delta pl^2}{\rho l^2 v^2} = \frac{\Delta p}{\rho v^2} \tag{1-201}$$

也可以用系统中的绝对压强 $p$ 代替式（1-201）中的压强差 $\Delta p$，即：

$$Eu = \frac{p}{\rho v^2}$$

欧拉数是压力或压差起主要作用的流动现象的重要准则数。如有压管道内的流动。

**（四）马赫数**

定义：惯性力与由于压缩性引起的弹性力的比值，用 $Ma$ 表示。由流体的物理性质压缩性引起的弹性力为 $El^2$。由于 $E = \rho \dfrac{\mathrm{d}p}{\mathrm{d}\rho}$，$\dfrac{\mathrm{d}p}{\mathrm{d}\rho} = c^2$，从而弹性力为 $\rho c^2 l^2$，这样马赫数为：

$$Ma = \sqrt{\frac{\rho c^2 l^2}{\rho v^2 l^2}} = \frac{c}{v} \tag{1-202}$$

式中　$c$——音速或声速；

　　　$v$——气流的速度。

马赫数是压缩性气体流动现象的重要准则数，是判断气体是否不可压缩的标准。一般认为马赫数大于 0.3，气体可压缩；马赫数小于 0.3，气体不可压缩。

**（五）韦伯数**

定义：惯性力与表面张力的比值，用 $We$ 表示：

$$We = \frac{\rho l^2 v^2}{\sigma l} = \frac{\rho l v^2}{\sigma} \tag{1-203}$$

式中　$\sigma$——表面张力系数；

　　　$l$——特征长度；

　　　$v$——流体的速度。

韦伯数是表面张力起主要作用的流动现象的重要准则数。在研究液珠或薄膜的破裂等问题中，必须考虑原型和模型的韦伯数相等。

**（六）斯特罗哈数**

定义：非定常流场中迁移惯性力与当地惯性力的比值，用 $St$ 表示：

$$St = \frac{\rho l^3 v/t}{\rho l^2 v^2} = \frac{l}{vt} \tag{1-204}$$

斯特罗哈数是研究流体绕流的一个重要特征参数。液气两相流的斯特罗哈数的研究在工程技术和学术研究上均有重要意义。

流体力学中一些重要的相似准则数，列于表 1-16 中。

**例 1-16**　船在航行时的阻力系数与雷诺数 $Re$ 和弗劳德数 $Fr$ 有关。在进行船模实验时，要求满足雷诺准则和弗劳德准则。求：①假设模型船的大小是原型的 1/20，而原型船的速度为 10m/s，模型船的速度应是多少？②假设原型船在 20℃ 的水中航行，模型实验的流体的运动黏度是多少？

表 1-16　流体力学中一些相似准则数

| 名称 | 符号 | 表达式 | 定义 | 备注 |
|---|---|---|---|---|
| 雷诺数 | $Re$ | $\dfrac{\rho v l}{\mu}$ | 惯性力/摩擦力 | 摩擦力相似 |
| 弗劳德数 | $Fr$ | $\dfrac{v^2}{gl}$ | 惯性力/重力 | 重力相似 |
| 欧拉数 | $Eu$ | $\dfrac{p}{\rho v^2}$ | 压力/惯性力 | 压力相似 |
| 马赫数 | $Ma$ | $\dfrac{c}{v}$ | 惯性力/弹性力 | 弹性力相似 |
| 韦伯数 | $We$ | $\dfrac{\rho l v^2}{\sigma}$ | 惯性力/表面张力 | 表面张力相似 |
| 斯特罗哈数 | $St$ | $\dfrac{l}{vt}$ | 迁移惯性力/当地惯性力 | 非定常流动相似 |

**解**　① 由 $(Fr)_m = (Fr)_p$，知 $\left(\dfrac{v^2}{gl}\right)_m = \left(\dfrac{v^2}{gl}\right)_p$

所以有：

$$v_m = v_p \sqrt{\dfrac{l_m}{l_p}}$$

由于 $l_m/l_p = 1/20$，$v_p = 10 \mathrm{m/s}$，这样模型船的速度为 $v_m = 2.2361 \mathrm{m/s}$。

② 由 $(Re)_m = (Re)_p$，知 $\nu_m = \nu_p \dfrac{v_m l_m}{v_p l_p}$，而弗劳德准则要求 $\dfrac{v_m}{v_p} = \sqrt{\dfrac{l_m}{l_p}}$，因此有：

$$\nu_m = \nu_p \left(\dfrac{l_m}{l_p}\right)^{3/2}$$

以 $\nu_p = 1.003 \times 10^{-6} \mathrm{m^2/s}$（20℃时水的运动黏度），$l_m/l_p = 1/20$，则 $\nu_m = 1.1214 \mathrm{m^2/s}$，显然具有这么小的黏度的流体很难找到。

## 三、模型律

为了比较模型实验结果与原型流动，且将模型实验的数据转换到原型流动中，必须要保证模型流动与原型流动力学相似，这就要求对应的相似准则数相等。但在实际问题中，即使要求为数不多的几个相似准则数相等，往往也是比较困难的，有时甚至是不可能的。

例如仅考虑弗劳德数和雷诺数这两个准则数相等，即：

$$\left(\dfrac{v^2}{gl}\right)_m = \left(\dfrac{v^2}{gl}\right)_p \tag{1-205}$$

$$\left(\dfrac{vl}{\nu}\right)_m = \left(\dfrac{vl}{\nu}\right)_p \tag{1-206}$$

若模型流动和原型流动的介质是同一种流体，即 $\nu_m = \nu_p$。又因为 $g_m = g_p$，则式（1-205）可变为：

$$\dfrac{v_m}{v_p} = \sqrt{\dfrac{l_m}{l_p}} \tag{1-207}$$

由式（1-206）得：

$$\dfrac{\nu_m}{\nu_p} = \dfrac{l_m}{l_p} \tag{1-208}$$

显然，式（1-207）和式（1-208）是相互矛盾的。因此在模型流动与原型流动中，若运动黏度不变，要同时满足弗劳德数与雷诺数相等，有时是不可能的。为解决这一矛盾，工程上常采用近似的模型实验方法，即在模型实验时，只考虑在流动过程中起主要作用的相似准则数。

## 四、量纲分析

一个物理现象所涉及的物理量，在选定基本单位后，各物理量可以用基本单位进行表示，如表 1-17 所示的部分物理量。

**表 1-17　常用物理量的量纲和单位**

| 物理量 | 符号 | 性质 | 量纲 | 单位 | 物理量 | 符号 | 性质 | 量纲 | 单位 |
|---|---|---|---|---|---|---|---|---|---|
| 长度 | $l$ | 几何学 | L | m | 运动黏度 | $\nu$ | 运动学 | $L^2T^{-1}$ | $m^2/s$ |
| 面积 | $A$ | 几何学 | $L^2$ | $m^2$ | 质量 | $m$ | 动力学 | M | kg |
| 体积 | $V$ | 几何学 | $L^3$ | $m^3$ | 密度 | $\rho$ | 动力学 | $ML^{-3}$ | $kg/m^3$ |
| 水头 | $H$ | 几何学 | L | m | 力 | $F$ | 动力学 | $MLT^{-2}$ | N |
| 惯性矩 | $I$ | 几何学 | $L^4$ | $m^4$ | 应力 | $p,\tau$ | 动力学 | $ML^{-1}T^{-2}$ | $N/m^2$ |
| 时间 | $t$ | 运动学 | T | s | 重度 | $\gamma$ | 动力学 | $ML^{-2}T^{-2}$ | $N/m^3$ |
| 流速 | $v$ | 运动学 | $LT^{-1}$ | m/s | 动力黏度 | $\mu$ | 动力学 | $ML^{-1}T^{-1}$ | $N/m^2 \cdot s$ |
| 加速度 | $a$ | 运动学 | $LT^{-2}$ | $m/s^2$ | 功 | $W$ | 动力学 | $ML^2T^{-2}$ | $N \cdot m$ |
| 流量 | $Q$ | 运动学 | $L^3T^{-1}$ | $m^3/s$ | 功率 | $P$ | 动力学 | $ML^2T^{-3}$ | W |

### （一）量纲和谐原理

任何一个正确且完整的物理方程，其方程左右两端各项量纲必须一致，这称为量纲和谐原理或量纲一致性原则。

例如，无黏流体的伯努利积分方程中各项都具有长度的量纲，满足量纲和谐原理。但是，工程中存在不符合量纲和谐原理而广泛使用的计算公式，如计算明渠均匀流流速的曼宁公式 $v=\dfrac{1}{n}R^{1/6}\sqrt{Ri}$ 等。随着人们对物理现象本质的深入认识，正确完善的公式必将代替经验公式。

### （二）量纲分析法

按照物理量之间的量纲和谐性建立起来的各物理量之间的函数关系式的方法，称为量纲分析法。常用的量纲分析法有瑞利法和 π 定理。

#### 1. 瑞利法

假设某一物理过程与 $n$ 个物理量 $q_1$，$q_2$，$\cdots$，$q_n$ 有关，即：

$$f(q_1,q_2,\cdots,q_n)=0 \tag{1-209}$$

则其中一个物理量 $q_i$ 可以表示成其他物理量指数乘积的形式，即：

$$q_i=Kq_1^a q_2^b \cdots q_{i-1}^c q_{i+1}^c \cdots q_n^m \tag{1-210}$$

式中，$K$ 为无量纲数；$a,b,c,d,\cdots,m$ 为待定系数，可根据量纲和谐原理进行求解。

**例 1-17**　不可压缩流体定常流动中，有一固定不动的直径为 $d$ 的圆球，试用瑞利法确定作用于球上的拉力 $F$ 与球直径 $d$、流体流动速度 $v$、流体密度 $\rho$ 和动力黏度 $\mu$ 之间的关系。

**解**　根据已知条件，有以下待定函数关系：

$$f(F,v,d,\rho,\mu)=0$$

表示成指数形式为：

$$F=Kd^a\rho^b\mu^c v^\varepsilon$$

根据量纲和谐原理有：

$$MLT^{-2}=K\,[L]^a\,[ML^{-3}]^b\,[ML^{-1}T^{-1}]^c\,[LT^{-1}]^d$$

对 L：　　$1=a-3b-c+e$

对 T：　　$-2=-c-e$

对 M：　　$1=b+c$

解得　　$a=2-c,\ b=1-c,\ e=2-c$

代入原方程可得：$F=Kd^{2-c}\rho^{1-c}\mu^c v^{2-c}$

再将指数相同的变量合并，可得：$F=Kd^2\rho\left(\dfrac{\mu}{\rho vd}\right)^c v^2$

即：

$$\frac{F}{d^2\rho v^2}=K\phi(Re)$$

瑞利法相当简便，但适用于变量较少的情况。基于瑞利法的缺点，下面给出另一量纲分析法：$\pi$ 定理。

**2. $\pi$ 定理（白金汉法）**

量纲分析法是将该物理现象所涉及的物理量组成无量纲综合量，$\pi$ 定理使无量纲综合量构成函数关系，进而反映物理量之间的内在规律，且使待求函数的自变量数目减到最少。下面给出 $\pi$ 定理的内容。

设某一物理现象与 $n$ 个物理量 $q_1,q_2,\cdots,q_n$ 有关，而这 $n$ 个物理量存在如下函数关系：

$$f(q_1,q_2,\cdots,q_n)=0 \tag{1-211}$$

若这 $n$ 个物理量的基本量纲数为 $m$，则这 $n$ 个物理量可组合成 $n-m$ 个独立的无量纲数 $\pi_1$，$\pi_2,\cdots,\pi_{n-m}$，这些无量纲数也存在某种函数关系：

$$F(\pi_1,\pi_2,\cdots,\pi_{n-m})=0 \tag{1-212}$$

运用 $\pi$ 定理时，关键问题是如何确定独立的无量纲数 $\pi_i$，现将方法介绍如下。

（1）如果 $n$ 个物理量的基本量纲为 M、L、T，即基本量纲数 $m=3$，则在这 $n$ 个物理量中选取 $m$ 个作为循环量，例如选 $q_1,q_2,q_3$。循环量选取的一般原则是：为了保证几何相似，应选取一个长度变量，例如直径 $d$ 或长度 $l$。为了保证运动相似，应选速度 $v$；为了保证动力相似，应选一个与质量有关的物理量，如密度 $\rho$。通常，这 $m$ 个循环量应包含 M、L、T 这三个基本量纲。

（2）用这三个循环量与其他 $n-m$ 个物理量中的任一个量组合成无量纲数，这样就得到 $n-m$ 个独立的无量纲数。

**例 1-18**　水泵的输入功率 $P$ 与叶轮直径 $d$、叶轮旋转角速度 $\omega$、流体密度 $\rho$ 及其动力黏度 $\mu$、流速 $v$ 有关，试确定它们之间的无量纲关系式。

**解**　有关的物理方程为：

$$f(P,v,\mu,\rho,d,\omega)=0$$

6 个物理量包含 3 个循环量 $\rho$，$v$，$d$，则余下的物理量与它们可组成 $6-3=3$ 个无量纲数 $\pi_1$、$\pi_2$ 和 $\pi_3$，其中 $\pi_1 = p\rho^{a1}v^{b1}d^{c1}$，$\pi_2 = \mu\rho^{a2}v^{b2}d^{c2}$，$\pi_3 = \omega\rho^{a3}v^{b3}d^{c3}$。

对于 $\pi_1$，我们有：

$$\pi_1 = p\rho^{a1}v^{b1}d^{c1} = [ML^2T^{-3}][ML^{-3}]^{a1}[LT^{-1}]^{b1}[L]^{c1}$$
$$= [M]^{1+a1}[L]^{2-3a1+b1+c1}[T]^{-3-b1}$$

令 $-3a1+b1+c1+2=0$，$a1+1=0$，$-b1-3=0$

解得：$a1=-1$，$b1=-3$，$c1=-2$

故：$\pi_1 = \dfrac{p}{\rho v^3 d^2}$

同理可得：$\pi_2 = \dfrac{\mu}{\rho v d}$，$\pi_3 = \dfrac{\omega d}{v}$

所以：$\dfrac{p}{\rho v^3 d^2} = F\left(Re, \dfrac{\omega d}{v}\right)$。

## 第七节　流体输送机械

### 一、离心式泵与风机基础理论

泵与风机是提升流体的机械，它们在电动机、汽油机、柴油机等外界动力作用下，通过管道把流体抽送到高处或远处。输送液体的机械为泵，输送气体的机械为风机。根据流体的流动情况可分为离心式泵与风机、轴流式泵与风机、混流式泵与风机、贯流式风机。其他类型的泵有真空泵、喷射泵、漩涡泵等。本节主要介绍工程上较常见的离心式泵和风机的工作原理及性能等。

#### （一）离心式泵与风机的工作原理及性能参数

离心式风机和泵的主要结构部件是叶轮和机壳。如图 1-83 所示，叶轮由叶片和连接叶片的前盘及后盘所组成，叶轮后盘装在转轴上，机壳一般是钢制成的阿基米德螺线状箱体，支承于支架上。

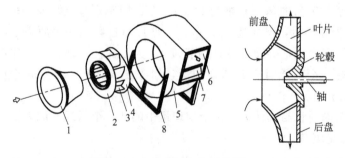

图 1-83　离心式风机主要结构图

1—吸入口；2—叶轮前盘；3—叶片；4—叶轮后盘；5—机壳；6—出口；7—截流板，即风舌；8—支架

泵与风机的基本性能参数有以下几种。

① 流量 $Q$：指泵或风机在单位时间内所输送的流体体积，单位为 $m^3/s$ 或 $m^3/h$。

② 泵的扬程 $H$ 与风机的全压 $p$：泵的扬程 $H$ 指单位重量的流体通过水泵后其能量的增量，单位是 m；风机的全压（压头）$p$ 是指单位体积的气体通过风机所获得的能量增量，即 $p = \gamma H$，单位为 Pa。

取泵的入口与出口为计算断面 1—1、2—2，则由能量方程知：

$$H_1 = z_1 + \frac{p_1}{\gamma} + \frac{v_1^2}{2g}, \quad H_2 = z_2 + \frac{p_2}{\gamma} + \frac{v_2^2}{2g}$$

这样叶轮工作时单位重量的流体所获得的扬程为：

$$H = z_2 - z_1 + \frac{p_2 - p_1}{\gamma} + \frac{v_2^2 - v_1^2}{2g} \tag{1-213}$$

③ 功率：在单位时间内通过泵的流体所获得的总能量称为有效功率，以 $Ne$（kW）表示。它与 $H$、$p(kN/m^2)$ 之间的关系为：

$$Ne = \gamma QH = Qp \tag{1-214}$$

④ 效率：泵或风机的效率 $\eta$ 是输入的功率 $N$ 被流体有效利用的程度，于是：

$$\eta = \frac{Ne}{N} \tag{1-215}$$

将式（1-215）加以变换，并结合式（1-214）可得轴功率的计算公式：

$$N = Ne/\eta = \gamma QH/\eta = Qp/\eta \tag{1-216}$$

⑤ 转速 $n$：指泵或风机的叶轮的转动速度，r/min。

⑥ 允许吸上真空高度 $H_s$：指泵在标准状况下（20℃，一个标准大气压）运转时所允许的最大吸上真空高度，单位为 $mH_2O$。

### （二）离心式泵与风机的基本方程

#### 1. 流体在叶轮中的运动

叶轮流道的几何形状，如图 1-84(a) 和 (b) 所示的轴面投影图和平面投影图。其中，$D_0$ 为叶轮进口直径；$D_1$，$D_2$ 为叶片的进、出口直径；$b_1$，$b_2$ 为叶片的进、出口宽度；$\beta_1$，$\beta_2$ 为叶片进、出口的安装角度，它是叶片进、出口处的切线与圆周速度反方向线之间的夹角，表示叶片的弯曲方向。

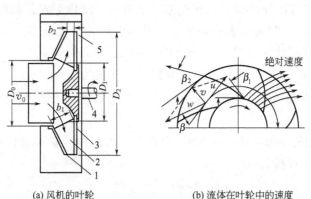

(a) 风机的叶轮　　　　　　　　　　(b) 流体在叶轮中的速度

图 1-84　流体在叶轮流道中的流动

1—叶轮前盘；2—叶片；3—叶轮后盘；4—转轴；5—机壳

为了简化分析，欧拉提出了"理想叶轮"并对流体的性质作了如下假设：①流场是定常，即所有运动要素均不随时间变化；②叶轮具有无限多的叶片，且叶片厚度无限薄。叶槽中叶轮同半径处流体的同名速度相等；③通过叶轮的流体是不可压缩的理想流体，即在流动过程中不考虑能量损失。下面将结合图 1-85 来分析叶片进、出口处的流体运动情况。

当叶轮旋转时，流体的运动可分解为随叶轮旋转的牵连运动和相对于叶轮的相对运动。即在叶片进口"1"处，流体随叶轮旋转作圆周牵连运动，其圆周速度为 $u_1$；此外又沿叶片方向作相对流动，其相对速度为 $w_1$。因此，流体在进口处的绝对速度 $v_1$ 应为 $u_1$ 与 $w_1$ 两者的矢量和。同理，在叶片出口"2"处，$u_2$ 与 $w_2$ 的矢量和为其绝对速度 $v_2$。

为了便于分析，常将绝对速度 $v$ 分解为径向分速 $v_r$（与流量有关）和切向分速 $v_u$（与压头有关）。前者的方向与叶轮的半径方向相同，后者的方向与叶轮的周期运动方向相同。

流体质点的速度图如图 1-85、图 1-86 所示。速度 $v$ 和 $u$ 之间的夹角 $\alpha$ 称为叶片的工作角。$\alpha_1$ 是叶片进口工作角，$\alpha_2$ 是叶片出口工作角。显然，工作角的大小与径向分速、切向分速的大小有关。

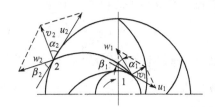

图 1-85　叶片进口和出口处的流体速度

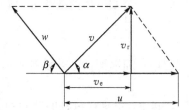

图 1-86　流体在叶轮中运动的速度三角形

若叶轮流道几何形状（安装角 $\beta$ 已定）及尺寸确定后，叶轮转速 $n$ 和流量 $Q_T$（T 表示理想流体）已知，即可求得叶轮内任何半径 $r$ 上某点的速度三角形。

流体的圆周速度 $u$ 为：

$$u = \omega r = \frac{\pi d n}{60}$$

又因为 $Q_T = v_r A$，这里的 $A$ 是一个环周面积，且 $A = 2\pi r b \varepsilon$，其中，$\varepsilon$ 为叶片排挤系数。现在 $Q_T$，$A$ 均已知，则 $v_r$ 可以求得，而 $u$，$\beta$ 也已确定，便可绘出速度图。

**2. 基本方程式——欧拉方程**

依据动量矩定理可以导出泵与风机的基本方程——欧拉方程。叶轮叶片为无限多，将流体的有关参数用"T∞"角标表示理想流体及叶轮叶片为无限多。如 $Q_{T\infty}$ 表示流经叶轮的流体体积流量，则在叶片进口"1"处的每秒动量矩为 $\rho Q_{T\infty} v_{u_{1T\infty}} r_1$；而出口"2"处的每秒动量矩为 $\rho Q_{T\infty} v_{u_{2T\infty}} r_2$。这样流体动量矩的变化量为 $\rho Q_{T\infty}(v_{u_{2T\infty}} r_2 - v_{u_{1T\infty}} r_1)$，它等于作用于流体的外力矩 $M$。同时，它又等于外力施加于叶轮转轴上的力矩，故有 $M = \rho Q_{T\infty}(v_{u_{2T\infty}} r_2 - v_{u_{1T\infty}} r_1)$。

由于加在转轴上的外加功率 $N = M\varepsilon$，而在单位时间内叶轮对流体所做的功 $N = \gamma Q_{T\infty} H_{T\infty}$，再结合 $u = \omega r$ 便得：

$$\gamma H_{T\infty} Q_{T\infty} = \rho Q_{T\infty}(v_{u_{2T\infty}} r_2 - v_{u_{1T\infty}} r_1)$$

从而可得理想条件下单位质量的流体能量与流体在叶轮中运动速度的关系，即欧拉方程：

$$H_{T\infty} = \frac{1}{g}(u_{2T\infty} v_{u_{2T\infty}} - u_{1T\infty} v_{u_{1T\infty}}) \tag{1-217}$$

欧拉方程的特点：

流体所获得的理论扬程 $H_{T\infty}$ 仅与叶片进、出口处的速度有关，与流动过程及流体种类无关。

**3. 叶片片数有限对欧拉方程的修正**

当实际叶片数目只有有限片时，叶片对流束的约束相对较小，从而将降低理论扬程。在有限数目叶片的流道中，除流量为 $Q_T$ 的均匀相对流动外，还有一个因流体惯性而产生的轴向相对涡流运动。它可用图 1-87 及图 1-88 来说明。

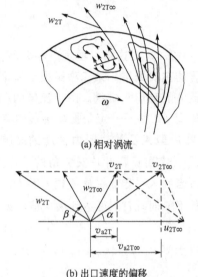

(a) 相对涡流

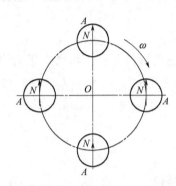

图 1-87　圆形容器内的相对流动

(b) 出口速度的偏移

图 1-88　流体在叶轮中的相对涡流与
出口速度的偏移

图 1-87 为一个充满理想流体的圆形容器，以角速度 $\omega$ 绕中心 $O$ 旋转，$A$ 点为容器的尖顶点，同时浮在流体上的指针指向固定坐标系统的 $N$ 点。当容器绕 $O$ 旋转时，流体因其本身的惯性而要保持原来的状态，即箭头指向 $N$ 点，这就相当于流体逆容器转向一个角速度为 $\omega$ 的实际流动，从而形成如图 1-88(a) 所示的相对涡流。此相对涡流使相对流速在同一半径的圆周上分布不均匀。它一方面使叶片两面形成压力差，作为作用于轮轴上的阻力矩，需原动机克服此力矩而耗能；另一方面，在叶轮出口处，相对速度将朝旋转的反向偏离切线，使其由 $\omega_{2T\infty}$ 变为 $\omega_{2T}$。由叶轮出口处的速度三角形图 1-88(b) 知，原来的切向分速度 $v_{u_{2T\infty}}$ 将减小为 $v_{u_{2T}}$。同理，叶片进口处相对速度将朝叶轮转动方向偏移，从而使进口切向分速由原来的 $v_{u_{1T\infty}}$ 增加到 $v_{u_{1T}}$。

由于上述影响，按式（1-217）计算的叶片无限多的扬程 $H_{T\infty}$ 要降低到叶片无限多的 $H_T$ 值。$H_{T\infty}$ 与 $H_T$ 之间的关系至今只能用涡流修正系数 $\kappa(\kappa<1)$ 来表示，即：

$$H_T = \kappa H_{T\infty} = \frac{\kappa}{g}(u_{2T\infty}v_{u_{2T\infty}} - u_{1T\infty}v_{u_{1T\infty}})$$

对离心泵来说，$\kappa$ 一般取 $0.78\sim0.85$。上式也可写成：

$$H_T = \frac{1}{g}(u_{2T}v_{u_2T} - u_{1T}v_{u_1T})$$

为叙述方便，可将流体运动量中用来表示理想条件的下角标"T"去掉，从而上式变为：

$$H_T = \frac{1}{g}(u_2 v_{u_2} - u_1 v_{u_1})\qquad(1\text{-}218)$$

式（1-218）表示实际叶轮工作时，流体从外加能量中获得的理论扬程，也称为理论扬程方程。这里 $H_T < H_{T\infty}$ 是由于叶片有限，不能很好地控制流动，产生了相对涡流所致。

下面进一步分析理论扬程的物理意义。图 1-88 中的速度三角形，由余弦定律知：

$$w^2 = u^2 + v^2 - 2uv\cos\alpha = u^2 + v^2 - 2uv_u$$

将上式代入式（1-218）并整理后可得：

$$H_T = \frac{u_2^2 - u_1^2}{2g} + \frac{v_2^2 - v_1^2}{2g} + \frac{w_2^2 - w_1^2}{2g}\qquad(1\text{-}219)$$

式（1-219）右边第一项是离心力所做的功，与叶轮进、出口的圆周切线速度有关，是产生扬程的主要因素。第二项是由于流道加宽，相对速度降低而获得的压力势能的增量。第三项是流体的动压头增量。由于流体的动能增加，其流动损失亦增加，因此简单地提高流体的绝对速度 $v$，并不一定是提高扬程的有效办法。

**4. 叶片型式及其对压力性能的影响**

由图 1-87 可见，叶片安装角的大小直接影响速度三角形的形状。如果选用适当的 $\beta_1$，或采取适当的入口导流措施使得 $\alpha_1 = 90°$，则 $v_{u_1} = v_1 \cot 90° = 0$，代入式（1-218）可知，当其他条件不变时，$H_T$ 可达到最大值，即：

$$H_T = u_2 v_{u_2}/g$$

又由于 $v_{u_2} = u_2 - v_{r_2}\cot\beta_2$，故有：

$$H_T = \frac{1}{g}(u_2^2 - u_2 v_{r_2}\cot\beta_2)\qquad(1\text{-}220)$$

由式（1-220）可以看出：在其他条件相同的情况下，若 $\beta_2 < 90°$，叶片出口方向与叶轮旋转方向相反，这种叶片型式称为后向叶型 [图 1-89(a)]；若 $\beta_2 = 90°$，叶片出口按径向装设，这种叶片型式称为径向叶型 [图 1-89(b)]；若 $\beta_2 > 90°$，叶片出口方向与叶轮旋转方向相同，这种叶片型式称为前向叶型 [图 1-89(c)]。

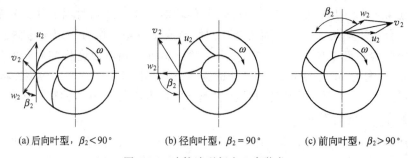

(a) 后向叶型，$\beta_2 < 90°$　　　　(b) 径向叶型，$\beta_2 = 90°$　　　　(c) 前向叶型，$\beta_2 > 90°$

图 1-89　叶轮叶型与出口安装角

根据上述分析，似乎叶轮采用前向叶型为宜。可是 $\beta_2 > 90°$ 的叶片会传给流体很高的速度，即动压头在理论扬程 $H_T$ 中所占的比例较大，而静压头在理论扬程中所占的比例较小。这样流体在机壳中由动能转换为压力能时，其能量损失也较大，实际效率反而比后向叶型低，而且噪声大。故在大型风机中多采用后向叶型，而离心泵则全都采用后向叶型。只有中小型风机为减小体积采用前向叶型。至于径向叶型，则介于两者之间。

### 5. 离心式风机和泵的性能曲线

流量 $Q$、扬程 $H$、功率 $N$ 和效率 $\eta$ 是泵与风机的主要性能参数。在额定转数 $n$ 下，其 $Q\text{-}H$、$Q\text{-}N$、$Q\text{-}\eta$ 的关系曲线统称为性能曲线。其中 $Q\text{-}H$ 曲线最为常用，它反映了泵和风机的工作状况，故称为工况曲线；$Q\text{-}N$ 称为功率性能曲线；$Q\text{-}\eta$ 称为效率曲线。下面讨论泵和风机的理论性能曲线和实际性能曲线。

(1) 理论性能曲线

设叶轮出口直径、出口宽度、径向出口速度分别为 $D_2$、$b_2$、$v_{\gamma_2}$，叶片厚度对出口面积减小的影响系数为 $\varepsilon$，不计容积损失（漏损），则理论流量 $Q_T$ 为：

$$Q_T = \varepsilon \pi D_2 b_2 v_{\gamma_2} \tag{1-221}$$

由式（1-220）及式（1-221）可得：

$$H_T = \frac{1}{g}\left(u_2^2 - u_2 \frac{Q_T \cot\beta_2}{\varepsilon \pi D_2 b_2}\right)$$

对于确定的泵和风机，$n$ 不变时，上式中的 $u_2$，$g$，$D_2$，$\varepsilon$，$b_2$ 均为常数，故上式可写为

$$H_T = A - B Q_T \cot\beta_2 \tag{1-222}$$

式中 $A = u_2^2/g$，$B = \dfrac{u_2}{\varepsilon \pi g D_2 b_2}$ 均为常数。在无损失情况下，有效功率就是理想功率，其表达式为：

$$Ne = N_T = \gamma Q_T H_T = \gamma Q_T (A - B Q_T \cot\beta_2) \tag{1-223}$$

由上述两式得到的理论性能曲线如图 1-90 所示。

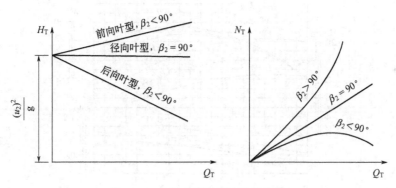

图 1-90　三种叶型的理论性能曲线

(2) 实际性能曲线

理论性能曲线不计流动损失，而泵和风机在实际工作中会有各种损失，如水力损失、容积损失和机械损失等，从而使实际性能曲线不同于理论性能曲线，如图 1-91 所示。

① 水力损失　水力损失包括沿程损失和局部损失、叶片进口撞击损失。沿程损失与流量的平方成比例，如图 1-91 所示。

② 容积损失　叶轮出口处压力高而进口处压力低，在此压差作用下，一部分流体会通过运动部件与固定部件之间的缝隙而泄漏，因此使得实际输出流量小于理论值。

③ 机械损失　包括联轴节、轴承、轴的密封装置以及流体与叶轮前后盖之间的摩擦损失等。

总效率 $\eta$ 为：

$$\eta = Ne/N = \gamma H Q/N = \eta_H \eta_V \eta_M \tag{1-224}$$

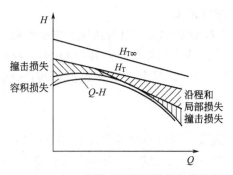

图 1-91　离心式泵或风机的性能曲线分析

式中，$\eta_H$ 为水力效率；$\eta_V$ 为容积效率；$\eta_M$ 为机械效率。

目前只能通过实验测定将实际性能曲线绘制出来。即在一定转数 $n$ 下，测定流量及相应的扬程、轴功率，并算出相应的效率 $\eta$。然后将这些实测曲线绘制在一起，便成为单机实际性能曲线图。作为示例，图 1-92 绘出了型号为 $\frac{3}{2}BA\text{-}6$ 水泵的性能曲线。此图是在 $n=2900\text{r/min}$ 的条件下得出的。该泵的标准叶轮直径为 128mm。制造厂还可以提供两种经过切削的较小直径的叶轮，其直径分别为 115mm、105mm，这两种泵的性能曲线也在同一张图上。另外，泵或风机在额定转数下处于最高效率点时运转最为经济，该点称为最佳工况。泵或风机的铭牌或产品样本上的流量、压力是指最佳工况下的数值，选用时必须注意。

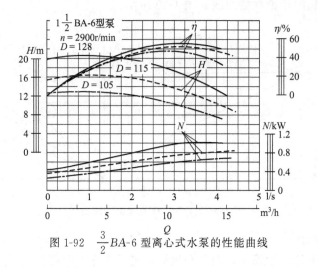

图 1-92　$\frac{3}{2}BA\text{-}6$ 型离心式水泵的性能曲线

## 二、相似原理在离心泵与风机中的应用

泵与风机的设计、制造通常是按系列进行的，在同一系列中，大小不等的泵或风机都是满足力学相似原理的。

### （一）相似条件

泵和风机的相似律表示同一系列机器的相似工况之间的相似关系。如果两台泵或风机已满足几何相似和运动相似的条件，则称该两台泵或风机为工况相似的泵或风机。

## 1. 几何相似

即对应尺寸成比例，且相应的叶片倾斜角相等：

$$\frac{D_{1n}}{D_{1m}}=\frac{D_{2n}}{D_{2m}}=\frac{b_{1n}}{b_{1m}}=\frac{b_{2n}}{b_{2m}}=\cdots=常数 \tag{1-225}$$

## 2. 运动相似

即叶轮进出口截面流动的速度场相似：

$$\frac{v_{1n}}{v_{1m}}=\frac{v_{2n}}{v_{2m}}=\frac{u_{1n}}{u_{1m}}=\frac{w_{2n}}{w_{2m}}=\cdots=常数 \tag{1-226}$$

## 3. 动力相似

即两流动之间对应点上作用的同名力方向相同、大小成同一比例。通常要求模型中的流动处于阻力平方区，这样也就保证了这两者的欧拉数相等。

### （二）相似定律

在相似工况下，两台泵或风机性能参数之间的关系称为相似定律。而相似工况指在两者效率相等的条件下，既满足几何相似，也满足运动相似的工况。

## 1. 扬程比

扬程可表示为：$H=\eta_{\mathrm{H}}H_{\mathrm{T}}=\eta_{\mathrm{H}}u_2v_{u_2}/g$，因运动相似，$\dfrac{u_{2n}}{u_{2m}}=\dfrac{v_{u_{2n}}}{v_{u_{2m}}}$，并考虑到 $u\propto nD$ 及 $\eta_{\mathrm{H}n}\approx\eta_{\mathrm{H}m}$，故扬程比为：

$$\frac{H_n}{H_m}=\left(\frac{u_{2n}}{u_{2m}}\right)^2=\left(\frac{n_n}{n_m}\right)^2\left(\frac{D_{2n}}{D_{2m}}\right)^2 \tag{1-227}$$

因压强 $p=\gamma H$，故压强比为：

$$\frac{p_n}{p_m}=\frac{\rho_n g}{\rho_m g}\left(\frac{n_n}{n_m}\right)^2\left(\frac{D_{2n}}{D_{2m}}\right)^2=\frac{\rho_n}{\rho_m}\left(\frac{n_n}{n_m}\right)^2\left(\frac{D_{2n}}{D_{2m}}\right)^2 \tag{1-228}$$

## 2. 流量比

相似工况之间的流量比为：

$$\frac{Q_n}{Q_m}=\frac{\eta_{\mathrm{V}n}\varepsilon_n\pi D_{2n}b_{2n}v_{\gamma_{2n}}}{\eta_{\mathrm{V}m}\varepsilon_m\pi D_{2m}b_{2m}v_{\gamma_{2n}}}=\left(\frac{D_{2n}}{D_{2m}}\right)^2\left(\frac{u_{2n}}{u_{2m}}\right)=\frac{n_n}{n_m}\left(\frac{D_{2n}}{D_{2m}}\right)^3 \tag{1-229}$$

## 3. 功率比

因总效率 $\eta_n=\eta_m$，故功率比为：

$$\frac{N_n}{N_m}=\frac{N_{en}\eta_m}{N_{em}\eta_n}=\frac{\rho_n H_n Q_n}{\rho_m H_m Q_m}=\frac{\rho_n}{\rho_m}\left(\frac{n_n}{n_m}\right)^3\left(\frac{D_{2n}}{D_{2m}}\right)^5 \tag{1-230}$$

式(1-227)～式(1-230) 称为泵或风机在工况相似时的相似律。

### （三）性能曲线的换算

单机实际性能曲线是生产厂家在一定尺寸的样机、一定转数和规定的压力、温度下，通过实际测定绘制出来的。但是，在生产应用中气温、气压或转速往往会发生变化，此时必须进行性能曲线的换算。

情况 1：在同一台风机上，用相同的转数输送密度不同的气体时，性能曲线的换算公式，可由式（1-228）～式（1-230）简化后得出：

$$\frac{p}{p_0}=\frac{\rho}{\rho_0}=\frac{\gamma}{\gamma_0}, \quad Q=Q_0, \quad \frac{N}{N_0}=\frac{\rho}{\rho_0}=\frac{\gamma}{\gamma_0} \tag{1-231}$$

下标"0"表示这是产品说明书上提供的参数。

**例 1-19** 现有 Y9-35-12N010C 型锅炉引风机一台，其铭牌上的参数为：$n=960\text{r}/$min；$H_0=162\text{mmH}_2\text{O}$，即 $p_0=9.8\times162=1588\text{N/m}^2$；$Q_0=20000\text{m}^3/\text{h}$；$\eta=60\%$；配用 22kW 电机，用三角形皮带传动，传动效率 $\eta_t=98\%$。现用此机引送 20℃的清洁空气，$n$ 不变，求在新条件下的性能参数，并问是否要改换电机？

**解** 铭牌上的参数是以大气压为 101.325kPa，气温为 200℃为基础提供的，即 $\gamma_0=7.30\text{N/m}^3$。现改送为 20℃的空气，其容重 $\gamma=11.76\text{N/m}^3$。根据式（1-231）求出在新条件下的参数为：

$$Q=Q_0=20000\text{m}^3/\text{h}, \quad p=p_0\frac{\gamma}{\gamma_0}=1588\times\frac{11.76}{7.30}=2558.2(\text{N/m}^2),$$

$$N=\frac{\gamma HQ}{\eta_t\eta}=\frac{pQ}{\eta_t\eta}=\frac{2558.2\times20000}{0.98\times0.6\times3600}=24170(\text{W})=24.2(\text{kW})$$

若取安全系数 $K=1.15$，则需要轴功率为 $N=K\times24.2=27.83\text{kW}>22\text{kW}$，故需要更换电机。

情况 2：同一台泵或风机，在不同转数（$n\neq n_0$）下，输送同一种气体（$\rho=\rho_0$）时，性能曲线的换算公式可由式（1-227）、式（1-229）和式（1-230）简化得出：

$$\frac{H}{H_0}=\left(\frac{n}{n_0}\right)^2, \quad \frac{Q}{Q_0}=\frac{n}{n_0}, \quad \frac{N}{N_0}=\left(\frac{n}{n_0}\right)^3 \tag{1-232}$$

**例 1-20** 某风机的性能曲线 $Q_0\text{-}H_0$ 如图 1-93 所示。其他条件不变，当转数由 $n_0$ 变为 $n$ 时，求相应的性能曲线。

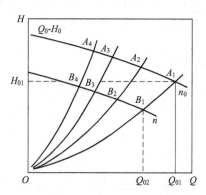

图 1-93　相似风机 $Q\text{-}H$ 曲线的换算

**解** 由式（1-232）可得：

$$\frac{H}{Q^2}=\frac{H_0}{Q_0^2}=K_0 \tag{1-233}$$

$$H=K_0Q^2 \tag{1-234}$$

式（1-234）为过原点的抛物线。该线上各点都处于相似工况，称为相似工况线。为求出 $n$ 转数下的 $Q\text{-}H$ 曲线，可先在给定的 $Q_0\text{-}H_0$ 线上任取某一工况点 $A_1$，根据 $A_1$ 点的 $H_{01}$ 及

$Q_{01}$，代入式（1-233）作出相似工况线 $OA_1$［此时式（1-234）中的 $Q$ 可任意取值］。下一步，因 $n$，$n_0$ 已知，则可由 $Q_0$ 求出 $Q_1$，然后按 $Q_1$ 值作垂线交 $OA_1$ 曲线于 $B_1$ 点。重复上述工作，可得交点 $B_2$，$B_3$，…，最后连接 $B_1$，$B_2$，…诸点便得到了 $n$ 下的性能曲线。也就是把 $n_0$ 下的 $Q_0$-$H_0$ 曲线换算为 $n$ 下的 $Q$-$H$ 曲线。

现将泵与风机性能参数换算的公式列于表 1-18 中。

**表 1-18 泵与风机的相似律公式**

| 变量 | 不变量 | 流量 | 扬程及风压 | 功率 |
|---|---|---|---|---|
| $n$ | $D,\gamma$ | $\dfrac{Q}{Q_0}=\dfrac{n}{n_0}$ | $\dfrac{H}{H_0}=\left(\dfrac{n}{n_0}\right)^2,\dfrac{p}{p_0}=\left(\dfrac{n}{n_0}\right)^2$ | $\dfrac{N}{N_0}=\left(\dfrac{n}{n_0}\right)^3$ |
| $\gamma$ | $n,D$ | $Q=Q_0$ | $H=H_0,\dfrac{p}{p_0}=\dfrac{\gamma}{\gamma_0}$ | $\dfrac{N}{N_0}=\dfrac{\gamma}{\gamma_0}$ |
| $D$ | $\gamma,n$ | $\dfrac{Q}{Q_0}=\left(\dfrac{D}{D_0}\right)^3$ | $\dfrac{H}{H_0}=\left(\dfrac{D}{D_0}\right)^2,\dfrac{p}{p_0}=\left(\dfrac{D}{D_0}\right)^2$ | $\dfrac{N}{N_0}=\left(\dfrac{D}{D_0}\right)^5$ |
| $n,\gamma$ | $D$ | $\dfrac{Q}{Q_0}=\dfrac{n}{n_0}$ | $\dfrac{H}{H_0}=\left(\dfrac{n}{n_0}\right)^2,\dfrac{p}{p_0}=\dfrac{\gamma}{\gamma_0}\left(\dfrac{n}{n_0}\right)^2$ | $\dfrac{N}{N_0}=\dfrac{\gamma}{\gamma_0}\left(\dfrac{n}{n_0}\right)^3$ |
| $n,D$ | $\gamma$ | $\dfrac{Q}{Q_0}=\dfrac{n}{n_0}\left(\dfrac{D}{D_0}\right)^3$ | $\dfrac{H}{H_0}=\left(\dfrac{n}{n_0}\right)^2\left(\dfrac{D}{D_0}\right)^2,\dfrac{p}{p_0}=\left(\dfrac{n}{n_0}\right)^2\left(\dfrac{D}{D_0}\right)^2$ | $\dfrac{N}{N_0}=\left(\dfrac{n}{n_0}\right)^3\left(\dfrac{D}{D_0}\right)^5$ |
| $\gamma,D$ | $n$ | $\dfrac{Q}{Q_0}=\left(\dfrac{D}{D_0}\right)^3$ | $\dfrac{H}{H_0}=\left(\dfrac{D}{D_0}\right)^2,\dfrac{p}{p_0}=\dfrac{\gamma}{\gamma_0}\left(\dfrac{D}{D_0}\right)^2$ | $\dfrac{N}{N_0}=\dfrac{\gamma}{\gamma_0}\left(\dfrac{D}{D_0}\right)^5$ |

**（四）比转数**

在相似律公式中都含有定性尺寸 $D$，为了描述同一类型（或者说同一系列）泵或风机的综合特性，应消去式中的定性尺寸项。由式（1-228）与式（1-229）消去 $D$ 后可得：

$$\frac{n_n Q_n^{1/2}}{(p_n/\rho_n)^{3/4}}=\frac{n_m Q_m^{1/2}}{(gH_m)^{3/4}}$$

因为压强 $p=\rho g H$，故上式可改写为：

$$\frac{n_n Q_n^{1/2}}{(gH_n)^{3/4}}=\frac{n_m Q_m^{1/2}}{(gH_m)^{3/4}}$$

上式是一个无量纲量，用 $n_s$ 表示，即：

$$n_s=\frac{nQ^{1/2}}{(gH)^{3/4}} \tag{1-235}$$

$n_s$ 称为比转数，是反映流量 $Q$、扬程 $H$ 以及转速之间关系的类型性能代表量。相似机型中相似工况点上的 $n_s$ 必然相同，不同类型的泵或风机有不同的 $n_s$ 值。但工程上规定以最佳工况点即 $\eta_{max}$ 上的 $n_s$ 为标准。因此，$n_s$ 是用以区别不同类型风机或泵的一个特征数。

在工程中，常把重力加速度 $g$ 略去，因此留下来的比转数 $n_s$ 是有量纲的，即：

$$n_{s} = \frac{nQ^{1/2}}{H^{3/4}} \tag{1-236}$$

对于风机，若其进口处为标准状态，则式（1-236）中的 $Q$ 的单位为 $m^3/s$；$H$ 的单位为 $Pa$；$n$ 的单位为 $r/min$。对于水泵，其比转数习惯上用式（1-237）计算：

$$n_{sp} = 3.65 \frac{nQ^{1/2}}{H^{3/4}} \tag{1-237}$$

比转数并不是泵或风机的实际转速，而是某一系列泵或风机的一个多性能参数。它表达了该系列风机或泵的性能特征。

① $n_s$ 大时，该机器或该系列机器的流量大而压头小，反之亦然；$n_s$ 大时，$Q$ 大而 $H$ 小，故叶轮进出面积必然大，即进口直径 $D_0$ 与出口宽度 $b_2$ 较大，而 $D_2$ 则较小（因 $u_2$ 小），因此叶轮厚而小；反之叶轮薄而大。当 $n_s$ 由小增大时，叶轮的 $D_2/D_0$ 不断缩小，而 $b_2/D_2$ 逐渐增加，叶轮内的流动由径向流出渐变成轴向流出。如表 1-19 所示。

表 1-19  风机和泵的比转数、叶轮形状和性能曲线形状

| 风机类型 | 离心式风机 | | 斜（混）流风机 | 轴流式风机 | 贯流（横流）风机 |
| --- | --- | --- | --- | --- | --- |
| 比转数 $n_s$ | 49.8 | 90.5 | 98.8 | 347～359 | 48.8～82 |
| | | | | | |
| 泵的类型 | 离心泵 | | | 混流泵 | 轴流泵 |
| | 低比转数 | 中比转数 | 高比转数 | | |
| 比转数 | 30～80 | 80～150 | 150～300 | 300～500 | 500～1000 |
| 叶轮形状 | | | | | |
| $D_2/D_0$ | 约 3 | 约 2.3 | 约 1.8～1.4 | 约 1.2～1.1 | 约 1 |
| 叶片形状 | 圆柱形 | 入口处扭曲，出口处圆柱形 | 扭曲 | 扭曲 | 机翼型 |
| 性能曲线大致的形状 | | | | | |

② $n_s$ 可反映性能曲线变化的趋势。对于直径为 $D_2$ 的叶轮来说，$n_s$ 小时，由于 $H$ 增加较多，故其流道一般较长，$D_2/D_0$ 和 $\beta_2$ 也较大。由速度三角形可知，当流量变化 $\Delta Q$ 相同时，$\beta_2$ 大的机器具有较小的切向分速增量 $\Delta v_{u_2}$；根据方程 $H_T = u_2 v_{u_2}/g$ 可知，其增量 $\Delta H$ 也较小，这样机器的相对压头变化率 $\Delta H/\Delta Q$ 也较小，故 $\beta_2$ 较大的机器其 $Q$-$H$ 曲线较平坦，即变化平缓。$Q$-$N$ 曲线则因流量增加而压头减小不大，故上升较快。反之，$n_s$ 大时，$Q$-$H$ 曲线较陡，而 $Q$-$N$ 曲线上升较缓。

③ $n_s$ 在泵与风机的设计选型中很重要，它是安排型谱的主要依据。在选用泵与风机时，当知道所要求的 $Q$ 及 $H$ 后，可结合原动机的转数，先计算出需要的 $n_s$，然后初步定出应采用的机型。

## 三、泵与风机的运行特性

前面讨论了泵与风机本身的特性，而泵与风机总是在一定的管路系统中工作，如图1-94所示。因此应先了解管路特性，然后掌握风机或泵在管路系统中的工况。

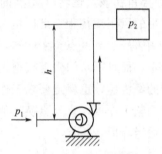

图 1-94　泵与风机的管路系统

### （一）管路特性及风机或泵的工作点

管路特性是指流体经过管路系统时需要的总能量与流量之间的关系，如图 1-94 所示，对管路进口前和出口处两段面列能量方程如下：

$$H_G = \left(h + \frac{p_2-p_1}{\gamma}\right) + \left(1 + \Sigma\xi + \Sigma\frac{\lambda l}{d}\right)\frac{v^2}{2g} \qquad (1\text{-}238)$$

式中，$H_G$ 为流体必须从泵或风机中获得的单位总能量。该能量一部分转化为位能 $h$、动能 $v^2/2g$、出口压头的增量 $(p_2-p_1)/\gamma$，其余的则用来克服沿途所遇到的阻力。

对于已知的管路系统，一般多处于阻力平方区，$\lambda$ 为常数，故式（1-238）右边只有一个未知量 $v$，且 $v=4Q/\pi d^2$，$d$ 为管径。于是式（1-238）可写为：

$$H_G = A + BQ^2 \qquad (1\text{-}239)$$

式（1-239）称为管路特性曲线表达式。当进口压力 $p_1$ 与出口压力 $p_2$ 相等及进、出口位置变化不大，或者因为气体较轻，位能变化小可以忽略时，$A=0$。一般通风管路属于此种情况，其管路特性曲线如图 1-95(a) 所示。若是往储气罐内送气时，因进出口的静压差较大，则 $A$ 为正值，曲线如图 1-95(b) 所示。在窑炉的热气体管路中，由于热气上升的抽吸作用，$p_2 < p_1$（$p_1$ 一般为大气压），$A$ 可能为负，此时曲线如图 1-95(c)。

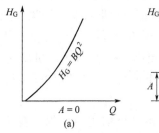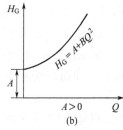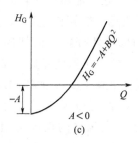

图 1-95　管路特性曲线

单机工作点：一台风机或泵可以在其 $Q$-$H$ 曲线上的任意一点工作，而它一旦与管路连成系统后，将受到管路特性的制约。将风机或泵的 $Q$-$H$ 曲线与管路的 $H_G = A + BQ^2$ 曲线绘在同一坐标图上（图 1-96），则两线交点 $M$ 点即为风机或泵在此管路系统中的工作点。因在 $M$ 点上风机所产生的压头 $H_M$ 正好满足管内流体所需要的压头（或者正好等于需要的单位总能量），泵或风机就会自动地停留在该点运转。$M$ 点的流量 $Q_M$ 为风机或泵提供给系统的流量；$H_M$ 为风机或泵实际产生的风压或扬程。此时的 $\eta_M$ 和 $N_M$ 可以分别在 $Q$-$\eta$、$Q$-$N$ 曲线上查出，它们分别为图 1-96 中的 $c$、$d$ 两点。由此知，当风机或泵在系统中的工作点确定以后，它的工作参数便随之而定，而且可从图中直接查出。考虑能源利用的效率，还应该强调风机或泵在管路系统中运转的经济性，也就是要求工作点的效率不低于该机最高效率的 90%。如果达不到此要求，就应调整工作点，直至更换其他机型。当然，短时间的运转或受其他经济技术条件的限制，则可适当降低该要求。

### （二）工作点的稳定性和非稳定性

风机或泵在工作时会使工作点偏移。偏移后能自动恢复的称为稳定工作点，反之为不稳定工作点。工作点的稳定或不稳定，与工作点在风机或泵的 $Q$-$H$ 曲线上的位置有关。常见的 $Q$-$H$ 曲线有 3 种：①特性曲线上只有 1 个最高点 $K$，如图 1-97(a) 所示；②特征曲线上既有最高点 $K$ 又有最低点 $L$，如图 1-97(b) 所示；③特征曲线上既无最高点也无最低点，如图 1-97(c) 所示。

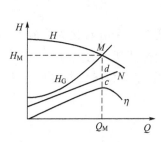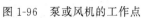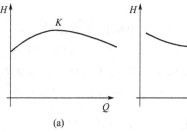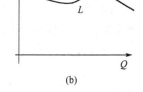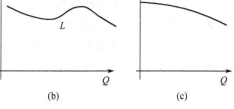

图 1-96　泵或风机的工作点　　　　　　图 1-97　特征曲线的三种形式

一般称 $Q$-$H$ 曲线最高点 $K$ 的右侧为稳定工作区，左侧为非稳定工作区。如果工作点处于最高点 $K$ 的左侧，则风压、风量可能发生振荡，机器将会产生震动和剧烈噪声，甚至飞动、损坏。

### 四、泵与风机的工况调节

泵与风机的工作点是由泵或风机本身的 $Q\text{-}H$ 曲线与管路特征曲线的交点所决定的。即工作点的工况参数 $Q$、$H$ 等相对于固定的系统是不变的。但生产中常需要根据生产工艺的要求在一定范围内调节流量或风压（扬程），因此需要人为地改变这两条曲线的交点。下面介绍几种常见的调节方法。

节流调节法在管路中串联节流阀，利用阀门启闭来改变管路特性曲线的形状和位置，如图 1-98(a) 所示。当阀门关小时，流动阻力增加，从而使管路特性曲线从位置 $CE$ 变化到 $CE'$，工作点由 $A$ 变为 $D$，与此相应，扬程由 $HA$ 变为 $HD$；流量由 $QA$ 变为 $QD$，从而满足了流量减少的要求。但是该方法会带来很大的无益消耗。因为在流量 $QD$ 通过管路时，实际需要的扬程仅为 $HB$，因此（$HD\text{-}HB$）这部分剩下来的能量就完全消耗在了阀门的阻力上。所以这种方法虽然简便，但却不经济，只在一些小型的泵或风机中采用。至于节流阀的安装位置，对于风机，安装在风机的进口或出口处均可；对于泵则应安装在泵的出口附近，因为若是装在泵的吸入管段上，易造成气蚀现象，对泵的运转有害。若将节流阀完全关闭，则 $Q=0$，这时需要的功率 $N$ 最小。一般离心式风机或泵为阻止启动时的过载，可选用此法，当泵或风机被启动后，再将阀门打开。

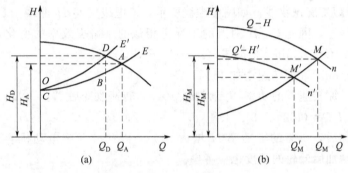

图 1-98　工况调节

改变转速调节风机或泵的转速变化时，它们的 $Q\text{-}H$ 性能曲线也将改变。管路特征曲线不变，当风机转速由 $n$ 改变为 $n'$，性能曲线由 $Q\text{-}H$ 变为 $Q'\text{-}H'$ 时，工作点便由 $M$ 变成了 $M'$，如图 1-98(b) 所示。采用这种调节方法时，运转效率 $\eta$ 降低较小，与节流调节法相比，无多余的能量损失，但需增添调速设备，使投资增加，所以常常用于大型风机或水泵的调节中。如果是增速调节，由式 (1-232) 可知，功率将随转速的 3 次方增加，故应考虑原有配套动力设备的容量是否允许，一般工程上不采用增速调节的方法。

**例 1-21**　通风机通过管路输送空气，其 $Q\text{-}H$ 曲线如图 1-99 所示。又知管路特征方程为 $H_G=40+Q^2$，$H_G$、$Q$ 的单位分别为 $\text{mmH}_2\text{O}$ 和 $\text{m}^3/\text{s}$，风机转速 $n=980\text{r/min}$。试求：①在此管路上工作时，风机的风量和风压是多少？②要使风量增加 20%，风机转速应改变多少？③转速改变后，功率将如何变化？假设功率 $\eta=0.6$ 不变。

**解**　根据已知的管路特性曲线方程，取下列对应值，作该曲线图形。即取 $Q=0$、2、4、6、8 则相应的 $H_G=40$、48、72、112、168。$Q\text{-}H$ 曲线与 $Q\text{-}H_G$ 曲线的交点 $A$ 即为工作点，相应的风量、压头分别为：$Q=6.5\text{m}^3/\text{s}=23400\text{m}^3/\text{h}$，$H=128\text{mmH}_2\text{O}$，当风量要增

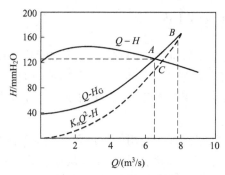

图 1-99　通风机路特征曲线

加 20% 时，$Q_2 = 1.2 \times 6.5 = 7.8 (m^3/s)$。

　　若用增加转速来增加风量，则管路特性曲线不变。这时工作点必然在 $Q_2 = 7.8 m^3/s$ 与 $Q-H_G$ 曲线的交点 $B$ 上。即，$B$ 点是转速改变后流量增加 20% 时的工作点（注意 $B$ 和 $A$ 点不是工况相似点）。根据 $B$ 点查得：$H_B = 162 mmH_2O$。

　　根据相似律作相似工况抛物线，则：

$$K_n = H_B/Q_2^2 = 162/7.8^2 = 2.663$$

相似工况抛物线方程为 $H = K_n Q^2$，取 $Q = 0$、2、4、6、8 则 $H = 0$、10.66、42.5、96、162。依此绘出相似工况抛物线，如图中虚线所示，该虚线交 $Q-H$ 曲线于 $C$ 点。$C$，$B$ 两点同在相似工况曲线上，因此 $C$，$B$ 两点的工况是相似的（略去效率的变化）。由 $C$ 点可知，$Q_C = 6.8 m^3/s$，$n = 980 r/min$。根据式（1-232）可知 $Q_2/Q_C = n_2/n$；$n_2 = nQ_2/Q_C = 980 \times 7.8/6.8 = 1124 (r/min)$，即转速增加 15%。

　　功率的变化：原转速下的功率 $N = \gamma HQ/102\eta$，转速改变后 $N_2 = \gamma H_B Q_2/102\eta$。因此，$N_2/N = \gamma H_B Q_2/HQ = (162 \times 7.8)/(128 \times 6.5) = 1.52$；或 $N_2/N = (n_2/n)^3 = (1124/980)^3 = 1.52$。即转速增加后，所需的轴功率 $N$ 增大 51%。因此应考虑电动机容量是否能满足需求。此外，转速增加后叶轮的强度也应考虑。

　　除此之外，为了较小范围地减小扬程和流量，离心式泵还常常用车削叶轮外径的办法来实现工况调节。切削量一般不超过标准叶轮直径的 20%，产品中常备有车削好的叶轮附件。

　　某些大型风机在进风口设有可调节的导向叶片，导向叶片的转动可改变进入叶轮的气流工作角和管道的阻力特性，从而改变工作点。这种调节方法具有较高的灵敏度。

## 五、泵的气蚀现象及安装高度

### （一）气蚀现象

　　叶轮旋转时，进口处的压强降低，并出现负压。这个真空度（负压）把水从水池内吸入到泵内，如果真空度很大，即该点的压强降到等于或小于该温度下的液体汽化压强时，会有蒸汽及溶解在液体中的气体从液体中大量溢出，形成许多由蒸汽和气体混合的小气泡。当气泡随液体流向高压区时，将迅速凝结或破裂。气泡消失处产生局部真空，周围的液体以高速冲向原气泡中心，产生极大的冲击力，使泵体震动并产生噪声。若叶轮与泵壳局部处在巨大冲击力的反复作用下，材料表面产生疲劳，甚至出现蚀点和裂缝，使泵体遭到破坏，这种现象称为气蚀。

为避免气蚀现象发生，泵的安装高度应避免叶轮中心处的压强低于液体的饱和蒸气压。

## （二）安装高度

泵的几何安装高度 $h_1$ 是指叶轮的中心（泵的轴心）到吸液面的高度，如图 1-100 所示。$h_1$ 越高，则泵内发生气蚀现象的可能性就越大，因此这个高度不能任意加大，并且还必须小于泵的允许吸上真空高度 $h_s$。而泵的允许吸上真空高度 $h_s$ 是生产厂家在标准状态（1 个大气压，20℃的清水）下通过泵的试验后确定的。

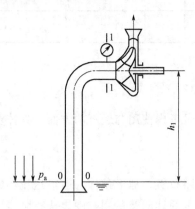

图 1-100 泵的安装高度

为描述 $h_s$ 的物理意义及其与 $h_1$ 的关系，列出图 1-100 中 0-0 和 1-1 的伯努利方程：

$$h_1 + \frac{p_1}{\gamma} + \cdots + h_{10-1} = \frac{p_a}{\gamma} + \frac{v_1^2}{2g}$$

式中，$p_a$ 为液面大气压。一般情况下，池中液面流速 $v_0$ 很小，可忽略不计，故上式可变为：

$$\frac{p_a - p_1}{\gamma} = h_1 + \frac{p_a}{\gamma} + \frac{v_1^2}{2g} + h_{10-1} \tag{1-240}$$

显然，$\dfrac{p_a - p_1}{\gamma}$ 为泵进口处的真空度，称为吸上真空高度，用 $H_s$ 表示。当管内流量不变时，$\dfrac{v_1^2}{2g}$ 和 $h_{10-1}$ 都是定值，于是泵的吸上真空高度 $H_s$ 随 $h_1$ 的增加而增大。$H_s$ 增加，实际上是 $p_1$ 减小。

开始出现气蚀现象时的最大吸上真空高度 $H_{max}$ 减去 0.3m 称为允许吸上真空高度 $h_s$，即：

$$h_s = H_{max} - 0.3 \tag{1-241}$$

用 $h_s$ 代替式（1-240）中的 $\dfrac{p_a - p_1}{\gamma}$（等于 $H_s$），可得：

$$h_1 = h_s - \frac{v_1^2}{2g} - h_{10-1} \tag{1-242}$$

显然泵的最大安装高度 $h_1 < h_s$，而且 $h_1$ 应按式（1-242）计算，不能任意增大。所以 $h_1$ 是最大的允许几何安装高度。在实际工程中，泵的实际安装高度应略小于 $h_1$，这样才能保证水泵在没有气蚀现象发生的情况下安全运行。

当泵的使用条件与上述标准技术状态不同时，应按式（1-243）修正生产厂家给出的允许吸上真空高度，然后作为计算的依据：

$$h'_s = h_s - (10.33 - h_a) + (0.24 - h_v) \tag{1-243}$$

式中，$h_a$ 为当地大气压，$mH_2O$；$h_v$ 是与水温相应的气化压强，其值可查表 1-20。

表 1-20　不同水温下的汽化压强

| 水温/℃ | 5 | 10 | 20 | 30 | 40 | 50 | 60 | 70 | 80 | 90 | 100 |
|---|---|---|---|---|---|---|---|---|---|---|---|
| 汽化压强/$mH_2O$ | 0.07 | 0.12 | 0.24 | 0.43 | 0.75 | 1.25 | 2.02 | 3.17 | 4.82 | 7.14 | 10.33 |

## 六、泵与风机的选型

在选择泵或风机时，要同时考虑使用与经济两方面。具体步骤如下。

### （一）选择类型

了解整个装置的用途、管路布置、地形条件、被输送流体的种类及性质、水位高度等资料，可查常用的各类风机与水泵的性能及适用范围表选择泵或风机的类型。

### （二）确定工况的流量及扬程（压头）

计算最大流量 $Q_{max}$、最大扬程 $H_{max}$ 或最高风压 $p_{max}$，然后分别加大 10%～20% 的安全量作为选泵和风机的依据。即 $Q = 1.1Q_{max}$、$H = (1.1\sim1.2)H_{max}$ 或 $p = (1.1\sim1.2)p_{max}$。

### （三）确定所选机器的型号、大小和转数

当泵或风机的类型选定后，要依据流量和扬程（或风压）查阅样本或手册，选定具体型号和转数。目前有几种表达泵或风机性能的曲线和表格，一般可先用综合"性能选择图"进行初选。它是将同一类型、各种大小型号和转数的机器性能曲线绘在同一张图上，使用很方便。选择泵或风机时，应将实际工程中需要的工作点（即 $Q$、$H$）选定在机器最高效率点（$\eta$ 曲线的峰值）±10% 的高效区域，并位于 $Q$-$H$ 曲线最高点的右侧下降段上，以保证机器工作的稳定性和经济性。

### （四）选择电动机及传动配件等

用样本中的性能表选机时，在性能表上附有电机功率、型号及传动配件型号，可一并选用。同样本中的性能曲线图选机时，因图上只有轴功率 $N$，故此时电机及传动配件型号需另选。

配套电机功率 $N_m$(kW) 可按下式计算：

$$N_m = K\frac{N}{\eta_i} = K\frac{\gamma HQ}{\eta\eta_i} = K\frac{pQ}{1000\eta_i}$$

式中，$K$ 为电机安全系数，$\eta_i$ 为传动效率。

## 本章小结

　　本章内容主要包括流体的物理性质、流体静力学基础、流体动力学基础、窑炉系统内的气体流动、流动阻力和能量损失、相似原理及量纲分析、流体输送机械等。本章引入了连续介质假设、流体质点、理想流体及不可压缩流体模型；介绍了流体力学的三大传递机理，即质量传递、能量传递和动量传递。

　　流体的物理性质重点掌握黏性和压缩性；流体静力学中掌握重力场中静压强的计算、静力学基本方程、压强测量、静止液体对平面壁的作用力及流体的相对平衡；流体动力学是研究流体运动及受力之间的关系。主要内容有研究流体运动的两种方法：拉格朗日法（着眼于流体质点）和欧拉法（着眼于空间位置）、流线迹线、理想流体的流动、不可压缩黏性流体运动的动力学规律、连续性方程、动量定律、能量方程等。结合工程实际，介绍了窑炉系统内的气体流动规律；在流动阻力和能量损失的计算中，要求会计算沿程能量损失和局部能量损失。

　　研究流体力学的方法有理论分析、实验研究和数值计算。理论研究是利用数学工具、物理学上的普遍规律，建立描述流体运动规律的模型方程组并求解的过程，如欧拉平衡微分方程、流体静力学基本方程、无黏流体运动微分方程、伯努利方程、动量定理等。指导实验研究的理论依据是相似原理和量纲分析。在相似原理和量纲分析中，重点介绍了相似条件、无量纲准则数、量纲和谐原理及π定理。

　　在材料工程技术领域，最主要的流体输运机械是泵与风机。这里重点介绍了离心式泵和风机的基本构造、工作原理、基本性能参数、性能曲线、运转工况及选择型号等。

## 思考题

1-1　为什么引入连续介质的概念，它对研究流体运动规律的意义何在？

1-2　流体有黏性，所以流体内一定存在黏性力，对吗？为什么？

1-3　流体的动力黏度与运动黏度的区别是什么，牛顿流体和非牛顿流体的区别是什么？

1-4　实际流体与理想流体的区别是什么？为什么要引入理想流体的概念？

1-5　是否存在连续性介质、不可压缩及无黏性流体？为什么要提出这些力学模型？

1-6　静止流体有哪些特点？

1-7　静止流体基本方程的适用条件是什么？

1-8　流体力学中拉格朗日法与欧拉法的区别是什么？

1-9　流线与迹线的区别是什么？在什么情况下两者可能完全重合？

1-10　试分别讨论雷诺数、弗劳德数、欧拉数的物理意义。

1-11　均匀流和渐变流一定是定常流吗？急变流一定是非定常流吗？

1-12　雷诺数有什么物理意义？为什么它能起到判别流态的作用？

1-13　离心式泵与风机的基本性能参数有哪些？最主要的性能参数是什么？

1-14　离心式泵的安装高度与哪些因素有关？为什么高海拔地区泵的安装高度要降低？

1-15　欧拉方程指出：泵与风机所产生的理论扬程与流体种类无关，如何理解？在工程实际中，泵在启动前必须预先向泵里充水，排除空气，否则泵就打不上水来，这与上述结论矛盾吗？

1-16 离心式泵与风机性能曲线 $Q$-$\eta$ 中为什么有最高效率点？

## 习 题 ▶▶

1-1 相距 10mm 的两块相互平行的板子，水平放置，板间充满 20℃ 的蓖麻油（动力黏度 $\mu=9.72P$）。下板固定不动，上板以 1.5m/s 的速度移动，问在油中的切应力 $\tau$ 是多少？

【答案】145.8Pa

1-2 某流体在圆筒形容器中，当压强为 $2\times10^6\,N/m^2$ 时，体积为 995cm³；当压强为 $1\times10^6\,N/m^2$ 时，体积为 1000cm³。求此流体的体积压缩系数。

【答案】$0.5025\times10^{-8}\,m^2/N$

1-3 当压强增量为 50000N/m² 时，某种液体的密度增长为 0.02%，求此种液体的弹性模量。

【答案】$25\times10^7\,N/m^2$

1-4 矩形水坝如图所示，坝体与水平面的夹角为 45°，垂直于图示平面方向的宽度为 10m，水深 4m，求坝体受到水压力的合力的大小及作用点。

【答案】$P=1108.91kN$，$z_D=3.77m$

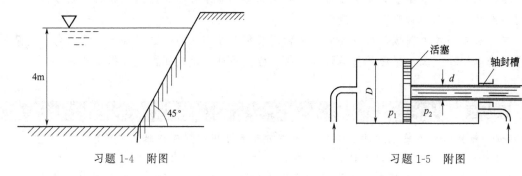

习题 1-4 附图　　　　　　　　　习题 1-5 附图

1-5 如图所示的压力筒内，需引入多大的压强 $p_1$，方能在拉杆方向上产生一个 $P$ 为 7840N 的力。活塞在圆筒中以及拉杆在油封槽中的摩擦力等于活塞上总压力 $P$ 的 10%。已知：压强 $p_2=9.8N/cm^2$，$D=100mm$，$d=30mm$。

【答案】$p_1=118.72N/cm^2$

1-6 如图所示水池的侧壁上，装有一根直径 $d=0.6m$ 的圆管，圆管内口切成 $\alpha=45°$ 的倾角，并在这切口上装了一块可以绕上端铰链旋转的盖板，$h=2m$。如果不计盖板自重以及盖板与铰链间的摩擦力，问升起盖板的力 $T$ 为多少？（椭圆形面积为 $\pi ab$，椭圆形面积的 $I_C=\dfrac{\pi a^3 b}{4}$）

【答案】$T=6580.850N$

1-7 设流场的速度分布为 $v_x=4t-\dfrac{2y}{x^2+y^2}$，$v_y=\dfrac{2x}{x^2+y^2}$，求（1）当地加速度的表达式；（2）$t=0$ 时在点（1，1）处流体质点的加速度。

【答案】（1）$\dfrac{\partial v_x}{\partial t}=4$，$\dfrac{\partial v_y}{\partial t}=0$　（2）$a_x=3$，$a_y=-1$

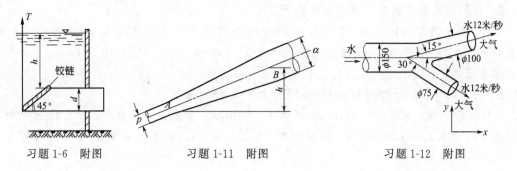

习题1-6 附图　　　　习题1-11 附图　　　　习题1-12 附图

1-8　已知速度场 $v=-x\mathbf{i}+2y\mathbf{j}+(5-z)\mathbf{k}$，求通过点（2，1，1）的流线方程。

【答案】$\begin{cases} x\sqrt{y}=2 \\ 5-z=2x \end{cases}$

1-9　已知一不可压缩流体的空间流动的速度分布为 $v_x=x^2+y^2+x+y+z$，$v_y=y^2+2yz$，试用连续方程推出 $v_z$ 的表达式。

【答案】$v_z=-z(2x+2y+z+1)$

1-10　重度 $\gamma_{oil}=8.82\text{kN/m}^3$ 的重油，沿直径 $d=150\text{mm}$ 的输油管路流动，其重量流量为 $G=490\text{kN/h}$，求体积流量 $Q$ 及平均流速 $v$？

【答案】$Q=0.0154321\text{m}^2/\text{s}$，$v=0.873278\text{m/s}$

1-11　图示一渐扩形的供水管段，已知：$d=15\text{mm}$，$D=30\text{cm}$，$p_A=6.86\text{N/cm}^2$，$h=1\text{m}$，$v_B=1.5\text{m/s}$。问 $v_A=?$ 水流的方向如何？水头损失为多少？设 $\alpha=1$。

【答案】$v_A=6\text{m/s}$，流向为由 $A$ 到 $B$，$h_1=1.72194\text{mH}_2\text{O}$

1-12　直径为150mm的水管末端，接上分叉管嘴，其直径分别为75mm与100mm。水自管嘴均以12m/s的速度射入大气。它们的轴线在同一水平面上，夹角示于图中，忽略摩擦阻力，求水作用在双管嘴上的力的大小与方向。

【答案】$R_x=-242.506\text{N}$，$R_y=-25.36347\text{N}$

1-13　空气从一气罐通过孔口流入大气中，空气在气罐内的压强为 $1.8\times10^5\text{Pa}$，温度15℃，孔口直径为25mm，$R=287.1\text{m}^2/(\text{K}\cdot\text{s}^2)$，$\gamma=1.4$，大气压强 $1.0\times10^5\text{Pa}$，孔口收缩系数为0.64，求通过孔口的空气速度。

【答案】299.1m/s

1-14　输送空气的管路中装有毕托管，测得某点的全压为 $1.4\times10^5\text{Pa}$，静压为 $1.0\times10^5\text{Pa}$，管中气体温度为30℃，求两种情况下的流速：①不考虑气体的可压缩性；②气体流动按绝热计算。

【答案】①264m/s；②248m/s

1-15　用直径为 $d=200\text{mm}$ 的无缝钢管输送石油，已知流量 $Q=2.78\times10^{-2}\text{m}^3/\text{s}$，冬季油的黏度为 $\nu_w=1.092\times10^{-4}\text{m}^2/\text{s}$，夏季油的黏度为 $\nu_w=0.355\times10^{-4}\text{m}^2/\text{s}$，试分析油在管中的流动状态。

【答案】冬季时，属于层流；夏季时，属于湍流。

1-16　运动黏度 $\nu=0.0114\text{cm}^2/\text{s}$ 的水，在直径 $d=100\text{mm}$ 的管中流动，流速为 $v=0.5\text{m/s}$，试判别水流的流动状态。如果管中流动的是油，且流速不变，但运动黏度为 $\nu=31\times10^{-6}\text{m}^2/\text{s}$，试问油在管中的运动状态又如何？

【答案】水流属于湍流；油的流动属于层流

1-17　在长度 $l=1000\mathrm{m}$、直径 $d=300\mathrm{mm}$ 的管路中输送重度为 $9.31\mathrm{kN/m^3}$ 的重油，其重量流量为 $G=2300\mathrm{kN/h}$，求油温分别为 $10℃$（$\nu=2.5\mathrm{cm^2/s}$）和 $40℃$（$\nu=1.5\mathrm{cm^2/s}$）时的水头损失。

【答案】$10℃$，$h_\mathrm{f}=88.1\mathrm{m}$ 油柱；$40℃$，$h_\mathrm{f}=5.28\mathrm{m}$ 油柱

1-18　已知通过直径 $d=200\mathrm{mm}$，管长 $l=300\mathrm{mm}$，管壁绝对粗糙度 $\Delta=0.4\mathrm{mm}$ 的铸铁管道的油的流量 $Q=1000\mathrm{m^3/h}$，运动黏度 $\nu=2.5\mathrm{cm^2/s}$，求单位重量流体的沿程能量损失 $h_\mathrm{f}$。

【答案】$h_\mathrm{f}=1.423\mathrm{mH_2O}$

1-19　有一圆管水流，直径 $d=20\mathrm{cm}$，管长 $l=20\mathrm{m}$，管壁绝对粗糙度 $\Delta=0.2\mathrm{mm}$，水温 $t=6℃$，通过流量 $Q=24\mathrm{L/s}$ 时，求沿程水头损失 $h_\mathrm{f}$。

【答案】$h_\mathrm{f}=8.04\mathrm{cmH_2O}$

1-20　离心式水泵的吸水管路如图所示，已知：$d=100\mathrm{mm}$，$l=8\mathrm{m}$，$Q=20\mathrm{L/s}$，泵进口处最大允许真空度 $p_\mathrm{v}=68.6\mathrm{kPa}$。此管路中有带单向底阀的吸水网一个，$d/r=1$ 的 $90°$ 弯头两个。问允许装机高度（即 $H_\mathrm{s}$）为多少？（管子为旧的生锈的钢管）

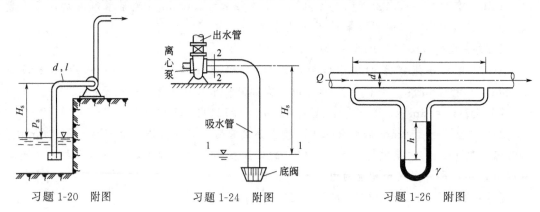

习题 1-20　附图　　　习题 1-24　附图　　　习题 1-26　附图

【答案】$H_\mathrm{s}=2.309\mathrm{m}$

1-21　一个通风巷道，按 $1:30$ 的比例尺建造几何相似的模型。用动力黏度为空气 50 倍、相对密度为空气 80 倍的水进行实验，保持动力相似的条件。在模型上测定的压强降是 $227360\mathrm{N/m^2}$，求在实际的原型上相应的压强降为多少毫米水柱？

【答案】$\Delta p=8.25\mathrm{mmH_2O}$

1-22　一个直径为 $2.7\mathrm{m}$ 的螺旋搅拌器，淹没在 $20℃$ 的矿浆中。矿浆的重度为 $11800\mathrm{N/m^2}$，动力黏度为 $1.6\times10^{-3}\mathrm{Pa\cdot s}$。用直径为 $150\mathrm{mm}$ 的模型在 $15℃$ 的水中实验，表明模型的最佳工作转速是 $18\mathrm{r/min}$，试预测原型的最佳角速度。

【答案】$n_\mathrm{p}=0.0647\mathrm{r/min}$

1-23　淹没在流体中并在其中运动的平板的阻力为 $R$。假设其与流体的密度 $\rho$、动力黏度 $\mu$、平板的速度 $v$、长度 $l$、宽度 $b$ 有关，求阻力的表达式。

【答案】$R=\rho v^2 l^2 \phi\left(Re,\dfrac{l}{b}\right)$

1-24　如图所示的离心泵，抽水流量 $Q=306\mathrm{m^3/h}$，吸水管长度 $l=12\mathrm{m}$，直径 $d=0.3\mathrm{m}$，沿程阻力系数 $\lambda=0.016$，局部损失系数：带底阀吸水口 $\zeta_1=5.5$，弯头 $\zeta_2=0.3$。允

许吸水真空度 $[h_v]=6m$，试计算此水泵的允许安装高度 $H_s$。

【答案】$H_s=5.45m$

1-25 不可压缩黏性流体在水平直管中作定常流动，其压强降 $\Delta p$ 与管长 $l$、平均速度 $v$、流体动力黏度 $\mu$、密度 $\rho$、管径 $d$、管壁绝对粗糙度 $\Delta$ 有关，试用 $\pi$ 定理确定压强降 $\Delta p$ 与有关物理量的函数关系式。

【答案】$\dfrac{\Delta p}{\rho v^2}=\dfrac{l}{d}\Phi\left(Re,\dfrac{\Delta}{d}\right)$

1-26 测定流体黏度的装置如图所示，已知管长 $l=2m$，管径 $d=6mm$，水银压差计的读数 $h=120mm$，流量 $Q=7.3cm^3/s$，被测液体的密度 $\rho=900kg/m^3$，求该液体的动力黏度 $\mu$。

【答案】$\mu=0.0326Pa\cdot s$

1-27 直径为 90cm 的圆球在空气中的运动速度为 60m/s，为测其阻力，做一直径为 45cm 的模型放入水中试验，测出阻力为 1140N，若空气的密度为 $1.28kg/m^3$，动力黏度为 $1.93Pa\cdot s$，水的动力黏度为 $1.145\times10^{-3}Pa\cdot s$，求模型球在水中的速度？

【答案】$v=9.112m/s$

1-28 假设恒定有压管流的临界速度 $v_c$ 与管径 $d$、流体密度 $\rho$ 和动力黏度 $\mu$ 有关，试用瑞利法求它们之间满足的关系式。

【答案】$v_c=Kd^{-1}\rho^{-1}\mu$

1-29 若作用在圆球上的阻力 $F$ 与球在流体中的运动速度 $v$、球的直径 $d$、流体密度 $\rho$、动力黏度 $\mu$ 有关，试运用 $\pi$ 定理表示出它们的无量纲函数。

【答案】$\dfrac{F}{\rho v^2 d^2}=\phi(Re)$

1-30 某厂在高位水池加装一条管路，向低位水池供水，如图所示。已知两水池高差 $H=40m$，管长 $l=200m$，管径 $d=50mm$，弯管 $r/R=0.5$，管道为普通镀锌管（绝对粗糙度 $\delta=0.4mm$）。问：在平均水温为 $20℃$ 时，这条管路一昼夜能供多少水？

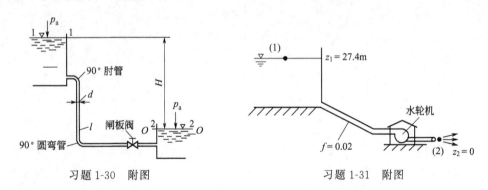

习题 1-30 附图　　　　　　习题 1-31 附图

【答案】$392.7m^3$

1-31 水轮机从水流获取功率 37.3kW，水管直径 0.305m，长 91.4m，摩擦系数取常数 $\lambda=0.02$，局部能量损失可以忽略。求通过水管和水轮机的水流量各为多少？

【答案】$0.554m^3/s$，$0.147m^3/s$

1-32 有一转速为 1480r/min 的泵，理论流量 $Q=0.08m^3/s$，叶轮外径 $D_2=360mm$，叶轮出口有效面积 $A=0.023m^2$，叶片出口安装角 $\beta_2=30°$，试作出口速度三角形。假设流体进入叶片前没有预先运动，即 $v_{u1}=0$，试计算此泵的理论压头 $H_{T\infty}$。设涡流修正系数 $K=0.77$，那么 $H_T$ 是多少？

【答案】$v_{r2}=3.62\text{m/s}$，$u_2=27.88\text{m/s}$，$H_{T\infty}=61.5\text{m}$，$H_T=47.4\text{m}$

1-33 有一离心泵，已知吸水管末端 1-1 断面流速 $v_1=1.27\text{m/s}$，压水管起始断面 2-2 流速 $v_2=3.54\text{m/s}$，真空表读数 $V=0.3$ 个大气压，压力表读数 $M=1.28$ 个大气压，两表的位置高差 $\Delta z=0.20\text{m}$，求水泵的扬程 $H$。

【答案】$H=17.1\text{m}$

## 参 考 文 献

[1] 冯晓云，童树庭，袁华. 材料工程基础 [M]. 北京：化学工业出版社，2007.
[2] 孙晋涛. 硅酸盐工业热工基础 [M]. 武汉：武汉工业大学出版社，1992.
[3] 锁要红，罗生虎，刘明. 工程流体力学 [M]. 北京：中国矿业大学出版社，2014.
[4] 张也影. 流体力学 [M]. 北京：高等教育出版社，2004.
[5] 陈文义，张伟. 流体力学 [M]. 天津：天津大学出版社，2004.
[6] 白扩社. 流体力学泵与风机 [M]. 北京：机械工业出版社，2005.
[7] 徐德龙，谢峻林. 材料工程基础 [M]. 武汉：武汉理工大学出版社，2008.
[8] 谢振华. 工程流体力学 [M]. 北京：冶金工业出版社，2013.

# 第二章　热量传递原理

**本章提要**

　　本章详细阐述了传导传热、对流换热和辐射换热的特点、基本规律，结合典型的换热问题，通过实例说明基本规律的应用，并对换热问题的数学分析方法及其工程应用、相似理论及应用、数值计算及应用加以介绍。

**掌握内容**

　　热量传递过程的基本概念，导热、对流换热、辐射换热的特点、基本定律、数学模型、温度分布及换热计算，综合传热分析及计算，气体辐射特点，传热学工程研究方法等。

**了解内容**

　　传热问题的数值模拟，边界层及数学描述。

　　只要存在温度差异就会发生热量的传递，热量总是自发地从高温物体传向低温物体，或者从同一物体的高温部分传向低温部分，这是自然界存在的普遍现象。太阳的照射使人们感到温暖，是因为太阳将热量传给了人体。水可以被煮沸是燃料燃烧产生的热量传递给容器，又通过容器传递给水，使水在吸收热量后温度逐渐升高，最后沸腾。工业生产中热量传递现象比比皆是，在冶金、建材、石油化工、材料制备等工业领域中，其主要工艺过程均涉及热量传递，并大量使用各种各样的传热设备。在很多高新技术领域，如航天器外壳的热防护、计算机芯片的冷却、生物传热学等，热传递也同样发挥着重要的作用。

　　热量传递现象简称为传热，工业生产中传热的应用可归结为两大类。其一是设法增强传热，实现热量的有效传递，如窑炉内高温火焰对物料的热传递、废气对换热器壁的传热等。另一类是设法削弱传热，减少热量的传递。如窑炉外壁的散热，我国北方冬天供暖用蒸汽管道在室外的部分也须用隔热材料保温，减少向周围冷空气散热，这是削弱传热的实例。强化有益传热，削弱有害传热是研究传热学的主要目标。掌握热量传递的基本规律，提出强化或削弱传热的途径和措施，是材料制备过程中必须掌握的基本知识和技能，是本章学习的主要目的。

传热学是研究热量传递基本规律的科学。热量传递有三种基本方式：导热、热对流和热辐射。

物体在不发生位移的情况下，借助物质的分子、原子和电子的扩散、碰撞和晶格的振动，使热量从同一物体中温度较高的部分传递到温度较低的部分，或者从两相接触的物体中温度较高的物体传递给温度较低的物体的过程称为导热，或者热传导。导热可以在固体中发生，也可以在流体中发生，甚至还可以在固体与流体间发生。但是，在静止的液体或气体层中才会发生导热。温度升高时，由于温度不均而造成的密度差异会引起液体或气体的相对位移，这时的热传递就不是单纯的导热。

热对流是流体各部分发生相对位移引起的热传递现象。在进行热对流的同时，热量的传递还可以依赖流体本身的导热。在工业生产中最具实用意义的是流体流过固体表面时发生的热量传递现象，通常称为对流换热或对流传热。根据流体产生流动的原因，又有强制对流和自然对流之分。由水泵、风机等流体机械作用或其他原因造成的压差，使流体强制通过换热面所造成的换热称为强制对流换热或受迫对流换热。由于流体内部各部分温度不均，造成密度差所引发的运动过程中的换热称为自然对流换热。以暖气片散热为例加以说明，由于暖气片温度高于室内空气，紧靠暖气片表面的空气首先被加热，从而温度升高、密度下降，并向高处浮动。附近温度较低、密度较大的空气流动过来，填补上升空气留下的位置，从而引发了流体的运动。上升的空气在流动中如与暖气片表面接触将被进一步被加热，如此周而复始地完成了热量交换。可见换热激发了流体的自由运动，自由运动又使换热过程继续进行，许多热力设备表面散热情况与此类似。一般而言，强制对流换热因为流体速度较高，换热过程较自然对流换热强烈得多。

对流换热也包括液体在固体表面上的沸腾换热，以及蒸气在固体表面上的凝结换热。这两种换热过程都伴随着工质的相变，因此又称为相变对流换热。相变对流换热一般比相同工质的无相变对流换热强烈得多，在工业中应用非常普遍。制冷装置中蒸发器和冷凝器中的换热过程均属于相变对流换热。

热辐射是通过物体向空间发射电磁波形式的辐射能而实现的热传递现象。通过辐射传递能量的时候不需要相互接触，也不需要借助中间介质，即使在高度真空的情况下也可以进行，这是与导热和热对流不同的特点。

自然界中所有的物体，毫无例外地都在对外辐射能量，同时也在不断地吸收周围物体辐射来的能量。吸收和辐射的综合结果实现了热能的传递，这就是辐射换热过程。

不同的换热方式有不同的换热规律，因此，分别研究每一种规律是非常必要的。实际上在大多数情况下，常常是一种形式伴随另一种形式而同时出现。以废热锅炉为例，从废气到水管的外表面，热量传递同时具备导热、热对流和热辐射三种形式，而从水管外表面通过管壁（有时有水垢层）到水管内表面（或水垢内表面）的热量传递完全依靠导热；最后从水管内壁面（或水垢内表面）到水，则又依靠热对流、热传导和热辐射。由此可知，实际的传热过程往往是三种基本方式的复杂组合。

## 第一节　导　热

### 一、导热的基本概念及基本定律

（一）基本概念

**1. 温度场**

温度是物体冷热程度的体现，是物质分子热运动激烈程度的标志。物体各部分温度不均匀时，无法用一个温度来表示物体的冷热程度，只能用温度场进行描述。温度场是指在某一瞬间，物体内部所有各点温度的分布情况。温度场内各点的温度有可能各不相同，某一给定点的温度也可能随时间的延续而发生变化。因此，场内的温度是空间和时间的函数，通常用式（2-1）来表示：

$$t = f(x, y, z, \tau) \tag{2-1}$$

式（2-1）表明了温度 $t$ 不仅和坐标 $x$，$y$，$z$ 有关，而且和时间 $\tau$ 也有关，这样的温度场称为非稳态温度场。如刚刚点火升温的窑炉炉壁内各点温度随着时间而改变，就属于非稳态温度场。当 $\dfrac{\partial t}{\partial \tau} > 0$ 时，为加热；当 $\dfrac{\partial t}{\partial \tau} < 0$ 时，为冷却。

若温度分布不随时间而改变，即 $\dfrac{\partial t}{\partial \tau} = 0$，则这样的温度场称为稳态温度场，其数学表达式为：

$$t = f(x, y, z) \tag{2-2}$$

连续稳定生产的窑炉的炉壁及窑顶的温度分布，可以视作稳态温度场。

稳态温度场中发生的导热，称为稳态导热。实现稳态导热的条件是不断地向物体的高温部分补充热量，同时也不断地从低温部分取走相等热量，以维持温度场不随时间改变。

若温度只在两个或者一个坐标方向变化，这样的温度场称为二维或者一维温度场，其数学表达分别为 $t = f(x, y)$ 和 $t = f(x)$。一维温度场是最简单的温度分布，但同样有其广泛的工业应用。

**2. 等温线、等温面和温度梯度**

通常利用等温线或等温面对温度场进行直观和形象的描述。等温线或等温面是温度相同的各点连接而成的曲线或曲面。用一个平面和一组等温面相交，其交线为温度各不相同的一组等温线。

图 2-1 为一房屋墙角内在某种状态下的等温线分布。同一时刻物体中温度不相等的等温线或等温面绝不会相交，因为物体中任意一点在同一时刻不可能有两个温度。由于温度相同，同一等温线上不可能有热量的传递。热量只能从温度较高的等温线向温度较低的等温线传递（图 2-2），即只有穿过等温线的方向，才能觉察到温度的变化。在单位长度最显著的温度变化，是在沿等温线的法线方向（图 2-2 的 $n$ 方向），温度差 $\Delta t$ 对于沿法线方向两等温线之间的距离 $\Delta n$ 的比值的极限，或者说在等温面的法线方向上温度的变化率，称为温度梯度，用 $\mathrm{grad}\,t$ 表示：

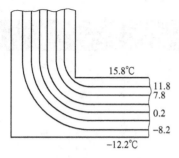

图 2-1　房屋墙角内的温度场

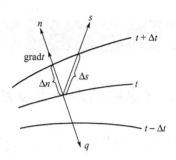

图 2-2　温度梯度与热流密度

$$\mathrm{grad}t = \lim_{\Delta n \to 0} \frac{\Delta t}{\Delta n} = \frac{\partial t}{\partial n} \quad (\text{℃}/\mathrm{m}) \tag{2-3}$$

温度梯度为沿等温线法线方向的矢量，其正方向朝着温度升高的方向。

**3. 热流密度和传热量**

当有温差存在时，热量将从高温流向低温。单位时间内，通过单位面积所传递的热量称为热流密度，用"$q$"表示，单位为 $\mathrm{W}/\mathrm{m}^2$。必须指出，热流密度亦是矢量，其方向与温度梯度相反（图 2-2）。

单位时间内，通过总传热面积 $A$ 传递的热量，称为传热量，用"$Q$"表示，显然有：

$$Q = qA \quad (\mathrm{W}) \tag{2-4}$$

**4. 稳态传热和非稳态传热**

发生在稳态温度场内的传热，称为稳态传热。稳态传热的显著特点是传热量不随时间变化，即 $\frac{\partial t}{\partial \tau} = 0$，因而 $\frac{\partial Q}{\partial \tau} = 0$。

发生在非稳态温度场内的传热，称为非稳态传热。非稳态传热的显著特点是传热量随时间变化，即 $\frac{\partial t}{\partial \tau} \neq 0$，因而各点的传热量也随时间而变化 $\frac{\partial Q}{\partial \tau} \neq 0$，物体被加热或冷却就属于此种情况。

## （二）导热基本定律

### 1. 傅里叶定律

1822 年，法国数学家傅里叶（Fourier）在实验研究的基础上，得出导热的基本定律，即在发生导热时，单位时间内通过单位面积传递的热量与导热面法线方向上的温度梯度成正比，即：

$$q = -\lambda \frac{\partial t}{\partial n} \tag{2-5}$$

对于热流量则有：

$$Q = qA = -\lambda A \frac{\partial t}{\partial n} \tag{2-6}$$

式中　$\frac{\partial t}{\partial n}$——温度梯度，℃/m；

　　　$A$——传热面积，$\mathrm{m}^2$；

　　　$\lambda$——热导率，表征材料的导热能力，$\mathrm{W}/(\mathrm{m \cdot K})$ 或者 $\mathrm{W}/(\mathrm{m \cdot ℃})$；

　　负号——表示热量传递的方向与温度梯度的方向相反。

　　傅里叶定律是导热的基本规律，同时也是热流密度 $q$ 和传热量 $Q$ 的计算式。傅里叶定律是实验定律，是普遍适用的，即不论热导率是否随温度改变，不论是否有内热源，不论物体的几何形状如何，不论是稳态传热还是非稳态传热，也不论物质的形态（固、液、气），傅里叶定律都适用。但是，傅里叶定律不适用于各向异性材料。

　　对于一维导热，傅里叶定律的数学表达式表现为最简单的形式：

$$q = -\lambda \frac{\mathrm{d}t}{\mathrm{d}x} \tag{2-7}$$

### 2. 热导率

　　傅里叶定律引出了热导率 $\lambda$，同时也定义了热导率。根据式(2-7)，得到：

$$\lambda = -\frac{q}{\mathrm{d}t/\mathrm{d}x} \tag{2-8}$$

　　式(2-8) 表明，热导率是指单位时间内，每单位长度温度降低1℃，单位面积所通过的热流量。热导率也称导热系数，表征了物质的导热能力的大小，导热能力是物质的固有物理性质，所以热导率是材料的物性参数。

　　物质间热导率的差别很大，影响热导率的因素首先是物质种类，其次是温度、结构、密度、湿度等。不同物质热导率的数值是不同的。一般情况是，纯金属的热导率很高，气体的热导率很小，液体的数值介于金属和气体之间，见附表3～附表7。热导率一般通过实验测定。

　　物质的热导率有如下特点。

　　① 导电性能好的材料，导热性能也较好。因此金属的热导率较高，其中以银、铜、铝最为突出；铜的热导率高达382W/(m·℃)。制冷设备的冷凝器和蒸发器常常使用铜管铝翅片就是这个道理。合金中由于掺杂而破坏了晶格的完整性，干扰了自由电子的运动，因此，合金的热导率小于纯金属的热导率。

　　② 气体分子距离较大，因而热导率比固体和液体的小，约为 0.006～0.6W/(m·℃)。

　　③ 液体热导率高于气体的，约在 0.1～0.7W/(m·℃) 之间。

　　④ 非金属固体材料热导率的范围很大，高限可达6.0W/(m·K)，低限接近气体。比如膨胀珍珠岩在 0℃ 时的热导率仅为 0.0425W/(m·℃)。一般将 $\lambda$ 小于 0.2W/(m·℃) 的材料称为隔热材料、绝热材料或保温材料，如石棉、矿渣棉、硅藻土等。大多数建筑材料和绝热材料具有多孔或纤维结构，多孔材料的热导率与密度和湿度有关。一般情况下，密度和湿度越大，热导率越大。

　　⑤ 所有材料的热导率均随温度的变化而变化。其中，气体的热导率随温度变化的幅度最大，如图 2-3。气体热导率还随着压力的升高而

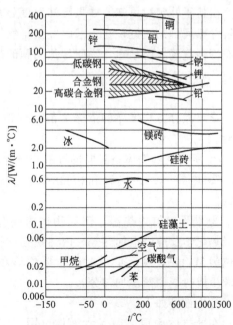

图 2-3　材料的导热系数

增大。

在一般工程应用的压力范围内，可以认为热导率 $\lambda$ 仅与温度有关。工程计算中，在一定的温度区间内，大多数材料的热导率 $\lambda$ 都允许采用线性近似关系来表示，即：

$$\lambda_t = \lambda_0(1+bt) \tag{2-9}$$

式中    $\lambda_t$——材料在 $t$℃下的热导率，W/(m·℃)；

        $\lambda_0$——材料在 0℃下的热导率，W/(m·℃)；

        $b$——温度系数，由实验确定（图 2-4），其数值与物质种类有关。

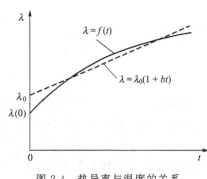

图 2-4 热导率与温度的关系

常用耐火材料、建筑材料和隔热材料的热导率 $\lambda_0$ 和温度系数 $b$ 可通过附录 3 查到，某些特殊材料可查阅专门手册。

在实际计算中，热导率的数值是取物体两极端温度的算术平均温度，并把它当做常数来处理，当求温度为 $t_1$ 和 $t_2$ 之间的平均热导率时，可采用式 (2-10)：

$$\lambda_{av} = \lambda_0\left(1+b\,\frac{t_1+t_2}{2}\right) \tag{2-10}$$

这种方法用于稳态导热问题的求解是合理的。

⑥ 不同方向上热导率不等的材料称为各向异性材料；反之称为各向同性材料。本章只讨论各向同性材料。

热导率高的物质，比如金属有利于热量的传递。热导率很低的材料能有效地阻止和削弱热传递。两者在工业生产中都有着广泛的用途。

## 二、导热微分方程及单值性条件

由傅里叶定律可知，如果已知温度分布，即可求出各点的热流量 $Q$ 及热流密度 $q$，因此求解导热问题的关键，在于求解并获得物体中的温度分布 $t=f(x, y, z, \tau)$。而求解温度分布即温度场，必须建立物质导热问题的数学模型，也就是导热微分方程和单值性条件。

### （一）导热微分方程

导热微分方程推导的依据为能量守恒定律与傅里叶定律。为了简化推导过程，作以下假设。

① 所研究的物体是各向同性的连续介质。

② 热导率、比热容和密度均为已知，并为常数。

③ 物体具有内热源，例如物体内部存在放热或吸热化学反应、电加热等。内热源强度记作 $q_v$，单位为 $W/m^3$，表示单位时间、单位体积内的内热源生成热，内热源均匀分布。

分析推导如下。

在导热体中取一微元六面体（图 2-5），根据能量守恒定律（热力学第一定律），$d\tau$ 时间内微元

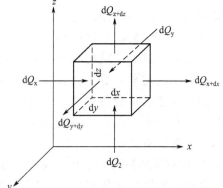

图 2-5 导热微分方程推导图

体中的热平衡式为：

导入与导出净热量 $dQ_\lambda$ ＋内热源发热量 $dQ_v$ ＝热力学能的增加 $dU$（热焓的增量）

（1）导入与导出微元体的净热量 $dQ_\lambda$

$d\tau$ 时间内，沿 $x$ 轴方向、经 $x$ 表面导入微元六面体的热量为：

$$dQ_x = q_x \cdot dy \cdot dz \cdot d\tau \tag{a}$$

$d\tau$ 时间内，沿 $x$ 轴方向，经 $x+dx$ 表面导出微元六面体的净热量为：

$$dQ_{x+dx} = q_{x+dx} \cdot dy \cdot dz \cdot d\tau \tag{b}$$

其中，有：

$$q_{x+dx} = q_x + \frac{\partial q_x}{\partial x} \cdot dx \tag{c}$$

所以，$d\tau$ 时间内，沿 $x$ 轴方向，导入与导出微元体的净热量为：

$$dQ_x - dQ_{x+dx} = -\frac{\partial q_x}{\partial x} dx \cdot dy \cdot dz \cdot d\tau \tag{d}$$

同理，$d\tau$ 时间内，沿 $y$ 轴方向和 $z$ 轴方向，导入与导出微元体的净热量分别为：

$$dQ_y - dQ_{y+dy} = -\frac{\partial q_y}{\partial y} dx \cdot dy \cdot dz \cdot d\tau \tag{e}$$

$$dQ_z - dQ_{z+dz} = -\frac{\partial q_z}{\partial z} dx \cdot dy \cdot dz \cdot d\tau \tag{f}$$

由式（d）、式（e）和式（f）可以得到微元体中导入与导出净热量为：

$$dQ_\lambda = [dQ_x - dQ_{x+dx}] + [dQ_y - dQ_{y+dy}] + [dQ_z - dQ_{z+dz}]$$
$$= -\left(\frac{\partial q_x}{\partial x} + \frac{\partial q_y}{\partial y} + \frac{\partial q_z}{\partial z}\right) dx \cdot dy \cdot dz \cdot d\tau \tag{g}$$

由傅里叶定律：$q_x = -\lambda \frac{\partial t}{\partial x}$，$q_y = -\lambda \frac{\partial t}{\partial y}$，$q_z = -\lambda \frac{\partial t}{\partial z}$，带入式（g），得到导入与导出净热量为：

$$dQ_\lambda = \left[\frac{\partial}{\partial x}\left(\lambda \frac{\partial t}{\partial x}\right) + \frac{\partial}{\partial y}\left(\lambda \frac{\partial t}{\partial y}\right) + \frac{\partial}{\partial z}\left(\lambda \frac{\partial t}{\partial z}\right)\right] dx \cdot dy \cdot dz \cdot d\tau \tag{h}$$

（2）$d\tau$ 时间内，微元体内热源的生成热

$$dQ_v = q_v \cdot dx \cdot dy \cdot dz \cdot d\tau \tag{i}$$

（3）微元体热力学能的增量

$d\tau$ 时间内，由于热量流入的结果，微元六面体的温度将发生改变，为 $\frac{\partial t}{\partial \tau} d\tau$，而微元体内，热力学能的增量：

$$dU = mc_p \frac{\partial t}{\partial \tau} d\tau = \rho \cdot dx \cdot dy \cdot dz \cdot c_p \frac{\partial t}{\partial \tau} d\tau = \rho c_p \frac{\partial t}{\partial \tau} dx \cdot dy \cdot dz \cdot d\tau \tag{j}$$

式中，$\rho$ 为密度，$kg/m^3$；$c_p$ 为比热容，$J/(kg \cdot ℃)$。

根据能量守恒：导入与导出净热量 $dQ_\lambda$ ＋内热源发热量 $dQ_v$ ＝热力学能的增加 $dU$，将式（h）、式（i）和式（j）带入，得到导热微分方程：

$$\rho c_p \frac{\partial t}{\partial \tau} = \frac{\partial}{\partial x}\left(\lambda \frac{\partial t}{\partial x}\right) + \frac{\partial}{\partial y}\left(\lambda \frac{\partial t}{\partial y}\right) + \frac{\partial}{\partial z}\left(\lambda \frac{\partial t}{\partial z}\right) + q_v \tag{2-11}$$

式（2-11）为直角坐标系中导热微分方程的一般形式。若物性参数 $\lambda$、$c_p$ 和 $\rho$ 均为常数，则导热微分方程变为：

$$\frac{\partial t}{\partial \tau}=\frac{\lambda}{\rho c_{p}}\left(\frac{\partial^{2} t}{\partial x^{2}}+\frac{\partial^{2} t}{\partial y^{2}}+\frac{\partial^{2} t}{\partial z^{2}}\right)+\frac{q_{v}}{\rho c_{p}} \tag{2-12}$$

或者

$$\frac{\partial t}{\partial \tau}=a \nabla^{2} t+\frac{q_{v}}{\rho c_{p}} \tag{2-13}$$

式中 $a=\dfrac{\lambda}{\rho c_{p}}$——热扩散率（导温系数），$m^2/s$；

$\nabla^2$——拉普拉斯算子。

热扩散率 $a$ 是物质的热物性参数，又称热扩散系数或者导温系数。它反映了导热过程中材料的导热能力 $\lambda$ 与沿途物质储热能力 $\rho c_{p}$ 之间的关系，表征物体被加热或冷却时，物体内部各部分温度趋向于均匀一致的能力。附录3～附表7给出了物质的热扩散率。热扩散率 $a$ 值大，即 $\lambda$ 值大或 $\rho c_{p}$ 值小，说明物体的某一部分一旦获得热量，该热量能在整个物体中很快扩散。在同样加热条件下，物体的热扩散率越大，物体内部各处的温度差别越小。在讨论固体非稳态导热过程中，热扩散率具有很重要的意义。

根据导热系统的具体情形，可导出式(2-12) 的相应简化形式。

若物性参数 $\lambda$、$c_{p}$ 和 $\rho$ 均为常数且无内热源：

$$\frac{\partial t}{\partial \tau}=a\left(\frac{\partial^{2} t}{\partial x^{2}}+\frac{\partial^{2} t}{\partial y^{2}}+\frac{\partial^{2} t}{\partial z^{2}}\right) \tag{2-14}$$

若物性参数 $\lambda$、$c_{p}$ 和 $\rho$ 均为常数且为无内热源的稳态导热：

$$\frac{\partial^{2} t}{\partial x^{2}}+\frac{\partial^{2} t}{\partial y^{2}}+\frac{\partial^{2} t}{\partial z^{2}}=0 \tag{2-15}$$

式(2-15) 也称为拉普拉斯（Laplace）方程。

若物性参数 $\lambda$、$c_{p}$ 和 $\rho$ 均为常数且无内热源的一维稳态导热：

$$\frac{d^{2} t}{d x^{2}}=0 \tag{2-16}$$

对于圆柱坐标系及球坐标系中的导热问题，采用类似的分析方法亦可导出相应坐标系中的导热微分方程。下面给出这两种坐标系中当物性参数 $\lambda$、$c_{p}$ 和 $\rho$ 均为常数时一般形式的导热微分方程。

圆柱坐标系，见图 2-6(a)，有：

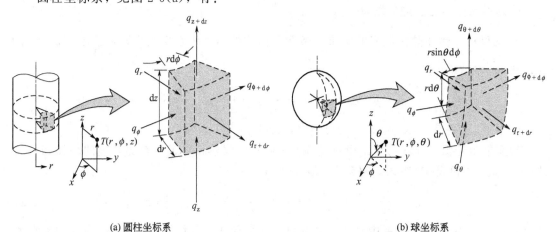

(a) 圆柱坐标系　　　　　　　　　　　　　(b) 球坐标系

图 2-6　圆柱坐标系与球坐标中微元体

$$\frac{\partial t}{\partial \tau}=a\left(\frac{\partial^2 t}{\partial r^2}+\frac{1}{r}\times\frac{\partial t}{\partial r}+\frac{1}{r^2}\times\frac{\partial^2 t}{\partial \phi^2}+\frac{\partial^2 t}{\partial z^2}\right)+\frac{q_{\mathrm v}}{\rho c_{\mathrm p}}\tag{2-17}$$

球坐标系，见图 2-6(b)，有：

$$\frac{\partial t}{\partial \tau}=a\left[\frac{1}{r^2}\times\frac{\partial}{\partial r}\left(r^2\frac{\partial t}{\partial r}\right)+\frac{1}{r^2\sin\theta}\times\frac{\partial}{\partial \theta}\left(\sin\theta\frac{\partial t}{\partial \theta}\right)+\frac{1}{r^2\sin^2\theta}\times\frac{\partial^2 t}{\partial \phi^2}\right]+\frac{q_{\mathrm v}}{\rho c_{\mathrm p}}\tag{2-18}$$

导热微分方程式不适应于非傅里叶导热过程，即：

① 极短时间产生极大的热流密度的热量传递现象，如激光加工过程；

② 极低温度（接近于 0K）时的导热问题。

### （二）单值性条件

导热微分方程式给出了物体的温度随时间和空间变化的关系，是描述导热现象共性的数学表达式，它没有涉及具体、特定的导热过程。对于具体的导热系统，要求解其温度场的唯一解，必须给出反映该系统特点的单值性条件或定解条件，与导热微分方程联立才能单值地确定其温度场唯一解。因此对于一个特定的导热体系，其完整的数学描述应包含导热微分方程和单值性条件。

单值性条件包括四项：几何条件、物理条件、时间条件和边界条件。

**1. 几何条件**

说明参与导热过程的物体的几何形状及尺寸大小以及进行分析时所采用的坐标系。如：平壁或圆筒壁；厚度、直径等。

**2. 物理条件**

说明外界介质和导热体的物理特征，包括随温度改变时的函数关系，如 $\lambda=\lambda(t)$，$\rho=\rho(t)$，$c_{\mathrm p}=c_{\mathrm p}(t)$ 等；有无内热源，其大小和分布等。

**3. 时间条件**

说明在时间上导热过程进行的特点。稳态导热过程不需要时间条件，与时间无关。非稳态导热过程应给出过程开始时刻导热体内的温度分布，即：

$$t\,|_{\tau=0}=t_0\tag{2-19}$$

所以，时间条件又称为初始条件。

**4. 边界条件**

说明导热体边界上过程进行的特点，反映过程与周围环境相互作用的条件。边界条件一般可分为三类。

（1）第一类边界条件

给定导热体边界上的温度分布，它可以是时间和空间的函数，也可以是给定不变的常数值。

例如图 2-7 单层平壁导热，其边界条件为：

$$x=x_1\quad t=t_1$$
$$x=x_2\quad t=t_2\tag{2-20}$$

（2）第二类边界条件

给定系统边界上的热流密度，或者给定边界上的温度梯度，它可以是时间和空间的函数，也可以是给定不变的常数值。

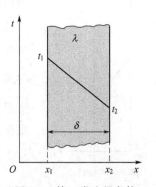

图 2-7　第一类边界条件

$$\tau > 0 \text{ 时，有：} q_{\mathrm{w}} = -\lambda \left(\frac{\partial t}{\partial n}\right)_{\mathrm{w}} = f(\tau) \tag{2-21}$$

对于绝热边界面，由于 $\left(\dfrac{\partial t}{\partial n}\right)_{\mathrm{w}} = 0$，因此，$q_{\mathrm{w}} = -\lambda \left(\dfrac{\partial t}{\partial n}\right)_{\mathrm{w}} = 0$

（3）第三类边界条件

当物体壁面与流体相接触进行对流换热时，给定系统边界面与周围流体间的换热系数和流体的温度，即对流换热边界。

由牛顿冷却定律：$q_{\mathrm{w}} = h(t_{\mathrm{w}} - t_{\mathrm{f}})$ 和傅里叶定律：$q_{\mathrm{w}} = -\lambda(\partial t / \partial n)_{\mathrm{w}}$

则：
$$-\lambda \left(\frac{\partial t}{\partial n}\right)_{\mathrm{w}} = h(t_{\mathrm{w}} - t_{\mathrm{f}}) \tag{2-22}$$

由此，求解导热问题的思路为：首先分析物理问题，在一定的简化假设条件下，导热微分方程与其相应的单值性条件联立，得到该体系的数学模型；采用合适的数学求解方法，就可以求得具体导热体系的温度场的唯一解；利用傅里叶定律进一步求解，就可以得到导热体系内任一点的热流密度和热流量。

目前应用最广泛的求解导热问题的方法：分析解法；数值解法；实验方法。这也是求解所有传热学问题的三种基本方法。本节主要介绍导热问题的分析解法和数值解法。

## 三、无内热源的稳态导热

在连续生产的热工设备中，如窑炉的炉壁、热交换器的管壁等，均可以看成是与时间无关的稳态温度场，求解这类导热问题，实际上就是求解导热微分方程与单值性条件联立组成的数学方程，求出导热体内部的温度分布，进一步计算传热量。

### （一）平壁的稳定导热

#### 1. 单层平壁的导热

设有一单层平壁，如图 2-8 所示，质地均匀，厚为 $\delta$，厚度比长度和宽度的尺寸小得多。左右两侧温度均匀，分别为 $t_1$ 和 $t_2$（$t_1 > t_2$），由于两侧面的温度不等，热量将通过导热的方式沿着 $x$ 方向从平壁的左侧传到右侧。

由于壁面温度维持恒定，且导热只在一个方向进行，这是一维稳态导热问题。平壁的等温面为垂直 $x$ 轴的平面。下面先分析该平壁导热的数学模型，然后确定热流密度的计算公式。

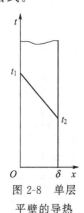

图 2-8 单层平壁的导热

单值性条件如下。

几何条件：单层平板。

物理条件：$\lambda$、$c_{\mathrm{p}}$ 和 $\rho$ 已知，无内热源。

时间条件：稳态，$\dfrac{\partial t}{\partial \tau} = 0$。

边界条件：第一类边界条件。

根据几何条件、物理条件和时间条件，导热微分方程式（2-11）变为：
$$\frac{\mathrm{d}^2 t}{\mathrm{d}x^2} = 0 \tag{a}$$

根据第一类边界条件可知：

$$\begin{cases} x=0,\ t=t_1 \\ x=\delta,\ t=t_2 \end{cases} \tag{b}$$

由式(a) 和式(b) 联立，就组成了图 2-8 所示的平壁导热体系的数学模型。

对式(a) 直接积分，得：

$$\frac{\mathrm{d}t}{\mathrm{d}x}=c_1 \Rightarrow t=c_1 x+c_2 \tag{c}$$

将边界条件式(b) 带入式(c)，就可以求出 $c_1$ 和 $c_2$，将 $c_1$ 和 $c_2$ 值带入式(c)，就可以得到平壁内的温度分布：

$$t=\frac{t_2-t_1}{\delta}x+t_1 \tag{2-23}$$

由于 $\delta$、$t_1$ 和 $t_2$ 都是定值，所以温度随板厚度方向呈线性分布。

由式(2-23) 可知：

$$\frac{\mathrm{d}t}{\mathrm{d}x}=\frac{t_2-t_1}{\delta} \tag{d}$$

根据傅里叶定律，对于一维稳态导热，有：

$$q=-\lambda \cdot \frac{\mathrm{d}t}{\mathrm{d}x}=-\lambda\frac{t_2-t_1}{\delta}=\frac{t_1-t_2}{\delta/\lambda}=\frac{\Delta t}{\delta/\lambda} \tag{2-24}$$

这就是从傅里叶定律演变而来的平壁导热计算公式，它揭示了 $q$、$\lambda$、$\delta$ 和 $\Delta t$ 四个物理量之间的内在关系。一般 $\lambda$ 和 $\delta$ 是已知的，当知道 $q$ 以及 $\Delta t$ 中的一个温度时，可以求出另外一个未知壁面的温度。如果要计算单位时间传递的热量，则有：

$$Q=qA=\frac{\lambda A}{\delta} \cdot \Delta t=\frac{\Delta t}{\delta/\lambda A} \tag{2-25}$$

式(2-23)、式(2-24) 和式(2-25) 为通过单层平壁的数学模型及傅里叶定律，求解出的平壁内的温度分布及传热量，使用起来非常简便。

将式(2-24) 和式(2-25) 与电学中的欧姆定律 $I=\Delta U/R$ 对照，温度差 $(t_1-t_2)$ 是产生导热现象的原因，相当于电压的作用；传热量 $Q$ 或热流密度 $q$ 对应于电流强度 $I$；而 $\delta/\lambda A$ 或 $\delta/\lambda$ 可以看作是导热的阻力，称为热阻，$\delta/\lambda A$ 表示整个导热面上的热阻，以 $R_\lambda$ 表示，$\delta/\lambda$ 则表示单位导热面上的热阻，以 $r_\lambda$ 表示：

$$r_\lambda=\frac{\delta}{\lambda} \quad \text{或} \quad R_\lambda=\frac{\delta}{A\lambda} \tag{2-26}$$

注意，热阻分析法适用于一维、稳态、无内热源的情况。此外，只有传热面积沿途不变时，可以采用单位面积上热阻 $r_\lambda$，否则必须采用总传热面积的热阻 $R_\lambda$。相同温差下，$\delta/\lambda$ 越大，则传递的热量就越小。

利用式(2-24) 和式(2-25)，可以解决某些工程实际问题。

① 计算炉墙的散热损失，当已知 $\lambda$、$t_1$、$t_2$ 和 $\delta$，计算 $q$。

② 给定允许的热损失，可以计算所需的保温层厚度 $\delta$，即已知 $\lambda$、$t_1$、$t_2$ 和 $q$，计算 $\delta$。

③ 推算炉墙外（内）壁面的温度。即已知 $\lambda$、$t_1$（或 $t_2$）和 $q$，计算 $t_2$（或 $t_1$）。

④ 设计实验，测试材料的热导率 $\lambda$。

以下讨论当热导率 $\lambda$ 不能作为常数处理时的单层平壁导热问题。当平壁两表面之间的温度差很大时，就需要考虑热导率随温度而变化的影响。

如果 $\lambda$ 为变物性，$\lambda = \lambda_0(1+bt)$

应用傅里叶定律：$q = -\lambda \dfrac{\mathrm{d}t}{\mathrm{d}x}$

改写成：$\dfrac{\mathrm{d}t}{\mathrm{d}x} = -\dfrac{q}{\lambda} = -\dfrac{q}{\lambda_0(1+bt)}$

分离变量：

$$-\frac{q}{\lambda_0}\mathrm{d}x = (1+bt)\mathrm{d}t$$

积分，代入边界条件 $x=0$，$t=t_1$；$x=\delta$，$t=t_2$，得到：

$$t^2 + \frac{2}{b}t + \frac{2}{b}\left[\frac{qx}{\lambda_0} - \left(t_1 + \frac{b}{2}t_1^2\right)\right] = 0$$

求解 $t$ 和 $q$，得：

$$t = \pm\sqrt{\left(\frac{1}{b}+t_1\right)^2 - \frac{2qx}{\lambda_0 b}} - \frac{1}{b} \tag{2-27}$$

$$q = \frac{\lambda_0}{\delta}\left[(t_1-t_2) + \frac{b}{2}(t_1^2-t_2^2)\right]$$

$$= \frac{\lambda_0\left[1+b\dfrac{(t_2+t_1)}{2}\right]}{\delta}(t_1-t_2) = \frac{\lambda_{\text{av}}}{\delta}\cdot\Delta t \tag{2-28}$$

式(2-27) 中，当 $b>0$，取正号；当 $b<0$，取负号；当 $b=0$，$t = \dfrac{t_2-t_1}{\delta}x + t_1$

式(2-27) 是壁内温度分布曲线方程，这根曲线略具弯曲，如图 2-9 所示。如果 $b$ 是正值，则在高温区内材料的导热系数比低温区的大，换言之，温度梯度在高温区内应该比低温区内小，因此曲线是向上凸的。反之，如果 $b$ 是负值，则温度分布曲线向下凹。

式(2-28) 中，$\lambda_{\text{av}}$ 是 $t_{\text{av}} = \dfrac{(t_1+t_2)}{2}$ 条件下的平均热导率。

**2. 多层平壁的导热**

多层平壁是由几层不同材料的平壁紧密贴合在一起组合而成的。锅炉的炉墙一般由耐火

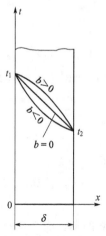

图 2-9　单层平壁的导热

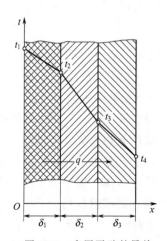

图 2-10　多层平壁的导热

砖层、保温砖层和表面涂层三种材料叠合而成，这是一个典型的实例。三种材料的厚度和平均热导率分别为 $\delta_1$、$\delta_2$、$\delta_3$ 和 $\lambda_1$、$\lambda_2$、$\lambda_3$，如图 2-10 所示。已知组合平壁左右两侧壁面的温度分别稳定在 $t_1$ 和 $t_4$，假定壁面之间接触分界面处于相同的温度，如图中的 $t_2$ 和 $t_3$，但 $t_2$ 和 $t_3$ 是未知数，要通过计算才能得到。下面将通过简单的推导得到多层平壁导热的计算公式。

由于 $t_1$ 和 $t_4$ 恒定不变，这是一个稳态的一维导热问题。导热沿 $x$ 方向进行，等温面垂直于 $x$ 轴。由于各层的热导率为常数，各层的温度都呈线性分布。但因各层材质有别，热导率不同，各层的温度变化率也就不同，各层的温度分布曲线从而表现出不同的斜率。由于接触分界面温度相同，各层不同斜率的温度曲线连接成了一条折线。但各层传递的热流密度 $q$ 完全相等。

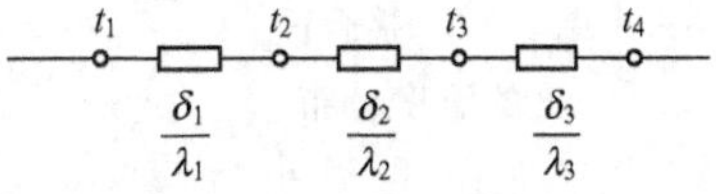

三层平壁的导热过程的热阻图如图 2-11，总热阻等于所有热阻叠加的总和，于是就得到多层平壁热流密度的计算公式：

图 2-11  三层平壁热阻图

$$q=\frac{t_1-t_4}{\dfrac{\delta_1}{\lambda_1}+\dfrac{\delta_2}{\lambda_2}+\dfrac{\delta_3}{\lambda_3}} \tag{2-29}$$

依次类推，可以得到通过 $n$ 层平壁稳态导热热流密度计算公式的一般形式：

$$q=\frac{t_1-t_{n+1}}{\sum_{i=1}^{n}\dfrac{\delta_i}{\lambda_i}} \tag{2-30}$$

由于通过各层平壁的热流密度相等，在计算热流密度之后可以利用单层平壁的计算公式计算各层间接触面的未知温度。实际上有：

$$q=\frac{t_1-t_2}{\dfrac{\delta_1}{\lambda_1}}=\frac{t_2-t_3}{\dfrac{\delta_2}{\lambda_2}}=\frac{t_3-t_4}{\dfrac{\delta_3}{\lambda_3}} \tag{2-31}$$

因此有：

$$t_2=t_1-q\frac{\delta_1}{\lambda_1} \tag{2-32}$$

$$t_3=t_2-q\frac{\delta_2}{\lambda_2}=t_4+q\frac{\delta_3}{\lambda_3} \tag{2-33}$$

单层平壁和多层平壁的计算公式只适用于热导率为常数的情形。在温度变化较小时可以近似认为热导率为常数。但在温度变化范围较大，比如单层平壁两侧温差超过 50℃时，不能简单地将导热系数视为常数。这时应将该层平壁的算术平均温度代入式（2-34）计算平均热导率：

$$\lambda=\lambda_0(1+bt_{av}) \tag{2-34}$$

式中，$\lambda_0$ 和 $b$ 是针对不同材料的系数，可在附录 3 及相关资料中查出。平均热导率可近似地按常数处理，这样带来的误差可以忽略不计。

在推导多层平壁导热计算公式时，曾假定平壁之间接触良好，不产生附加热阻，两侧接触面因而处于同一个温度。然而，若两个平壁表面比较粗糙，不能紧密地贴合，则会在接触面产生较大的附加热阻或称接触热阻，使导热量减少。计算时如不考虑附加热阻就会造成很

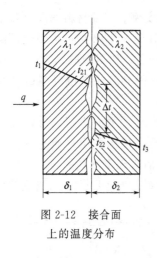

图 2-12　接合面
上的温度分布

大的误差。接触表面存在金属氧化层或者被油污染的时候也同样会造成接触热阻。

存在附加热阻时会在两接触表面产生温度降落，使两表面具有不同的温度。这时的导热计算可以考虑在多层平壁的导热过程中增加一个接触面间的传热。如图 2-12 所示，$t_{21}$ 和 $t_{22}$ 分别是接触分界面两侧壁面的温度，其差异为接触面的温度降落，$1/h_c$ 为接触热阻。

对于稳定导热，有：

$$q = \frac{t_1 - t_{21}}{\delta_1/\lambda_1} = \frac{t_{21} - t_{22}}{1/h_c} = \frac{t_{22} - t_3}{\delta_2/\lambda_2} \qquad (2-35)$$

式中，$h_c$ 为接触系数，接触系数越大，则接触热阻越小。

接触热阻与接合表面的粗糙度、表面压力、接触面空隙中的介质及接触面的温度有关。同时也与接触材料的种类和硬度有关。目前接触热阻的研究尚不够完善，只能在有关资料中查到一些 $h_c$ 的经验数据。

减少接触热阻的方法是减少粗糙度，使接触表面尽量平整，以增大实际接触面积，减少接触面之间的空隙。也可以在接触面之间衬以热导率大、硬度低而延展性能较好的金属箔，如铜箔或银箔。甚至还可以考虑，在两接触面之间涂以导热脂，这是一种热导率较高的油脂。这些方法比较简单，但有效实用。

**例 2-1**　一平壁厚度为 40mm，热导率为 2.2W/(m·℃)，两侧表面温度分别为 100℃ 和 80℃。试确定平壁单位面积上通过导热所传递的热流量。

**解**　这是单层平壁的一维稳定导热问题，所有条件都满足热阻计算公式的要求，可以直接代公式计算：

$$q = \frac{t_1 - t_2}{\delta/\lambda} = \frac{100 - 80}{0.04/2.2} = 1100 (\text{W/m}^2)$$

从上述解题过程可以总结出解题要点。首先检查已知条件是否符合计算公式的适用条件。单层平壁和多层平壁的热阻计算公式只适用于一维无内热源的稳定导热，且热导率为常数。其次是单位的使用应对应和统一。

**例 2-2**　炉墙用生料硅藻土砖作保温材料，已知硅藻土砖的密度为 450kg/m³，厚度为 240mm，内外表面温度分别为 $t_1 = 400℃$，$t_2 = 50℃$，试求每平方米炉墙的散热损失。

**解**　由于保温层温度变化范围较大，应计算平均热导率：

$$t_{av} = \frac{t_1 + t_2}{2} = \frac{400 + 50}{2} = 225(℃)$$

从附录 3 中查得此种材料热导率随温度变化的计算公式为：

$$\lambda = 0.063 + 0.00014 t_{av}$$

代入平均温度：

$$\lambda = 0.063 + 0.00014 \times 225 = 0.0945 [\text{W/(m·℃)}]$$

将数据代入导热计算公式中进行计算：

$$q = \frac{t_1 - t_2}{\delta/\lambda} = \frac{400 - 50}{0.24/0.0945} = 137.81 (\text{W/m}^2)$$

每平方米的散热损失为 137.81W。

**例 2-3** 冰箱内胆壁厚 0.8mm，材料为聚苯乙烯，热导率为 0.042W/(m·℃)；外壁材料为冷轧钢板，厚度也是 0.8mm，热导率为 37.0W/(m·℃)；中间绝热层系聚氨酯发泡材料，厚度为 28mm，热导率等于 0.02W/(m·℃)。若外壁外侧和内胆壁内侧温度分别为 30℃ 和 5℃，试求每平方米传入冰箱的热量及绝热层两侧的温度 $t_2$ 和 $t_3$。

**解** 这是一个三层平壁的一维稳态导热问题，热导率均为常数，可直接利用公式计算：

$$q = \frac{t_1 - t_4}{\frac{\delta_1}{\lambda_1} + \frac{\delta_2}{\lambda_2} + \frac{\delta_3}{\lambda_3}} = \frac{30 - 5}{\frac{0.0008}{37.0} + \frac{0.028}{0.02} + \frac{0.0008}{0.042}} = 17.62(W/m^2)$$

由于

$$q = \frac{t_1 - t_2}{\delta_1/\lambda_1}$$

所以

$$t_2 = t_1 - q\frac{\delta_1}{\lambda_1} = 30 - \frac{17.62 \times 0.0008}{37} = 29.9996(℃)$$

$$q = \frac{t_3 - t_4}{\delta_3/\lambda_3}$$

$$t_3 = t_4 + q\frac{\delta_3}{\lambda_3} = 5 + \frac{17.62 \times 0.0008}{0.042} = 5.3356(℃)$$

上述计算结果表明：内外壁的热阻都非常小，内外壁两侧的温度也就相差无几。真正起到绝热作用的是聚氨酯发泡绝热层，由于热阻很大，绝热层两侧的温度差为 24.664℃，非常接近复合壁传热的总温差。

**例 2-4** 设有一窑墙，用黏土砖和红砖两种材料砌成，厚度均为 230mm，窑墙内表面温度为 1200℃，外表面温度为 100℃。试求每平方米窑墙的热损失。已知黏土砖的热导率为 $\lambda_1 = 0.835 + 0.00058t$，红砖的热导率为 $\lambda_2 = 0.467 + 0.00051t$，红砖的允许使用温度为 700℃ 以下，那么在此条件下能否使用？

**解** 采用尝试误差法，先假设交界面处温度为 600℃，则黏土砖和红砖的热导率分别为：

$$\lambda_1 = 0.835 + 0.00058 \times \frac{1200 + 600}{2} = 1.357[W/(m·℃)]$$

$$\lambda_2 = 0.467 + 0.00051 \times \frac{600 + 100}{2} = 0.646[W/(m·℃)]$$

计算热流密度得：$q = \dfrac{1200 - 100}{\dfrac{\delta_1}{\lambda_1} + \dfrac{\delta_2}{\lambda_2}} = 2084(W/m^2)$

由于交界面处温度是假设的，不一定正确，必须校验，因为有：

$$q = \frac{t_1 - t_2}{\delta_1/\lambda_1}$$

所以有：

$$t_2 = t_1 - q\frac{\delta_1}{\lambda_1} = 1200 - 2084 \times \frac{0.23}{1.357} = 847(℃)$$

求出的温度与假设不符，表示假设的温度不正确。重新假设交界面温度为 830℃，按上述步骤重新计算，得到 $q = 2249$，校验后，得出交界面温度为 835℃。求出的温度与假设温度基本相符，表示第二次计算是正确的。

由此可得出：每平方米窑墙的热损失为 2249W/m²，红砖在此条件下不适用。

### 3. 复合平壁的导热

在工程实践中，还能遇到另一种类型的平壁，在它的高度和宽度方向上，是由几种不同的材料砌成的，这种壁称为复合壁，如图 2-13 所示。对于求解这一类导热问题，应用热阻图计算是非常方便的，利用热阻的串联和并联原则，可以确定总热阻$\sum R$，然后根据 $Q = \dfrac{\Delta t}{\sum R}$ 求出传热量。

必须指出，只有当 B、C 材料的热导率相差不大时，才能将图 2-13 所示的复合壁当做一维导热问题来处理，近似的认为热量沿垂直于壁面的方向平行地通过壁内。如果 B、C 材料的热导率相差很大，则将产生明显的二维传热，此时，则不能用热阻分析法进行求解，必须通过二维导热微分方程和单值性条件组成的数学模型，采用计算机数值模拟方法进行求解。

### （二）圆筒壁的稳定导热

#### 1. 单层圆筒壁

圆筒壁导热在工程技术中的应用十分广泛，蒸汽管道、冷冻水管道、金属辐射式热交换器的圆筒器壁的导热都属于圆筒壁导热。

图 2-14 所示为一单层圆筒壁，热导率为 $\lambda$，内外半径分别为 $r_1$ 和 $r_2$，内外壁温度分别为 $t_1$ 和 $t_2$ 且 $t_1 > t_2$。由于内外壁温度稳定，这是一个稳态导热问题。当圆筒的长度远远大于外直径时（$l/d_2 > 10$），沿轴线方向的导热可以忽略不计。这时热量从温度较高的内壁沿半径方向向外壁传递，因此仍属一维导热，等温面为同心圆柱面。

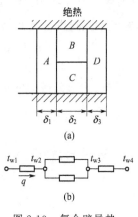

(a)

(b)

图 2-13　复合壁导热

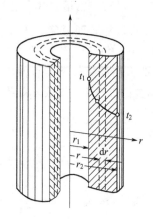

图 2-14　单层圆筒壁的导热

虽然同属一维导热，但圆筒壁导热和平壁导热却存在着差异。对于平壁，导热面积沿导热方向不发生变化。对于圆筒壁，随着半径的增大，导热面积也在增大。对于稳态导热，通过整个圆筒壁的热流量是不变的。随着半径的增大，热流密度逐渐减小。因此，圆筒壁的导热计算一般需要计算热流量。导热面积随半径的增大而增大，同时，也带来另外一个特点：即使热导率为常数，圆筒壁剖面上的温度也不是线性分布，沿等温面法线方向上的温度变化率 $\mathrm{d}t/\mathrm{d}r$ 不能视为常数。在推导圆筒壁导热计算公式时不可避免地要建立和求解导热微分方程。

因为圆筒壁的长度 $l$ 很长，$l \gg r$，且温度分布是轴对称的。此时可认为是沿径向的一维导热问题。圆柱坐标系下的导热微分方程（2-17）依据单值性条件中的几何条件、时间条件和物理条件可简化为：

$$\frac{d^2 t}{d r^2}+\frac{1}{r}\times\frac{dt}{dr}=0 \tag{a}$$

边界条件为第一类边界条件：

$$r=r_1 \qquad t=t_1$$
$$r=r_2 \qquad t=t_2 \tag{b}$$

由式（a）和式（b）组成了单层圆筒壁一维稳态导热的数学模型。

对式（a）进行两次积分，并由边界条件确定积分常数，得到圆筒壁内温度分布为：

$$t=t_1-\frac{t_1-t_2}{\ln\frac{r_2}{r_1}}\ln\frac{r}{r_1} \tag{2-36}$$

式（2-36）表明圆筒壁内温度分布是一条对数曲线。对式（2-36）求导，并将其结果带入傅里叶定律表达式 $Q=-\lambda A\frac{dt}{dr}$，则可得到传热量 $Q$：

$$Q=-2\pi r l\lambda\frac{dt}{dr}=\frac{t_1-t_2}{\frac{1}{2\pi\lambda l}\ln\frac{r_2}{r_1}} \tag{2-37}$$

这是圆筒壁在单位时间内传递的热流量。而圆筒壁导热的热阻则为：

$$R_t=\frac{1}{2\pi\lambda l}\ln\frac{r_2}{r_1} \tag{2-38}$$

**2. 多层圆筒壁**

蒸汽管道、冷冻水管道外面常用热导率很低的材料绝热，以防止蒸汽热量散失；或者防止外界的热量传入冷冻水，降低制冷效果，增加能耗。管道和绝热层就形成了多层圆筒壁。在工业生产中还有许多这样的实例，有时会由多达三层、四层的不同材料组成。

如前所述，单层圆筒壁的温度分布为对数曲线，而多层圆筒壁的温度分布则是由各层的对数曲线连接组成的。图 2-15 为三种不同材料组成的圆筒壁，该图也显示了温度分布的情况。假定由内到外各层两侧的温度稳定在 $t_1$，$t_2$，$t_3$ 和 $t_4$，且各层间无接触热阻，即两层间分界面处于同一温度，此时的热流量计算可借助热阻分析作一简单推导。

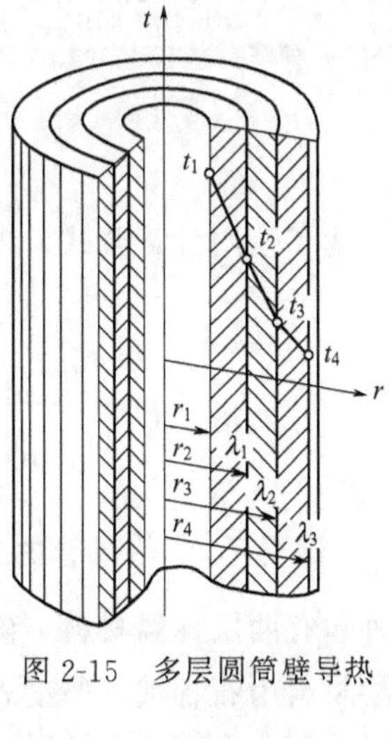

图 2-15 多层圆筒壁导热

根据串联热阻的叠加原理，多层圆筒壁的总热阻为各层热阻之和：

$$R_t=\sum_{i=1}^{n}\frac{1}{2\pi\lambda_i l}\ln\frac{r_{i+1}}{r_i} \tag{2-39}$$

式中，$n$ 为圆筒壁的层数。

对于三层圆筒壁，总热阻为：

$$R_t=\frac{1}{2\pi\lambda_1 l}\ln\frac{r_2}{r_1}+\frac{1}{2\pi\lambda_2 l}\ln\frac{r_3}{r_2}+\frac{1}{2\pi\lambda_3 l}\ln\frac{r_4}{r_3}$$

$$= \frac{1}{2\pi l} \left( \frac{1}{\lambda_1} \ln \frac{r_2}{r_1} + \frac{1}{\lambda_2} \ln \frac{r_3}{r_2} + \frac{1}{\lambda_3} \ln \frac{r_4}{r_3} \right)$$

因而三层圆筒壁单位时间内通过导热传递的热流量为:

$$Q = \frac{\Delta t}{R_t} = \frac{2\pi l (t_1 - t_4)}{\frac{1}{\lambda_1} \ln \frac{r_2}{r_1} + \frac{1}{\lambda_2} \ln \frac{r_3}{r_2} + \frac{1}{\lambda_3} \ln \frac{r_4}{r_3}}$$

通过单位长度多层圆筒壁的热流量(W/m)为:

$$q_l = \frac{Q}{l} = \frac{2\pi (t_1 - t_4)}{\frac{1}{\lambda_1} \ln \frac{r_2}{r_1} + \frac{1}{\lambda_2} \ln \frac{r_3}{r_2} + \frac{1}{\lambda_3} \ln \frac{r_4}{r_3}} \tag{2-40}$$

在已知多层圆筒壁热导率、直径及 $t_1$ 和 $t_4$ 之后可按上式计算 $q$,然后针对每一层按单层圆筒壁导热计算公式,计算层间未知温度 $t_2$ 和 $t_3$。

单层圆筒壁和多层圆筒壁的计算公式中都假定材料的热导率为常数。当内外壁温差较大时,仍然要根据平均温度按热导率随温度的变化公式计算平均热导率,再代入公式计算。

**例 2-5** 为了减少散热损失,在蒸汽管道外面包裹了一层保温层。蒸汽管道外径为 133mm,外壁温度为 450℃。保温层材料为膨胀珍珠岩,其 $\lambda = 0.0424 + 0.000137t$,厚度为 60mm,外侧温度为 45℃。试计算单位长度管道的散热损失。

**解** 保温层平均温度

$$t_{av} = \frac{t_1 + t_2}{2} = \frac{450 + 45}{2} = 247.5 (℃)$$

膨胀珍珠岩的热导率计算公式为:

$$\begin{aligned} \lambda &= 0.0424 + 0.000137 t_{av} \\ &= 0.0424 + 0.000137 \times 247.5 \\ &= 0.0763 [W/(m \cdot K)] \end{aligned}$$

为了使用计算公式,先计算 $d_2$,已知 $d_1 = 133mm$, $d_2 = 133 + 2 \times 60 = 253 (mm)$,因此有:

$$q = \frac{2\pi \lambda (t_1 - t_2)}{\ln \frac{d_2}{d_1}} = \frac{2\pi \times 0.0763 \times (450 - 45)}{\ln \frac{253}{133}} = 301.94 (W/m)$$

**例 2-6** 热风管内外直径分别为 160mm 和 170mm,热导率 $\lambda_1 = 58.2 W/(m \cdot K)$,管外包有两层保温材料,内层材料为蛭石,厚度 $\delta_2 = 40mm$,热导率 $\lambda_2 = 0.12 W/(m \cdot K)$;外层材料为石棉绒,厚度 $\delta_3 = 30mm$,热导率 $\lambda_3 = 0.066 W/(m \cdot K)$。热风管内表面温度为 $t_1 = 220℃$,外层保温材料的外表面温度 $t_4 = 45℃$。求单位长度热风管的散热损失和各层间分界面的温度。

**解** 为了使解题清楚、方便,可先列出已知条件:

$d_1 = 160mm$, $d_2 = 170mm$, $d_3 = 170 + 80 = 250 (mm)$, $d_4 = 250 + 60 = 310 (mm)$

$$q_1 = \frac{Q}{l} = \frac{2\pi(t_1 - t_4)}{\frac{1}{\lambda_1}\ln\frac{d_2}{d_1} + \frac{1}{\lambda_2}\ln\frac{d_3}{d_2} + \frac{1}{\lambda_3}\ln\frac{d_4}{d_3}}$$

$$= \frac{2\pi(220-45)}{\frac{1}{58.2}\ln\frac{170}{160} + \frac{1}{0.12}\ln\frac{250}{170} + \frac{1}{0.066}\ln\frac{310}{250}} = 169.84(\text{W/m})$$

针对第一层（热风管）列出计算方程：

$$q_1 = \frac{t_1 - t_2}{\frac{1}{2\pi\lambda_1}\ln\frac{d_2}{d_1}}$$

$$t_2 = t_1 - \frac{q}{2\pi\lambda_1}\ln\frac{d_2}{d_1} = 220 - \frac{169.84}{2\pi\times58.2}\ln\frac{170}{160} = 219.97(\text{℃})$$

同理有：

$$t_3 = t_2 - \frac{q}{2\pi\lambda_2}\ln\frac{d_3}{d_2} = 219.97 - \frac{169.84}{2\pi\times0.12}\ln\frac{250}{170} = 133.1(\text{℃})$$

可以利用第三层计算公式进行验算：

$$q_1 = \frac{2\pi\lambda_3(t_3-t_4)}{\ln\frac{d_4}{d_3}} = \frac{2\pi\times0.066\times(133.1-45)}{\ln\frac{310}{250}} = 169.84(\text{W/m})$$

这与利用多层圆筒壁公式计算出的单位长度热流量完全相同，证明计算正确。

圆筒壁导热计算公式中出现了对数运算，使用起来略感不便。对于单层圆筒，当 $d_2/d_1$ <2 时，可利用单层平壁计算公式作近似计算。这时近似认为壁内温度呈线性分布，计算误差将小于 4%，可以满足工程计算的要求。此时，应先计算平均直径 $d_{\text{av}} = (d_1 + d_2)/2$，并以平均直径计算导热面积，以 $\delta = (d_2 - d_1)/2$ 作为平壁导热公式中的厚度，于是有：

$$Q = \frac{\lambda}{\delta}\pi d_{\text{av}}l(t_1 - t_2) \tag{2-41}$$

**例 2-7** 蒸汽管道里流过温度为 540℃ 的蒸汽，管外径为 $d_1 = 273\text{mm}$，管外包有水泥蛭石保温层，最外侧是 15mm 厚的保护层，按照规定保护层外侧的温度为 $t_3 = 48$℃，热损失为 440W/m。求所需保温层的厚度。水泥蛭石的热导率为 $\lambda_1 = 0.105\text{W/(m·℃)}$，保护层的 $\lambda_2 = 0.192\text{W/(m·℃)}$。

**解** 保温层内表面温度可认为与蒸汽温度相等，即为 540℃，实际上这里的温度要比 540℃ 略低一些，因此按照 540℃ 计算的结果略偏安全。按题意：

$d_1 = 273\text{mm}$

$d_2 = 273 + 2\delta$

$d_3 = 273 + 2\delta + 30 = 303 + 2\delta$

所以有：

$$q_l = \frac{t_1 - t_3}{\frac{1}{2\pi\lambda_1}\ln\frac{d_2}{d_1} + \frac{1}{2\pi\lambda_2}\cdot\ln\frac{d_3}{d_2}}$$

$$440 = \frac{540 - 48}{\frac{1}{2\pi\times0.105}\ln\frac{273+2\delta}{273} + \frac{1}{2\pi\times0.192}\cdot\ln\frac{303+2\delta}{273+2\delta}}$$

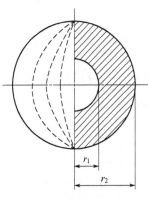

图 2-16  单层球壁导热

$\delta$ 在对数里，采用试算法，假设 $\delta=200\text{mm}$，代入上式等式的右边得到：$q_1=350\text{W/m}$，$q_1<440$，说明 $\delta=200\text{mm}$ 偏大了，重新假设 $\delta$，直到算到 $q_1=440$。

经过多次试算后，假定 $\delta=140\text{mm}$，带入等式右边，得到 $q_1=443\text{W/m}$，与规定的热损失基本相符，于是保温层的厚度应为 140mm。

## （三）球壁的稳态导热

常在球壁导热仪中测定粉状、颗粒状或纤维状物料的热导率，这是一个典型的球壁导热问题。设有一个球形壳体（图 2-16），球壁的内半径为 $r_1$，外半径为 $r_2$，内外壁温度分别为 $t_1$ 和 $t_2$ 且 $t_1>t_2$，球壁的热导率 $\lambda$ 为常数。考虑到温度仅依半径 $r$ 而变，在球坐标系中属一维稳态温度场，可将导热微分方程在球坐标系的表达式依据几何条件、物理条件和时间条件简化为如下形式：

$$\frac{\text{d}^2t}{\text{d}r^2}+\frac{2}{r}\times\frac{\text{d}t}{\text{d}r}=0 \tag{a}$$

边界条件为第一类边界条件：

$$\begin{aligned}r=r_1 \qquad t=t_1\\ r=r_2 \qquad t=t_2\end{aligned} \tag{b}$$

由球壁导热微分方程和边界条件组成了球壁一维稳态导热的数学模型。

对球壁导热微分方程进行两次积分，并由边界条件确定积分常数，得到球壁内温度分布为：

$$t=t_1-\frac{(t_1-t_2)\left(\dfrac{1}{r_1}-\dfrac{1}{r}\right)}{\dfrac{1}{r_1}-\dfrac{1}{r_2}} \tag{2-42}$$

为了求解传热量，仍采用傅里叶定律，因为：

$$\frac{\text{d}t}{\text{d}r}=\frac{(t_2-t_1)\dfrac{1}{r^2}}{\dfrac{1}{r_1}-\dfrac{1}{r_2}} \tag{c}$$

并且，对于球体，在任一半径 $r$ 处的面积 $A$ 为：

$$A=4\pi r^2 \tag{d}$$

将式(c) 和式(d) 带入傅里叶定律表达式(2-6)，则可得换热量计算式：

$$Q=-\lambda A\frac{\text{d}t}{\text{d}r}=\frac{4\pi\lambda(t_1-t_2)}{\dfrac{1}{r_1}-\dfrac{1}{r_2}}=\frac{t_1-t_2}{\dfrac{1}{4\pi\lambda}\left(\dfrac{1}{r_1}-\dfrac{1}{r_2}\right)} \tag{2-43}$$

热阻为：

$$R=\frac{1}{4\pi\lambda}\left(\frac{1}{r_1}-\frac{1}{r_2}\right) \tag{2-44}$$

## （四）形状不规则物体的导热

前面讨论的都是一些形状简单物体的导热计算公式，在生产实践中常常遇到许多形状较复杂的不规则物体，如地下烟道通过土壤的散热、立方体燃烧室炉壁的导热等。为了计算这类问题，一部分可以通过对微分方程积分求解，而大部分则不便于积分求解，多半是通过对大量实验数据的统计结果。

对某些几何形状接近于平壁、圆筒壁等的物体，则可归纳成如下形式：

$$Q = \frac{\lambda}{\delta} \cdot A_x(t_1 - t_2) = \frac{t_1 - t_2}{\frac{\delta}{\lambda A_x}} \tag{2-45}$$

式中　$\lambda$——材料的热导率，W/(m·℃)；

$\delta$——壁厚，m；

$t_1$、$t_2$——分别为物体两壁面温度，℃；

$A_x$——物体的核算面积，$m^2$，它的数值取决于物体的形状。一般按下列规定计算 $A_x$。

① 两侧面积不等的平壁或 $A_2/A_1 \leqslant 2$ 的圆筒壁

$$A_x = \frac{A_1 + A_2}{2} \tag{2-46}$$

式中　$A_1$、$A_2$——分别为物体内侧和外侧的表面积，$m^2$。

② 接近于圆筒壁的物体（例如方管道的保温层）：

$$A_x = \frac{A_2 - A_1}{\ln \frac{A_2}{A_1}} \tag{2-47}$$

③ 对长、宽、高尺寸相差不大的中空物体（例如形状接近于中空球壁的物体）：

$$A_x = \sqrt{A_1 A_2} \tag{2-48}$$

## （五）表面温度不均匀时，平均温度的计算

在前面的分析中，都假定物体表面温度是均匀的。实际上，往往是不均匀的，这时就必须先计算整个表面的平均温度 $t_{av}$，然后再按前述公式计算。平均温度的求法如下。

① 表面温度相差不大时，将表面分成 $n$ 块小面积，每一小块面积中的温度是均匀的：

$$t_{av} = \frac{t_1 A_1 + t_2 A_2 + \cdots + t_n A_n}{A_1 + A_2 + \cdots + A_n} \tag{2-49}$$

式中　$A_1$，$A_2$，$\cdots$，$A_n$——每个小面的面积，$m^2$；

$t_1$，$t_2$，$\cdots$，$t_n$——每个小面的温度，℃。

当分区面积均匀时，有：

$$t_{av} = \frac{t_1 + t_2 + \cdots + t_n}{n} \tag{2-50}$$

② 表面温度变化较大时，可将全部面积划分为若干区，每一区用上述方法算出平均温度，计算出该区热量，总热量为：

$$Q = Q_1 + Q_2 + Q_3 + \cdots + Q_n \tag{2-51}$$

### （六）多维稳态导热

当实际导热物体中两个方向或三个方向的温度梯度分量具有相同的数量级时，必须采用多维导热问题分析方法。求解多维导热问题的方法主要有分析解法和数值解法。由于数学上的困难，分析解法仅限于几何形状及边界条件比较简单的情形。

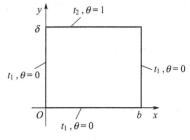

图 2-17　二维稳态导热

对于某些问题，计算的目的仅在于获得两个等温面之间的导热热流量，可以采用形状因子方法。下面先介绍分析解法及形状因子方法，数值解法后面介绍。

**1. 二维导热问题分析解法**

如图 2-17 所示，一个二维矩形物体的三个边界温度为 $t_1$，第四个边界温度为 $t_2$，物体无内热源，热导率 $\lambda$ 为常数，现要求确定物体中的温度分布。

首先写出这一问题的数学描述（数学模型）：

$$\frac{\partial^2 t}{\partial x^2} + \frac{\partial^2 t}{\partial y^2} = 0 \qquad (0 < x < b,\ 0 < y < \delta) \tag{a}$$

$$\begin{cases} t(0, y) = t_1;\ t(b, y) = t_1 \\ t(x, 0) = t_1;\ t(x, \delta) = t_2 \end{cases} \tag{b}$$

式（a）是关于温度 $t$ 的二维稳态无内热源的导热微分方程。为能采用分离变量法进行求解，需要将其边界条件表达式也齐次化（最多只能包含一个非齐次边界条件）。引入无量纲过余温度 $\theta$ 作为求解变量，$\theta$ 的表达式为：

$$\theta = \frac{t - t_1}{t_2 - t_1} \tag{c}$$

将式（c）代入式（a）和式（b），便有下列数学描述：

$$\frac{\partial^2 \theta}{\partial x^2} + \frac{\partial^2 \theta}{\partial y^2} = 0 \tag{d}$$

$$\left.\begin{array}{l} \theta(0, y) = 0;\ \theta(b, y) = 0 \\ \theta(x, 0) = 0;\ \theta(x, \delta) = 1 \end{array}\right\} \tag{e}$$

采用分离变量法，即设 $\theta(x, y) = X(x)Y(y)$，并利用傅里叶级数数学工具，可得出温度场 $\theta(x, y)$ 的分析解。详细过程可参见文献 [9]。

**2. 形状因子法**

由通过平壁、圆筒壁和球壁一维导热问题中，导热量的计算式（2-25）、式（2-37）及式（2-43）可见，两个等温面间导热热流量总是可以表达成以下统一的形式，即：

$$Q = \lambda S(t_1 - t_2) \tag{2-52}$$

理论分析表明，对于二维或三维导热问题中两个等温表面间的导热热量计算，式（2-52）仍然成立，其中 $S$ 与导热物体的形状及大小有关，称为形状因子。

工程中常见的许多复杂结构的导热问题，已经用分析的方法或数值方法解出了其形状因子表达式，部分结果列于表 2-1 中，更多的结果可参见有关的传热学手册。

使用表中结果时要注意，形状因子仅适用于计算发生在两个等温表面之间的导热热流量。有时也会遇到计算一个等温表面与另一个第三类边界条件之间的导热量问题。表 2-1 中的第 8 个例子是一个极端情形，其中等温面 $t_1$ 已退化为一点。

表 2-1 不同几何条件下的形状因子 $S$

| 序号 | 类型 | 图形 | 计算公式 |
|---|---|---|---|
| 1 | 地下埋管 | | $d\ll H$ 和 $H\ll l$ 时 $$S=\frac{2\pi l/\ln\frac{2l}{d}}{1+\frac{\ln(2H/l)}{\ln(2H/d)}}$$ $l$ 无限长时，每米管长的导热形状因子为 $$\frac{S}{l}=\frac{2\pi}{\operatorname{arcosh}\frac{2H}{d}}$$ 当 $H>2d$ 时，可简化为 $$\frac{S}{l}=\frac{2\pi}{\ln\frac{4H}{d}}$$ |
| 2 | | | $d\ll l$ 时 $$S=\frac{2\pi l}{\ln\frac{4l}{d}}$$ |
| 3 | | | $H>d,d\ll l$ 时，对于每根管 $$S=\frac{2\pi l}{\ln\left[\frac{2w}{\pi d}\sinh\left(2\pi\frac{H}{w}\right)\right]}$$ $l$ 为管子长度 |
| 4 | 深埋双管道之间的导热 | | 管长 $l\gg d_1$ 时 $(d_1>d_2)$ $$S=\frac{2\pi l}{\operatorname{arcosh}\frac{w^2-r_1^2-r_2^2}{2r_1 r_2}}$$ |
| 5 | 管道偏心热绝缘 | | 管长 $l\gg d_2$ 时 $$S=\frac{2\pi l}{\ln\frac{\sqrt{(d_2+d_1)^2-4w^2}+\sqrt{(d_2-d_1)^2-4w^2}}{\sqrt{(d_2+d_1)^2-4w^2}-\sqrt{(d_2-d_1)^2-4w^2}}}$$ |

| 序号 | 类型 | 图形 | 计算公式 |
|---|---|---|---|
| 6 | 圆管外包矩形绝缘层 | | 管长 $l \gg d$ 时<br><br>$S = \dfrac{2\pi l}{\ln\left(1.08\dfrac{b}{d}\right)}$ |
| 7 | 炉墙与交边 | | 内尺寸 $a$ 和 $b$ 均大于 $\dfrac{1}{5}\Delta x$ 时<br><br>$S = \dfrac{al}{\Delta x} + \dfrac{bl}{\Delta x} + 0.54l$ |
| 8 | 炉墙交角 | | $S = 0.15\Delta x$ |

## 四、有内热源的稳态导热

有内热源的导热问题在工程技术领域常会遇到，例如，化工、材料制备中的放热、吸热反应，核能装置中燃料元件的放射反应等所引起的热量传递。

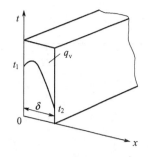

图 2-18　具有内热源单层平壁的稳态导热

### (一) 具有内热源的平壁导热

设一具有均匀内热源 $q_v$（图 2-18）、厚度为 $\delta$ 的无限大平壁，其导热系数为 $\lambda$，且不随温度变化，平壁两表面各维持均匀而一定的温度 $t_1$ 和 $t_2$，且 $t_1 > t_2$。

根据以上几何条件、物理条件和时间条件，可将导热微分方程(2-12)简化为：

$$\frac{\mathrm{d}^2 t}{\mathrm{d} x^2} + \frac{q_v}{\lambda} = 0 \qquad\qquad (a)$$

由于已知平壁两侧的温度，其属于第一类边界条件，因此确定其边界条件为：

$$\begin{cases} x = 0, & t = t_1 \\ x = \delta, & t = t_2 \end{cases} \qquad\qquad (b)$$

联立上式(a) 和式(b)，得到有内热源的平壁稳态导热的数学模型。对方程 (a) 进行两次积分，带入边界条件确定其积分常数，得到平壁内的温度分布为：

$$t = \frac{q_{\mathrm{v}}}{2\lambda}(\delta \cdot x - x^2) + \frac{t_2 - t_1}{\delta}x + t_1 \tag{2-53}$$

可以看出，当 $q_{\mathrm{v}} = 0$ 时，式(2-53) 与式(2-23) 完全一致。对(2-53) 进行求导，并使之等于零，就可以得到平壁内最高温度的位置：

$$x = \frac{\delta}{2} + \frac{t_2 - t_1}{\delta}\frac{\lambda}{q_{\mathrm{v}}} \tag{2-54}$$

再将式(2-54) 带入式(2-53) 中，即可求得壁内最高温度。

如图 2-19 所示的具有均匀内热源 $q_{\mathrm{v}}$，厚度 $2\delta$ 的无限大平壁，其热导率为 $\lambda$，且不随温度变化，已知平壁两侧壁面的对流换热系数 $h$ 和流体温度 $t_{\mathrm{f}}$，则平壁两侧均为第三类边界条件——对流换热边界。由于对称性，仅研究板厚的一半即可。取 $x = 0$ 的平面通过板中心且平行于两个表面。其导热微分方程依然为：

$$\frac{\mathrm{d}^2 t}{\mathrm{d}x^2} + \frac{q_{\mathrm{v}}}{\lambda} = 0 \tag{a}$$

但边界条件变为：

$$x = 0, \quad \frac{\mathrm{d}t}{\mathrm{d}x} = 0 \tag{b}$$

$$x = \delta, \quad -\lambda\frac{\mathrm{d}t}{\mathrm{d}x} = h(t - t_{\mathrm{f}}) \tag{c}$$

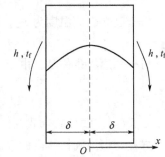

图 2-19 对流换热边界的稳态导热

联立式(a)、式(b) 和式(c)，即组成具有内热源的无限大平壁对流换热边界条件下的稳态导热的数学模型，求解数学方程，即可得到具有内热源的无限大平壁内的温度分布为：

$$t = \frac{q_{\mathrm{v}}}{2\lambda}(\delta^2 - x^2) + \frac{q_{\mathrm{v}}\delta}{h} + t_{\mathrm{f}} \tag{2-55}$$

任一位置处的热流密度为：

$$q = -\lambda\frac{\mathrm{d}t}{\mathrm{d}x} = q_{\mathrm{v}}x \tag{2-56}$$

从式(2-55) 和式(2-56) 可以看出，温度分布为抛物线分布，热流密度与 $x$ 成正比。

**例 2-8** 有一混凝土浇注的墙，厚度 1m，墙面两壁保持温度为 20℃，由于混凝土的凝结硬化，释放出水化热，单位体积释放的能量为 $100\mathrm{W/m^3}$。混凝土的热导率 $\lambda = 1.5\mathrm{W/(m \cdot ℃)}$。试求混凝土墙内的最高温度。

**解** 由于两壁面温度相等，$t_1 = t_2 = t_{\mathrm{w}} = 20℃$，代入式(2-53)

$$t = \frac{q_{\mathrm{v}}}{2\lambda}(\delta \cdot x - x^2) + t_{\mathrm{w}} = \frac{100}{2 \times 1.5}(1 \times x - x^2) + 20$$

$$= 33.33(x - x^2) + 20$$

为了求解最高温度，首先求解最高温度在墙内的位置，为此对上式求导，并使之等于零：

$$\frac{\mathrm{d}t}{\mathrm{d}x} = 33.33 \times (1 - 2x) = 0$$

解得 $x=0.5\text{m}$，即最高温度在墙内的中间部位 0.5m 处，将之带入上式求得最高温度

$$t_{\max}=33.33\times(0.5-0.5^2)+20=28.33(℃)$$

### （二）具有内热源的长圆柱体和圆筒壁导热

在许多工程实际问题中，有许多设备外形为柱体且具有内热源的。例如，电热棒、核反应堆的核心、管式的反应器等。若柱体的轴长较柱体半径大的多，且温度分布是轴对称的，则此时可认为是沿径向的一维导热问题。

现在讨论半径为 $r_0$，表面温度为 $t_w$ 的长圆柱体，它具有均匀内热源 $q_v$，热导率 $\lambda$ 为常数。由于圆柱体很长，温度仅是半径的函数，在柱坐标系中为一维稳态温度场。

根据以上几何条件（一维圆柱体，半径为 $r_0$）、时间条件（稳态）和物理条件（热导率为 $\lambda$ 为常数、有均匀内热源 $q_v$），导热微分方程具有如下形式：

$$\frac{\mathrm{d}^2t}{\mathrm{d}r^2}+\frac{1}{r}\times\frac{\mathrm{d}t}{\mathrm{d}r}+\frac{q_v}{\lambda}=0 \tag{a}$$

由于已知表面温度为 $t_w$，所以表面边界条件符合第一类边界条件：

$$r=r_0,\qquad t=t_w \tag{b}$$

另一个边界条件是：由于温度分布的对称性，最高温度必在圆柱的中心，因此：

$$r=0,\qquad \frac{\mathrm{d}t}{\mathrm{d}r}=0 \tag{c}$$

由式(a)、式(b) 和式(c) 联立组成具有内热源的长圆柱体稳态导热的数学模型，求解数学方程，得到圆柱体内的温度分布：

$$t=t_w+\frac{q_v}{4\lambda}(r_0^2-r^2) \tag{2-57}$$

为求轴心温度 $t_0$，可将 $r=0$ 带入式(2-57)，则有：

$$t_0=t_w+\frac{q_v}{4\lambda}r_0^2 \tag{2-58}$$

根据式(2-57)，求解任一半径处的温度梯度：

$$\frac{\mathrm{d}t}{\mathrm{d}r}=-\frac{q_v r}{2\lambda} \tag{d}$$

因为，任一半径处的总传热量：$Q=-\lambda A_r\times\dfrac{\mathrm{d}t}{\mathrm{d}r}$，而 $A_r=2\pi rl$，所以有：

$$q=\frac{Q}{l}=-\lambda\frac{2\pi rl}{l}\times\left(-\frac{q_v r}{2\lambda}\right)=\pi q_v r^2 \tag{2-59}$$

由式(2-59) 可知，圆柱体内，同一半径位置的热流密度是相同的。

再讨论具有内热源圆筒壁的稳态导热问题。设一具有内径为 $r_1$，外径为 $r_2$ 的圆筒壁，有均匀内热源 $q_v$，其热导率为 $\lambda$，且不随温度变化，内外壁温度分别为 $t_1$ 和 $t_2$。这类导热问题仍可用式(a) 来表达，只是边界条件不同而已。

此时，其边界条件是：

$$\begin{aligned}r=r_1\qquad t=t_1\\r=r_2\qquad t=t_2\end{aligned} \tag{e}$$

上面式(a) 和式(e) 组成了具有内热源圆筒壁的稳态导热数学模型，采用一定的数学方

法，求解方程组，就可以得到具有内热源圆筒壁内的温度分布为：

$$t = t_2 + \frac{q_v r_2^2}{4\lambda}\left(1 - \frac{r^2}{r_2^2}\right) + C_1 \ln\frac{r}{r_2} \tag{2-60}$$

而

$$C_1 = \frac{t_1 - t_2 - \dfrac{q_v r_2^2}{4\lambda}\left(1 - \dfrac{r_1^2}{r_2^2}\right)}{\ln\dfrac{r_1}{r_2}} \tag{2-61}$$

### （三）具有内热源球体的导热

设有一半径为 $r_0$ 的球体，内热源为 $q_v$，热导率 $\lambda$ 为常数，球外壁温度为 $t_w$。考虑到温度仅依半径 $r$ 而变，在球坐标系中属于一维稳态温度场，可将导热微分方程在球坐标系的表达式依据几何条件、物理条件和时间条件简化为如下形式：

$$\frac{d^2 t}{dr^2} + \frac{2}{r} \times \frac{dt}{dr} + \frac{q_v}{\lambda} = 0 \tag{a}$$

球壁边界条件为第一类边界条件：

$$r = r_0 \text{ 时}, \quad t = t_w \tag{b}$$

另一个边界条件是，每单位时间内，内热源所产生的热量，必等于球表面散失的热量，即：

$$\frac{4}{3}\pi r_0^3 q_v = -4\lambda\pi r_0^2 \left.\frac{dt}{dr}\right|_{r=r_0}$$

所以有：

$$\left.\frac{dt}{dr}\right|_{r=r_0} = -\frac{r_0 q_v}{3\lambda} \tag{c}$$

由球体导热微分方程（a）、边界条件（b）和式（c）组成了一维有内热源的球体稳态导热的数学模型。对球体导热微分方程进行两次积分，并由边界条件确定积分常数，得到球体内温度分布为：

$$t = \frac{q_v}{6\lambda}(r_0^2 - r^2) + t_w \tag{2-62}$$

## 五、非稳态导热

### （一）非稳定态导热过程及其特点

导热系统（物体）内，温度场随时间变化的导热过程称为非稳态导热过程，即 $\frac{\partial t}{\partial \tau} \neq 0$。在过程进行中，系统内各处的温度是随时间变化的，热流密度也是变化的，这反映了传热过程中系统内的能量随时间的改变。工程上和自然界存在着大量的非稳态导热过程，如房屋墙壁内的温度变化、炉墙在加热（冷却）过程中的温度变化、物体在炉内的加热或在环境中冷却等。归纳起来，非稳态导热过程可分为两大类型，其一是周期性的非稳态导热过程，其二是非周期性的非稳态导热过程。非周期性的非稳态导热过程是指物体内部任意位置的温度随时间连续升高或者连续下降，直至逐渐趋近于某个新的平衡值，或者随时间的推移呈现不规则的变化。而周期性非稳定态导热多数是由边界条件的周期性变化所引起，从而导致物体内

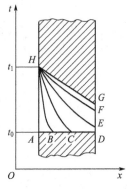

图 2-20 非稳态导热过程
中的温度分布

的温度也呈周期性变化。这里主要介绍非周期性的非稳态导热过程。下面以一维非稳态导热为例来分析其过程的主要特征。

设有一平壁，如图 2-20 所示，其初始温度为 $t_0$，令其左侧表面的温度突然升高到 $t_1$ 并保持不变，而右侧仍与温度为 $t_0$ 的空气相接触。在这种条件下，物体的温度场要经历以下的变化过程。

首先，物体紧靠高温的表面温度很快上升，而其余部分仍保持原来的温度 $t_0$，如图 2-20 中曲线 $HBD$ 所示。随着时间的推移，温度变化波及的范围不断扩大，以致在一定时间以后，右侧表面的温度也逐渐升高，图中曲线 $HCD$、$HE$、$HF$ 示意性地表示了这种变化过程。最终达到稳态时，温度分布保持恒定，如曲线 $HG$ 所示。

以上分析表明，在非稳态导热过程中，物体中的温度分布存在着两个不同的阶段。在第一阶段内，温度分布主要受初始温度分布的控制，此阶段称为初始状况阶段。当过程进行到一定的深度，物体中不同时刻的温度分布不再受初始温度分布影响，主要取决于边界条件及物性，此时为第二阶段，即正规状况阶段。总之，在非稳态导热过程中物体内的温度和热流量都是在不断变化，而且都是一个不断地从非稳态到稳态的导热过程，也是一个能量从不平衡到平衡的过程。

**(二) 非稳态导热过程的数学模型**

对于非稳态导热过程，由于 $\dfrac{\partial t}{\partial \tau} \neq 0$，如果热导率 $\lambda$、比热容 $c_p$ 和密度 $\rho$ 均为常数，则根据方程(2-11)，可以得到非稳态导热的控制方程为：

$$\frac{\partial t}{\partial \tau} = \frac{\lambda}{\rho c_p}\left(\frac{\partial^2 t}{\partial x^2} + \frac{\partial^2 t}{\partial y^2} + \frac{\partial^2 t}{\partial z^2}\right) + \frac{q_v}{\rho c_p} \qquad (2\text{-}63)$$

非稳态导热中，温度的变化速度是和物体的导热能力（即热导率 $\lambda$）成正比，与物体的蓄热能力（即容积热容量 $\rho c_p$）成反比。因此，非稳态导热过程中的热量传播速度取决于热扩散系数 $a = \dfrac{\lambda}{\rho c_p}$。热扩散系数对于非稳态下的热量传递，正好像热导率 $\lambda$ 对于稳态导热下的热量传递一样，具有重要意义。

为了求解式(2-63)，对于具体的非稳态导热物理过程，必须给定初始条件式(2-19) 和边界条件式(2-20)、式(2-21) 或式(2-22)。由非稳态导热方程、初始条件及边界条件共同组成了非稳态导热的数学模型。求解非稳态导热问题的实质便是在给定的边界条件和初始条件下获得导热体的瞬时温度分布和在一定时间间隔内所传导的热量。

从上面的分析不难看出，环境（边界条件）对系统温度分布的影响是很显著的，且在整个过程中都一直起作用。因此，分析一下非稳态导热过程的边界条件是十分重要的，鉴于第三类边界条件比较常见，下面讨论在第三类边界条件下非稳态导热时物体的温度变化特性与边界条件参数的关系。

设有一块厚为 $2\delta$ 的金属平板，初始温度为 $t_0$，突然将它置于温度为 $t_f$ 的流体中进行冷却。由于导热热阻 $\delta/\lambda$ 与对流换热热阻 $1/h$ 的相对大小不同，平板中温度场的变化将会出现以下三种情形（图 2-21）。

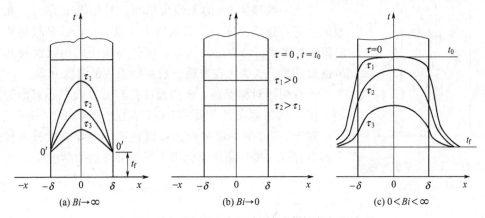

图 2-21　毕渥数 $Bi$ 对平板温度场变化的影响

（1）$1/h \ll \delta/\lambda$

当 $1/h$ 小到几乎可以忽略，则过程一开始，平板的表面温度立刻被冷却到 $t_f$，随着时间的推移，平板内部各点的温度逐渐下降而趋近于 $t_f$［图 2-21(a)］。

（2）$\delta/\lambda \ll 1/h$

当平板内部 $\delta/\lambda$ 小到几乎可以忽略，则任一时刻平板中各点的温度接近均匀，并随着时间的推移，整体地下降，逐渐趋近于 $t_f$［图 2-21(b)］。

（3）$1/h$ 与 $\delta/\lambda$ 的数值比较接近

平板中不同时刻的温度分布介于上述两种极端情况之间［图 2-21(c)］。

由此可见，上述两个热阻的相对大小对物体中非稳态导热的温度场的变化具有重要影响，引入表征这两个热阻比值的无量纲数：

$$Bi = \frac{\delta/\lambda}{1/h} = \frac{\delta h}{\lambda} \tag{2-64}$$

$Bi = \dfrac{\delta h}{\lambda}$ 称为毕渥数，又称为特征数或准则数。它表示物体内部的导热热阻与物体边界处于对流换热热阻的比值。特征数定义式中的几何尺度称为特征长度，这里以平板的壁厚 $\delta$ 作为特征长度。

总的来说，研究非稳态导热过程的目的，是要确定物体内部的温度场和物体传递的热量随时间而变化的规律。为了解决这个问题，可以通过对非稳态导热的数学模型来求解。而数学模型的求解通常有分析解法、数值解法和近似分析法。分析解法有分离变量法、积分变换、拉普拉斯变换等方法；近似分析法有集总参数法、积分法等；数值解法有有限差分法、有限元法、蒙特卡罗法等。下面对分离变量法、集总参数法、数值计算法及数值计算软件做简要介绍。

## 六、导热过程温度场求解方法

### （一）分离变量法求解

#### 1. 一维非稳定态导热的分析解

对几何形状及边界条件都比较简单的问题，诸如无限大平板、长圆柱等，均可以获得分析解。

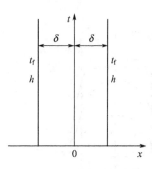

图 2-22　无限大平板对称
受热时坐标的选取

设有一块厚为 $2\delta$ 的无限大平板，初始温度为 $t_0$。在初始瞬间将它放置于温度为 $t_f$ 的流体中，且 $t_f > t_0$。平板的热导率 $\lambda$ 和热扩散率 $\alpha$ 均为已知常数，流体与板面间的表面换热系数 $h$ 也为常数。试确定在非稳态过程中板内的温度分布。

平板两边对称受热，板内温度分布必以其中心截面为对称面。把 $x$ 轴的原点置于板的中心截面上，如图 2-22 所示。

对于 $x \geqslant 0$ 的半块平板，可以列出下列导热微分方程式及定解条件（一维非稳定态无限大平板导热的数学模型）：

$$\frac{\partial t}{\partial \tau} = \alpha \frac{\partial^2 t}{\partial x^2} \ (-\delta \leqslant x \leqslant \delta) \tag{2-65}$$

$$t(x,0) = t_0 \ (0 \leqslant x \leqslant \delta) \tag{a}$$

$$\frac{\partial t(x,\tau)}{\partial x}\bigg|_{x=0} = 0 \tag{b}$$

$$h[t(\delta,\tau) - t_f] = -\lambda \frac{\partial t(x,\tau)}{\partial x}\bigg|_{x=\delta} \tag{c}$$

过余温度 $\theta = t(x,\tau) - t_f$，采用分离变量法求解上述微分方程，并应用定解条件确定其通解中的待定常数，最后获得如下分析解：

$$\frac{\theta(x,\tau)}{\theta_0} = 2 \sum_{n=1}^{\infty} e^{-(\beta_n\delta)^2 \left(\frac{\alpha\tau}{\delta^2}\right)} \frac{\sin(\beta_n\delta)\cos\left[(\beta_n\delta)\frac{x}{\delta}\right]}{\beta_n\delta + \sin(\beta_n\delta)\cos(\beta_n\delta)} \tag{2-66}$$

式中，离散值 $\beta_n$ 是下列超越方程的根，称为特征值：

$$\tan(\beta_n\delta) = \frac{Bi}{\beta_n\delta} \ (n=1,2,\cdots) \tag{2-67}$$

这里 $Bi$ 是以 $\delta$ 为特征长度的毕渥数，特征值 $\beta_n$（$n=1$，2，$\cdots$）与 $Bi$ 数有关。

由式(2-66)、式(2-67) 可见，平板中的无量纲过余温度 $\theta/\theta_0$ 与 $Fo$ 数、$Bi$ 数及 $x/\delta$ 三个无量纲数有关，即：

$$\frac{\theta(x,\tau)}{\theta_0} = \frac{t(x,\tau) - t_f}{t_0 - t_f} = f\left(Fo, Bi, \frac{x}{\delta}\right) \tag{2-68}$$

式(2-68) 为收敛相当快的无穷级数。计算表明，当傅里叶数 $Fo > 0.2$ 时，采用该级数的第一项与采用完整的级数计算平板中心温度的差别小于 1%，因而可以采用以下简化结果：

$$\frac{\theta(x,\tau)}{\theta_0} = \frac{2\sin(\beta_1\delta)}{\beta_1\delta + \sin(\beta_1\delta)\cos(\beta_1\delta)} e^{-(\beta_1\delta)^2 Fo} \cos\left[(\beta_1\delta)\frac{x}{\delta}\right] \tag{2-69}$$

由式(2-69) 可以得出，当 $Fo > 0.2$ 时，平板中任一点的过余温度 $\theta(x,\tau)$ 与平板中心的过余温度 $\theta(0,\tau) = \theta_m(\tau)$ 之比为：

$$\frac{\theta(x,\tau)}{\theta_m(\tau)} = \cos\left(\beta_1\delta \frac{x}{\delta}\right) \tag{2-70}$$

式(2-70) 反映了非稳态导热过程中的一种很重要的物理现象，即当 $Fo > 0.2$ 时，虽然 $\theta(x,\tau)$ 及 $\theta_m(\tau)$ 各自均与 $\tau$ 有关，但其比值则与 $\tau$ 无关，仅取决于几何位置（$x/\delta$）及边界条件（$Bi$ 数）。

在工程技术界，为了计算方便，曾广泛采用按分析解的级数的第一项绘制一些图线（统称为诺模图）。首先根据式(2-69)给出 $\theta_m/\theta_0$ 随 $Fo$ 及 $Bi$ 变化的曲线（此时 $x/\delta=0$），随后再根据式(2-70)确定 $\theta/\theta_m$ 之值，于是所求物体内任意一点的 $\theta/\theta_0$ 值为：

$$\frac{\theta}{\theta_0}=\frac{\theta_m}{\theta_0}\times\frac{\theta}{\theta_m} \tag{2-71}$$

无限大平板的 $\theta_m/\theta_0$、$\theta/\theta_m$ 及 $\theta/\theta_0$ 的计算图见附录9。

需要指出，诺模图虽然有简捷方便的优点，但其计算的准确度受到有限的图线的影响。随着近代计算技术的迅速发展，直接应用分析解或其近似拟合式来计算的方法日益受到重视，上述图解方法已很少使用。$Fo<0.2$ 时的计算，必须用完全的级数来进行，具体方法可参阅有关文献。

### 2. 二维及三维非稳态导热问题求解

在二维及三维非稳态导热问题中，无限长方柱体、短圆柱体及短方柱体等典型几何形状物体的非稳态导热问题的分析解，可以利用一维非稳态导热问题分析解的组合求得。下面以无限长方柱体（即其截面为长方形的柱体）的非稳态导热问题为例，简述求解过程。

方柱体的截面如图 2-23 所示，此属二维问题。截面尺寸为 $2\delta_1\times2\delta_2$ 的方柱体可以看成是两块厚度分别为 $2\delta_1$ 及 $2\delta_2$ 的无限大平板垂直相交所截出的物体。设方柱体的初始温度为 $t_0$，过程开始时被置于温度为 $t_f$ 的流体中，表面与流体间的表面传热系数为 $h$，试求其温度场。

设：$\Theta=\dfrac{t(x,y,\tau)-t_f}{t_0-t_f}=\dfrac{\theta}{\theta_0}$

可以列出下列导热微分方程式及定解条件（二维非稳定态无限大方柱体导热的数学模型）：

$$\begin{cases} \dfrac{\partial\Theta}{\partial\tau}=a\left(\dfrac{\partial^2\Theta}{\partial x^2}+\dfrac{\partial^2\Theta}{\partial y^2}\right) \\ \tau=0 \qquad \Theta=1 \\ x=\delta_1 \quad h\Theta(\delta_1,y,\tau)=-\lambda\dfrac{\partial\Theta(x,y,\tau)}{\partial x} \\ y=\delta_2 \quad h\Theta(x,\delta_2,\tau)=-\lambda\dfrac{\partial\Theta(x,y,\tau)}{\partial y} \\ x=0 \quad \dfrac{\partial\Theta(x,y,\tau)}{\partial y}\bigg|_{x=0}=0 \\ y=0 \quad \dfrac{\partial\Theta(x,y,\tau)}{\partial y}\bigg|_{y=0}=0 \end{cases}$$

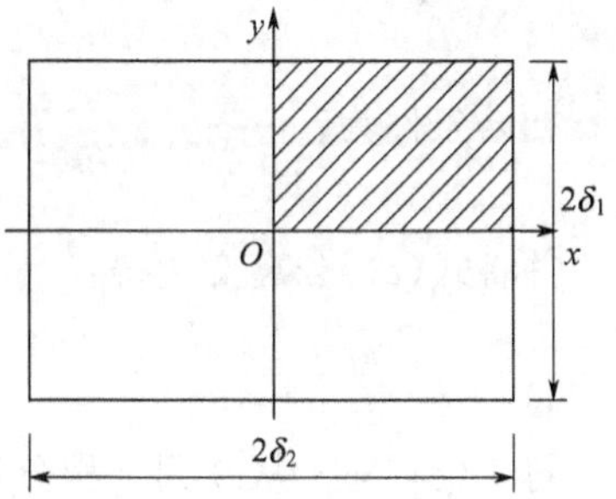

图 2-23 求解方柱体温度分布时坐标的选取

根据纽曼（Neumann）乘积定理，这两块无限大平板分析解的乘积就是上述无限长方柱体的解，即：

$$\Theta(x,y,\tau)=\Theta(x,\tau)\Theta(y,\tau) \tag{2-72}$$

关于纽曼乘积定理的证明过程，参考文献[9]。

同样，对于短圆柱体、短方柱体等二维、三维的非稳态导热问题，都可以用相应的两个或三个一维问题的解的乘积来表示其温度分布。

必须指出，这种由几个一维问题的解的乘积得到多维问题解的方法并不适用于一切边界条件。只有当边界温度为定值且初始温度为常数的情况，此方法才适用。

**（二）集总参数分析法求解**

当固体内部的导热热阻远小于其表面的对流换热热阻时［图 2-21（b）］，固体内部的温度能很快趋于一致，可以认为整个固体在同一瞬间均处于同一温度下，这时所要求解的温度仅是时间 $\tau$ 的一元函数，而与坐标无关。这种忽略物体内部导热热阻的简化分析方法称为集总参数法。显然，如果物体的热导率相当大，或者几何尺寸很小，或者表面换热系数极小，则其导热问题都可采用集总参数分析法求解。

设有一任意形状的固体，其体积为 $V$，表面积为 $A$，并具有均匀的初始温度 $t_0$，在初始时刻，突然将它置于温度恒为 $t_f$ 的流体中，设 $t_0 > t_f$，固体与流体间的表面传热系数 $h$ 及固体的物性参数均保持常数，并且 $\dfrac{\delta}{\lambda} \ll \dfrac{1}{h}$。试求物体温度随时间的变化关系。

因物体的内部热阻可以忽略，此时 $Bi \to 0$，温度分布只与时间有关，即 $t = f(\tau)$，与空间位置无关，因此，也称为零维问题。所以非稳态、有内热源导热微分方程（2-12）可以简化成为：

$$\frac{\partial t}{\partial \tau} = \frac{q_v}{\rho c_p} \tag{a}$$

其中 $q_v$ 应看成是广义热源。界面上交换的热量可折算成整个物体的体积热源：

$$-q_v V = Ah(t - t_f) \tag{b}$$

由能量守恒可知：

$$\rho c_p V \frac{dt}{d\tau} = -hA(t - t_f) \tag{2-73}$$

记物体温度与定义环境流体温度之差为过余温度 $\theta = t_0 - t_f$，则式（2-73）为：

$$\rho c_p V \frac{d\theta}{d\tau} = -hA\theta \tag{c}$$

初始条件为：

$$\theta(0) = t_0 - t_f = \theta_0 \tag{d}$$

并将式（c）分离变量得：

$$\frac{d\theta}{\theta} = -\frac{hA}{\rho c_p V} d\tau \tag{e}$$

将式（e）对 $\tau$ 从 0 到 $\tau$ 积分，有：

$$\int_{\theta_0}^{\theta} \frac{d\theta}{\theta} = -\int_0^{\tau} \frac{hA}{\rho c_p V} d\tau \tag{f}$$

可得：

$$\frac{\theta}{\theta_0} = \frac{t - t_f}{t_0 - t_f} = \exp\left(-\frac{hA}{\rho c_p V}\tau\right) \tag{2-74}$$

式中，$\dfrac{V}{A}$ 可用特征长度 $l$ 表示，同时将 $\alpha = \dfrac{\lambda}{\rho c_p}$ 代入式（2-74），有：

$$\frac{\theta}{\theta_0} = \exp\left(-\frac{hl}{\lambda} \times \frac{\alpha\tau}{l^2}\right) = \exp(-Bi_v Fo_v) \tag{2-75}$$

式中，下标"v"表示以 $V/A$ 为特征长度。$Fo = \alpha\tau/l^2$，称为傅里叶数（无量纲时间，表示物体在不稳定导热过程中所经历时间的长短）。$Fo$ 值越大，传热过程所经历的时间越长，热扰动越深入扩散到物体内部。

式（2-74）或式（2-75）是采用集总参数法求解非稳态导热问题的基本公式，同时也表明物体中的无量纲过余温度随时间成指数曲线关系变化。

当时间 $\tau=\dfrac{\rho c_{\mathrm{p}}V}{hA}$ 时，从式（2-74）可得：

$$\frac{\theta}{\theta_0}=\frac{t-t_{\mathrm{f}}}{t_0-t_{\mathrm{f}}}=\exp(-1)=0.368=36.8\%$$

$\tau=\dfrac{\rho c_{\mathrm{p}}V}{hA}$ 称为时间常数，表示物体的蓄热量与界面上换热量的比值。

当 $\tau=4\tau_{\mathrm{c}}$ 时，则 $\dfrac{\theta}{\theta_0}=\exp(-4)=1.83\%$，物体的过余温度已达到了初始过余温度值的 $1.83\%$，即 $t$ 与 $t_{\mathrm{f}}$ 已相差无几。工程上习惯认为，当 $\tau=4\tau_{\mathrm{c}}$ 时，导热体已达到热平衡状态。

根据式（2-74）还可以求出从初始时刻某一瞬间的时间间隔内，物体与界面流体间所交换的热量，为此需先求出瞬时热流量 $Q$。对式（2-74）求导，将 $\dfrac{\mathrm{d}t}{\mathrm{d}\tau}$ 代入式（2-73），得：

$$Q=(t_0-t_{\mathrm{f}})hA\exp\left(-\frac{hA}{\rho c_{\mathrm{p}}V}\tau\right) \tag{2-76}$$

从 $\tau=0$ 到 $\tau$ 时刻之间所交换的总热量为：

$$Q_\tau=\int_0^\tau Q\mathrm{d}\tau=(t_0-t_{\mathrm{f}})\int_0^\tau hA\exp\left(-\frac{hA}{\rho c_{\mathrm{p}}V}\tau\right)\mathrm{d}t$$

$$=(t_0-t_{\mathrm{f}})\rho c_{\mathrm{p}}V\left[1-\exp\left(-\frac{hA}{\rho c_{\mathrm{p}}V}\tau\right)\right] \tag{2-77}$$

虽然上述各式是以物体被冷却的情况而导出的，但同样也适用于被加热的场合。物体内部导热热阻可以忽略时的加热或冷却，称为牛顿加热或牛顿冷却。

对平板、柱体和球这一类的物体，当 $Bi$ 数满足下列条件时，可采用集总参数法进行计算，此时，物体中各点间过余温度的偏差小于 $5\%$：

$$Bi=\frac{h(V/A)}{\lambda}<0.1M \tag{2-78}$$

式中，$M$ 是与物体几何形状有关的无量纲数。对无限大平板，$M=1$；无限长圆柱，$M=1/2$；球，$M=1/3$。一般以式（2-78）作为容许采用集总参数法的判断条件，$Bi_{\mathrm{v}}$ 数所用的特征长度为 $V/A$。

**例 2-9** 一直径为 5cm 的钢球，初始温度为 450℃，突然被置于温度 30℃的空气中。设钢球表面与周围环境间的表面传热系数为 24W/(m²·K)。试计算钢球冷却到 300℃所需要的时间。已知钢球 $c_{\mathrm{p}}=0.48\mathrm{kJ/(kg\cdot℃)}$，$\rho=7753\mathrm{kg/m^3}$，$\lambda=33\mathrm{W/(m\cdot℃)}$。

**解** 检验是否可用集总参数法，为此计算 $Bi_{\mathrm{v}}$ 数：

对钢球：$M=1/3$

$$Bi_{\mathrm{v}}=\frac{h(V/A)}{\lambda}=\frac{h\times\frac{4}{3}\pi R^3/(4\pi R^2)}{\lambda}=\frac{h\times\frac{R}{3}}{\lambda}=0.00606<0.1M=0.0333$$

所以可以采用集总参数法：

$$\frac{hA}{\rho c_{\mathrm{p}}V}=\frac{24\times4\pi\times(0.025)^2}{7753\times480\times\dfrac{4}{3}\pi\times(0.025)^3}=7.74\times10^{-4}\,(\mathrm{s^{-1}})$$

$$\frac{t-t_{\mathrm{f}}}{t_0-t_{\mathrm{f}}}=\frac{300-30}{450-30}=\exp(-7.74\times10^{-4}\tau)$$

由此解得：$\tau=570\mathrm{s}=0.158\mathrm{h}$。

### （三）导热问题的数值求解

**1. 数值计算原理**

导热问题的数值求解主要有有限差方法、有限元法、边界元法和有限分析法等。本节仅简单介绍采用有限差分法数值求解的基本思路与步骤。

数值求解的基本思想可以概括为：把原来在时间、空间坐标系中连续的物理量的场，用有限个离散点上的值的集合来代替，通过求解按一定方法建立起来的关于这些值的代数方程，来获得离散点上被求量的值。这些离散点上被求量的值的集合称为该物理量的数值解。

以图 2-24(a) 所示的二维矩形域内的稳态、无内热源、常物性的导热问题为例，对数值求解过程的六个步骤作详细说明。

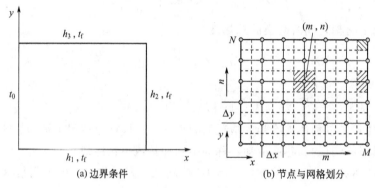

(a) 边界条件　　　　　　(b) 节点与网格划分

图 2-24　导热问题数值求解

（1）建立控制方程及定解条件（单值性条件）

分析所求问题的物理和几何特性、时间与边界条件，以确定它的类型和性质，并给出其数学描述，即控制方程（导热微分方程）和边界条件：

$$\frac{\partial^2 t}{\partial x^2}+\frac{\partial^2 t}{\partial y^2}=0$$

边界条件（略）。

（2）区域离散化

将求解区域按一定的格式划分成若干个子区域，并确定温度节点的空间位置，该过程称为离散化［图 2-24(b)］。相邻两节点间的距离 $\Delta x$、$\Delta y$ 称为步长；节点的位置以该点在两个方向上的标号 $m$、$n$ 来表示。每一个节点都可以看成是以它为中心的一个小区域的代表，该小区域称为单元。

（3）建立节点物理量的代数方程

节点上物理量的代数方程称为离散方程。当 $\Delta x=\Delta y$ 时，节点 $(m,n)$ 的代数方程为：

$$t_{m,n}=\frac{1}{4}(t_{m+1,n}+t_{m-1,n}+t_{m,n+1}+t_{m,n-1}) \tag{2-79}$$

（4）设立迭代初场

对传热问题的有限差分解法中主要采用迭代法，需要对被求的温度场预先假定一个解，称为初场，并在求解过程中不断改进。

（5）求解代数方组

在图 2-24(b) 中，除 $m=1$ 在左边界上各节点的温度为已知外，其余 $(M-1)\times N$ 个节点都需建立类似于式(b) 的离散方程，共 $(M-1)\times N$ 个代数方程，构成一个封闭的代数方程组。只有利用计算机才能迅速获得所需的解。

代数方程中各项的系数为常数，称为线性问题。如果系数是温度的函数，这些系数在迭代过程中要相应地不断更新，这类问题称为非线性问题。

收敛判断是指用迭代方法求解代数方程是否收敛，即本次迭代计算所得之解与上一次迭代计算所得之解的偏差是否小于允许值。

（6）解的分析

获得物体中的温度分布常常不是工程问题的最终目的，所得出的温度场可能进一步用于计算热流量或计算设备、零部件的热应力及热变形等。对于数值计算所获得的温度场及所需的一些其他物理量应做仔细分析，以获得定性或定量上的一些新的结论。

**2. 导热问题的数值模拟**

数值模拟（计算机仿真）诞生于 1953 年，经过半个多世纪的发展，目前其已被应用于航空、化工、材料、冶炼等众多领域，本小节主要介绍计算机仿真软件在导热问题中的应用。

（1）目前比较常用的模拟软件简介

目前可以分析导热问题的软件比较多，按照分析对象不同可以分以下四类。

① 固体导热：ANSYS、ABAQUS、NASTRAN。

② 流体及流固耦合导热：FLUENT、CFX。

③ 铸造工程中的导热问题：MAGMA、ANYCASTING。

④ 注塑导热问题：MOLD FLOW、MOLDEX3D。

其中 FLUENT 及 CFX 都已被 ANSYS 收购，只作为 ANSYS 软件中的一个分析模块，本章后面问题都将采用 ANSYS 软件分析求解。

（2）稳态导热分析求解

稳态导热：温度仅随位置变化而不随时间变化的导热方式。

**例 2-10** 图 2-25 为一核反应堆中燃料原件散热简化图。模型由三层平板组成，左右为铝板，厚度为 6mm，中间为核燃料区，厚度为 14mm；整体总高度为 100mm。中间核燃料区域为内热源，发热量为 $1.5\times10^7 \text{ W/m}^3$；铝板两侧受到温度为 150℃ 的高压水冷却；外表面对流换热系数为 3500W/$(\text{m}^2\cdot\text{K})$，上下两侧均绝热（详细操作请参考文献 [15]）。

本例属于稳态导热的分析模型。借助于 ANSYS 软件，可以得到稳态时铝板的温度分布图，如图 2-26 和图 2-27 所示。

图 2-25 核反应堆中燃料原件散热物理模型

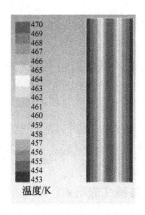 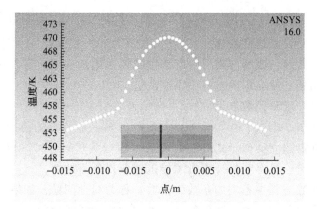

图 2-26　反应器温度分布云图　　　图 2-27　特征线温度分布散点图

**例 2-11**　　如图 2-28 为工业生产玻璃窑炉熔化池的实体模型，熔化量 400t/d，熔化率 2.3t/(m² · d)。试计算玻璃窑炉中玻璃液温度分布（详细操作分析可参考文献[16-17]）。

本例属于工业实例，玻璃窑炉在工作上部喷枪持续加热，投料口速度一定，持续一段时间后炉内基本处于稳态，属于稳态导热的范畴。

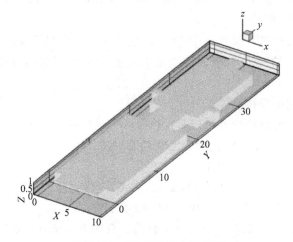

图 2-28　熔窑窑池的立体模型

借助于模拟软件可以得到窑炉内各截面的温度分布，结果如图 2-29 所示。

通过采用数值模拟的方式，可以清楚看到窑炉各处温度分布情况，从而可以根据不同位置温度分布特点，合理使用材料，达到优化窑炉设计的目的。

（3）非稳态导热分析求解

非稳态导热：温度随位置变化又随时间变化的导热方式。显著特点是导热速率 $q$ 为变量。

**例 2-12**　　本例以本教材例【2-9】例题为对象，研究两种方法计算精度差异。原例中为一钢球导热问题，采用了集总参数法计算得到了钢球从 450℃ 降到 300℃ 需要的时间为 570s。

下面我们通过计算机仿真同样计算所需时间。

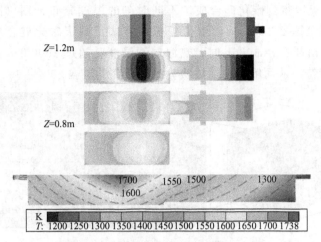

图 2-29 窑池各截面方向的温度分布图

图 2-30 为钢球外表面冷却到 300℃时的温度分布图，图 2-31 为钢球中心点处温度随时间变化曲线图，从图中可以看出钢球在 571.1s（图 2-30 下角文字）时，外表面温度下降到 300℃，这与计算的 570s 基本吻合，说明模拟的可靠性（具体操作参考文献 [15]）。

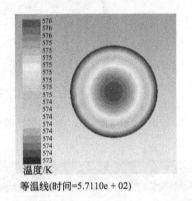

等温线(时间=5.7110e + 02)

图 2-30 钢球外表面冷却到 300℃时的温度分布

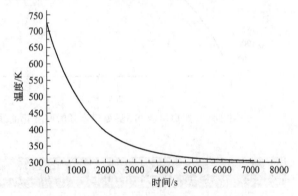

图 2-31 钢球中心点处温度随时变化曲线

**例 2-13** 本例以工业实际的碳化硅合成炉为研究对象，图 2-32 为工业碳化硅窑炉的简化模型。由于碳化硅合成炉的温度（炉芯温度高达 2600℃以上）极高，内部情况难以采用实验设备研究，所以计算机仿真提供了一种研究其热传递的有效方式（案例详情参考文献 [18，19]）。

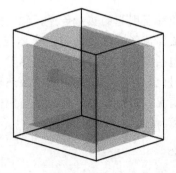

图 2-32 碳化硅合成炉的三维模型

　　通过数值模拟可以得到碳化硅合成炉不同时刻的温度分布云图（图 2-33）及温度随时间变化的曲线图（图 2-34）。通过数值模拟的方式得到了碳化硅合成中温度变化的规律，从图中可以看出，在合成 36h 时，热源周围温度已超过 2600℃，此现象与实际生产现象（图 2-35）相符，从而解决了通过实验难以研究的难题。

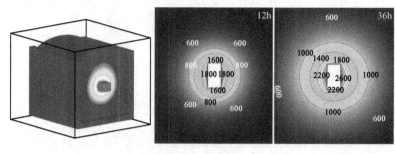

图 2-33　合成炉温度分布

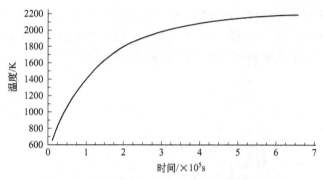

图 2-34　距离热源 0.5m 处温度随时间变化曲线

图 2-35　碳化硅结晶筒

## 第二节　对流换热

　　前面讨论的热传导一般而言是固体材料内部能量传递的唯一方式，但对流体来说，由于其通常处于运动之中，上述这种仅有热传导的情况只在特殊情况下才能存在，流体中的换热通常是热对流与导热联合作用的结果。

### 一、对流换热基本定律及分类

　　流体各部分之间发生相对位移所引起的热量传递，称为热对流。热对流只能在液体和气体中出现。对流换热是指，当流体流经固体表面时，流体与固体表面之间的热量传递现象。对流换热与热对流不同，它既包括流体位移时所产生的热对流，又包括流体分子间的导热作用，因此对流换热是导热与热对流总作用的结果。对流换热包括了流体对壁面加热和壁面对流体加热两种情况。无论何种情况，对流换热过程总是与流体流动密切相关，并受到流体流动的影响，这是对流换热的显著特征。

　　（一）对流换热基本定律

　　牛顿在分析研究的基础上提出，对流换热的热流量与流体和固体壁面之间的温度差成正比，即牛顿冷却公式：

$$Q = Ah(t_w - t_f) \qquad (2\text{-}80)$$

$$q = h(t_w - t_f) \qquad (2\text{-}81)$$

式中　$A$——换热面积，$m^2$；

　　　$t_w$——固体表面平均温度，℃；

　　　$t_f$——流体温度，℃；

　　　$h$——整个固体表面的平均表面传热系数，又称对流换热系数，$W/(m^2 \cdot ℃)$。

对于流体掠过平板、圆管、管束等外部绕流，$t_f$ 为流体主流温度；对于管内流动等内部流动，$t_f$ 可取流体的平均温度。

对流换热系数 $h$ 是代表对流换热能力大小的参数，其物理意义为，当流体与壁面温度相差 1℃ 时，每单位壁面面积上单位时间内所传递的热量。

牛顿冷却定律也称为牛顿冷却公式，系牛顿于 1702 年提出并被普遍接受和广泛使用的对流换热计算公式，同时也是表面传热系数 $h$ 的定义式。该式表明，对流换热传递的热量与传热面积、表面传热系数及温度差成正比。牛顿公式将影响对流换热的诸多复杂因素归结为表面传热系数这一个参数，从而使对流换热的计算式简单、明了。对流换热研究的核心也就归结为表面传热系数的求解，这也是本章内容的重点。

对流换热是一种复杂的换热现象，受到许多因素的影响。包括流体热物性，诸如流体对流换热系数、比热容、密度、黏度等，流体流动速度、温度，固体表面的形状大小、相对位置、表面状况、表面温度分布，流动空间大小等。这些因素无疑都影响着表面换热系数。因此，如何确定对流换热系数 $h$ 及增强换热的措施是对流换热的核心问题。

## （二）对流换热的影响因素

对流换热是流体的导热和热对流两种基本传热方式共同作用的结果。其影响因素主要有以下五个方面：①流动起因；②流动状态；③流体有无相变；④换热表面的几何因素；⑤流体的热物理性质。

根据流动起因，将对流换热分为强制对流换热与自然对流换热。流体因各部分温度不同而引起的密度差异所产生的流动，称为自然对流换热；由外力（如泵、风机、水压头）作用所产生的流动，称为强制对流换热。强制对流换热系数大于自然对流换热系数。

根据流动状态，将对流换热分为层流换热和湍流换热。同等条件下，湍流换热的强度比层流换热的强烈。

根据流体有无相变，将对流换热分为单相换热和相变换热。流体无相变时，对流换热中的热量交换是通过流体显热的变化而实现，但在有相变的换热过程中（如沸腾或凝结），流体相变潜热的释放或吸收常常起主要作用，因而换热规律比无相变时复杂。

几何参数是指换热表面的形状、大小，换热表面与流体运动方向的相对位置，以及换热表面的状态（光滑或粗糙）等。它们对换热系数的大小都会带来一定的影响。根据换热表面的几何因素，将对流换热分为内部流动和外部流动，内部流动又分为管内流动和槽内流动。外部流动分为外掠平板、外掠圆管和管束之间流体的流动。

流体的密度 $\rho$、动力黏度 $\eta$、热导率 $\lambda$、比热容 $c$、运动黏度 $\nu$、膨胀系数 $\alpha$ 等热物理性质都会影响流体中速度的分布及热量的传递，从而影响对流换热。并且，这些物性参数随温度变化而变化的特性，也会给对流换热带来影响。

综上所述，对流换热系数是众多因素的函数，即：

$$h = f(\nu, t_w, t_f, \lambda, c_p, \rho, \alpha, \eta, l)$$

因此，确定对流换热系数 $h$ 就成为研究对流换热的核心问题。

表 2-2 列举出不同流体在不同的对流换热情况下，其平均换热系数 $h$ 的大致范围，以供参考。

表 2-2　平均换热系数 $h$ 的大致数值　　　　　　　单位：W/(m²·℃)

| 流体种类及换热方式 | $h$ | 流体种类及换热方式 | $h$ |
|---|---|---|---|
| 空气自然对流 | 3~10 | 水沸腾 | 2500~25000 |
| 气体强制对流 | 20~100 | 高压水蒸气强制对流 | 500~3500 |
| 水自然对流 | 200~1000 | 水蒸气冷凝 | 5000~150000 |
| 水强制对流 | 1000~15000 | 有机蒸气凝结 | 500~2000 |

### （三）对流换热的分类

根据流体流动的特性及影响因素，图 2-36 列出了目前常见的对流换热分类。原则上，图中的每一类对流换热都可以把流场（或边界层内的流动）区别为层流及湍流两种流态。

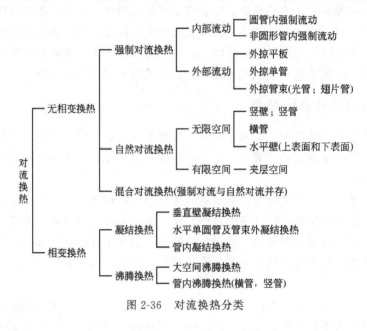

图 2-36　对流换热分类

### （四）对流换热的主要研究方法

目前，对流换热研究方法可归结为：分析法、数值计算、实验研究和比拟法。

**1. 分析法**

分析法即数学分析法，根据具体问题的物理模型建立起数学模型，包括微分方程或积分方程及单值性条件，并求解这些方程。此法严谨，所得结果为该类换热问题的通解，便于应用。但是，尽管这方面的研究成效卓著，也只能针对简单问题求解。同时，在求解过程中不可避免地会采用一些简化条件，使计算精度受到一定程度的影响。

**2. 数值法**

数值计算需要编制程序或利用商业计算软件，如 ANSYS、FLUENT 等，此法得到越来越广泛的应用，可求解很复杂问题如三维、湍流、变物性、超音速等对流换热问题。与导热问题的数值解法相比，除了对流换热控制方程的复杂性，使其数值解法的难度和复杂性也随之加大，在此不作介绍。

**3. 实验法**

由于分析法的局限性及数值法的可靠性所限，相似理论指导下的实验研究仍然是解决复杂对流换热问题的主要方法。

**4. 比拟法**

比拟法是利用热量传递与动量传递在机理上的共性，建立起表面传热系数与摩擦系数之间的比拟关系式，由比拟关系式求出表面换热系数。比拟法曾广泛用于求解湍流对流换热问题，但近些年来由于实验法和数值解法的发展而很少被应用。

本章主要介绍边界层理论指导下的数学分析法及相似理论指导下的实验法来求解对流换热问题。

## 二、对流换热过程的数学描述

### (一) 对流换热过程微分方程式

当黏性流体在壁面上流动时，由于黏性的作用，流体的流速在靠近壁面处，随离壁面的距离的缩短而逐渐降低；在贴壁处滞止，处于无滑移状态，即：$y=0$，$u=0$（图 2-37）。在这极薄的贴壁流体层中，热量只能以导热方式传递。

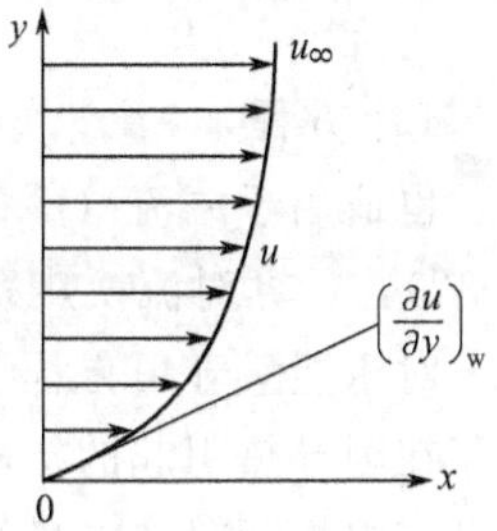

根据傅里叶定律：

$$q_{w,x} = -\lambda \left(\frac{\partial t}{\partial y}\right)_{w,x} \tag{a}$$

式中 $\lambda$——黏性流体的热导率，W/(m·℃)；

$\left(\frac{\partial t}{\partial y}\right)_{w,x}$——在坐标 $(x, 0)$ 处流体的温度梯度。

根据牛顿冷却公式：

$$q_{w,x} = h_x(t_w - t_f) \tag{b}$$

式中 $h_x$——壁面 $x$ 处局部对流换热系数，W/(m²·℃)。

由上述式(a) 和式(b)，可以得到对流换热过程的微分方程式：

$$h_x = -\frac{\lambda}{t_w - t_f}\left(\frac{\partial t}{\partial y}\right)_{w,x} \quad [\text{W/(m}^2\cdot\text{℃)}] \tag{2-82}$$

图 2-37 边界速度分布

只要知道壁面处的温度梯度（或温度场），通过对流换热的微分方程式，就可以求出壁面处的对流换热系数。

### (二) 对流换热过程微分方程组及定解条件

由对流换热过程的微分方程式(2-82)可知，对流换热系数 $h_x$ 取决于流体热导率、流体与固体壁面的温度差和贴壁流体的温度梯度。而温度梯度（或温度场）是取决于流体的热物性、流动状况（层流或湍流）、流速的大小及其分布、表面粗糙度等，因此，贴壁处流体的温度场取决于流场。

由于换热过程的复杂性，它不仅取决于热现象，而且取决于流体的运动现象。因此，只用一个微分方程不可能表达两个现象的总和，必须用一组微分方程来描述。由流体力学可知，运动现象的速度场（流场）可以用质量守恒方程（连续性方程）和动量守恒方程描述。温度场采用能量守恒方程即流体的导热微分方程来描述，因此，对流换热问题完整的数学描述应包括动量守恒方程、质量守恒方程、能量守恒方程、对流换热微分方程以及定解条件。

### 1. 对流换热方程组

为便于分析，只限于分析二维对流换热。为了突出对流换热问题数学描述的重点，特作下列简化假设：①流体为连续性介质；②流体为不可压缩的牛顿型流体；③所有物性参数（$\lambda$、$\rho$、$c_p$、$\mu$）为常量；④无内热源。在第一章的式(1-71)、式(1-73)和第二章的式(2-12)的基础上，得出不可压缩、常物性、无内热源的二维对流换热微分方程方程组如下。

质量守恒方程：

$$\frac{\partial u_x}{\partial x} + \frac{\partial u_y}{\partial y} = 0 \tag{a}$$

动量守恒方程：

$$\rho\left(\frac{\partial u_x}{\partial \tau} + u_x\frac{\partial u_x}{\partial x} + u_y\frac{\partial u_x}{\partial y}\right) = F_x - \frac{\mathrm{d}p}{\mathrm{d}x} + \mu\left(\frac{\partial^2 u_x}{\partial x^2} + \frac{\partial^2 u_x}{\partial y^2}\right)$$

$$\rho\left(\frac{\partial u_y}{\partial \tau} + u_x\frac{\partial u_y}{\partial x} + u_y\frac{\partial u_y}{\partial y}\right) = F_y - \frac{\mathrm{d}p}{\mathrm{d}y} + \mu\left(\frac{\partial^2 u_y}{\partial x^2} + \frac{\partial^2 u_y}{\partial y^2}\right) \tag{b}$$

能量守恒方程：

$$\rho c_p\left(\frac{\partial t}{\partial \tau} + u_x\frac{\partial t}{\partial x} + u_y\frac{\partial t}{\partial y}\right) = \lambda\left(\frac{\partial^2 t}{\partial x^2} + \frac{\partial^2 t}{\partial y^2}\right) \tag{c}$$

4个方程，4个未知量，可求得速度场 $u_x$，$u_y$ 和温度场 $t$ 以及压力场 $p$，既适用于层流，也适用于湍流（瞬时值）。前面4个方程求出温度场之后，再利用对流换热微分方程(2-82)，计算对流换热系数 $h_x$。

对于能量守恒方程(c)还需要指出：①热量的传递除了因流体流动所产生的对流项外，还存在因导热引起的扩散相；②如果流体中有内热源 $q_v$，只要在式(c)右端加上 $q_v$，便可得出有内热源时的能量微分方程；③流体静止时，流速 $u_x = u_y = 0$，式(c)则为常物性、无内热源的导热微分方程(2-12)。

### 2. 对流换热过程的单值性条件

根据对流换热过程的普遍规律推导出来的对流换热微分方程组，适用于无数种彼此具有不同特点的对流换热过程，换言之，这个方程组有无穷多个解。为了要从无穷多个解中，把所要研究的某一具体的对流换热解区分出来，就必须规定一些说明具体换热过程特点的条件，即单值性条件（定解条件）。单值性条件与对流换热微分方程组联立才能单值地确定其温度场唯一解。因此对于一个特定的对流换热体系，其完整的数学描述应包含对流换热微分方程组和单值性条件。

单值性条件包括四项：几何条件、物理条件、时间条件和边界条件。

（1）几何条件

说明对流换热过程中的几何形状和大小，平板还是圆管；竖直圆管还是水平圆管；长度、直径参数等。

（2）物理条件

说明对流换热过程的物理特征，如：物性参数 $\lambda$、$\rho$、$c_p$ 和 $\mu$ 的数值，是否随温度和压力变化；有无内热源、大小和分布等。

（3）时间条件

说明在时间上对流换热过程的特点，稳态对流换热过程不需要时间条件，与时间无关。非稳态对流换热过程的时间条件，是它的初始温度分布。

（4）边界条件

说明对流换热过程的边界特点，边界条件可分为两类。

第一类边界条件：已知任一瞬间对流换热过程边界上的温度值。

第二类边界条件：已知任一瞬间对流换热过程边界上的热流密度值。

只有当单值性条件给定之后，过程的数学表达式才有特解。

## 三、对流换热边界层及边界层换热微分方程组

上述对流换热数学模型未知量有 $u_x$，$u_y$，$t$，$p$，与方程组数目相等，方程组封闭。但与导热微分方程不同，动量方程中的惯性力项与能量方程中的对流项是非线性的，并且动量微分方程与能量微分方程常需要耦合求解（如自然对流换热与变物性问题），因而直接求解比较困难。直到 1904 年德国科学家普朗特（L. Prandt）提出著名的边界层概念，并用它对动量守恒方程进行了实质性的简化后才有突破。随后，波尔豪森（E. Pohlhausen）又把边界层概念推广应用于对流换热问题，提出了热边界层概念，使得对流换热问题的分析求解得到了很大的发展。

### （一）边界层理论

对流换热过程边界层既包括由于黏性流体流动而导致的速度边界层，也包含由于温差而产生的热边界层。

#### 1. 速度边界层与热边界层

黏性流体以均匀速度 $u_\infty$ 流过固体壁面时，由于黏性力的作用在靠近壁面的地方形成一个速度变化十分显著的薄层，称为速度边界层，有如下特点（参见图 2-38）。

① 速度边界层从固体壁面前沿开始形成，即 $x=0$ 处 $\delta=0$，并沿着流动方向逐渐加厚，但 $\delta$ 的绝对值甚小。

② 速度边界层外沿，流体速度与主流速度 $u_\infty$ 相同，越靠近壁面速度越低，直至壁面处速度为零。

③ 速度边界层内沿法线方向速度梯度也在发生变化，$y=0$ 时速度梯度最大，随着 $y$ 的增加速度梯度逐渐减小。其原因在于与壁面的距离越大，流体黏性力的作用越小。由于速度边界层的存在，流动分成了两个区域，边界层区和边界层以外的主流区。主流区内，由于速度均匀一致，速度梯度为零，根据牛顿黏性定律，则剪切应力为零，黏性的影响可以忽略不计，视为无黏性理想流体，稳态流动能量方程仍然适用。在边界层区，流体的黏性作用起主导作用，流体的运动可用黏性流体运动微分方程组描述。

黏性流体流过固体壁面时形成的速度边界层可分为层流边界层区、过渡区和湍流边界层区三个阶段，如图 2-38 所示。湍流边界层底部有一层流底层，其间速度梯度很大。无论在

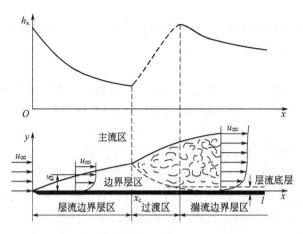

图 2-38　速度边界层及其分区示意图

哪一个阶段，速度边界层的厚度都定义为流体速度 $u$ 达到主流速度 $u_\infty$ 的 99% 的位置到壁面的垂直距离。而流型发生转变之处，即过渡区的前端到平板前缘的距离称为临界距离，记为 $x_c$，其值取决于临界雷诺数 $Re_c$。

$$Re_c = \frac{u_\infty x_c}{v} \qquad (2\text{-}83)$$

式中　$u_\infty$——主流速度，m/s；

　　　$x_c$——流型开始转变之处到壁面前沿的距离，m；

　　　$v$——运动黏度，$v = \mu/\rho$，$m^2/s$。

　　雷诺数是无量纲数。任意位置的雷诺数为 $Re_x = \dfrac{u_\infty x_x}{v}$。

　　临界雷诺数并非一个定值，这就意味着不同情况下的层流边界层不会在同一雷诺数下开始转换流型。临界雷诺数之值与壁面粗糙度、主流湍流度等有关。但临界雷诺数有一定的范围，流体掠过平壁的流动，其正常范围为 $3 \times 10^5 \sim 3 \times 10^6$ 之间。转换完成并形成湍流时的雷诺数之值约为开始转换时的两倍。

　　温度为 $t_f$ 的流体流过温度为 $t_w$ 的固体壁面时，由于 $t_f \neq t_w$，流体与固体壁面发生热交换，在靠近壁面处会形成一个温度显著变化的薄层，称为热边界层或温度边界层，如图2-39所示。热边界层内，温度由 $y = \delta_t$ 处的 $t_f$ 迅速变化为 $y = 0$ 处的 $t_w$。热边界层厚度 $\delta_t$，定义为 $t - t_w = 0.99(t_f - t_w)$ 处到壁面的垂直距离。$t$ 为热边界内流体温度，$\delta_t$ 沿流动方向逐渐增加，热边界外主流温度为 $t_f$。

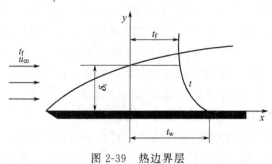

图 2-39　热边界层

速度边界层厚度 $\delta$ 与热边界层厚度 $\delta_t$ 不一定相等，两者相对大小 $\delta_t/\delta$ 取决于普朗特数 $Pr$，这也是一个无量纲数。$Pr=\nu/a$，$a$ 为热扩散率，反映热扩散的能力，运动黏度 $\nu$ 反映动量扩散的能力。$Pr$ 数的物理意义为流体的动量扩散能力与热量扩散能力之比。热边界层与速度边界层的关系为：

$$\frac{\delta_t}{\delta} \approx Pr^{-\frac{1}{3}} \tag{2-84}$$

$Pr=1$，则 $\delta=\delta_t$；$Pr>1$，则 $\delta>\delta_t$；$Pr<1$，则 $\delta<\delta_t$。除液态金属和高黏性的流体外，热边界层厚度 $\delta_t$ 在数量级上是个与速度边界层厚度 $\delta$ 相当的量。

速度边界层是动量扩散的主要区域，对换热有较大的影响。速度边界层以外的主流区，黏性力作用很小，流体速度较高，热量的传递主要依靠热对流，换热比较强烈。速度边界层内黏性力作用很强，流体速度较低且分布不均，流体在壁面法线方向对流较弱，主要传热方式为导热。流体热导率一般不高，导热热阻较大。因此，速度边界层内的传热是流体与壁面间对流换热的主要障碍。这种影响在层流边界层中表现得尤为突出。层流边界层厚度 $\delta$ 越大，换热热阻越大。为了增强传热应设法减小层流边界层的厚度或破坏边界层。湍流边界层中，层流底层的换热仍然依赖导热。但层流底层以外的湍流核心部分流体扰动较大，对流作用增强。因此，层流底层越薄，对换热越是有利。

热边界层内存在较大的温度梯度，是发生热扩散的主要区域。而温度梯度又与速度梯度有着密切的关系。层流边界层中速度梯度的变化较为平缓，温度梯度的变化也较平缓。湍流边界层中层流底层速度梯度较大，温度梯度也较大；湍流核心由于扰动所造成的混合作用有利于动量传递，进而促进了热量传递，速度梯度和温度梯度都比较小。实际上热量传递受到动量传递的影响，热边界层又受到速度边界层的影响。真正影响对流换热的是速度边界层，而速度边界层的形态和厚度又与流体性质、速度和壁面状况等有关。

**2. 边界层理论（要点）**

① 边界层厚度 $\delta$ 与壁的定型尺寸 $L$ 相比极小，$\delta \ll L$；

② 根据流动状态，边界层分为层流边界层和湍流边界层。湍流边界层分为层流底层、缓冲区与湍流核心三区。层流底层内的速度梯度和温度梯度远大于湍流核心；在层流边界层与层流底层内，垂直于壁面方向上的热量传递主要靠导热，湍流边界层的主要热阻在层流底层。

③ 流场可以划分为边界层区与主流区，边界层内存在较大的速度梯度，是发生动量扩散的主要区域，由黏性流体运动微分方程组描述。主流区由理想流体运动微分方程——欧拉方程描述。

④ 热边界层内存在较大的温度梯度，是发生热量扩散的主要区域，热边界层之外的温度梯度可以忽略。

**（二）边界层换热微分方程组**

根据边界层理论，并运用数量级分析法可以简化对流换热微分方程组。在进行数量级分析前，先确定 5 个基本量的数量级，$0(1)$、$0(\delta)$ 表示数量级为 1 和 $\delta$，$1 \gg \delta$。当用数量级关系来衡量主流和边界层的一些基本量时，可得主流速度 $u_\infty \sim 0(1)$，温度 $t \sim 0(1)$，壁面特征长度 $l \sim 0(1)$，边界层厚度 $\delta \sim 0(\delta)$，$\delta_t \sim 0(\delta)$，"$\sim$" 表示"相当于"。用上述 5 个量的数量级来衡量方程式中各项目。$x$ 与 $l$ 相当，即 $x \sim l \sim 0(1)$。$y$ 为边界层内各点距离壁面的法向距离，$0 \leqslant y \leqslant \delta$，所以 $y \sim 0(\delta)$。$u$ 沿边界层厚度由 0 到 $u_\infty$，$u \sim u_\infty \sim 0(1)$。

数量级分析法就是比较对流换热微分方程组中各量或者各项中量级的相对大小，保留量级较大的量或项，舍去那些量级小的项，把那些 $\delta$ 量级的项目从方程中去除，方程可以大大简化。至于如何确定各方程式中的量级，视问题的性质而异，一般按微分方程式中各量在其计算区间的积分平均绝对值来判定它的量级。运用数量级分析法来简化对流换热微分方程组，可得到二维、稳态、无内热源、忽略重力的强制对流层流边界层换热微分方程组。

质量守恒方程：

$$\frac{\partial u_x}{\partial x} + \frac{\partial u_y}{\partial y} = 0 \qquad\qquad (a)$$

动量守恒方程：

$$u_x \frac{\partial u_x}{\partial x} + u_y \frac{\partial u_x}{\partial y} = -\frac{1}{\rho} \times \frac{\mathrm{d}p}{\mathrm{d}x} + \upsilon \frac{\partial^2 u_x}{\partial y^2} \qquad\qquad (b)$$

能量守恒方程：

$$u_x \frac{\partial t}{\partial x} + u_y \frac{\partial t}{\partial y} = a \frac{\partial^2 t}{\partial y^2} \qquad\qquad (c)$$

以上方程已作了几项简化：①动量守恒方程中略去了主流方向速度 $u$ 的二阶导数项 $\upsilon \frac{\partial^2 u_x}{\partial x^2}$；略去了关于 $y$ 方向 $u_y$ 的动量方程；②能量守恒方程中，略去了 $a \frac{\partial^2 t}{\partial x^2}$；③动量方程中，边界层内法向的压力梯度极小，压力梯度仅沿 $x$ 方向变化，边界层内任一截面压力与 $y$ 无关而等于主流压力，因此用 $\frac{\mathrm{d}p}{\mathrm{d}x}$ 代替了原来的 $\frac{\partial p}{\partial x}$。速度边界层上，$\frac{\mathrm{d}p}{\mathrm{d}x}$ 可由边界层外理想流体的伯努利方程确定，3 个方程包括 3 个未知数 $u_x$，$u_y$ 和 $t$，方程组封闭，如果配上相应的定解条件，则可以求解。

### (三) 边界层换热微分方程组求解

对于主流为均速 $u_\infty$ 和均温 $t_f$，并给定恒定壁温 $t_w$ 的情况下，流体纵掠平板换热，即边界条件为：

$$y = 0, u_x = 0, u_y = 0, t = t_w$$
$$y = \delta, \ u = u_\infty$$
$$y = \delta_t, \ t = t_f$$

对于平板，分析求解上述方程组（此时 $\frac{\mathrm{d}p}{\mathrm{d}x} = 0$），层流流动换热时，可得局部表面换热系数 $h_x$ 的表达式：

$$h_x = 0.332 \frac{\lambda}{x} \left(\frac{u_\infty x}{\nu}\right)^{\frac{1}{2}} \left(\frac{\nu}{a}\right)^{\frac{1}{3}} \qquad\qquad (2\text{-}85)$$

将式(2-85)改写成：

$$\frac{h_x x}{\lambda} = 0.332 \left(\frac{u_\infty x}{\nu}\right)^{\frac{1}{2}} \left(\frac{\nu}{a}\right)^{\frac{1}{3}}$$

式中，下标 x 表示以板的前缘为原点，沿板长方向的坐标。$\frac{\nu}{a}$ 是 $Pr$ 数，$\frac{u_\infty x}{\nu}$ 为 $Re$ 数，

$\dfrac{h_x x}{\lambda}$ 为 $Nu$ 数。外略等温平板的无内热源的层流对流换热问题以特征数形式表示的解为:

$$Nu_x = 0.332\,Re_x^{1/2}\,Pr^{1/3} \tag{2-86}$$

上面准则方程的适用条件为:外掠等温平板、无内热源、层流。

如果板长为 $L$,可按下式计算平均换热系数。利用式(2-85),有:

$$h = \frac{1}{L}\int_0^L h_x\mathrm{d}x = \frac{1}{L}0.332\lambda\,Pr^{1/3}\frac{u_\infty}{\nu}\int_0^L \frac{\mathrm{d}x}{x^{1/2}} = 0.664\frac{\lambda}{L}Pr^{1/3}\,Re^{1/2}$$

即平均努塞尔数:

$$Nu_L = 0.664\,Re_L^{1/2}\cdot Pr^{1/3} \tag{2-87}$$

对于稳态的二维强制对流换热问题,边界层微分方程组得到了一系列简化,但仍然是非线性的偏微分方程组。对于工程中遇到的许多实际问题,例如比较复杂的壁面形状、任意变化的速度分布或者复杂的边界条件等,往往无法确定分析解。因此,广泛采用边界层积分解。

1921 年,冯·卡门(Von Karman)在边界层微分方程的基础上导出了边界层动量积分方程。1936 年,克鲁齐林求解了边界层能量积分方程,并形成了一套用边界层积分方程求解对流换热问题的方法。用边界层积分方程求解对流换热问题的基本思想:

① 建立边界层积分方程,针对包括固体边界及边界层外边界在内的有限大小的控制容积;

② 对边界层内的速度和温度分布作出假设,常用的函数形式为多项式;

③ 利用边界条件确定速度和温度分布中的常数,然后将速度分布和温度分布带入积分方程,解出速度边界层厚度 $\delta$ 与热边界层厚度 $\delta_t$ 的计算式;

④ 根据求得的速度分布和温度分布计算固体边界上的 $\left.\dfrac{\partial u}{\partial y}\right|_{y=0}$ 和 $\left.\dfrac{\partial t}{\partial y}\right|_{y=0}$,进而求得努塞尔数 $Nu$。

由于在一般情况下,边界层积分求解需要对边界层中的速度分布及温度分布作出假设,因此所得解均为近似解,但其数学处理方法比求解边界层微分方程组容易得多,所以具有一定的工程实用价值。

## 四、对流换热过程的特征数方程

实验研究的目的是得到表面换热系数,并分析各种因素对换热的影响,为工程计算提供依据。

实验研究面临着几个问题,首先是影响因素很多,如 $h = f(v, t_w, t_f, \lambda, c_p, \rho, a, \mu, l)$。要找出单一因素的影响规律,必须在其他因素不变的前提下多次改变同一个因素进行实验。要找出所有因素的影响规律则要针对每一个因素重复单一因素的实验,因此实验工作量很大,甚至难以实现。其次,实验结果只能得到一组反映单一因素影响的关联式,如 $h = f(t_f)$ 等。这些局部关联式一方面无法反映影响因素之间的相互制约关系。另一方面,当实验条件稍有改变时,局部关联式即不再适用。因此,实验结果的推广应用价值极小。另外,实物实验很困难或者实验成本非常高的情况下,如何进行实验的问题。

相似原理提供有目的地布置实验,科学地处理和综合实验数据的一般方法。根据相似原理可以将各种因素的影响归结为少数相似特征数的影响,从而减少实验次数;并能归纳出以相似特征数为变量的综合关联式，以反映某一对流换热现象各个方面的整体性和统一性，有利于推广和应用，从而突破实验方法的局限性。

在流体力学中已经介绍过流体流动相似理论和流体流动的动力相似等有关知识，现在进一步来讨论用相似理论来分析对流换热过程。

### (一) 相似原理

相似原理是研究相似物理现象之间的关系。它是将几何相似的概念引申到物理现象的相似，而物理现象的相似又以几何相似和时间相似为前提。稳态对流换热与时间无关，仅以几何相似作为前提条件。

**1. 几何相似**

两个同类图形对应尺度成同一比例，则这两个同类图形几何相似。两个相似的几何图形中一个图形是另一个的缩影。几何相似的两个图形中对应的空间点之间的距离必然成同一比例。

**2. 物理现象的相似**

物理现象的相似意味着同类物理现象在空间上对应的点和时间上对应的瞬间，同名的物理量成同一比例。

同类物理现象是指物理性质相同，可以用形式相同、内容相同的数学方程和单值性条件进行描述的物理现象群。单值性条件包括几何条件、物理条件、时间条件和边界条件。强制对流换热和自然对流换热不属同类物理现象，因为物理性质不同，描述现象的数学方程也不同。等壁温的管内强制对流换热和等热流密度的管内强制对流换热虽然数学方程相同，但边界条件不同，也不属于同类的物理现象。

不是同一类的物理现象不可能相似，也并非所有的同类物理现象都相似。只有符合上述条件的同类现象之间才会相似。物理现象相似表现为该现象所涉及的所有物理量场的相似。稳定速度场中速度相似，则相似物理现象空间对应点的速度成同一比例。同理，稳态温度场中温度相似意味着空间对应点的温度成同一比例。除此之外还有压力场、密度场、黏度场等其他物理量场的相似。

**3. 相似特征数**

影响同一物理现象的所有物理量尽管数量较多，但都有着内在的联系。其规律反映在描述此现象的数学方程和单值性条件之中。分析该现象的数学方程及单值性条件，采用相似分析法，可以得到一组由若干物理量按一定关系组合而成，并有一定物理意义的无量纲量，称之为相似特征数。相似分析法是指在已知物理现象数学描述的基础上，建立两现象之间的一系列比例系数，尺寸相似倍数，并导出这些相似系数之间的关系，从而获得无量纲量。

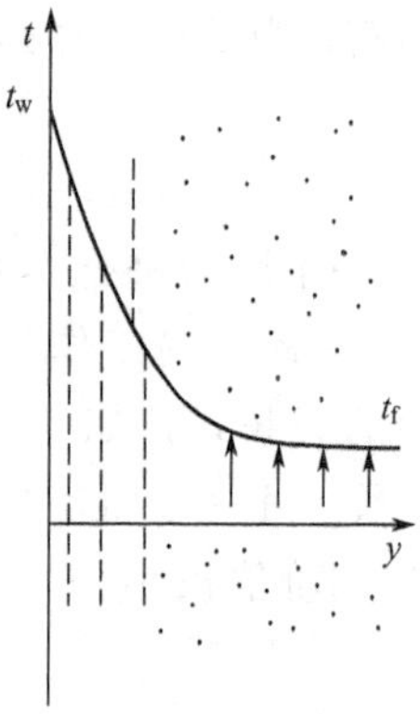

以图 2-40 的壁面对流换热为例，采用相似分析来推导努塞尔数 $Nu$。

壁面对流换热过程的微分方程式(2-82)变换为：

$$h = -\frac{\lambda}{\Delta t}\frac{\partial t}{\partial y}\bigg|_{y=0}$$

图 2-40 流体中的温度分布

设现象 1 和现象 2 两对流换热现象相似，则根据上式可写出如下形式。

现象 1：
$$h' = -\frac{\lambda'}{\Delta t'} \times \frac{\partial t'}{\partial y'} \Bigg|_{y'=0} \tag{a}$$

现象 2：
$$h'' = -\frac{\lambda''}{\Delta t''} \times \frac{\partial t''}{\partial y''} \Bigg|_{y''=0} \tag{b}$$

与现象有关的各物理量场应分别相似，建立相似倍数：

$$\frac{h'}{h''} = C_h \quad \frac{\lambda'}{\lambda''} = C_\lambda \quad \frac{t'}{t''} = C_t \quad \frac{y'}{y''} = C_y \tag{c}$$

通过微分方程建立相似倍数间的关系，将式(c) 带入式(a)：

$$C_h h'' = -\frac{C_\lambda \lambda''}{C_t \Delta t''} \times \frac{C_t \partial t''}{C_y \partial y''} \Bigg|_{y''=0} \tag{d}$$

整理后得

$$\frac{C_h C_y}{C_\lambda} h'' = -\frac{\lambda''}{\Delta t''} \times \frac{\partial t''}{\partial y''} \Bigg|_{y''=0} \tag{e}$$

比较式(e) 和式(b)，有以下关系：

$$\frac{C_h C_y}{C_\lambda} = 1 \tag{f}$$

式(f) 表达了换热现象相似时相似倍数间的制约关系。再将式(c) 带入式(f)，即得：

$$\frac{h' y'}{\lambda'} = \frac{h'' y''}{\lambda''} \tag{g}$$

因为习惯上用换热表面的特征长度表示几何量，且有 $\dfrac{y'}{y''} = \dfrac{l'}{l''} = C_y$，故上式可改写为：

$$\frac{h' l'}{\lambda'} = \frac{h'' l''}{\lambda''} \tag{h}$$

无量纲物理量 $hl/\lambda$ 称为努塞尔数 $Nu$。于是上式可表示为：

$$Nu_1 = Nu_2 \tag{i}$$

式(i) 表明，换热现象相似，则 $Nu$ 必定相等。以上导出准数的方法称为相似分析。

采用相似分析，同理可导出：

运动现象相似（动量微分方程），则 $Re$ 必定相等。

$$Re = \frac{ul}{\nu}$$

热量传递现象相似（能量微分方程），则贝克来准数 $Pe$ 必相等。

$$Pe = \frac{ul}{a} = RePr$$

$$Pr_1 = Pr_2$$

自然对流相似（自然对流微分方程），则格拉晓夫准数 $Gr$ 必定相等。

$$Gr = \frac{g\beta \Delta t l^3}{\nu^2}$$

相似特征数的数量和特征数的构成取决于具体现象的特征，无法给出统一的结论。然而，确定无疑的是，影响某一物理现象的诸多物理量可以归结为数量较少的若干相似特征数。

不同的物理现象有各自不同的相似特征数。对于稳定的对流换热现象，通过分析可以得到几个主要的相似特征数，其组成、名称和物理意义分述如下。

$Re$——雷诺数，$Re = \dfrac{ul}{\nu} = \dfrac{\rho ul}{\mu}$。反映流体惯性力和黏性力的相对大小，表征流动的特征。

$Pr$——普朗特数，$Pr = \dfrac{\nu}{a} = \dfrac{\mu c_p}{\lambda}$。反映流体动量扩散能力与热量扩散能力的相对大小。而这两种扩散能力完全取决于流体的物理性质，与流动状况无关，因此 $Pr$ 又称为物性特征数。不同的流体 $Pr$ 之值相差很大，按 $Pr$ 的大小可将流体分为三类：高 $Pr$ 数流体，即高黏度流体，例如 20℃的变压器油 $Pr = 481$；低 $Pr$ 数流体，如液态金属，150℃的水银 $Pr = 0.016$；普通 $Pr$ 数流体，包括空气、水等常见流体，$Pr$ 在 0.7～10 之间。其中 100℃的水 $Pr = 1.75$，空气 $Pr$ 在 0.7～1 之间。由于流体热物性随温度的变化而改变，同一种流体在不同的温度下 $Pr$ 的差别较大。一般而言温度升高 $Pr$ 变小，温度降低 $Pr$ 升高，这与流体黏度的变化规律类似。比如某种润滑油在 120℃时 $Pr = 175$，而在 0℃时 $Pr$ 高达 40000 以上。

$Gr$——格拉晓夫数，$Gr = \dfrac{g\beta\Delta t l^3}{\nu^2}$。反映浮升力与黏性力的相对大小。$Gr$ 增大，则浮升力增加。因此 $Gr$ 表现了自然对流运动对换热的影响。

$Nu$——努塞尔数，$Nu = \dfrac{hl}{\lambda}$，表示对流换热强弱，$h$ 大则 $Nu$ 较大，对流换热较强。但 $h$ 是待定参数，$\lambda$ 是流体的热导率。

以上 4 个相似特征数中，$Nu$ 数可称为待定特征数。4 个相似特征数表达式中，$\nu$ 为运动黏度，$m^2/s$；$\mu$ 为动力黏度，$\mu = \nu\rho$，$Pa \cdot s$；$\beta$ 为体积膨胀系数，$1/K$；$l$ 为特征长度，$m$。

### （二）相似基本定律及特征数关联式

#### 1. 相似基本定理

上述分析引出了物理现象的相似，并将影响某一物理现象的多个物理量归结为数量不多的相似特征数。而相似基本定理将进一步把同一物理现象的各相似特征数有机地联结在一起。

（1）相似第一定理

彼此相似的现象，具有相同的相似特征数，且同名特征数必然相等。逆定理同样成立：单值性条件相似，相似特征数相同，同名特征数相等的同类现象必定相似。

相似第一定律有着双重意义。首先，相似的物理现象可以用一组完全相同的相似特征数进行描述。其次，同名特征数相等。

（2）相似第二定理

相似现象数学方程组的解可以表示为相似特征数的函数关系，称为特征数关联式。

#### 2. 特征数关联式

特征数关联式是由一组无因次特征数组成的函数关系式，它是相似现象群数学方程和单值性条件的解。相似现象群具有相同的数学方程和单值性条件，其解也是通用的。它和反映单一因素影响的关联式有着极大的差别。特征数关联式是反映相似物理现象整体性和内在规律的综合关联式，同时将影响相似物理现象的一组特征数有机地联结在一起。

由于相似现象特征数相同，所有同名特征数相等，因此所有相似现象只需用一个特征数关联式进行描述。特征数关联式对相似现象群有普遍实用意义。

特征数关联式可根据实验结果归纳得出，是实验研究的结果，但适用于所有的相似现象。

对于复杂的对流换热现象，既可以用分析法求解微分方程组得到变量函数形式的精确解，又可以通过实验研究得到特征数函数形式的解，即特征数关联式。

对流换热的相似分析指出，无相变强制对流换热的特征数关联式的普遍形式为：

$$Nu = f(Re, Pr) \tag{2-88}$$

自然对流换热的特征数关联式为：

$$Nu = f(Gr, Pr) \tag{2-89}$$

混合对流换热的特征数关联式为：

$$Nu = f(Re, Gr, Pr) \tag{2-90}$$

相似原理表明同一类现象各相似准数可以关联成一个函数，但是具体整理成什么函数形式，定性温度与定性尺寸如何确定，则带有经验的性质。通常习惯整理成幂函数的形式：

$$Nu = C_1 Re^{m_1} Pr^{n_1} \tag{a}$$

$$Nu = C_2 Gr^{m_2} Pr^{n_2} \tag{b}$$

其中 $C_1$，$C_2$，$m_1$，$m_2$，$n_1$，$n_2$ 均系常量，在不同的特征数关联式中有不同的值，可根据实验数据采用图解法、平均值法或最小二乘法确定。

### 3. 特征参数

（1）特征长度

$Re$，$Gr$ 和 $Nu$ 三个特征数中都出现了 $l$，称为特征长度。所谓特征长度指对流换热现象中有代表意义的几何尺寸。同一特征数关联式中不同特征数的特征长度完全相同。但在不同的换热现象中，可以选择不同的几何尺寸作特征长度。圆管内的强制对流换热，一般取圆管内径作特征长度，非圆形管道则用当量直径 $de$ 作为特征长度；流体横掠圆管的强制对流换热和圆管外流体的自然对流换热均可取圆管外径作特征长度；流体纵掠平板的强制对流换热，特征长度通常选取平板长度。特征长度有不同的选择。

（2）定性温度

特征数中包含了流体的热物性，通常热物性参数随温度的变化而改变，有些热物性参数在温度改变时的变化甚至很大。特征数关联式中各特征数的热物性取什么温度下的数值呢？定性温度就是指确定流体热物性的温度。同一特征数关联式中所有热物性参数按同一定性温度在相关图表中查取应有的数值。按定性温度查取热物性实际上是假定流体温度均匀并等于定性温度。显然，这是一种简化手段。定性温度的选择也有一定的规则。在管内强制对流换热中，由于流体入口温度和出口温度不同，可取两个温度的算术平均值作定性温度。流体纵掠平板的换热可取来流温度作定性温度，也可用平板和来流温度的平均值，或者其他的平均值作定性温度。为了不致混淆，常在特征数的右下角，标上角码，如 $Re_f$、$Re_w$、$Re_b$，分别表示流体温度、壁面温度和边界层温度作为定性温度的 $Re$ 数。

（3）特征速度：$Re$ 数中的流体速度

流体外掠平板或绕流圆柱：取来流速度；管内流动：取截面上的平均速度；流体绕流管束：取最小流通截面的最大速度。

无论是特征长度、定性温度还是特征速度，尽管有不同的选择，都必须遵守一个原则：特征数关联式采用什么样的特征长度、定性温度和特征速度，在使用这个关联式的时候必须使用相同的特征长度、定性温度和特征速度。

**4. 相似理论对实验研究的指导意义**

相似理论对实验工作有着重要的指导意义。它回答了三个问题：实验中要测定哪些物理量；如何整理实验数据；实验结果可以推广到哪些现象中去。

由于相似现象同名特征数相等，实验中应测量该现象各相似特征数所包括的物理量，与此无关的物理量不必测量。实验中只考虑已知相似特征数的变化对待定特征数的影响，与考虑单个物理影响的实验相比，实验工作不仅目的明确而且大为简化。

根据相似理论，实验数据应整理成特征数关联式。根据上述推论，特征数关联式对所有相似现象均适用，从而可以推广应用到与所研究的物理现象相似的现象群中去，而不必对该相似现象群中的其他现象逐一实验。

根据对流换热的实验研究已经得到了许多针对不同条件下强制对流换热和自然对流换热的特征数关联式。工程技术人员可以利用这些公认的、可靠的特征数关联式计算相似对流换热现象的 $Nu$ 和 $h$，进而利用牛顿冷却公式计算换热量或换热面积。但应确定欲计算的换热现象是否和特征数关联式代表的现象相似，特别是边界条件是否相同；同时采用正确的特征长度、定性温度；并核对特征数关联式的适用范围，超出适用范围，该特征数关联式不再适用。

对流换热一般有两种边界条件，壁温恒定不变或壁面热流密度恒定不变。不同边界条件下特征数关联式不同。

# 五、流体强制对流换热

工业生产中普遍存在单相流体强制对流换热现象。单相流体是指没有发生相变的流体。流体在管内作强制运动，并与管道壁面发生热交换，使流体的温度升高或者降低。

管内流体强制对流换热的特征数关联式的一般形式为：

$$Nu = f(Re, Pr)$$

## （一）管槽内流动时强制对流换热的特征数方程

### 1. 管内强制对流换热分析

流体在管内的流动可分为进口段和充分发展阶段两个区域，在充分发展阶段的流态又可分为层流、过渡流和湍流。对于不同的区域和不同的流态，对流换热特征数关联式有所不同。流体进入管道后由于黏性力的作用，在靠近管壁的地方会形成速度边界层，如图 2-41 所示。边界层沿流动方向逐渐加厚。经过一段距离的发展后，边界层在管的轴心处汇合，并充满整个管道。边界层汇合前的阶段称为流动进口段。由于边界层中存在速度梯度，而管道各截面的平均流速不变，因此进口段边界层外的速度沿流动方向逐渐增加。但任一截面处，边界层外速度均匀。边界层汇合后的阶段称为流动充分发展阶段，各截面速度呈抛物线分布且稳定不变。流体在充分发展阶段的流动可能是层流，也可能是湍流，取决于雷诺数之值。传热学中管内流动 $Re_c$ 之值取作 2300，$Re < 2300$ 时为层流，$2300 < Re < 10^4$ 称为过渡流，$Re > 10^4$ 时达到旺盛湍流。此处 $Re = \dfrac{ud}{\nu}$，$u$ 为平均流速，特征长度为管内径。湍流的对流

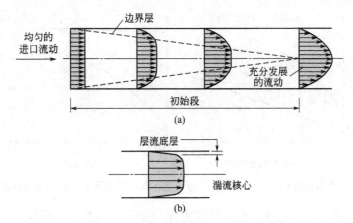

图 2-41　管内流动的层流速度分布 (a) 和湍流速度分布 (b)

换热强度远远超过层流。

　　根据热边界层的发展，将热边界层在管轴心处汇合前后的阶段称为热进口段和热充分发展阶段。进口段边界层较薄，局部表面传热系数 $h_x$ 较高。随着边界层厚度的增加，$h_x$ 逐渐下降，直到进入热充分发展阶段后稳定在一个较低的水平 [图 2-42(a)]。如果边界层中出现湍流，则因湍流的扰动和混合作用，又会使局部表面换热系数有所提高，再逐渐趋向一个定值，如图 2-42(b) 所示。相应地，平均对流换热系数也有类似的变化。由流体力学可知，层流时入口段长度由 $l/d \approx 0.05RePr$ 确定；湍流时，只要 $l/d \geqslant 50$ 以后，$h$ 大致不再随管长 $l$ 而变，因此，通常把 $l \geqslant 50d$ 作为一个判别式来决定管子属于长管还是短管传热，要不要考虑进口端的影响。在热充分发展阶段，尽管流体温度在 $x$ 方向不断变化，但无量纲温度 $(t_w - t)/(t_w - t_f)$ 不随 $x$ 而变，局部表面换热系数 $h_x$ 在 $x$ 方向也保持不变。工程技术中常常利用入口段换热效果好这一特点来强化设备的换热。

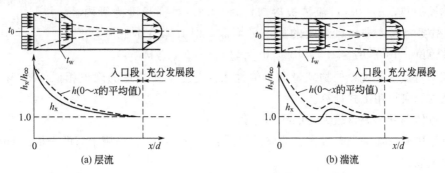

图 2-42　管内流动局部表面换热系数 $h$ 的变化

　　热边界条件有均匀壁温和均匀热流密度两种典型情形，图 2-43 示意性地给出了在这两种边界条件下沿主流方向流体截面平均温度 $t_f(x)$ 和管壁温度 $t_w(x)$ 的变化情况。湍流时，由于各微团之间的剧烈混合，除液态金属外，两种热边界条件对表面换热系数的影响可以不计。但对层流及低 $Pr$ 数介质的情况，两种边界条件下的差别不容忽视。

　　流体的黏度随温度的变化将改变管截面上的速度分布（图 2-44），改变情况决定于流体被加热还是被冷却。液体的黏度随温度的降低而升高，液体被冷却时，近壁处的黏度较管心处为高，而速度分布低于等温曲线，变成曲线 3。若液体被加热，则速度曲线变成曲线 1，近壁处流速高于等温曲线。近壁处流速增强会加强换热，反之会减弱换热。这说明了不均匀

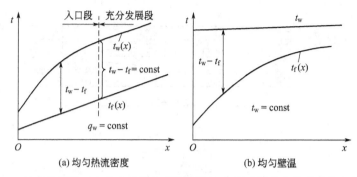

图 2-43　均匀热流密度和均匀壁温条件下流体温度及壁面温度沿主流方向的变化

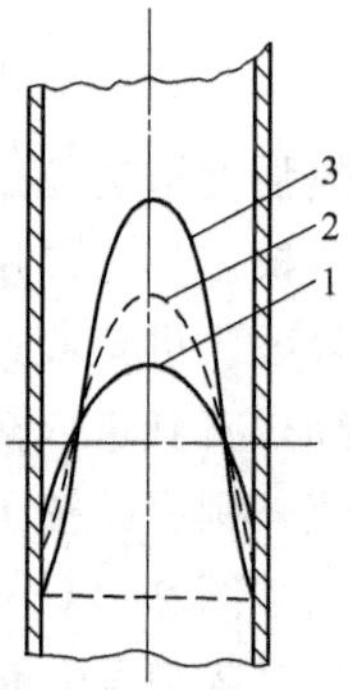

物理场对换热的影响。对于气体，由于黏度随温度增高而升高，与液体
作用相反。综上所述，不均匀物性场对换热的影响，视液体还是气体、
加热还是冷却以及温差大小而异。在实用计算式里，往往在特征数关系
式中引进乘数$(\mu_f/\mu_w)^n$或者$(Pr_f/Pr_w)^n$作为修正项，来考虑不均匀物
性场对换热的影响。

**2. 管内湍流流动换热特征数方程**

（1）流体与壁面温差不大时的换热计算

$Re>10^4$时管内充分发展阶段为完全的湍流流动。对于壁面温度恒
定不变的光滑水平或垂直长管，当流体和壁面间温差不太大，例如水与
壁面温差不超过$20\sim30℃$，油类温差不超过$10℃$，空气温差不超过
$50℃$时，推荐狄特斯（Dittus）和玻尔特（Boelter）提出的特征数关
联式

$$Nu=0.023Re_f^{0.8}Pr_f^n \tag{2-91}$$

流体被加热，$n=0.4$；流体被冷却，$n=0.3$。特征长度为管内径
$d$，定性温度为流体进出口温度的算术平均值，即流体整体平均温度。
适用参数范围：$10^4<Re<1.2\times10^5$，$0.7<Pr_f<120$，$l/d>50$。

若某一对流换热现象的物理量和单值性条件与上式所描述的现象相似，$Re$和$Pr$在适
用范围之内，则可用上式计算。

（2）流体与壁面温差较大时的换热计算

如果流体和壁面的温差较大，流体黏性的影响较大时，可采用米海耶夫提出的带校正项
的特征数关联式：

$$Nu=0.021\,Re_f^{0.8}\,Pr_f^{0.43}\left(\frac{Pr_f}{Pr_w}\right)^{0.25} \tag{2-92}$$

式中，除$Pr_w$是按壁温$t_w$为定性温度外，均采用流体平均温度$t_f$为定性温度。特征长
度仍为管内径$d$。适用参数范围为：$Re_f=10^4\sim5\times10^6$，$Pr_f=0.6\sim2500$。

由上述两个关联式得到的$Nu$为整个管长的平均值，由此算出的$h$也是平均表面换热
系数。

对于壁面热流密度恒定不变的情况，也可以从一些资料中查出相应的特征数关联式。

以上提到的经验公式，只适用于光滑管。关于粗糙管的计算公式比较缺乏，科尔伯恩
（Colburn）通过管流中流体摩擦与传热之间的关系，提出如下关系式，用斯坦顿（Stanton）

图 2-44　黏度变化
对速度分布的影响
1—流体受热或气体
冷却；2—恒温；
3—液体冷却或
气体受热

数表示：

$$St = Pr^{-2/3}\frac{f}{8} \tag{2-93}$$

式中　$St$——斯坦顿数，$St = \dfrac{Nu}{RePr} = \dfrac{h}{\rho C_p u_m}$，$u_m$ 为管内平均流速，m/s；

　　　$f$——摩擦阻力系数。

必须指出，根据式（2-93）计算出的对流换热系数比实际值高。

### 3. 管内层流和过渡流换热计算

（1）层流换热计算

当 $Re < 2300$ 时，管内充分发展阶段为层流流动。而层流充分发展阶段 $Nu$ 为常数，对于圆管常热流密度边界 $Nu = 4.36$，等壁温边界 $Nu = 3.36$。若管子很长，进口段影响很小，可以按上述常数计算。但若管子不是太长，进口段的影响不能忽略，则可采用赛德尔（Sieder）和泰特（Tate）根据实验结果提出的等壁温关联式计算全管平均 $Nu$：

$$Nu = 1.86 \, (Re_f \, Pr_f)^{1/3} \left(\frac{d}{l}\right)^{1/3} \left(\frac{\mu_f}{\mu_w}\right)^{0.14} \tag{2-94}$$

$\mu_w$ 为按壁温 $t_w$ 查出的流体动力黏度，其余热物性均以流体平均温度 $t_f$ 为定性温度，特征长度为管内径 $d$。适用范围为 $Re < 2300$、$Pr > 0.6$ 以及 $[Re \cdot Pr \cdot (d/l)] > 10$。最后一个条件是对管长的限制，显然 $l$ 不可能取无限长，否则 $Nu \to 0$。

（2）过渡流动状态的换热计算

$2300 < Re < 10^4$ 时，豪森（Hausen）推荐下列关联式计算全管平均 $Nu$：

$$Nu = 0.116(Re_f^{2/3} - 125)Pr_f^{1/3}\left[1 + \left(\frac{d}{l}\right)^{2/3}\right]\left(\frac{\mu_f}{\mu_w}\right)^{0.14} \tag{2-95}$$

除 $\mu_w$ 按壁温 $t_w$ 查出的流体动力黏度，定性温度为流体平均温度 $t_f$，特征长度为管内径 $d$。

最后指出，上述管槽内层流及湍流换热的准数方程只适用于管槽本身是静止的情形，在工程技术设备中，还会遇到管道本身是旋转的情形，如果使用上述准数方程进行估算，其结果偏于保守。

### 4. 短管、弯管和非圆管的修正

（1）非圆管的修正

除圆形管道外，工程上也会用到矩形管（比如风道）或其他截面形状的非圆管。常用的工程处理方法是采用当量直径作为特征长度，以便应用以上的准数方程，当量直径 $de$ 按式（2-96）计算：

$$de = \frac{4A}{P} \tag{2-96}$$

式中　$A$——通道截面积，$m^2$；

　　　$P$——润湿周长，m。

对于长方形截面这一类通道，应用当量直径作为特征长度的方法可以取得满意的结果。但当截面上出现尖角的流动区域时，应用当量直径的方法会导致较大的误差，为提高计算结果的准确度，应采用专门的准数方程或其他研究结果。

（2）短管的修正

对于短管来说 $l/d<50$，管长将成为换热过程的一个影响因素，其相应的特征关系式为：

$$Nu=f\left(Re,Pr,\frac{l}{d}\right) \tag{2-97}$$

所以由以上特征数方程求得的对流换热系数 $h$ 值必须再乘以修正系数 $C_1$，表 2-3 和表 2-4 分别为湍流和层流短管的修正系数。

表 2-3 湍流时的校正系数 $C_1$ 值

| $Re_f$ \ $l/d$ | 1 | 2 | 5 | 10 | 15 | 20 | 30 | 40 | 50 |
|---|---|---|---|---|---|---|---|---|---|
| $1\times10^4$ | 1.65 | 1.50 | 1.34 | 1.23 | 1.17 | 1.13 | 1.07 | 1.03 | 1 |
| $2\times10^4$ | 1.51 | 1.40 | 1.27 | 1.18 | 1.13 | 1.10 | 1.05 | 1.02 | 1 |
| $5\times10^4$ | 1.34 | 1.27 | 1.18 | 1.13 | 1.10 | 1.08 | 1.04 | 1.02 | 1 |
| $1\times10^5$ | 1.28 | 1.22 | 1.15 | 1.10 | 1.08 | 1.06 | 1.03 | 1.02 | 1 |
| $1\times10^6$ | 1.14 | 1.11 | 1.08 | 1.05 | 1.04 | 1.03 | 1.02 | 1.01 | 1 |

表 2-4 层流时的修正系数 $C_1$ 值

| $l/d$ | 1 | 2 | 5 | 10 | 15 | 20 | 30 | 40 | 50 |
|---|---|---|---|---|---|---|---|---|---|
| $C_1$ | 1.90 | 1.70 | 1.44 | 1.28 | 1.17 | 1.13 | 1.05 | 1.02 | 1 |

（3）弯管的修正

流体在弯管中流动时会由于离心力的作用增加流体的扰动力（图 2-45），从而使换热得到强化。一般换热器中弯头的长度在总管长中所占比例较小，不必考虑上述影响。对于螺旋盘管，流体在其中作连续的螺旋运动，可将直管关联式计算得到的 $Nu$ 乘以系数 $C_R$ 以作修正，$C_R$ 按下面两式计算：

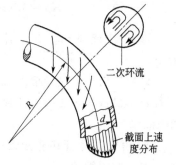

图 2-45 弯管的扰动效应

对气体 $\qquad C_R=1+1.77d/R$ （2-98）

对液体 $\qquad C_R=1+10.3(d/R)^3$ （2-99）

式中 $\quad d$——管内径，m；

$\qquad R$——弯管的曲率半径，m。

（4）入口段效应

对于工业设备中常见的尖角入口，推荐以下的入口效应修正系数：

$$C_1=1+\left(\frac{d}{l}\right)^{0.7} \tag{2-100}$$

但要注意，豪森公式本身已包含了入口效应的修正系数。

**例 2-14** 20℃的水以 2m/s 的平均速度流进直径为 20mm 的长管。设水的出口温度为 60℃，圆管内壁平均温度为 90℃，计算水的表面换热系数。

**解** 首先计算水的平均温度，查取物性；计算 $Re$，确定流态；选取适当的特征数关联式。

$$t_f = \frac{1}{2}(t_f' + t_f'') = \frac{1}{2}(20 + 60) = 40(℃)$$

$$t_w = 90℃$$

从附录中查得：$\nu = 0.659 \times 10^{-6} \mathrm{m^2/s}$，$\lambda = 0.635 \mathrm{W/(m \cdot K)}$，$Pr_f = 4.31$，$Pr_w = 1.95$

$$Re = \frac{ud}{\nu} = \frac{2 \times 0.02}{0.659 \times 10^{-6}} = 6.1 \times 10^4 > 10^4$$

由此判断为湍流。题示条件为长管，考虑 $t_w$ 与 $t_f$ 之差已达 50℃，选用带修正项的式 (2-92)。

$$Nu = 0.021 Re_f^{0.8} Pr_f^{0.43}\left(\frac{Pr_f}{Pr_w}\right)^{0.25}$$

$$= 0.021 \times (6.1 \times 10^4)^{0.8} \times 4.31^{0.43} \times \left(\frac{4.31}{1.95}\right)^{0.25}$$

$$= 323.16$$

$$h = \frac{Nu\lambda}{d} = 323.16 \times \frac{0.635}{0.02} = 10260.33[\mathrm{W/(m^2 \cdot K)}]$$

如果不考虑黏性修正而选用式(2-91)，误差会有多大呢？根据式(2-91)，有：

$$Nu = 0.023 Re^{0.8} Pr^{0.4} = 0.023 \times (6.1 \times 10^4)^{0.8} \times (4.31)^{0.4} = 277.832$$

误差为：
$$\frac{323.16 - 277.832}{323.35} = 14.02\%$$

由【例 2-14】可以总结出运用特征数关联式计算 $h$ 的步骤：
(1) 计算定性温度，查出物性参数之值；
(2) 计算 $Re$；
(3) 选取特征数关联式；
(4) 将特征长度及物理量代入选定的关联式计算 $Nu$ 和 $h$；
(5) 根据需要计算 $Q$ 等物理量。

**例 2-15** 40℃的水以 2cm/s 的速度流入直径为 2.54cm 的圆管，管长 2m，管内壁温度恒定在 90℃，水的出口温度为 80℃，试计算换热量 $Q$。

**解** 定性温度 $t_f = \frac{40 + 80}{2} = 60(℃)$

这时的物理量为：

$$\rho = 983.2 \mathrm{kg/m^3} \qquad c_p = 4.18 \mathrm{kJ/(kg \cdot K)}$$

$$\mu = 469.9 \times 10^{-6} \mathrm{Pa \cdot s} \qquad \lambda = 0.659 \mathrm{W/(m \cdot K)} \qquad Pr = 2.98$$

确定雷诺数

$$Re = \frac{\rho u d}{\mu} = \frac{983.2 \times 0.02 \times 0.0254}{469.9 \times 10^{-6}} = 1063$$

属层流流动，计算判断用参数：

$$Re \cdot Pr \cdot (d/l) = \frac{1063 \times 2.98 \times 0.0254}{2} = 40.23 > 10$$

因此可按式(2-94)计算，90℃壁温下水的 $\mu_w = 314.9 \times 10^{-6} \mathrm{Pa \cdot s}$

$$Nu = 1.86(Re_f Pr_f)1/3\left(\frac{d}{l}\right)^{1/3}\left(\frac{\mu_f}{\mu_w}\right)^{0.14}$$

$$= 1.86\times\left(\frac{1063\times2.98\times0.0254}{2}\right)^{1/3}\left(\frac{469.9\times10^{-6}}{314.9\times10^{-6}}\right)^{0.14} = 6.74$$

$$h = \frac{Nu\lambda}{d} = \frac{6.74\times0.659}{0.0254} = 174.87[\text{W/(m}^2\cdot\text{K)}]$$

$$Q = hA\Delta t = h\pi dl\Delta t = 174.87\times0.0254\times2\pi\times(90-60) = 837.24(\text{W})$$

**例 2-16**　水以 0.7kg/s 的流量进入内径 25mm 的圆管，进口水温 36℃，管内壁温度为 70℃。试问水的出口温度达到 44℃时，需要多长的管子？

**解**　定性温度　$t_f = \dfrac{t_f'+t_f''}{2} = \dfrac{36+44}{2} = 40(℃)$

因此　$\rho = 992.2\text{kg/m}^3$　　　$C_p = 4.174\text{kJ/(kg}\cdot℃)$

$\lambda = 0.635\text{W/(m}\cdot℃)$　　$\mu = 653.3\times10^{-6}\text{Pa}\cdot\text{s}$

$\nu = 0.659\times10^{-6}\text{m}^2/\text{s}$　　$Pr = 4.31$

确定速度和 $Re$：

$$m = \rho u\frac{\pi d^2}{4}$$

$$u = \frac{4m}{\pi d^2\rho} = \frac{4\times0.7}{\pi(0.025)^2\times992.2} = 1.437(\text{m/s})$$

$$Re = \frac{ud}{\nu} = \frac{1.437\times0.025}{0.659\times10^{-6}} = 54514.4 > 10^4$$

$m$ 为质量流量。根据计算判定流动属于湍流。但因管长未知，不能确定是否是长管，只能试算。先假定为长管，按相应公式计算，根据热平衡求出管长，再判断是否属长管。如果不是，再用短管公式计算。

假定为长管，考虑 $t_w$ 和 $t_f$ 差别尚不算大，这时的湍流换热计算式可选：

$$Nu = 0.023Re^{0.8}Pr^{0.4}$$

$$h = \frac{Nu\lambda}{d} = 0.023\times(54514.4)^{0.8}\times(4.31)^{0.4}\times\frac{0.635}{0.025} = 6450[\text{W/(m}^2\cdot℃)]$$

根据热平衡关系，有：

$$Q = h(\pi dl)(t_w-t_f) = mc_p(t_f''-t_f')$$

$$l = \frac{mc_p(t_f''-t_f')}{h\pi d(t_w-t_f)} = \frac{0.7\times4174\times(44-36)}{6450\pi\times0.025\times(70-30)} = 1.538(\text{m})$$

判断是否属长管，因 $l/d = 1.538/0.025 = 61.5 > 50$

可以确定为长管，说明上述计算式的选择正确，计算出的管长符合要求。

## （二）外部强制流动及对流换热特征数方程

流体掠过平壁、单管和管束作强制对流运动的换热过程，是工程中经常遇到的，可以借助适当的特征数关联式求解。

### 1. 流体横掠圆管时的对流换热

（1）单管

　　横掠单管，就是流体沿着垂直于管子轴线的方向流过管子表面（图 2-46）。由流体力学知识可知，流体横掠单根圆管流动有两个特点：①流动边界层有层流和湍流之分；②流动会出现分离现象，在分离点之后可能会有回流，其流动状态同 $Re$ 的大小密切相关。由于上述特点，将使得换热系数沿圆管周向而发生变化，在边界层从层流转变为湍流处，换热系数急剧增大，当仅仅关注管壁与流体间总的换热效果时，只要知道沿周向的平均换热系数的大小就可以了。

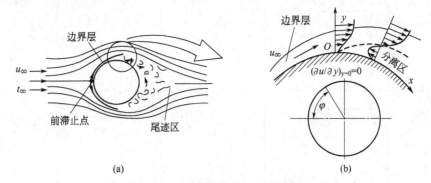

图 2-46　横掠单根圆管流动的情形

　　流体从垂直方向横掠单管的对流换热可以用楚考斯克斯（Zhukauskas）提出的下面两个适应性很强的计算公式。

　　当 $1<Re_f<10^3$，$Pr=0.7\sim350$ 时，有：

$$Nu_f=(0.43+0.50\,Re_f^{0.5})Pr_f^{0.38}\left(\frac{Pr_f}{Pr_w}\right)^{0.25} \tag{2-101}$$

　　当 $10^3<Re_f<2\times10^5$，$Pr=0.7\sim350$ 时，有：

$$Nu_f=0.25\,Re_f^{0.6}\,Pr_f^{0.38}\left(\frac{Pr_f}{Pr_w}\right)^{0.25} \tag{2-102}$$

　　特征长度为管外径。对于气体可将普朗特数的比值一项略去。

　　横掠单管也可采用以下分段幂次关联式：

$$Nu=CRe^nPr^{1/3} \tag{2-103}$$

　　式中，$C$ 及 $n$ 的值见表 2-5，定性温度为 $(t_w+t_f)/2$；特征长度为管外径；$Re$ 数中的特征速度为来流速度。该式对空气的试验温度验证范围为：$t_f=15.5\sim982℃$，$t_w=21\sim1046℃$。

　　上式根据对空气的实验结果可以推广到烟气和液体。

表 2-5　$C$ 和 $n$ 的值

| $Re$ | $C$ | $n$ |
|---|---|---|
| 0.4～4 | 0.989 | 0.330 |
| 4～40 | 0.911 | 0.385 |
| 40～4000 | 0.683 | 0.466 |
| 4000～40000 | 0.193 | 0.618 |
| 40000～400000 | 0.0266 | 0.805 |

　　气体横掠非圆形截面的柱体或管道的对流换热也可采用式（2-103）计算。对于几种常见

截面形状的柱体，系数 $C$ 及 $n$ 的值列在表 2-6 中，表中示出的几何尺寸 $l$ 是计算 $Nu$ 数和 $Re$ 数时用的特征长度。

表 2-6　气体横掠非圆形截面柱体计算式中的常数

| 项目 | 截面形状 | $Re$ | $C$ | $n$ |
|---|---|---|---|---|
| 正方形 | ◇ | $5×10^3 \sim 10^5$ | 0.246 | 0.588 |
| | □ | $5×10^3 \sim 10^5$ | 0.102 | 0.675 |
| 正六边形 | ⬡ | $5×10^3 \sim 1.95×10^4$ <br> $1.95×10^4 \sim 10^5$ | 0.160 <br> 0.0385 | 0.638 <br> 0.782 |
| | ⬡ | $5×10^3 \sim 10^5$ | 0.153 | 0.638 |
| 竖直平板 | ▯ | $4×10^3 \sim 1.5×10^4$ | 0.228 | 0.731 |

（2）管束

工业生产中经常利用空气横向流过管束组成的换热器以实现换热过程。管束的排列有顺排和叉排两种，如图 2-47。叉排时，流体在管间交替收缩和扩张的弯曲通道中流动，比顺排时在通道中的流动扰动剧烈。因此，一般来说，叉排的换热效果较好，但阻力损失大于顺排。影响管束换热的因素除 $Re$、$Pr$ 数外，还有叉排或顺排、管间距、管束排数等。

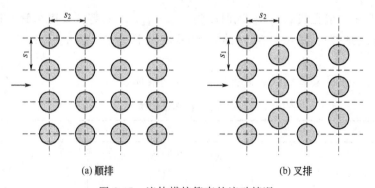

(a) 顺排　　　　　　　　(b) 叉排

图 2-47　流体横掠管束的流动情况

计算管束对流换热系数的准数方程很多，一般均整理成如下幂函数的形式：

$$Nu_f = CRe_f^n \, Pr_f^m \left(\frac{Pr_f}{Pr_w}\right)^{0.25} \left(\frac{s_1}{s_2}\right)^p \varepsilon_z \tag{2-104}$$

式中　$\dfrac{s_1}{s_2}$——管束的相对间距；

　　　$\varepsilon_z$——排数的影响校正系数，查表 2-7。

表 2-7　管排修正系数 $\varepsilon_z$

| 总排数 | 1 | 2 | 3 | 4 | 5 | 6 | 7 | 8 | 9 | 10 |
|---|---|---|---|---|---|---|---|---|---|---|
| 顺排 | 0.64 | 0.80 | 0.87 | 0.90 | 0.92 | 0.94 | 0.96 | 0.98 | 0.99 | 1.00 |
| 叉排 | 0.68 | 0.75 | 0.83 | 0.89 | 0.92 | 0.95 | 0.97 | 0.98 | 0.99 | 1.00 |

当排数大于 10 排时，管簇中的平均换热系数可采用表 2-8 中的公式计算。式中的定性温度用流体的平均温度，管子外径 $d$ 为特征长度，$Re$ 中流速为最窄截面处的流速。

表 2-8　横掠管束时对流换热实验关联式

| 排列方式 | 适用范围 | | 准数方程式 | 对空气或烟气的简化式（$Pr=0.7$） |
|---|---|---|---|---|
| 顺排 | $Re_f=10^3\sim2\times10^5$ | | $Nu_f=0.27\,Re_f^{0.63}\,Pr_f^{0.36}\left(\dfrac{Pr_f}{Pr_w}\right)^{0.25}$ | $Nu_f=0.24\,Re_f^{0.63}$ |
| | $Re_f>2\times10^5$ | | $Nu_f=0.021\,Re_f^{0.84}\,Pr_f^{0.36}\left(\dfrac{Pr_f}{Pr_w}\right)^{0.25}$ | $Nu_f=0.018\,Re_f^{0.84}$ |
| 叉排 | $Re_f=10^3\sim2\times10^5$ | $\dfrac{s_1}{s_2}>2$ | $Nu_f=0.40\,Re_f^{0.6}\,Pr_f^{0.36}\left(\dfrac{Pr_f}{Pr_w}\right)^{0.25}$ | $Nu_f=0.35\,Re_f^{0.6}$ |
| | | $\dfrac{s_1}{s_2}\leqslant2$ | $Nu_f=0.35\,Re_f^{0.6}\,Pr_f^{0.36}\left(\dfrac{Pr_f}{Pr_w}\right)^{0.25}\left(\dfrac{s_1}{s_2}\right)^{0.2}$ | $Nu_f=0.31\,Re_f^{0.6}\left(\dfrac{s_1}{s_2}\right)^{0.2}$ |
| | $Re_f>2\times10^5$ | | $Nu_f=0.022\,Re_f^{0.84}\,Pr_f^{0.36}\left(\dfrac{Pr_f}{Pr_w}\right)^{0.25}$ | $Nu_f=0.019\,Re_f^{0.84}$ |

以上各式适用于流体流动方向与管簇轴向成 90°时。当流体横向掠过管面的冲击角小于 90°时，换热系数会减小，因而要乘以修正系数 $\varepsilon_\varphi$。

$$h_\varphi=h_{90°}\varepsilon_\varphi \tag{2-105}$$

修正系数 $\varepsilon_\varphi$ 值从表 2-9 中查得。

表 2-9　修正系数 $\varepsilon_\varphi$ 值

| $\varphi/(°)$ | 90 | 80 | 70 | 60 | 50 | 40 | 30 | 20 | 10 |
|---|---|---|---|---|---|---|---|---|---|
| $\varepsilon_\varphi$ | 1.0 | 1.0 | 0.98 | 0.94 | 0.88 | 0.78 | 0.67 | 0.52 | 0.42 |

如果对式(2-104)进行分析，不难发现：对同一流体而言，温度越高，流速越大，管径越小，则流体与管簇之间的对流换热能力越大。当各种条件相同时，叉排式比顺排式管簇的换热能力强。

例 2-17　试求某余热锅炉中四排管子所组成的顺排管子的换热系数。设管子的外直径为 60mm，$\dfrac{s_1}{d}=\dfrac{s_2}{d}=2$，烟气的平均温度为 $t_f=600℃$，管壁温度为 $t_w=120℃$，烟气通过最窄截面处的平均流速为 8m/s，冲击角为 60°。

**解** （1）当 $t_f = 600℃$ 时，查得烟气的各种物性参数值为：

$$\lambda_f = 7.42 \times 10^{-2} \text{W/(m} \cdot ℃); \quad \nu_f = 93.61 \times 10^{-6} \text{m}^2/\text{s}$$

$$Pr_f = 0.62; \quad Pr_w = 0.686$$

（2）计算 $Re_f$ 数：

$$Re_f = \frac{du}{\nu_f} = \frac{8 \times 0.06}{93.61 \times 10^{-6}} = 5128$$

（3）在表 2-8 中选用计算公式为：

$$Nu_f = 0.27 Re_f^{0.63} Pr_f^{0.36} \left(\frac{Pr_f}{Pr_w}\right)^{0.25} = 0.27 \times (5128)^{0.63} \times (0.62)^{0.36} \times \left(\frac{0.62}{0.686}\right)^{0.25} = 48.18$$

（4）计算对流换热系数 $h$ 值：

$$h = \frac{\lambda_f Nu_f}{d} = \frac{7.42 \times 10^{-2} \times 48.18}{0.06} = 59.58 [\text{W/(m}^2 \cdot ℃)]$$

（5）因为管簇只有 4 排，必须乘以修正系数 $\varepsilon_z$。从表 2-7 查得 $\varepsilon_z = 0.9$，平均换热系数为：

$$h_{90°} = 59.58 \times 0.9 = 53.62 [\text{W/(m}^2 \cdot ℃)]$$

（6）最后，校正冲击角的影响，从表 2-9 查得，当 $\varphi = 60°$ 时，$\varepsilon_\varphi = 0.94$，因此有：

$$h_\varphi = h_{90°} \varepsilon_\varphi = 53.62 \times 0.94 = 50.40 [\text{W/(m}^2 \cdot ℃)]$$

**2. 流体外掠平壁时的对流换热**

外掠平壁属于外部无界流动形式之一，其基本特征是在壁面的法线方向上流体一直伸展到无穷远。所谓"平壁"，实际上也可以包括曲率半径相对很小的弧形表面。将这一传热过程用特征数方程来表达，即：

$$Nu = f(Re, Pr)$$

根据实验数据整理的计算式如下。

$Re_f > 10^5$ 时，有：

$$Nu_f = 0.037 Re_f^{0.8} Pr_f^{0.43} \left(\frac{Pr_f}{Pr_w}\right)^{0.25} \tag{2-106}$$

$Re_f < 10^5$ 时

$$Nu_f = 0.68 Re_f^{0.5} Pr_f^{0.43} \left(\frac{Pr_f}{Pr_w}\right)^{0.25} \tag{2-107}$$

如果流体是空气或者是与空气接近 $Pr$ 数值的其他气体，则上两式可简化成为式（2-108）和式（2-109）。

$$Nu_f = 0.032 Re_f^{0.8} \tag{2-108}$$

$$Nu_f = 0.59 Re_f^{0.5} \tag{2-109}$$

取平壁长度 $l$ 为特征长度，定性温度为流体温度。

以上介绍的计算式中，并没有考虑到自然对流对换热的影响（即公式中没有包括 $Gr$ 数）。当流体沿平壁表面流动速度很小时，自然对流起很大的影响，计算结果将与实际情况有较大的误差，此时，应该同时按照自然对流换热公式计算，并选取其中 $h$ 较大的一个为准。

# 六、流体自然对流换热

## （一）自然对流换热特性及换热特征数方程

自然对流是指不依靠泵或风机等外力推动，由流体自身温度场的不均匀造成不均匀的密度场从而引起流体自由运动，称为流体的自然对流换热。在一般情况下，不均匀的温度场仅发生在换热面附近的薄层内。下面以置于空气中的竖直热表面所引起的自然对流为例，来分析自然对流换热机理，如图 2-48(a) 所示，临近热表面的一个薄层内的空气被加热，温度升高，密度降低，从而沿着热表面向上流动。如果取出一个垂直于热表面的截面（如图 2-48 中的 1—1 截面）来看，空气温度随着

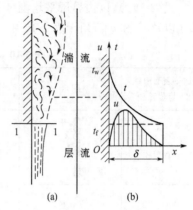

图 2-48　自然对流换热的
流动与传热特征

离热表面的距离 $x$ 而变化。与壁面相接触的空气温度等于壁温 $t_w$，随着离开表面距离的增加，空气温度逐渐降低，等到离开表面一定距离 $\delta$ 以后，空气温度就几乎不再变化，就等于没有受到加热影响的空气温度 $t_f$，图 2-48(b) 中示出边界层内的温度变化和速度变化。

自然对流的流体状态也有层流和湍流两种。自然对流时，促使流体运动的力是浮升力，阻碍流体流动的力是黏性力，因此，这两种力的相对大小就决定了流动状态。空气沿着热表面向上流动时，流体不断从板面吸取热量，温度继续升高，并加热其邻近的流体，也使之温度上升，从而使向上流动的流体层沿板面自下而上地逐渐增厚。如果将该流体层视为流动边界层，那么可以肯定，在板的下端流动边界层处于层流状态，其厚度沿板的高度逐渐增大，然后经由过渡状态发展成为湍流。

浮升力与黏性力之比可以用 $Gr$ 数来表达，$Gr=\dfrac{g\beta\Delta t l^3}{v^2}$。$\beta$ 是流体的体积膨胀系数，对于理想气体 $\beta=1/T$；$\Delta t$ 是壁面与流体的温差（$t_w-t_f$）；$l$ 是特征长度。因此，$Gr$ 数越大，自然对流换热就越强烈。当流体沿着热表面作自然对流时，流动与传热是密切相连的，因而流体的热物理性参数（如 $\lambda$，$c_p$）也会对流动状态有所影响。实验证明，辨别自然对流时层流与湍流的依据是 $Gr$ 数与 $Pr$ 数的乘积。例如，沿竖壁或者水平圆管流动时，层流与湍流的分界点为：$GrPr=10^9$。

用相似准数方程来描写自然对流换热过程，可写成：

$$Nu=f(Gr,Pr)$$

格拉晓夫准数（$Gr$）在自然对流换热现象中的作用与雷诺数（$Re$）在强制对流换热中的作用相当，不同流动形态的自然对流换热规律具有不同的具体形式。

自然对流换热问题可分为大空间自然对流换热和有限空间自然对流换热。

## （二）大空间中的自然对流换热

所谓大空间（无限空间），指的是空间尺寸比物体的尺寸大得多的空间，物体放热的结果不致引起空间流体温度的变化。例如，工业窑炉在建筑物内的自然对流换热，可认为是在无限空间中的自然对流换热。

工程中广泛使用的是下列形式的关联式：

$$Nu=C(Gr\cdot Pr)_b^n \tag{2-110}$$

式(2-110)以边界层平均温度作为定性温度，$t_b=(t_f+t_w)/2$。对各种形状物体的定性尺寸以及 $C$ 和 $n$ 值列于表 2-10 中。式(2-110)和表 2-10 的值仅适用于恒壁温的情况。

表 2-10　大空间自然对流换热计算 $C$ 和 $n$ 值

| 加热表面形状与位置 | 图示 | 实例 | 系数 $C$ 与指数 $n$ | | | 特征长度 | $Gr \times Pr$ 的范围 |
|---|---|---|---|---|---|---|---|
| | | | 流态 | $C$ | $n$ | | |
| 竖直平壁或竖直圆柱 | | 炉墙 | 层流 | 0.59 | $\frac{1}{4}$ | 高度 $H$ | $10^4 \sim 10^9$ |
| | | | 湍流 | 0.12 | $\frac{1}{3}$ | | $10^9 \sim 10^{12}$ |
| 水平圆柱 | | 蒸汽管道 | 层流 | 0.53 | $\frac{1}{4}$ | 外径 $d$ | $10^3 \sim 10^9$ |
| | | | 湍流 | 0.13 | $\frac{1}{3}$ | | $10^9 \sim 10^{12}$ |
| 水平板热面向上 | | 炉顶 | 层流 | 0.54 | $\frac{1}{4}$ | 正方形取边长，长方形取两边平均值，圆盘取 $0.9d$，狭长条取短边 | $10^5 \sim 2 \times 10^7$ |
| | | | 湍流 | 0.14 | $\frac{1}{3}$ | | $2 \times 10^7 \sim 3 \times 10^{10}$ |
| 水平板热面向下 | | 池窑窑底 | 层流 | 0.27 | $\frac{1}{4}$ | | $3 \times 10^5 \sim 3 \times 10^{10}$ |

由表 2-10 可知，湍流时 $n=1/3$，可以使式(2-110)中 $Gr$ 特征数中的定性尺寸消去，表示此时传热过程与壁面尺寸无关。

式(2-110)只适用于无限空间自然对流换热。实践表明，对于距离 $a$，高度为 $H$ 的两个平行热竖壁之间的空气层与壁面间的自然对流换热（图 2-49），底部封闭时，只要 $a/H > 0.28$，就可以作为无限空间自然对流换热问题来计算；底部开口时，只要 $b/H > 0.01$，壁面换热也可按无限空间自然对流处理。

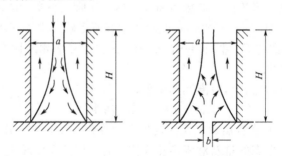

图 2-49　两平行竖壁间空气的自然对流换热

**例 2-18**　有一根水平放置的高压水蒸气管道，绝热层外径 $d$ 为 583mm，外壁温度 $t_w=48℃$，周围空气温度 $t_f=23℃$。试计算每米蒸汽管上通过自然对流的散热量。

**解**　先计算 $Gr$ 以判别流态。定性温度 $t_b=\dfrac{t_w+t_f}{2}=\dfrac{48+23}{2}=35.5(℃)$

查得：$v=16.53\times10^{-6}\,\mathrm{m^2/s}$，$Pr=0.700$，$\lambda=0.0272\mathrm{W/(m \cdot ℃)}$，

另外，$\beta=\dfrac{1}{T_b}=\dfrac{1}{273+35.5}=\dfrac{1}{308.5}(1/K)$，$\Delta t=t_w-t_f=48-23=25(K)$，

于是有：

$$(Gr \cdot Pr)_b = \left[\left(\frac{g\beta \Delta t l_0^3}{v^2}\right)Pr\right]_b$$

$$= \frac{9.8 \times \frac{1}{308.5} \times 25 \times 0.583^3}{(16.53 \times 10^{-6})^2} \times 0.700 = 4.03 \times 10^8 < 10^9$$

故处于层流状态。

查表 2-10，得 $C=0.53$，$n=1/4$，其特征长度 $d=0.583$m，由式(2-110) 可知：

$$h = \frac{\lambda}{d}C(Gr \cdot Pr)_b^n = \frac{0.0272}{0.583} \times 0.53 \times (4.03 \times 10^8)^{1/4} = 3.5[\text{W}/(\text{m}^2 \cdot ℃)]$$

每米管道上的对流散热量为

$$q_l = \pi d \times 1 \times h \Delta t = 3.14 \times 0.583 \times 1 \times 3.5 \times 25 = 160.2(\text{W/m})$$

蒸汽管道的总散热量还要包括辐射传热，将在辐射换热中讨论。

**例 2-19** 温度为 10℃ 的房间利用烟筒取暖，烟筒直径为 15cm，垂直部分高 1.8m，水平部分长 5m。烟筒平均壁温为 110℃，求单位时间的对流换热量。

**解** 平均温度 $t_b = (t_w + t_f)/2 = (110+10)/2 = 60(℃)$

以平均温度作定性温度，从附录中查得如下空气热物性的数值：

$\rho = 1.06\text{kg/m}^3$；$c_p = 1.005\text{kJ}/(\text{kg} \cdot ℃)$；$\lambda = 0.029\text{W}/(\text{m} \cdot \text{K})$；$v = 18.97 \times 10^{-6}\text{m}^2/\text{s}$

(1) 垂直部分的散热量按竖圆柱公式计算，首先确定参数范围，为此有：

$$Gr = \frac{g\beta \Delta t l^3}{v^2} = \frac{9.8 \times (110-10) \times 1.8^3}{(18.97 \times 10^{-6})^2 \times (273+60)} = 4.77 \times 10^{10}$$

其中特征长度 $l$ 为烟筒垂直高度，$\beta = 1/T_b$，而：

$$Gr \cdot Pr = 4.77 \times 10^{10} \times 0.7 = 3.33 \times 10^{10}$$

从表 2-10 查出，$C=0.12$，$n=1/3$，则有

$$Nu = C(Gr \cdot Pr)^n = 0.12 \times (3.33 \times 10^{10})^{1/3} = 386.07$$

$$h = \frac{Nu\lambda}{l} = \frac{386.07 \times 0.029}{1.8} = 6.22[\text{W}/(\text{m}^2 \cdot \text{K})]$$

$$Q_1 = \pi dlh(t_w - t_f) = 3.14 \times 0.15 \times 1.8 \times 6.22 \times 100 = 527.33(\text{W})$$

(2) 计算烟筒水平部分散热，此时特征长度为烟筒外径 0.15m；

$$Gr = \frac{g\beta \Delta t l^3}{v^2} = \frac{9.8 \times 100 \times 0.15^3}{(18.97 \times 10^{-6})^2 \times (273+60)} = 2.76 \times 10^7$$

$$Gr \cdot Pr = 2.76 \times 10^7 \times 0.7 = 1.932 \times 10^7$$

由表 2-10 查得 $C=0.53$，$n=1/4$

$$Nu = C(Gr \cdot Pr)^n = 0.53 \times (1.932 \times 10^7)^{1/4} = 35.138$$

$$h = \frac{Nu\lambda}{l} = \frac{35.138 \times 0.029}{0.15} = 6.79[\text{W}/(\text{m}^2 \cdot \text{K})]$$

$$Q_2 = \pi dlh(t_w - t_f) = 3.14 \times 0.15 \times 5 \times 6.79 \times 100 = 1599.05(\text{W})$$

$$Q = Q_1 + Q_2 = 527.33 + 1559.05 = 2086.38(\text{W})$$

**（三）有限空间中的自然对流换热**

在比较小的空间里，流体的受热和冷却是在彼此靠很近的地方发生的，这是有限空间中

自然对流换热的特点。靠近热面的流体受热要上升，靠近冷面的流体被冷却而下降。由于壁面靠得较近，冷热两股流体互相干扰，要区分冷、热表面对气流产生自然对流的影响是困难的，它与无限空间中的自然对流换热不相同。热流量通过此空间是热面放热和冷面受热两者综合的结果。为了计算方便，通常把这两种对流换热过程按导热方式处理，热导率采用当量热导率 $\lambda_e$，此时，对流换热量为：

$$q = \frac{\lambda_e}{\delta} \Delta t \tag{2-111}$$

式中　$\lambda_e$——当量热导率，$W/(m \cdot ℃)$；

$\delta$——两壁间厚度，m；

$\Delta t$——两壁面间温度差，℃。

在文献中，通常把 $\lambda_e$ 与流体的热导率 $\lambda$ 的比值整理成如下关系式：

$$\frac{\lambda_e}{\lambda} = f(Gr, Pr) \tag{2-112}$$

式中，$\lambda_e/\lambda$ 的意义相当于两壁间对流换热的 $Nu$ 准数。因此，根据牛顿冷却公式，有：

$$q = h \Delta t$$

可以改写成：

$$q = \frac{h\delta}{\lambda} \times \frac{\lambda}{\delta} \Delta t = Nu \frac{\lambda}{\delta} \Delta t$$

此式与式(2-111)相比，可得：

$$Nu = \frac{\lambda_e}{\lambda} \tag{2-113}$$

$\lambda_e/\lambda$ 的值，可按表 2-11 中所列公式计算。从表中所列计算式可知，当空气的 $Gr < 2000$ 时，$\frac{\lambda_e}{\lambda} = 1$，说明夹层中空气几乎静止的，没有对流换热。从热表面到冷表面的传热完全取决于流体的导热性。式中的特征长度取夹层厚度 $\delta$；定性温度取夹层中流体的平均温度，即 $t_f = \frac{t_{w_1} + t_{w_2}}{2}$；计算 $Gr$ 数时的 $\Delta t$ 为 $t_{w_1}$ 和 $t_{w_2}$ 之差。

表 2-11　有限空间自然对流换热计算式

| 夹层形状 | 图示 | 传热量 | 当量热导率 $\lambda_e$ | 适用范围 | 流态 |
|---|---|---|---|---|---|
| 竖夹层（当 $\frac{\delta}{h} > 0.33$ 时可按无限大空间计算） | | $q = \frac{\lambda_e}{\delta} \times (t_{w_1} - t_{w_2})$<br>$q$——单位面积的传热量；<br>$\delta$——夹层厚度；<br>$t_{w_1}$——热面温度；<br>$t_{w_2}$——冷面温度 | $\frac{\lambda_e}{\lambda} = 1$ | $Gr < 2000$ 空气 | 几乎不流动 |
| | | | $\frac{\lambda_e}{\lambda} = 0.18 Gr^{\frac{1}{4}} \left(\frac{\delta}{h}\right)^{\frac{1}{9}}$ | $Gr = 6 \times 10^3 \sim 2 \times 10^5$ 空气 | 层流 |
| | | | $\frac{\lambda_e}{\lambda} = 0.065 Gr^{\frac{1}{3}} \left(\frac{\delta}{h}\right)^{\frac{1}{9}}$ | $Gr = 2 \times 10^5 \sim 1.1 \times 10^7$ 空气 | 湍流 |
| 横夹层（热面在下面） | | | $\frac{\lambda_e}{\lambda} = 0.195 Gr^{\frac{1}{4}}$ | $Gr = 10^4 \sim 4 \times 10^5$ 空气 | 层流 |
| | | | $\frac{\lambda_e}{\lambda} = 0.068 Gr^{\frac{1}{3}}$ | $Gr > 4 \times 10^5$ 空气 | 湍流 |
| | | | $\frac{\lambda_e}{\lambda} = 0.073 (Gr \cdot Pr^{1.15})^{\frac{1}{3}}$ | $(Gr \cdot Pr^{1.65})$<br>$> 1.6 \times 10^5$ | 湍流 |

| 夹层形状 | 图示 | 传热量 | 当量热导率 $\lambda_e$ | 适用范围 | 流态 |
|---|---|---|---|---|---|
| 环状夹层<br>（热面在内）<br>$\delta=\dfrac{1}{2}$<br>$(d_2-d_1)$ | $t_{w2}$<br>$t_{w1}$ | 单位长度的换热量<br>$q_1=\dfrac{2\pi\lambda_e(t_{w1}-t_{w2})}{\ln\dfrac{d_2}{d_1}}$<br>$d_2$——外筒外径；<br>$d_1$——内筒内径 | $\dfrac{\lambda_e}{\lambda}=0.18(Gr\cdot Pr)^{\frac{1}{4}}$ | $(Gr\cdot Pr)=10^3\sim10^8$ | |

**例 2-20**　试求平板间空气夹层的当量热导率和对流换热量。设夹层厚度为 25.0mm，高 200mm，热表面温度 150℃，冷表面温度 50℃。

**解**　（1）计算夹层中空气的平均温度

$$t_f=\frac{t_{w1}+t_{w2}}{2}=\frac{150+50}{2}=100(℃)$$

（2）按 100℃查得空气的物性参数

$$\lambda=3.21\times10^{-2}\,W/(m\cdot℃)；\;v=2.31\times10^{-5}\,m^2/s；\;Pr_f=0.688$$

（3）计算 $Gr_f$

$$Gr_f=\frac{g\delta^3}{v^2}\beta\Delta t=\frac{9.81\times0.025^3}{(2.31\times10^{-5})^2}\times\frac{1}{273+100}\times(150-50)=7.7\times10^4$$

（4）根据表 2-11 中的计算式，求 $\lambda_e$

$$\frac{\lambda_e}{\lambda}=0.18Gr_f^{1/4}\left(\frac{\delta}{h}\right)^{1/9}=0.18\times(7.7\times10^4)^{1/4}\left(\frac{0.025}{0.2}\right)^{1/9}=2.38$$

$$\lambda_e=2.38\lambda=2.38\times3.21\times10^{-2}=7.64\times10^{-2}\,[W/(m\cdot℃)]$$

（5）计算对流换热量

$$q=\frac{\lambda_e}{\delta}\Delta t=\frac{0.0764}{0.025}\times100=305.6\,(W/m^2)$$

## 七、沸腾与凝结换热

凝结和沸腾均属相变换热，工质在相变过程中会释放或吸收汽化潜热，因此表面换热系数很高。制冷装置中工质在蒸发器中吸热沸腾，汽化为蒸气，经压缩机压缩提高压力和温度之后，又在冷凝器中凝结为液态，同时释放出潜热。工质在系统中作气液两相的交替变换，实现了连续的制冷。动力循环中同样利用了工质的相变换热。因此，研究相变换热有很高的实用价值。

### （一）沸腾换热

当液体的温度超过相应压力下的饱和温度时将会发生相变，并伴随产生大量的气泡，液体的这种气化过程称为沸腾。液体沸腾有两种基本类型：发生在液体内部的均相沸腾和发生在与液体直接接触的固体加热表面的非均相沸腾。传热学中主要研究非均相沸腾。沸腾时液体在热表面汽化，发生相变，同时吸收大量汽化热，产生的气泡会使热表面附近的液体发生剧烈搅动，所以沸腾对流换热系数比无相变时的换热系数大得多。例如，水的无相变对流换热系数在 $1.2\times10^4\,W/(m^2\cdot℃)$ 以下，但常压沸腾换热系数可达 $5.2\times10^4\,W/(m^2\cdot℃)$，

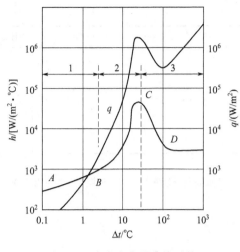

图 2-50 水在大容器沸腾时的
$h = f(\Delta t)$ 及 $q = f(\Delta t)$

在高压下甚至可达 $(2.3 \sim 3.5) \times 10^5$ W/$(m^2 \cdot ℃)$。

沸腾可以分成大容器沸腾和管内沸腾两类。大容器沸腾是指加热壁面被无宏观流速的液体所沉浸而产生的沸腾，热壁面所产生的气泡能脱离表面，自由浮升，液体的运动仅由于自然对流和气泡扰动所引起。如果在压力差的作用下，以一定的速度流过加热管，同时在管内发生沸腾，则称为管内沸腾。管内沸腾时，产生气-液两相流动，其机理十分复杂。这里重点讨论大容器沸腾。

### 1. 大容器沸腾

以水为例说明大容器沸腾的机理。图 2-50 为常压下水在电加热的铂丝表面上沸腾时得到的实验结果。它表明，随着 $\Delta t$ 的不同，可有三种沸腾状态。

在 $B$ 点以前的过程，壁温与液体温度之差（称沸腾温差 $\Delta t$）较小，约在 3℃ 以下，传给液体的热流量较少，加热面上没有气泡产生，没有沸腾现象，壁面热量靠自然对流换热过程传给水，蒸发在水的表面进行，这种现象称表面蒸发。随着 $\Delta t$ 的增加，加热面上将产生气泡，气泡逐渐长大，最后受浮力的作用而脱离热表面，升到液体表面，直到冲破液面进入大气空间，这就是曲线的 $BC$ 段。在这区段中，由于气泡的产生、脱离和浮升使液体受到剧烈扰动，所以，$h$ 和热流量均急剧增大，水在常压下 $\Delta t$，达到 25℃ 时，$h$ 将达到最大值，此时 $h$ 约为 $5.8 \times 10^4$ W/$(m^2 \cdot ℃)$，热流点 $q$ 达 $1.45 \times 10^6$ W/$m^2$。因为在这段区域中，气化核心产生的气泡对传热起着决定性的影响，通常称为泡状沸腾。一般工业设备的沸腾都是在这种状态下进行的。过了 $C$ 点以后，由于生成的气泡太多，以致在加热面上形成气膜，气膜阻碍传热，所以 $C$ 点以后，$h$ 反而随着 $\Delta t$ 增加而降低。在 $D$ 点以前气膜尚不稳定，它会突然地裂开，变成大气泡离开壁面；当到达 $D$ 点时，壁面几乎全部被一层气膜所覆盖，所以 $C$ 点以后，称为膜状沸腾。值得注意的是：在 $D$ 点以后，气化只能在膜的气-液交界面上进行，而汽化潜热则靠导热、对流和辐射通过气膜传递。$D$ 点以后，$q$-$\Delta t$ 曲线又将迅速回升，这是因为壁温过高，辐射传热量随热力学温度四次幂急剧增加之故。当 $\Delta t >$ 1000℃ 以后，加热面将处于烧红的状态。

由以上分析可知，影响沸腾传热的因素很多，尽管不少研究者做了大量工作，至今对其规律尚未搞清。对于泡状沸腾，罗斯诺（Rohsenow）建议采用如下经验公式：

$$\frac{C_p(t_w - t_1)}{rPr^{1.7}} = C_{sf} \left[ \frac{q}{\mu r} \sqrt{\frac{\sigma}{g(\rho_1 - \rho_v)}} \right]^{0.33} \tag{2-114}$$

式中，$C_{sf}$ 为常数，W·s/(kg·℃)，由实验确定，它取决于液体与加热器表面材料的组合，从表 2-12 中可查得水加-热器表面材料组合的数据；$t_w$、$t_1$ 分别为加热器表面温度和液体的饱和温度，℃；$r$ 为汽化潜热，W·s/kg；$g$ 为重力加速度，9.81m/s²；$C_p$、$\mu$、$Pr$、$\rho_1$ 分别为液体在饱和温度 $t_1$ 下的物性参数；$\rho_v$ 为蒸气密度，kg/m³；$\sigma$ 为液体-蒸汽界面上的表面张力，N/m。水在 100~373.9℃ 之间其表面张力大致与温度呈线性关系，可从式(2-115)求得：

$$\sigma = 8.46 \times 10^{-2} \times (1 - 0.00374t) \tag{2-115}$$

**表 2-12　不同水-加热器表面材料组合的 $C_{sf}$ 值**

| 水-加热器表面材料组合 | $C_{sf}$ | 水-加热器表面材料组合 | $C_{sf}$ |
|---|---|---|---|
| 水-镍 | 0.0016 | 水-磨光的不锈钢 | 0.0080 |
| 水-铜 | 0.013 | 水-化学腐蚀不锈钢 | 0.0132 |
| 水-黄铜 | 0.0016 | 水-机械磨光不锈钢 | 0.0132 |
| 水-铂 | 0.013 | | |

### 2. 管内沸腾

水在水管锅炉中沸腾是最典型的管内沸腾，由于发生在受限制的空间内，产生的蒸气和液体混合在一起，组成气-液两相混合物。现在来分析一根垂直圆管内沸腾的情况（图 2-51）。

设起初进入管内的液体温度低于饱和温度，不发生气化，这是单相液体的对流换热。随后，液体温度升高，达到饱和，发生气化，小气泡不断增加，这种气泡小而分散的流动状态为泡状流；随着气泡越来越多，小气泡变成大气泡，称为块状流。以后，液体中气体所占比例越来越大，管中心形成气芯，把液体排挤到管壁附近，呈环状液膜，称为环状流，此时，热量主要以对流方式通过液膜传入管内，气化过程发生在气-液交界面上。不断气化的结果使液膜逐渐减薄，直到气化完毕，全部变成饱和蒸汽。湿蒸汽再进一步成为过热蒸汽，又进入单相蒸汽流的对流换热过程。

当管内流速在比较大的情况下，水平管内的沸腾与垂直管内沸腾基本类似。

根据以上情况可知，管内沸腾比大容器内沸腾更为复杂。对于竖管内的受迫沸腾对流换热系数的计算，可采用雅各布（Jakob）推荐的公式

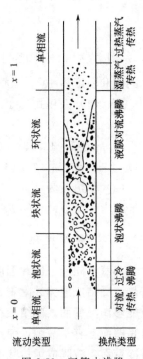

图 2-51　竖管内沸腾

$$h = 2.54 \, (\Delta t)^3 \, e^{p/1.551} \tag{2-116}$$

式中　$\Delta t$——加热表面与饱和液体之间的温度差，℃；

　　　　$p$——压力，$10^6$ Pa。

上式在 506625～17225250Pa 的压力范围内均适用。

**例 2-21**　101300Pa 水在 117℃ 的铜质加热面上作泡状沸腾。计算单位表面积的传热量、表面传热系数和气化率。

**解**　（1）对于泡状沸腾，可用式(2-114)计算。

查得水-铜组合的 $C_{sf} = 0.013$；水和蒸汽的物性参数和其他有关物理量为

$C_p = 4220$ W·s/(kg·℃)，$\rho_l = 961.9$ kg/m³，

$r = 2256.8 \times 10^3$ W·s/kg，

$\rho_v = 0.598$ kg/m³，$Pr = 1.76$，$\mu_l = 0.2836 \times 10^{-3}$ kg/(m·s)

$\sigma = 8.462 \times 10^{-2} \times (1 - 0.00374 \times 100)$

$\quad = 52.97 \times 10^{-3}$ (N/m)

（2）把已知量代入式（2-114），得：

$$\frac{4220\times(117-100)}{2256.8\times10^3\times1.76^{1.7}}=0.013\times\left[\frac{q}{0.2836\times10^{-3}\times2256.8\times10^{-3}}\times\sqrt{\frac{52.97\times10^{-3}}{9.81\times(961.88-0.598)}}\right]^{0.33}$$

$$q=2.223\times10^5(\text{W/m}^2)$$

（3）根据牛顿冷却定律，求平均表面换传热系数：

$$h=\frac{q}{\Delta t}=\frac{2.223\times10^5}{117-100}=1.3\times10^4[\text{W/(m}^2\cdot℃)]$$

（4）求气化率

$$\frac{q}{r}=\frac{2.223\times10^5}{2256.8\times10^3}=0.0984[\text{kg/(m}^2\cdot\text{s})]$$

**例 2-22**　压力为 506625Pa 的水，流过一直径为 25.4mm 的圆竖管，管壁的温度比水的饱和温度高 10℃。试计算在沸腾情况下，1m 管长的传热量。

**解**　（1）采用式（2-116）计算

$\Delta t=10℃$

$p=5\times1.013\times10^5=0.5065\times10^6(\text{N/m}^2)$

所以　　$h=2.54\times(\Delta t)^3\times\text{e}^{p/1.551}=2.54\times10^3\times\text{e}^{0.5065/1.551}=3.52\times10^3[\text{W/(m}^2\cdot℃)]$

（2）传热量为

$$Q=hA\Delta t=3520\times\pi\times0.0254\times1\times10=2809(\text{W/m}^2)$$

## （二）凝结换热

当蒸汽同低于饱和温度的冷壁面接触时，在壁面上就会发生凝结现象，蒸汽释放出汽化潜热，凝结成液体并附着于壁面。蒸汽在壁面上冷凝有两种不同的形态（图 2-52）。当凝结液能够润湿壁面，凝结液在壁面上会形成一层液膜，这种情况称为膜状凝结。膜状凝结的特点是壁面上有了液膜，使蒸汽只能在液膜表面上发生凝结，汽化潜热必须通过这层膜才能传给冷壁面，液膜成了传热的主要热阻。当凝结液不能润湿壁面（例如，水蒸气遇到有油的壁面时），则凝结液将聚成一个个的液珠，这种凝结称为珠状凝结。珠状凝结的特点是凝结液不能覆盖冷表面，蒸汽凝结总在冷壁面上进行。显然，珠状凝结比膜状凝结的换热系数要高得多。例如，水蒸气在常压下，珠状凝结换热系数为 $4\times(10^4\sim10^5)\text{W/(m}^2\cdot℃)$，而膜状凝结只有 $6\times(10^3\sim10^4)\text{W/(m}^2\cdot℃)$。

值得指出的是，虽然在工程中上述两种冷凝形态都会出现，但主要是膜状凝结，因此，

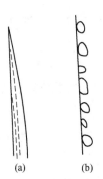

图 2-52　蒸汽凝结的形态

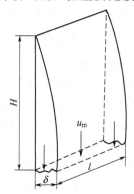

图 2-53　液膜的当量直径

这里只讨论膜状凝结的传热计算。

① 对于垂直壁，层流（$Re_f < 1800$）时膜状凝结传热方程为：

$$C_0 = 1.47 Re_f^{-1/3} \tag{2-117}$$

② 对于横管，层流时膜状凝结传热方程为：

$$C_0 = 1.51 Re_f^{-1/3} \tag{2-118}$$

③ 当 $Re_f > 1800$ 时，层流变成湍流（横管不可能达到湍流），膜状凝结换热方程为：

$$C_0 = 0.0077 Re_f^{0.4} \tag{2-119}$$

在以上各式中，$C_0$ 为凝结数：

$$C_0 = h\left[\frac{\mu^2}{\lambda^3 \rho(\rho - \rho_v)g}\right]^{1/3}$$

式中　$h$——膜状凝结传热系数，$W/(m^2 \cdot ℃)$；

$\mu$——冷凝液的黏度，$kg/(m \cdot s)$；

$\lambda$——冷凝液的热导率，$W/(m \cdot ℃)$；

$\rho$ 及 $\rho_v$——冷凝液和蒸汽的密度，$kg/m^3$；

$g$——重力加速度，$9.81m/s^2$；

$Re_f$——冷凝液流动时的雷诺数。

$$Re_f = \frac{d_e u_m \rho}{\mu}$$

式中　$d_e$——冷凝液膜层的当量直径，$m$；

$u_m$——冷凝液膜层的流速，$m/s$（图 2-53）。

当液膜宽为 $l$ 时，润温周边 $U = l$，截面积 $f = l\delta$，则 $d_e = \frac{4f}{U} = 4\delta$，所以 $Re_f = \frac{4\delta u_m \rho}{\mu}$。

由于冷凝液膜厚度 $\delta$ 不好测定，必须再改变形式。考虑到 $\delta u_m \rho$ 为单位时间内，通过宽为 1m 的壁底部截面的凝液量 $[kg/(m \cdot s)]$，则由凝液 $\delta u_m \rho$ 放出的潜热必等于高度为 $H$、宽为 1m 的壁的传热量，即：

$$h(t_s - t_w)H = r\delta u_m \rho \tag{2-120}$$

将此关系式代入 $Re_f$ 中，可得 $Re_f$ 的实用式：

$$Re_f = \frac{4hH(t_s - t_w)}{\mu r} \tag{2-121}$$

式中，$H$ 为冷凝壁的高度，$m$；$r$ 为汽化潜热，$J/kg$；$t_s$ 为饱和水蒸气的温度，$℃$。

以上数值用冷凝液温度作为定性温度，$t_m = \frac{t_s + t_w}{2}$。

**例 2-23**　温度为 120℃ 的饱和水蒸气在外径为 50mm 的垂直管外凝结，管长为 3m，管壁温度为 100℃。试求管外凝结传热系数。

**解**　（1）先假定冷凝液在管壁上的作湍流流动，根据式（2-119）计算。

（2）液膜温度

$$t_m = \frac{t_s + t_w}{2} = \frac{120 + 100}{2} = 110(℃)$$

根据此温度查水的物性参数为：

$\lambda = 0.685W/(m \cdot ℃)$；$\rho = 951kg/m^3$；$\mu = 2.59 \times 10^{-4} kg/(m \cdot s)$。

另外　$\rho_v = 1.12\text{kg/m}^3$；$r = 2203 \times 10^3 \text{J/kg}$。

（3）求 $Re_f$

$$Re_f = \frac{4hH(t_s - t_w)}{\mu r} = \frac{4 \times h \times 3 \times 20}{2.59 \times 10^{-4} \times 2.203 \times 10^6} = 0.42h$$

（4）求 $C_0$

$$C_0 = h\left[\frac{\mu^2}{\lambda^3 \rho(\rho - \rho_v)g}\right]^{1/3}$$

$$= h\left[\frac{(2.59 \times 10^{-4})^2}{0.685^3 \times 951 \times (951 - 1.12) \times 9.81}\right]^{1/3} = 0.287 \times 10^{-4} h$$

（5）将 $Re_f$ 和 $C_0$ 之值代入式（2-119），得：

$$0.287 \times 10^{-4} h = 0.0077 \times (0.42h)^{0.4}$$

$$h = 6250 \text{W/(m}^2 \cdot \text{℃)}$$

（6）校核 $Re_f$

$$Re_f = \frac{4hH(t_s - t_w)}{\mu r}$$

$$= \frac{4 \times 6250 \times 3 \times (120 - 100)}{2.59 \times 10^{-4} \times 2.203 \times 10^6} = 2629$$

2629＞1800 为湍流，原假定成立。

## 第三节　辐射换热

### 一、基本概念

#### （一）热辐射和辐射换热

热辐射是热量传递的三种基本方式之一，它与导热、热对流有着本质区别。导热和热对流这两种热量传递方式必须通过一定的中间介质才能进行，而热辐射的传递就不需要任何中间介质，在真空中也能进行。例如，太阳距地球有一亿五千万公里，它们之间近乎真空状态，太阳就是以热辐射方式每天把大量的热量传到地球上。由于热辐射与导热、对流传热的规律有很大的差异，因而，本节中将介绍一些关于热辐射的物理概念和基本定律。

物体中的电子振动或激动的结果，就会向外放出辐射能。一切物体只要温度高于 0K，内部的电子就会产生振动，随着温度的升高，振动增加，这种振动使许多粒子发生碰撞，碰撞的结果使电子得到能量变成了激动的状态，使外圈轨道上的电子提到较高能位上去，以致使它能脱离原来的轨道。但是，电子在高能位上是不稳定的，几乎随时就有跳回到原有轨道上的可能，即从不稳定的较高能位回到原来的较低能位。电子每往回跳一次就会产生一个量子能（能量的最小单位），即释放出辐射能。辐射能的载体乃是电子激动所产生的电磁波。因此，物体的温度乃是内部电子激动的根本原因，由此而产生的辐射能也就取决于温度。这种由热运动产生的，以电磁波形式传递能量的方式称为热辐射。

电磁波按其波长不同可以分为：无线电波、红外线、可见光、紫外线、X 射线和 γ 射线等（图 2-54）。在辐射换热中，所关注的是被物体吸收后又重新变为热能的那些电磁波，具备这种性质的电磁波是波长从 $0.38\sim100\mu m$ 范围内的红外线和可见光，通常把这些有热效应的电磁波叫做热射线，它们投射到物体上能产生热效应。工程上所遇到的温度范围一般在 2000K 以下，热辐射的大部分能量位于红外区段的 $0.76\sim20\mu m$ 范围内。太阳辐射的主要能量集中在 $0.2\sim2\mu m$ 的波长范围内。

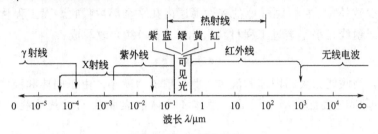

图 2-54　电磁波波谱

一般物体总具有辐射的能力，同时也具有吸收外界辐射的能力。因此，最终物体是放热或吸热，要取决于在同一时间内所放射和吸收的辐射能之差，只要参与辐射换热诸物体之间的温度不同，这种差就不会为零。即使是在同一温度，辐射换热还是依然进行，只是每个物体在此时辐射和吸收的能量在数值上都相等，辐射换热的效果等于零，处于热的动平衡状态下。因此，当物体之间存在温差时，以热辐射的形式实现热量交换的现象称为辐射换热。辐射换热有如下特点。

① 参与辐射换热的物体无须接触。

② 辐射换热不必借助中间介质，热辐射在真空中同样可以进行。

③ 物体间以热辐射方式进行热量传递是双向的，高温物体向低温物体发射热辐射，低温物体也向高温物体发射热辐射。最终的效果是热量从高温物体传到低温物体。两个温度相等的物体间也在相互发射热辐射，但因吸收能量和辐射能量达到了动态平衡，相互之间的热交换为零。

④ 任何物体在不断发射热辐射的同时也在吸收热辐射。

### （二）物体对热辐射的吸收、反射和穿透

假设投射到某物体表面上的辐射能为 $Q$，那么其中 $Q_\alpha$ 部分被物体吸收，另一部分 $Q_{Ref}$ 被物体表面反射，其余部分 $Q_D$ 透过物体（图 2-55）。物体吸收、反射和透射的能量与投射到该物体表面的辐射能之比分别称为吸收率、反射率和透射率，并记为 $\alpha$，$R$ 和 $D$。根据能量守恒定律，有：

$$Q = Q_\alpha + Q_{Ref} + Q_D$$

等式两端除以 $Q$，得：

$$\frac{Q_\alpha}{Q} + \frac{Q_{Ref}}{Q} + \frac{Q_D}{Q} = 1$$

则有：
$$\alpha + R + D = 1 \qquad (2\text{-}122)$$

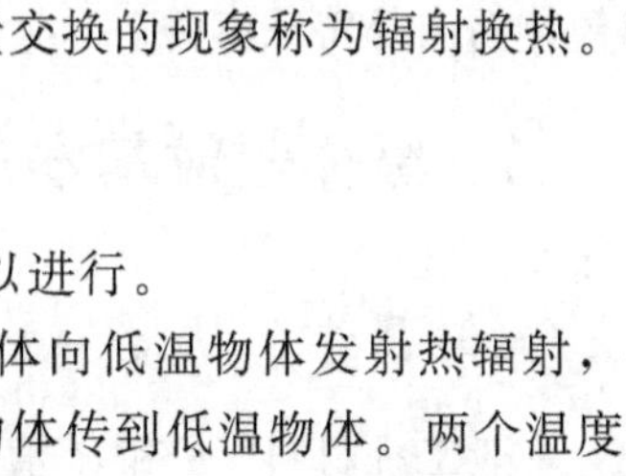

显然，$\alpha$、$R$ 和 $D$ 的数值都介于 $0\sim1$ 之间，如果投射到物体上的辐射能全部都被该物体吸收，此时 $\alpha=1$，$R=D=0$，该物体称为绝对黑体（简称黑体）；如果投射到物体上的辐射能全部都被该物体表面反射，此时 $R=1$，$\alpha=D=$

图 2-55　物体对热辐射的
吸收、反射和透过

0，该物体叫绝对白体（漫反射时，简称白体）或绝对镜体（镜面反射时，简称镜体）；如果投射到物体上的辐射能全部透过该物体，此时 $D=1$，$\alpha=R=0$，该物体叫绝对透热体（简称透热体）。自然界里并不存在真正的黑体、白体和透热体，物体都具有一定的吸收能力、反射能力和透过能力。但是，绝大多数的工程材料都几乎不让辐射能透过，例如投射在导电体上的辐射能，除了部分被反射外，其余部分在 $1\mu m$ 厚的表面薄层内全部被吸收。对于非导电体（除极少数外），在 $0.1\mu m$ 厚的表面薄层内几乎全部被吸收，而工程材料的厚度均大于此值，所以热射线几乎不透过工程材料，此时式(2-122)改写成：

$$\alpha+R=1 \tag{2-123}$$

由此可见，吸收能力大的固体和液体，其反射能力就小。由于固体和液体对投射辐射的吸收和反射几乎都在表面进行，因此，固体和液体的表面状况对其吸收和反射特性影响很大。

气体的情形则不一样，它对辐射能几乎没有反射能力（$R\approx0$），所以对于气体来说，式(2-122)可改写成：

$$\alpha+D=1 \tag{2-124}$$

显然，容易透过辐射的气体，其吸收能力就小。气体对热射线的吸收和透过不是在气体界面上，而是在整个气体容积内进行的，所以气体的吸收和透过特性与其表面状况无关，而与气体的内部特征有关。

## 二、黑体辐射基本定律

### （一）黑体

一般工程材料，$\alpha$ 和 $R$ 值均在 0 与 1 之间。如果 $\alpha=1$，表示投射到这种物体上的辐射能被该物体全部吸收，这种物体称为黑体。黑体吸收率为 1，达到了吸收能力的极限。然而

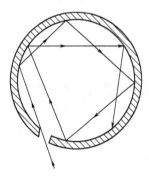

图 2-56 黑体模型

黑体只是一个理想化的概念，自然界中并不存在完全的黑体。所有的表面都会反射一定数量的辐射能，即使是吸收能力很强的黑丝绒吸收率 $\alpha$ 也仅为 0.97。虽然自然界里不存在黑体，但黑体的模型可以用人工方法制得。在空心体的壁面上开一个小孔，使壁面保持均匀的温度，此时小孔就具有黑体的性质（图2-56），因为射入小孔的热射线经过壁面的多次吸收和反射后，最终能离开小孔的能量是微乎其微的，可以认为，几乎全部被吸收，此小孔就像一个表面，小孔的尺寸越小越接近于黑体。研究黑体热辐射的基本规律，对于研究物体辐射和吸收的性能，解决物体间的辐射换热计算是十分重要的，因为黑体吸收和辐射的能力是所有工程材料比较的基准或者参照物。在研究热辐射时，黑体的一切量都标以下角码"b"，以示与一般物体有所区别。

一般来说，物体表面越粗糙也就越接近于黑体，例如油烟的吸收率 $\alpha=0.90\sim0.95$。但能吸收全部红外线的物体不一定能吸收可见光，也就是说，白色的物体吸收率不一定小，例如雪是光学上的白体，它几乎不吸收可见光，但对于红外线则近于黑体，它几乎全部吸收红外线（$\alpha=0.985$）。一般来说，影响热辐射的吸收和反射的主要因素不是物体表面的颜色，

而是其物性、表面状态和温度，不管什么颜色的物体，平滑面和磨光面的吸收率要比粗糙面小得多。

### （二）热辐射能量的表示方法

#### 1. 辐射力 $E$

单位时间内，从物体单位表面上向半球面空间所辐射出去的总能量称为物体的全辐射力，简称辐射力，用符号"$E$"表示，单位为 $W/m^2$。辐射力包括物体向各个方向辐射出去的从 $\lambda = 0$ 到 $\lambda = \infty$ 的一切波长的总能量。

#### 2. 光谱辐射力（单色辐射力）$E_\lambda$

单位时间内，单位波长范围内（包含某一给定波长），物体的单位表面积向半球空间发射的能量，称为单色辐射力，用符号"$E_\lambda$"表示，单位为 $W/m^3$。

显然，辐射力 $E$ 与单色辐射力 $E_\lambda$ 之间具有如下关系：

$$E = \int_0^\infty E_\lambda \, \mathrm{d}\lambda \tag{2-125}$$

黑体一般采用下标 b 表示，如黑体的辐射力为 $E_b$，黑体的单色辐射力为 $E_{b\lambda}$。

### （三）黑体辐射定律

#### 1. 普朗克（Plunck）辐射定律

1900 年，普朗克从理论上揭示了各种不同温度下的黑体单色辐射力按波长分布的规律，即 $E_{b\lambda} = f(\lambda, T)$，其数学公式为：

$$E_{b\lambda} = \frac{c_1 \lambda^{-5}}{\mathrm{e}^{\frac{c_2}{\lambda T}} - 1} \tag{2-126}$$

式中　$\lambda$——波长，m；

　　　$T$——热力学温度，K；

　　　e——自然对数之底，其值为 2.718；

　　　$c_1$——第一辐射常数，其值为 $3.743 \times 10^{-16}\,W \cdot m^2$；

　　　$c_2$——第二辐射常数，其值为 $1.439 \times 10^{-2}\,m \cdot K$。

普朗克辐射定律可以用图 2-57 来表示。从图中可以看出以下几点。

① 在工业炉温度范围内（最高约为 2000K 左右），在 $0.76 \sim 10\mu m$ 的中、近红外线波长范围内单色辐射力最大，而波长在 $0.40 \sim 0.76\mu m$ 可见光范围内单色辐射力很小，它与上述红外线范围内的单色辐射力相比可以忽略不计。

② 随着温度的升高，单色辐射力增大，可见光相应增多，亮度也逐渐增加，最先出现红色。以后依次出现橙色、黄色和白色。工业上常根据物体加热后出现的颜色来近似判断其加热温度。

严格地说，此定律只适用于黑体或性质与黑体相似的物体，对于有很大反射率的物体是不适用的，例如银就不符合这个规律，所以不能用加热后出现的颜色变化来作为判断一切物体温度的依据。

③ 在给定温度下，黑体的单色辐射力在一定波长下达到极大值。

④ 随着温度升高，最大单色辐射力所对应的波长减小，即峰值波长向短波移动。

⑤ 某一温度下，曲线与横轴的面积，即代表了该温度下黑体总的辐射力。

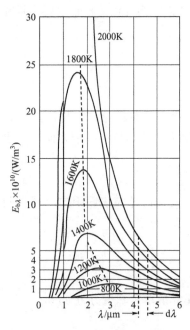

图 2-57 黑体辐射强度与波长
和温度的关系

### 2. 维恩偏移定律

研究图 2-57 中某温度下的 $E_{b\lambda}$-$\lambda$ 特性曲线可以发现，当 $\lambda=0$ 时，单色辐射力等于零，随着波长逐渐增加，单色辐射力随之增大，当波长增加到某数值 $\lambda_m$ 时，单色辐射力达到最大值，在此最大值之后，单色辐射力又随着波长的增加而逐渐减小，当 $\lambda=\infty$ 时，单色辐射力又等于零。如果进一步研究在各种温度下的 $E_{b\lambda}$-$\lambda$ 特性曲线中最大单色辐射力的位置变化，可以发现有这样一个规律：随着温度的升高，最大单色辐射力点的位置向短波方向移动，最大单色辐射力波长 $\lambda_m$($\mu m$)与温度 $T$ 有如下数学关系：

$$T\lambda_m=2896 \tag{2-127}$$

式(2-127)就是维恩偏移定律。1839 年，维恩从热力学观点推得此定律，它比普朗克辐射定律早发现 7 年。维恩偏移定律可以通过求普朗克辐射定律的极值得到，即取式(2-126)的导数，并令其为零，便可推得维恩偏移定律。

如果通过光谱分析仪测得最大单色辐射力波长 $\lambda_m$，便可以根据此定律计算出该物体表面温度。

**例 2-24** 测得太阳的最大单色辐射力 $E_{b\lambda_{max}}$ 的峰值波长 $\lambda_{max}$ 均为 $0.5\mu m$，若太阳可以近似作为黑体对待，求太阳的表面温度。

**解** 利用维恩偏移定律 $T\lambda_m=2896$，得：

$$T=2896/\lambda_m=2896/0.5\approx5792K$$

**例 2-25** 试计算温度为 3800K 的黑体的最大单色辐射力 $E_{b\lambda max}$ 所对应的峰值波长 $\lambda_{max}$。

**解** 利用维恩偏移定律 $T\lambda_m=2896$，得：

$$\lambda_{max}=2896/3800\approx0.76(\mu m)$$

黑体温度在 3800K 以下时，其峰值波长处在红外线区域，所以在一般工程上所遇到的辐射换热，基本上都属于红外辐射，即任何热物体，虽然不发光，但却能辐射红外线。

利用 Wien 定律，可以根据黑体的光谱求黑体温度，它可作为光谱测温的基础。

如果将 $\lambda_m=\dfrac{2896}{T}$ 代替式(2-126)中的 $\lambda$，就可以求得在温度 $T$ 时黑体最大单色辐射力 $E_{b\lambda}$。

$$E_{b\lambda}=1.286\times10^{-5}T^5 \tag{2-128}$$

从式(2-128)可知，最大单色辐射力与热力学温度的五次方成正比。

### 3. 斯蒂芬-波尔茨曼定律

从图 2-57 中还可以看出，在 800K 温度范围以下时，黑体的辐射力较小，当在 800K 以上时，随着温度的升高辐射力迅速增加。黑体的辐射力与温度的关系是由斯蒂芬-波尔茨曼确定的，其数学关系是：

$$E_b = \sigma T^4 \tag{2-129}$$

式中　$\sigma$——斯蒂芬-波尔茨曼常数，其值为 $5.67 \times 10^{-8} \, W/(m^2 \cdot K^4)$；

　　　$T$——黑体的热力学温度，K。

斯蒂芬-波尔茨曼定律说明黑体的辐射力与其热力学温度的 4 次方成正比，所以此定律也叫四次方定律。这个定律早在普朗克辐射定律以前就确定了，1879 年斯蒂芬首先根据实验提出此定律，以后（1884 年）波尔茨曼又从热力学推得此定律。斯蒂芬-波尔茨曼定律是非常重要的热辐射定律，它说明黑体的辐射力仅仅与其温度有关，而与其他因素无关，这不仅解决了黑体辐射力的计算问题，同时指出随着黑体温度的升高，其辐射力迅速增大。

**例 2-26**　将一黑体表面的温度由 30℃ 增加到 333℃，试求该表面的辐射力增加了多少？

**解**　$E_{b1} = \sigma T_1^4 = 5.67 \times 10^{-8} \times (30+273)^4 = 477.9 \, (W/m^2)$

　　　$E_{b2} = \sigma T_2^4 = 5.67 \times 10^{-8} \times (333+273)^4 = 7646.7 \, (W/m^2)$

温度 $T_2$ 虽仅为 $T_1$ 的 2 倍，而其辐射力却增加了 16 倍。可见，随着温度的升高，热辐射将成为换热的主要方式。

如果能探测到黑体的单位表面积发射的总辐射力，就可以确定黑体的温度，所以，四次方定律是红外测温的基础。

**4. 兰贝特定律**

斯蒂芬-波尔茨曼定律只指出了黑体表面在半球面空间中辐射的总能量，而没有说明在半球面各个方向上能量的分布情况。实际上，在半球面空间的不同方向上其辐射能的分布是不均匀的。在生活实践中可以感觉到，在辐射面 $dA_1$ 为中心的半球面上，以表面法线方向的辐射能量为最大，而随着离开法线方向 $\varphi$ 角的增加，辐射能量将逐渐减弱，直至 $\varphi = \dfrac{\pi}{2}$ 时减少到零。为了研究表面辐射力在空间分布的规律，必须先给出几个概念。

**（1）立体角**

立体角是指以球面中心为顶点的圆锥体所张的球面角，如图 2-58 所示，可以用球面上所截面积除以半径的平方来计算，即：

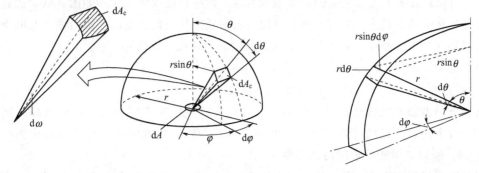

图 2-58　立体角的定义

$$d\omega = \frac{dA_c}{r^2} = \frac{ds_1 \, ds_2}{r^2} = \frac{r\,d\theta \, r\sin\theta \, d\varphi}{r^2} = \sin\theta \cdot d\theta \cdot d\varphi \tag{2-130}$$

半球的立体角 $d\omega = \dfrac{dA_c}{r^2} = \dfrac{2\pi r^2}{r^2} = 2\pi$

（2）定向辐射力 $E_\theta$

定向辐射力 $E_\theta$ 指的是，在单位时间内，表面 $dA$ 与表面法线 $n$ 方向成 $\theta$ 角的 $P$ 方向上，单位立体角内所辐射的全波段的能量（图 2-59）。

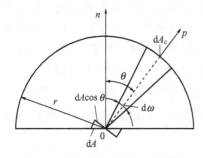

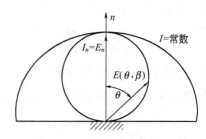

图 2-59　定向辐射力与定向辐射强度　　　　图 2-60　兰贝特余弦定律图示

$$E_\theta = \frac{dQ_\theta}{d\omega \cdot dA} \tag{2-131}$$

（3）定向辐射强度 $I_\theta$

定向辐射强度 $I_\theta$ 指的是，表面 $dA$ 在单位时间内，与辐射方向（$P$ 方向）相垂直的单位面积上，单位立体角内所发射的一切波长的能量。

$$I_\theta = \frac{dQ_\theta}{d\omega \cdot dA \cdot \cos\theta} \tag{2-132}$$

（4）兰贝特定律

可以证明或由实验证实，黑体表面辐射时，在半球面空间内各个方向上的辐射强度为定值，即：

$$I_{\theta_1} = I_{\theta_2} = I_{\theta_3} = \cdots = I_\theta \tag{2-133}$$

式(2-133)表明，黑体辐射的定向辐射强度与方向无关。

比较式(2-131)和式(2-132)，得：

$$E_\theta = I_\theta \cos\theta \tag{2-134}$$

式(2-134)说明了黑体表面的定向辐射力随 $\theta$ 角呈余弦规律变化，如图 2-60，因此，兰贝特定律也称为兰贝特余弦定律。式(2-134)表明黑体单位面积发出的辐射能在空间不同方向单位立体角内的分布是不均匀的，法线方向最大，切线方向为零。

切线方向：$\theta = 90°$，$\cos 90° = 0$，所以，$E_\theta = 0$

法线方向：$\theta = 0°$，$\cos 0° = 1$，所以，$E_\theta = I_\theta = I$

各个方向的辐射能量分布之所以不同，是因为该表面在不同方向上的可见辐射面积不同。在法线方向，可见辐射面积就是原有面积 $dA$，但在 $P$ 方向上，可见辐射面积减小为 $dA \cdot \cos\theta$，所以辐射能量较法向方向为小。

对于微元黑体表面 $dA$ 在半球空间内的总辐射力 $E_b$，显然应该按微元立体角 $d\omega$ 在整个半球空间（即 $d\omega = 2\pi$）的范围内加以积分，即：

$$E_b = \int_0^{2\pi} E_\theta d\omega = \int_0^{2\pi} I_\theta \cos\theta \cdot d\omega$$

将式(2-130)带入上式，得到：

$$E_b = \int_0^{2\pi} E_\theta \, d\omega = \int_0^{2\pi} I_\theta \cos\theta \, d\omega = \int_0^{2\pi} I_\theta \cos\theta \sin\theta \cdot d\theta \int_0^{2\pi} d\varphi = I_\theta \cdot \frac{1}{2} \cdot 2\pi = I_\theta \cdot \pi$$

$$I_\theta = \frac{E_b}{\pi} = \frac{\sigma T^4}{\pi} \tag{2-135}$$

因此，根据式（2-134）和式（2-135）可计算出任意方向上的辐射力 $E_\theta$：

$$E_\theta = I_\theta \cos\theta = \frac{\sigma T^4}{\pi} \cdot \cos\theta \tag{2-136}$$

由式（2-136）又得：

$$E_{n,b} = \frac{E_b}{\pi} = I_b \tag{2-137}$$

此式说明，对于黑体来说，其法线方向上的辐射力为总辐射力的 $1/\pi$ 倍，即等于辐射强度。

### 5. 克希霍夫定律

前面介绍了物体的辐射情况，那么当外界的辐射投入到物体表面上时，该物体对投入辐射吸收的情况又是如何呢？克希霍夫定律确定了物体的辐射力与吸收率之间的关系，这个关系可以通过以下的推导求得。

设有两平行的无限大平板，平板1为黑体，平板2为任意物体，黑体1表面发射出去的辐射能量可以认为全部落到2表面上，平板1为黑体，其温度、辐射能及吸收率分别为 $T_1$、$E_b$ 和 $a_b$（$a_b = 1$）；平板2用任意物质组成，其温度、辐射能及吸收率分别为 $T_2$、$E$ 和 $a$，如图2-61所示。

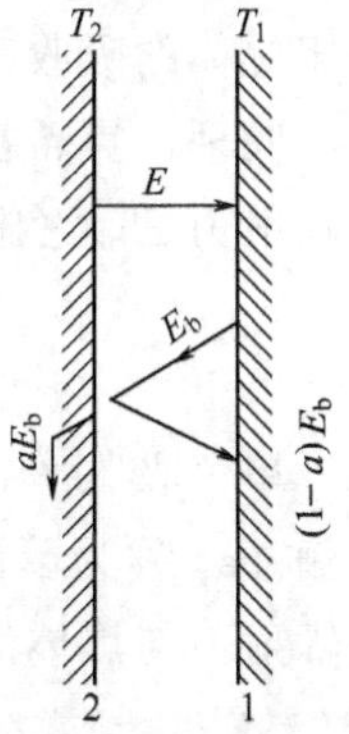

黑体1发射的辐射能 $E_b$ 投射到平板2表面被吸收 $aE_b$，余下的 $E_b$（$1-a$）被反射回黑体1的表面上，由黑体1全部吸收。同时物体2发射的辐射能 E 投射到黑体1表面上，由黑体1全部吸收。

图 2-61 平行平壁间的辐射换热

对于物体2而言，吸收了 $aE_b$，辐射出去了 $E$，辐射换热量为：

$$q = aE_b - E \tag{a}$$

如果 $T_1 = T_2$，两者处于动态平衡状态，其辐射换热量为零，即：

$$q = aE_b - E = 0 \tag{b}$$

由此得到：

$$E = aE_b \tag{c}$$

或：

$$\frac{E}{a} = E_b = f(T) \tag{2-138}$$

此式对任何物体都能成立，则有：

$$\frac{E_1}{a_1} = \frac{E_2}{a_2} = \frac{E_3}{a_3} = \cdots = E_b = f(T) \tag{2-139}$$

式（2-139）为克希霍夫定律的表达式，它说明在热平衡体系中，任何物体的辐射力与其吸收率的比值，恒等于同温度下黑体的辐射力，并且只与温度有关，与物体性质无关。同时也说明，物体的辐射力越大，它的吸收率也越大。或者换句话说，善于吸收（$a$ 值较大）的物体也善于辐射（$E$ 较大）。

由式（2-138），可得：

$$\frac{E}{E_b}=a \tag{2-140}$$

因为 $a<1$，所以 $E<E_b$。也就是说，在任何温度下，各种物体以黑体的辐射力最大。如果把式（2-140）改写成如下形式：

$$\left.\begin{array}{l}a_1=\dfrac{E_1}{E_b}=\varepsilon_1 \\[2mm] a_2=\dfrac{E_2}{E_b}=\varepsilon_2 \\ \cdots \\ a_i=\dfrac{E_i}{E_b}=\varepsilon_i\end{array}\right\} \tag{2-141}$$

$\varepsilon$ 称为黑度，它是指实际物体的辐射力 $E$ 与同温度下黑体的辐射力 $E_b$ 之比，也称发射率。在温度相等的热平衡条件下，物体的黑度恒等于它的吸收率，即：

$$a=\varepsilon \tag{2-142}$$

这是克希霍夫定律的另一种表达形式，它说明任何物体的吸收率等于同温度下的黑度，由于黑体的吸收率等于 1，所以其黑度也等于 1。

同理，克希霍夫定律也适用于单色辐射，可得到物体单色辐射力 $E_\lambda$ 与同温度下黑体单色辐射力 $E_{b\lambda}$ 之比，等于物体的单色吸收率 $a_\lambda$，即：

$$\frac{E_\lambda}{E_{b\lambda}}=a_\lambda=\varepsilon_\lambda \tag{2-143}$$

单色吸收率 $a_\lambda$ 表示投射到物体表面的波长从 $\lambda\sim(\lambda+d\lambda)$ 范围内的辐射能量被吸收的份额。$\varepsilon_\lambda$ 称为单色发射率、光谱发射率或者单色黑度、光谱黑度，它是表示实际物体的光谱辐射力与黑体的光谱辐射力之比。

## 三、实际物体与灰体的辐射

对于真实物体，它的单色辐射力 $E_\lambda=f(\lambda,T)$ 的曲线形状，与同温度下黑体的单色辐射力变化曲线不相似，其单色吸收率随波长有显著变化（图 2-62 和图 2-63），即真实物体在某一温度 $T$ 下的 $a_\lambda=\varepsilon_\lambda\neq$ 常数。真实物体的这种辐射特性，使得当投射物体的温度 $T_2$ 和受射物体的温度 $T_1$ 不同时，对后者来说，它的黑度 $\varepsilon$ 和吸收率 $a$ 就不相等了。

对于两个温度不同的物体，应如何表达其中一个受射物体的吸收率和黑度。设投射物体的温度为 $T_2$，其单色辐射力为 $E_{\lambda,T_2}$，受射物体的温度为 $T_1$，其单色吸收率为 $a_{\lambda,T_1}$，则单位面积、单位时间内，波长从 $\lambda\sim(\lambda+d\lambda)$ 范围内投射到受射物体的能量是 $E_{\lambda,T_2}d\lambda$，而被吸收的能量是 $a_{\lambda,T_1}E_{\lambda,T_2}d\lambda$，所以，在整个波长范围内，按吸收率的定义，受射物体的吸收率应是：

$$a=\frac{\int_0^\infty a_{\lambda,T_1}E_{\lambda,T_2}d\lambda}{\int_0^\infty E_{\lambda,T_2}d\lambda} \tag{2-144}$$

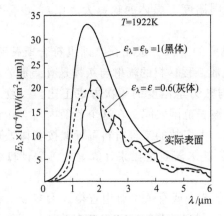

图 2-62 实际物体的单色吸收率 $a_\lambda$ 与 $\varepsilon_\lambda$

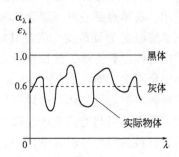

图 2-63 实际物体的单色吸收率 $a_\lambda$ 与 $\varepsilon_\lambda$

再设黑体的温度为 $T_1$，其单色辐射力 $E_{b\lambda,T_1}$；温度为 $T_1$ 的受射物体的单色黑度为 $\varepsilon_{\lambda,T_1}$，则根据黑度的定义，波长在 $\lambda \sim (\lambda + \mathrm{d}\lambda)$ 范围内，受射物体单位面积、单位时间内辐射的能量是 $\varepsilon_{\lambda,T_1} E_{b\lambda,T_1} \mathrm{d}\lambda$，故在整个波长范围内，受射物体的黑度应该是：

$$\varepsilon = \frac{\int_0^\infty \varepsilon_{\lambda,T_1} E_{b\lambda,T_1} \mathrm{d}\lambda}{\int_0^\infty E_{b\lambda,T_1} \mathrm{d}\lambda} \qquad (2\text{-}145)$$

比较式(2-144)和式(2-145)可知：①$\varepsilon$ 只与本身特性有关，而 $a$ 既与本身特性有关，也与投射物体的特性有关。②只有当 $E_{\lambda,T_2} = E_{b\lambda,T_1}$ 和 $a_{\lambda,T_1} = \varepsilon_{\lambda,T_1}$ 时，$\varepsilon$ 才能与 $a$ 相等。就是说，只有当投射物体是黑体，温度 $T_1$ 与 $T_2$ 相等，而且 $\varepsilon_{\lambda,T_1}$ 和 $a_{\lambda,T_1}$ 均与波长无关时，式(2-144)才能与式(2-145)相等。

从以上分析可知，对于真实物体的辐射计算是十分困难的。但如果把真实物体当作灰体来处理，则问题就大为简化。因为灰体的单色辐射力随波长的变化曲线与黑体的变化曲线相似（图2-62），说明它的 $\varepsilon_\lambda$ 和 $a_\lambda$ 均与波长无关，为一常数（图2-63），所以即使投射物体的温度 $T_2$ 和受射物体的温度 $T_1$ 不同，等式 $\varepsilon = a$ 仍能成立，从而使辐射换热计算大为简化。

假如某一物体的辐射光谱是连续的，而且在任何温度下所有各波长射线的单色辐射力恰恰都是同温度下相应黑体单色辐射力的 $\varepsilon_\lambda$ 倍（图2-63），即：

$$\frac{E_{\lambda_1}}{E_{b\lambda_1}} = \frac{E_{\lambda_2}}{E_{b\lambda_2}} = \frac{E_{\lambda_3}}{E_{b\lambda_3}} = \cdots = \varepsilon_\lambda \qquad (2\text{-}146)$$

那么这种物体叫理想灰体（简称灰体），它的辐射叫灰辐射。式(2-146)中的 $\varepsilon_\lambda$ 叫物体的单色黑度（又称作单色辐射率），其值在 $0 \sim 1$ 之间。从图2-62中可以看出，灰体的单色辐射力分布曲线与同温度下黑体的单色辐射力分布曲线相似，它们的最大单色辐射力都位于同一波长处，它们在任何波长下的单色辐射力的比值均等于单色黑度 $\varepsilon_\lambda$，而且有：

$$\varepsilon_\lambda = \frac{E_\lambda}{E_{b\lambda}} = \frac{E}{E_b} = \varepsilon \qquad (2\text{-}147)$$

这就是说，单色黑度 $\varepsilon_\lambda$ 不随波长而改变，且等于其总辐射的黑度 $\varepsilon$。因此，灰体辐射力可以用式(2-148)计算：

$$E = \varepsilon E_b = \varepsilon \sigma T^4 \qquad (2\text{-}148)$$

式中，$\varepsilon$ 为灰体的黑度（即灰体的辐射力与同温度下黑体的辐射力之比），也称为辐射率、发射率，$\varepsilon=0\sim1$。

式(2-148) 说明灰体的辐射力也与热力学温度的 4 次方成正比，即也符合斯蒂芬-玻尔兹曼定律。灰体也是一种理想化的物体。然而一般工程材料的辐射与灰体是有差别的，它的黑度 $\varepsilon$ 要随温度 $T$ 而改变。因此其辐射力并不与热力学温度的 4 次方成正比。一般工程上遇到的热射线主要能量的波长位于 $0.76\sim20\mu m$ 波长范围之间。在这个范围内，实际物体的吸收率变化不大，即在 $0.76\sim20\mu m$ 波长范围内，大多数的工程材料可近似按灰体处理。把一般工程材料都看作灰体，这样可以应用斯蒂芬-玻尔兹曼定律来计算，给工程计算带来很大方便，而由此引起的偏差放在辐射率中考虑。

各种材料的黑度（辐射率）$\varepsilon$ 的值，可从附录 8 中或有关手册中查得。大多数工程材料的黑度随温度的升高而增大。由附录 8 可见，工程材料的黑度除与温度有关外，还与材料的性质、表面状态（氧化程度、粗糙程度）有关。即物体表面的辐射率仅与物体本身性质有关，而与外界环境无关。由此可见，物体的辐射率（黑度）是一个物性参数。一般非金属的辐射率较大，而金属的辐射率较小；表面粗糙程度对辐射率的影响也很大，同一种材料，表面粗糙时的辐射率要比光滑时大。实验测定表明，大部分非金属材料和表面氧化的非金属材料的辐射率很高，在缺乏资料的情况下可近似取为 $0.75\sim0.95$。如果能查到它们的法向辐射率 $\varepsilon_n$，$\varepsilon$ 也可近似取用 $\varepsilon_n$ 的数值。对于表面粗糙的材料可直接引用附录中的数据，对于磨光的金属要乘上校正系数，其值一般为 $1.15\sim1.2$。

### 四、物体间的辐射换热

讨论辐射换热的主要目的是计算物体间的辐射换热量，从以上讨论可以定性地知道，影响物体间相互辐射换热的因素，除物体的温度、黑度、吸收率外，还有物体的尺寸、形状和相对位置等几何关系。

#### （一）角系数的定义、性质及计算

前面讲过，热辐射的发射和吸收均具有空间方向特性，因此，表面间的辐射换热与表面几何形状、大小和各表面的相对位置等几何因素均有关系，这种因素常用角系数来考虑。角系数的概念是随着固体表面辐射换热计算的出现与发展，于 20 世纪 20 年代提出的，它有很多名称，如形状因子、可视因子、交换系数等。值得注意的是，角系数只对漫射面、表面的发射辐射和投射辐射均匀的情况下适用。

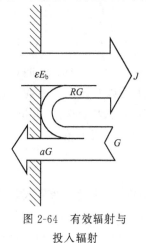

图 2-64 有效辐射与投入辐射

**1. 角系数的定义**

在介绍角系数之前，先给出两个概念（图 2-64）。

（1）投入辐射

单位时间内投射到单位面积上的总辐射能，用 $G$ 表示，$W/m^2$。

（2）有效辐射

单位时间内离开单位面积的总辐射能，为该表面的有效辐射，用 $J$ 表示，$W/m^2$。

由图 2-64 可以看出，物体除了向外界发出辐射能量外（$\varepsilon E_b$），还能接受物体投射到该物体表面上的投射辐射能（$G$），接受到辐射能后，表面吸收一部分（$aG$），还有部分被反射（$RG$），本身辐射和反射辐射之和称为物体的有效辐射（$J$），即：

$$J = E + RG = \varepsilon E_b + RG = \varepsilon E_b + (1-a)G \tag{2-149}$$

所有投射到黑体表面的辐射能被全部吸收，黑体的有效辐射就是本身辐射。但是灰体表面对外界投射的辐射能只吸收其中一部分，其余部分被反射出去（反射到另一表面或体系的外面），灰体之间会形成多次反复辐射、逐次吸收的现象，使问题变得相当复杂。利用有效辐射的概念，可以免去考虑灰体表面间辐射换热时进行的多次反射和吸收的复杂过程，使辐射换热的分析和计算大大简化。

下面介绍角系数的概念及表达式。角系数是指，任意放置的两个均匀辐射面，其面积为 $A_1$、$A_2$，由 $A_1$ 直接辐射到 $A_2$ 上的投入辐射能 $Q_{12}$ 与 $A_1$ 面上辐射出去的总有效辐射能 $Q_1$ 之比，称为表面 $A_1$ 对 $A_2$ 的角系数 $\varphi_{12}$，即：

$$\varphi_{12} = \frac{\text{表面 1 对表面 2 的投入辐射}}{\text{表面 1 的有效辐射}} = \frac{Q_{12}}{Q_1} = \frac{Q_{12}}{J_1 A_1} \tag{2-150}$$

同理，有：

$$\varphi_{21} = \frac{\text{表面 2 对表面 1 的投入辐射}}{\text{表面 2 的有效辐射}} = \frac{Q_{21}}{Q_2} = \frac{Q_{21}}{J_2 A_2} \tag{2-151}$$

为简化起见，假设物体表面均为漫射表面，且各表面有均匀的有效辐射。这表明，两个表面的温度均匀，辐射率均匀，投射辐射也均匀，这就消除了以上因素分布不均匀带来的复杂性，使角系数成为一个纯几何因素，而仅与物体的形状、大小和位置有关。工程上，上述条件往往不能都满足，这时可分别取其相应的平均值，仍认为角系数是一个纯几何因素。

根据兰贝特定律，可以得出角系数的一般表达式。

设有两个黑体 1 和 2，温度分别为 $T_1$ 和 $T_2$，在这两个黑体上分别取出微元面积 $dA_1$ 和 $dA_2$，两者的距离为 $r$，表面的法线与连线 $r$ 之间的夹角为 $\varphi_1$ 和 $\varphi_2$（图 2-65）。

根据兰贝特定律，从微元面 $dA_1$ 投向 $dA_2$，每单位立体角、单位时间、单位面积的辐射能量为：

$$E_{\varphi,b} = E_{n,b}\cos\varphi_1 = \frac{E_{1,b}}{\pi}\cos\varphi_1 \tag{a}$$

根据 $E_{\varphi,b}$ 的定义，有：

$$E_{\varphi,b} = \frac{dQ_{1,2}}{dA_1 d\omega_1} \tag{b}$$

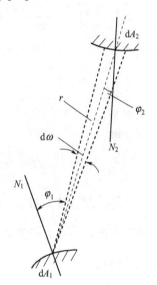

图 2-65 任意放置的两黑体间的辐射传热

因此，从黑体 $dA_1$ 投射到黑体 $dA_2$ 上的辐射能量为：

$$dQ_{1,2} = E_{\varphi,b} dA_1 d\omega_1 = \frac{E_{1,b}}{\pi} dA_1 d\omega_1 \cos\varphi_1 \tag{c}$$

同理，从 $dA_2$ 投射到 $dA_1$ 上的辐射能量为：

$$dQ_{2,1} = \frac{E_{2,b}}{\pi} dA_2 d\omega_2 \cos\varphi_2 \tag{d}$$

以 $dA_1$ 为圆心，作一半径为 $r$ 的半球面，$dA_2$ 在半球面上的投影为 $dA_2\cos\varphi_2$，根据立体角的定义，可知：

$$d\omega_1 = \frac{dA_2\cos\varphi_2}{r^2} \tag{e}$$

同理

$$d\omega_2 = \frac{dA_1\cos\varphi_1}{r^2} \tag{f}$$

将式(e)、式(f) 分别代入式(c)、式(d) 中，则：

$$dQ_{1,2} = \frac{E_{1,b}\cos\varphi_1\cos\varphi_2 dA_1 dA_2}{\pi r^2} \tag{g}$$

$$dQ_{2,1} = \frac{E_{2,b}\cos\varphi_1\cos\varphi_2 dA_1 dA_2}{\pi r^2} \tag{h}$$

两微元面 $dA_1$ 和 $dA_2$ 之间净辐射换热量为：

$$dQ_{net1,2} = dQ_{1,2} - dQ_{2,1} = (E_{1,b} - E_{2,b})\frac{\cos\varphi_1\cos\varphi_2 dA_1 dA_2}{\pi r^2} \tag{i}$$

因此，两个黑体 1 及 2 之间的辐射换热量为：

$$Q_{net1,2} = \int dQ_{net1,2} = (E_{1,b} - E_{2,b})\int_{A_1}\int_{A_2}\frac{\cos\varphi_1\cos\varphi_2}{\pi r^2}dA_1 dA_2 \tag{j}$$

显然，$\int_{A_1}\int_{A_2}\frac{\cos\varphi_1\cos\varphi_2}{\pi r^2}dA_1 dA_2$ 是一个几何参数，它只取决于物体表面的大小和它们之间的相互位置。如果先对式(g) 积分，则有：

$$Q_{1,2} = E_{1,b}\int_{A_1}\int_{A_2}\frac{\cos\varphi_1\cos\varphi_2}{\pi r^2}dA_1 dA_2 \tag{k}$$

因为：

$$Q_{1,b} = E_{1,b}A_1$$

所以：

$$\frac{Q_{1,2}}{Q_{1,b}} = \frac{1}{A_1}\int_{A_1}\int_{A_2}\frac{\cos\varphi_1\cos\varphi_2}{\pi r^2}dA_1 dA_2 \tag{l}$$

从等式左边可以看出，$Q_{1,b}$ 为黑体 1 发射的总能量，$Q_{1,2}$ 为从黑体 1 发射到达黑体 2 的能量，因此，$\frac{Q_{1,2}}{Q_{1,b}}$ 表示黑体 1 向半球空间辐射的能量投射到黑体 2 表面上的百分数，它是一个无量纲数，称为角系数，用符号 $\varphi_{12}$ 表示，即：

$$\varphi_{12} = \frac{1}{A_1}\int_{A_1}\int_{A_2}\frac{\cos\varphi_1\cos\varphi_2}{\pi r^2}dA_1 dA_2 \tag{2-152}$$

因此，双重积分可表达为：

$$\int_{A_1}\int_{A_2}\frac{\cos\varphi_1\cos\varphi_2}{\pi r^2}dA_1 dA_2 = \varphi_{12}A_1 \tag{m}$$

同理，如果先从式(h) 积分，亦可得到如下的结果：

$$\int_{A_1}\int_{A_2}\frac{\cos\varphi_1\cos\varphi_2}{\pi r^2}dA_1 dA_2 = \varphi_{21}A_2 \tag{n}$$

所以有：

$$\varphi_{12}A_1 = \varphi_{21}A_2 \tag{2-153}$$

此式表示了两个物体表面之间在辐射时的相对性。最后，可以将两个黑体间的辐射换热计算式(j) 改写成：

$$Q_{net1,2}=(E_{1,b}-E_{2,b})\varphi_{12}A_1=(E_{1,b}-E_{2,b})\varphi_{21}A_2 \tag{2-154}$$

必须指出，式中的角系数 $\varphi_{12}$ 或 $\varphi_{21}$ 都是平均角系数。从式（2-154）可知，要计算任意放置的物体之间的辐射换热量，首先要确定辐射角系数。

### 2. 角系数的确定

计算物体间的辐射换热量，先要求得角系数。角系数的确定可以通过三种方式，对于符合兰贝特定律的物体，可以直接从它的表达式(2-152)，通过积分运算求得。另外，可以用实验的方法测定角系数的值，也可以利用简单的几何关系，导出角系数的一些基本性质，利用这些性质，就可用简单的代数方法来求解。本小节主要介绍积分求解法及利用角系数性质进行代数求解的方法。

（1）积分求解

现在确定一个微元面 $dA_1$ 对另一个和它平行、直径为 $D$ 的圆面积 $A_2$ 的角系数，两者之间的距离为 $R$（图 2-66）。

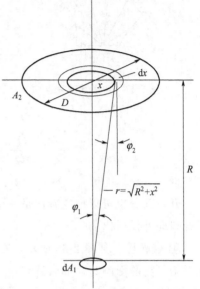

图 2-66　微元面 $dA_1$ 对圆表面的辐射

在 $A_2$ 上取一距圆心为 $x$，宽度为 $dx$ 的环形微元面积 $dA_2=2\pi x\,dx$，由于对所有不同的 $x$，$\varphi_1=\varphi_2$，而且 $r^2=R^2+x^2$，所以有：

$$\cos\varphi_1=\cos\varphi_2=\frac{R}{\sqrt{R^2+x^2}}$$

从角系数的表达式(2-153) 有：

$$\varphi_{dA_1A_2}=\frac{1}{A_1}\int_{A_1}dA_1\int_{A_2}\frac{\cos\varphi_1\cos\varphi_2}{\pi r^2}dA_2=\int_{A_2}\frac{\cos^2\varphi}{\pi r^2}dA_2=\int_{A_2}\frac{R^2 2\pi x\,dx}{\pi(R^2+x^2)^2}$$

$$=R^2\int_{A_2}\frac{d(x^2)}{(R^2+x^2)^2}=R^2\int_0^{D/2}\frac{d(x^2)}{(R^2+x^2)^2}=-R^2\left(\frac{1}{R^2+x^2}\bigg|_0^{D/2}\right)=\frac{D^2}{4R^2+D^2}$$

在实际应用中，不必一一自行推导物体间角系数，对于各种物体不同相对位置的角系数，已由理论导出计算式，或将精确结果制成图表。

（2）代数求解

角系数有如下一些性质。

① 相对性　角系数的相对性原理，已经在在黑体间辐射换热的分析中导出，即：

$$\varphi_{12}A_1=\varphi_{21}A_2 \tag{2-155}$$

此式说明：任意两个物体间的角系数 $\varphi_{12}$ 和 $\varphi_{21}$ 不是对立的，它们要受到式（2-155）的制约。

② 自见性　是指一个物体表面所辐射出来的能量，投向自身表面的分数。对于平面或凸面，其自见性等于零，即 $\varphi_{11}=0$；对于凹面，其自见性不等于零，即 $\varphi_{11}\neq0$。

③ 完整性　对于有几个物体组成的封闭体系来说（图 2-67），任何一个表面辐射出的能量将全部分配到体系内的各个表面上，以表面 1 为例，有：

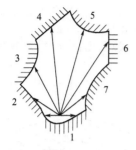

图 2-67 角系数的完整性

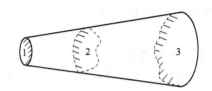

图 2-68 角系数的兼顾性

$$Q_{11}+Q_{12}+Q_{13}+\cdots+Q_{1n}=Q_1$$

$$\frac{Q_{11}}{Q_1}+\frac{Q_{12}}{Q_1}+\frac{Q_{13}}{Q_1}+\cdots+\frac{Q_{1n}}{Q_1}=1$$

即： 
$$\varphi_{11}+\varphi_{12}+\varphi_{13}+\cdots+\varphi_{1n}=1 \qquad (2\text{-}156)$$

开口部分也可以把它看作是一个封闭体系中的一个表面（如窑墙上开的孔），辐射能通过开口向外投射出去。

④ 兼顾性　如图 2-68 所示，在任意两物体 1 和 3 之间，设置一透热体 2，当不考虑路程对辐射能的影响时，那么就有：

$$\varphi_{12}=\varphi_{13}$$

这是因为从物体 1 辐射到物体 2 上的热量为：

$$Q_{1,2}=E_1\varphi_{12}A_1$$

从物体 1 辐射到物体 3 上的热量为：

$$Q_{1,3}=E_1\varphi_{13}A_1$$

由于不考虑路程对辐射能量的影响，所以有：

$$Q_{1,2}=Q_{1,3}$$

$$\varphi_{12}=\varphi_{13} \qquad (2\text{-}157)$$

如果在物体 1 与 3 之间设有一不透过的物体，则 $\varphi_{13}=0$。

⑤ 分解性　当两个表面 $A_1$、$A_2$ 之间进行辐射换热时，如单独把 $A_1$ 分解成 $A_3$ 和 $A_4$ ［图 2-69(a)］，则：

$$A_1\varphi_{12}=A_3\varphi_{32}+A_4\varphi_{42} \qquad (2\text{-}158)$$

如果单独把表面 $A_2$ 分解为 $A_5$ 与 $A_6$ ［图 2-69(b)］，则有：

$$A_1\varphi_{12}=A_1\varphi_{15}+A_1\varphi_{16} \qquad (2\text{-}159)$$

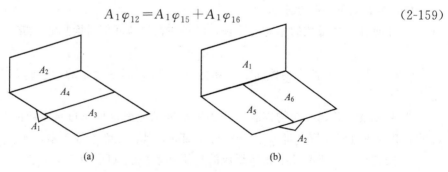

(a)             (b)

图 2-69 角系数的分解性

利用角系数的上述性质，就能用简单的代数方法求算某些物体之间的角系数。下面举几个例子来说明（表 2-13）。

表 2-13 某些物体之间角系数的推导

| 名称 | 图示 | 角系数的推导 |
|---|---|---|
| 两个无限大平行平面 | 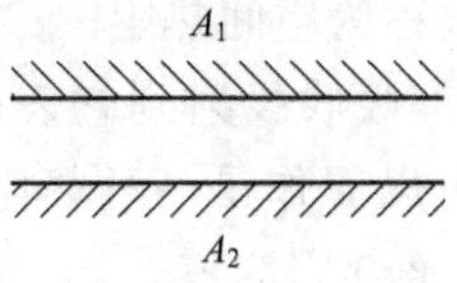 $A_1$ $A_2$ | 根据完整性 $\varphi_{11}+\varphi_{12}=1$<br>根据自见性 $\varphi_{11}=0$<br>故 $\varphi_{12}=1$<br>同理 $\varphi_{21}=1$ |
| 一个物体被另外一个物体包围 | 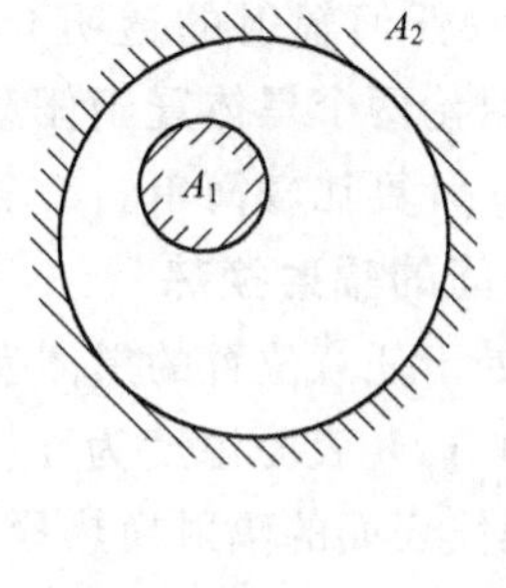 $A_2$ $A_1$ | 对于物体 1<br>根据完整性 $\varphi_{11}+\varphi_{12}=1$<br>根据自见性 $\varphi_{11}=0$<br>故 $\varphi_{12}=1$<br>对于物体 2<br>根据完整性 $\varphi_{22}+\varphi_{21}=1$<br>根据相对性 $A_1\varphi_{12}=A_2\varphi_{21}$<br>故 $\varphi_{21}=\varphi_{12}\dfrac{A_1}{A_2}=\dfrac{A_1}{A_2}$<br>$\varphi_{22}=1-\varphi_{21}=\dfrac{A_2-A_1}{A_2}$ |
| 一个平面和一个曲面组成的封闭体系 | 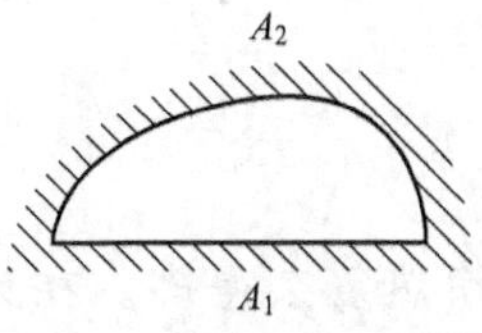 $A_2$ $A_1$ | 根据完整性 $\varphi_{11}+\varphi_{12}=1$<br>根据自见性 $\varphi_{11}=0$<br>故 $\varphi_{12}=1$<br>根据相对性 $A_1\varphi_{12}=A_2\varphi_{21}$<br>故 $\varphi_{21}=\dfrac{A_1}{A_2}$<br>$\varphi_{22}=1-\varphi_{21}=\dfrac{A_2-A_1}{A_2}$ |
| 两个曲面组成的封闭体系 | 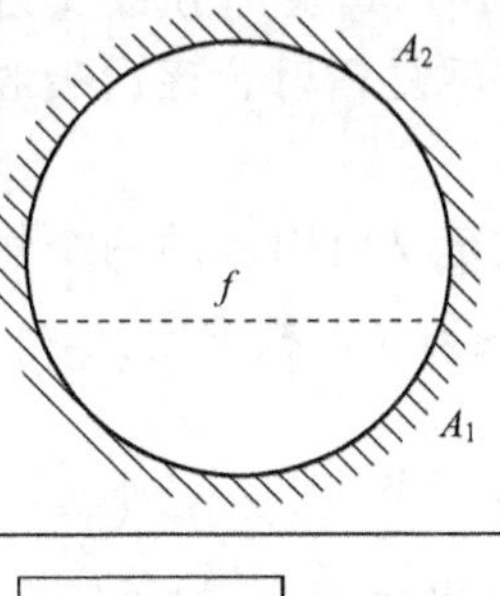 $A_2$ $f$ $A_1$ | 根据兼顾性 $\varphi_{12}=\varphi_{1,f}=\dfrac{f}{A_1}$<br>从上例可知 $\varphi_{11}=\dfrac{A_1-f}{A_1}$<br>同理 $\varphi_{21}=\varphi_{2,f}=\dfrac{f}{A_2}$<br>$\varphi_{22}=\dfrac{A_2-f}{A_2}$ |
| 表面 1 与表面 3 之间的角系数（表面 1 与表面 2,3 垂直） | 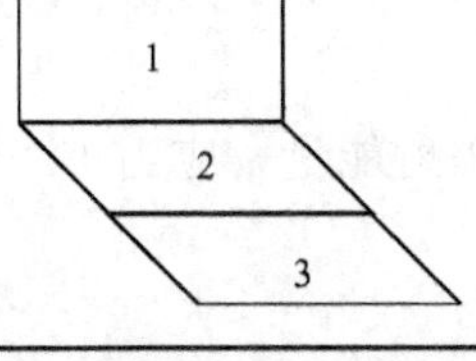 1 2 3 | 根据分解性 $A_{(2,3)}\varphi_{(2,3)1}=A_3\varphi_{31}+A_{32}\varphi_{21}$<br>根据相对性 $A_1\varphi_{1(2,3)}=A_1\varphi_{12}+A_1\varphi_{13}$<br>故 $\varphi_{13}=\varphi_{1(2,3)}-\varphi_{12}$[①] |

注：$\varphi_{1(2,3)}$ 和 $\varphi_{12}$ 的值可根据表面尺寸在附录 10 中查得。

再次说明，角系数是一纯几何因子，与表面温度与辐射率无关，引入角系数是因为，即使其他所有条件均相同，若表面间的相对位置不同时，物体间的辐射换热量有较大差别。

（二）物体间的辐射换热

讨论辐射换热的主要目的，是计算物体间的辐射换热量。如果利用热阻的概念来分析辐射换热，不难发现，辐射换热的热阻由两部分组成。

① 由于物体的尺寸形状和相对位置的不同，以致一些物体发射的辐射能不可能全部到达另一个物体的表面上，与这相当的热阻，可以称为空间热阻。

② 由于物体表面不是黑体，所以它不能全部吸收投射到它表面上的辐射能，或者它的辐射力没有黑体那么大，相对于黑体来说，也可以看作是一种热阻，称为表面热阻。显然，对于黑体来说，表面热阻为零。

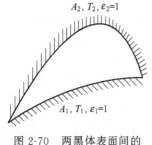

图 2-70 两黑体表面间的辐射换热

本节给出两个稳态辐射换热的例子，即分别由等温的两黑体或等温的两灰体组成的封闭系统内表面间的辐射换热，封闭系统内充满不吸收任何辐射的透明介质，所采用的方法称为"净热量法"。先讨论两个黑体置于任意位置时的辐射换热，此时表面热阻为零，计算比较简单。

**1. 黑体表面间的辐射换热**

假定有两个处于任意位置的黑体表面 1 和 2（图 2-70），表面积分别为 $A_1$ 和 $A_2$，表面温度为 $T_1$ 和 $T_2$，且 $T_1 > T_2$。由前面的式(2-154)，已经得到两个任意位置的黑体表面的辐射换热量为：

$$Q_{\mathrm{net}1,2}=E_{1,\mathrm{b}}A_1\varphi_{12}-E_{2,\mathrm{b}}A_2\varphi_{21}=(E_{1,\mathrm{b}}-E_{2,\mathrm{b}})\varphi_{12}A_1=(E_{1,\mathrm{b}}-E_{2,\mathrm{b}})\varphi_{21}A_2$$

$$=\frac{(E_{1,\mathrm{b}}-E_{2,\mathrm{b}})}{\dfrac{1}{\varphi_{12}A_1}}=\frac{(E_{1,\mathrm{b}}-E_{2,\mathrm{b}})}{\dfrac{1}{\varphi_{21}A_2}} \tag{2-160}$$

**2. 两个灰体之间的辐射换热**

灰体之间的辐射换热要比黑体间的辐射换热复杂得多。在计算黑体间辐射换热时，只要确定体系的角系数就可以了，因为所有投射在黑体上的辐射能被全部吸收。可是灰体表面对外界投射的投射能只吸收其中一部分，其余部分被反射出去（反射到另一表面或反射到体系的外面），灰体之间会形成多次反复辐射、逐次吸收的现象，从而使问题变得相当复杂。

为分析问题简单起见，借用在介绍角系数定义时引入的两个物理概念：投射辐射（$G$）和有效辐射（$J$）。图 2-71 表示了灰体的有效辐射 $J$，根据定义，它是灰体本身辐射和反射辐射之和，即：

$$J=\varepsilon E_{\mathrm{b}}+RG=\varepsilon E_{\mathrm{b}}+(1-\alpha)G \tag{a}$$

式中，$G$ 为外界对灰体表面的投射辐射，$\mathrm{W/m^2}$；$\alpha$ 为灰体的吸收率；$R$ 为灰体的反射率。

对灰体表面建立能量平衡，灰体表面的净辐射能量，应当等于该表面的有效辐射与投射辐射之差：

$$\frac{Q}{A}=J-G=\varepsilon E_{\mathrm{b}}+(1-\alpha)G-G=\varepsilon E_{\mathrm{b}}-\alpha G \tag{b}$$

当 $\alpha=\varepsilon$ 时，由式(a)导出投入辐射 $G$ 的表达式，然后代入到式(b)中，消去 $G$，可得：

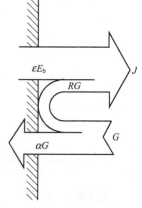

图 2-71 有效辐射

$$Q=\frac{\varepsilon A}{1-\varepsilon}(E_{b}-J)=\frac{E_{b}-J}{\dfrac{1-\varepsilon}{\varepsilon A}} \tag{2-161}$$

式(2-161)为灰体表面间辐射换热的电网络模拟提供了依据。如果将右边分母部分看作是电阻（辐射换热的表面热阻），而分子则可比作电位差，从而传热量 $Q$ 可以比作电流。可以看出，当灰体表面的吸收率或黑度越大，即表面越接近黑体时，表面热阻就越小。对于黑体，其表面热阻为零，此时，$J$ 就等于 $E_b$ 了。

式(2-161)中，辐射率（黑度 $\varepsilon$）趋近于1或者面积 $A$ 趋近于无穷大时，$\dfrac{1-\varepsilon}{\varepsilon A}$ 趋近于零。由此可见，$\dfrac{1-\varepsilon}{\varepsilon A}$ 是因为辐射率不等于1或者表面积不是无穷大而产生的热阻，即由表面因素而产生的热阻，所以称为表面辐射热阻。

根据式(2-161)，可绘制出一个如图 2-72 所示的电网络单元。这种用网络分析求解辐射换热的方法，是由奥本海姆（Oppenheim）首先提出的。

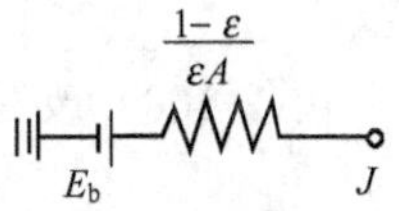

图 2-72　表面热阻

以下进一步讨论两个灰体 $A_1$ 和 $A_2$ 之间的辐射换热情况，如图2-73所示。

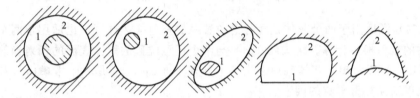

图 2-73　由一个凹面和一个凸面组成的灰体系统之间的辐射传热

表面 $A_1$ 辐射出去的总能量中到达表面 $A_2$ 上的那部分能量为 $J_1A_1\varphi_{12}$，表面 $A_2$ 辐射出去的总能量中到达表面 $A_1$ 上的那部分能量为 $J_2A_2\varphi_{21}$，两个灰体表面间的净辐射换热量为：

$$Q_{net1,2}=J_1A_1\varphi_{12}-J_2A_2\varphi_{21}$$

根据相对性原理，有：
$$A_1\varphi_{12}=A_2\varphi_{21}$$
所以：
$$Q_{net1,2}=(J_1-J_2)A_1\varphi_{12}=(J_1-J_2)A_2\varphi_{21}$$
或：
$$Q_{net1,2}=\frac{(J_1-J_2)}{\dfrac{1}{A_1\varphi_{12}}}=\frac{(J_1-J_2)}{\dfrac{1}{A_2\varphi_{21}}} \tag{2-162}$$

前面已经讲过，角系数就是一个与物体的形状、大小和位置有关的纯的几何因子，因此 $\dfrac{1}{A_1\varphi_{12}}$ 或 $\dfrac{1}{A_2\varphi_{21}}$ 就是由于物体的尺寸形状和相对位置的不同，以致一些物体发射的辐射能不可能全部到达另一个物体的表面上，而产生的空间热阻。其表达式与两黑体表面辐射换热量计算式(2-160)分母的热阻表达式相同。

可将式(2-162)绘制成电网络单元的形式，如图 2-74 所示。

由于大多数的工程材料可近似按灰体处理，下面讨论两个灰体间的辐射换热。

两个灰体表面组成的封闭系统的辐射换热，是灰体辐射换热中最简单的。两个表面构成的封闭系统的相对位置有如图 2-73 所示的几种情形。这样对于某一个特定的辐射换热的网络结构，只需要对每一个物体表面确定一个表面热阻 $(1-\varepsilon)/\varepsilon A$，以及在两个有效辐射电位差之间再确定一个空间热阻 $1/A_m\varphi_{mn}$ 就可以了。图 2-75 表示该系统及其由辐射热阻组成的辐射换热网络图。

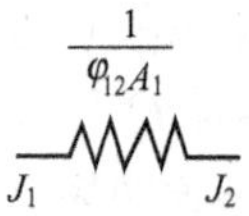

图 2-74 空间热阻

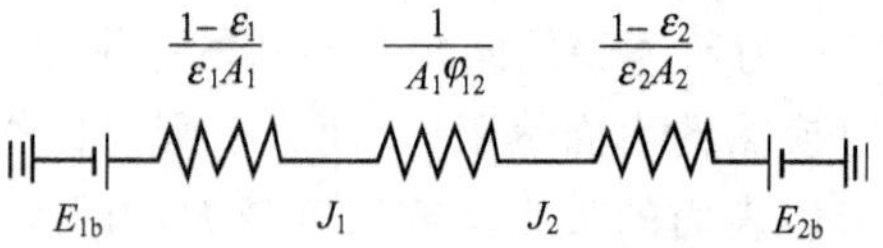

图 2-75 两个灰体表面间的辐射换热网络图

在这种情况下，可直接按串联电路的计算方法，写出两灰体表面间辐射换热的计算式：

$$Q_{12}=\frac{E_{1b}-E_{2b}}{\dfrac{1-\varepsilon_1}{\varepsilon_1 A_1}+\dfrac{1}{A_1\varphi_{12}}+\dfrac{1-\varepsilon_2}{\varepsilon_2 A_2}}=\frac{(E_{1b}-E_{2b})A_1}{\left(\dfrac{1}{\varepsilon_1}-1\right)+\dfrac{1}{\varphi_{12}}+\dfrac{A_1}{A_2}\left(\dfrac{1}{\varepsilon_2}-1\right)} \tag{2-163}$$

式(2-163) 改写成如下形式：

$$Q_{12}=\varepsilon_{12}(E_{1b}-E_{2b})\varphi_{12}A_1=\varepsilon_{12}\sigma(T_1^4-T_2^4)\varphi_{12}A_1 \tag{2-164}$$

式中，$\varepsilon_{12}$ 为两黑体表面之间的导来黑度，亦即系统的导来黑度，也称为系统发射率。

$$\varepsilon_{12}=\frac{1}{1+\varphi_{12}\left(\dfrac{1}{\varepsilon_1}-1\right)+\varphi_{21}\left(\dfrac{1}{\varepsilon_2}-1\right)} \tag{2-165}$$

式(2-164) 既适用于两个灰体处于任意位置时的辐射换热计算，也适用于两个灰体组成封闭体系时的辐射换热计算。将式(2-164) 与两个任意位置的黑体表面的辐射换热量计算式 (2-160) 相比，可以看出，灰体辐射多出一个导来黑度 $\varepsilon_{12}$，$\varepsilon_{12}$ 是一个考虑由于灰体系统多次吸收和反射对换热量影响的因素。

从式(2-164) 可以看出，两个灰体的温度差、角系数和系统的导来黑度，是影响其辐射换热的三个基本因素。若需要增强辐射换热，要提高高温物体的温度，增大低温物体的面积，采用较大黑度的材料；反之，若要削减辐射换热或减少辐射热损失，则必须降低辐射物体的温度，缩小辐射物体的表面积和减小系统的导来黑度。

式(2-164) 所表达的两个灰体间的辐射换热计算，也可以针对三种特殊情况予以简化。

① 两个物体均为无限大平行平板时，因为 $\varphi_{12}=\varphi_{21}=1$，而且 $A_1=A_2$，则：

$$\varepsilon_{12}=\frac{1}{\dfrac{1}{\varepsilon_1}+\dfrac{1}{\varepsilon_2}-1} \tag{2-166}$$

故

$$q_{12}=\frac{Q_{12}}{A}=\frac{\sigma}{\dfrac{1}{\varepsilon_1}+\dfrac{1}{\varepsilon_2}-1}(T_1^4-T_2^4) \tag{2-167}$$

② 如果两平行平面中，有一个平面的黑度很大，譬如 $\varepsilon_1\gg\varepsilon_2$，则该系统的导来黑度将取决于黑度小的平面，$\varepsilon_{12}\approx\varepsilon_2$，则：

$$q_{12}=\frac{Q_{12}}{A}=\varepsilon_2\sigma(T_1^4-T_2^4) \tag{2-168}$$

③ 当两个物体中有一个为凸面时（图 2-73），因为 $\varphi_{12}=1$，$\varphi_{21}=\dfrac{A_1}{A_2}$，故：

$$\varepsilon_{12}=\frac{1}{\dfrac{1}{\varepsilon_1}+\dfrac{A_1}{A_2}\left(\dfrac{1}{\varepsilon_2}-1\right)} \tag{2-169}$$

$$Q_{12}=\frac{\sigma}{\frac{1}{\varepsilon_1}+\frac{A_1}{A_2}\left(\frac{1}{\varepsilon_2}-1\right)}(T_1^4-T_2^4)A_1 \tag{2-170}$$

如果两个物体中一个表面积很大，譬如，$A_2\gg A_1$，则 $\varepsilon_{12}\approx\varepsilon_1$，这说明大表面的黑度对系统的导来黑度影响很小，以致可以忽略不计，导来黑度取决于小表面的黑度：

$$Q_{12}=\varepsilon_1\sigma(T_1^4-T_2^4)A_1 \tag{2-171}$$

该式在很多工程计算中，尤其是辐射测量中有重要意义。凡被包围表面积比腔体内表面面积小得多的情况，均可按式(2-171)计算。

**例 2-27** 两无限长套管，内管和外管的温度分别是 527℃ 和 27℃，辐射率均为 0.8，内管以热辐射的形式传给外管的热量是 1060W/m，内管直径是 20mm。求：外管直径为多少？

**解** 内管向外管的辐射面积 $A_1=\pi d_1l$，外管向内管的辐射面积 $A_2=\pi d_2l$

由式(2-170)可知，内管辐射给外管的热量为：

$$Q_{12}=\frac{\sigma}{\frac{1}{\varepsilon_1}+\frac{A_1}{A_2}\left(\frac{1}{\varepsilon_2}-1\right)}(T_1^4-T_2^4)A_1=\frac{\sigma}{\frac{1}{\varepsilon_1}+\frac{\pi d_1l}{\pi d_2l}\left(\frac{1}{\varepsilon_2}-1\right)}(T_1^4-T_2^4)\pi d_1l$$

单位长度内，内管辐射给外管的热量为：

$$q_{12}=\frac{Q_{12}}{l}=\frac{\sigma}{\frac{1}{\varepsilon_1}+\frac{d_1}{d_2}\left(\frac{1}{\varepsilon_2}-1\right)}(T_1^4-T_2^4)\pi d_1$$

已知： $\qquad q_{12}=1060\text{W/m}, d_1=0.02\text{m}, \varepsilon_1=\varepsilon_2=0.8,$
$\qquad T_1=527+273=800(\text{K}), T_2=27+273=300(\text{K})$

带入上式，有：

$$1060=\frac{5.67\times10^{-4}}{\frac{1}{0.8}+\frac{0.02}{d_2}\left(\frac{1}{0.8}-1\right)}(800^4-300^4)\times3.14\times0.02$$

解得 $d_2=0.051\text{m}=51\text{mm}$

**例 2-28** 用热电偶测量管道内的空气温度。如果管道内空气温度与管道壁的温度不同，则由于热电偶与管道壁之间的辐射换热会产生测温误差，试计算当管道壁温度 $t_2=100℃$，热电偶读数温度 $t_1=200℃$ 时的测温误差。假定热电偶接点处的对流传热系数 $h=46.52\text{W/(m}^2\cdot℃)$，其黑度 $\varepsilon_1=0.9$。

**解** 热电偶热接点与管道壁面相比是很小的，因此它们之间的辐射换热可按式(2-171)计算：

$$q_{12}=\frac{Q_{12}}{A_1}=\varepsilon_1\sigma(T_1^4-T_2^4)$$

管道内的热空气通过对流换热传给热电偶接点的热量可用下式计算：

$$q_{g1}=h(t_g-t_1)$$

式中，$t_g$ 为空气的真实温度，℃。

热电偶接点达到稳定状态时的热平衡式为：

$$q_{g1}=q_{12}$$

所以有：
$$h(t_g - t_1) = \varepsilon_1 \sigma (T_1^4 - T_2^4)$$

由上式可知热电偶的读数误差为：

$$\delta_t = t_g - t_1 = \frac{\varepsilon_1 \sigma}{h}(T_1^4 - T_2^4)$$

$$= \frac{0.9 \times 5.67 \times 10^{-8}}{46.52}[(273+200)^4 - (273+100)^4]$$

$$= 33.67(\text{℃})$$

亦即管道内空气的真实温度 $t_g = 233.67℃$。

上例说明，热电偶在管道中测量透热气体温度时，其测温误差较大。从上述计算公式中可以看出测温误差与下列因素有关。

① 测温误差与热电偶外套管材料的黑度成正比，因此宜采用表面比较光滑，黑度比较小的热电偶外套管。

② 测温误差与对流换热系数 $h$ 成反比，说明管道内气流速度越快，测温误差越小。为此，测温时热电偶必须装置在气流速度较快处，在热电偶安装处可造成人为的缩颈，或采用抽气式热电偶。

③ 测温误差随 $(T_1^4 - T_2^4)$ 差值的减小而减小，为提高 $T_2$ 温度，可以在管道上装置热电偶的部分包上绝热层，或在热电偶外加遮热罩。加遮热罩后，辐射换热在热电偶与遮热罩之间进行，而遮热罩的温度较管道壁为高，因此加遮热罩后热电偶的辐射散热损失将减小，测温误差也会减小。有关遮热罩的问题，将在下一节详细讨论。

### 3. 三个灰体表面组成的辐射换热体系

三个灰体组成的辐射换热体系（图 2-76），仍可用网络法求解。在这种情况下，每个物体都和其他两个物体相互辐射热量。物体 1 和物体 2 之间的净辐射换热量按式(2-162)计算，即：

$$Q_{1,2} = \frac{J_1 - J_2}{\dfrac{1}{A_1 \varphi_{12}}}$$

同理，物体 1 和物体 3 以及物体 2 和物体 3 之间的净辐射换热量分别为：

$$Q_{1,3} = \frac{J_1 - J_3}{\dfrac{1}{A_1 \varphi_{13}}}, \quad Q_{2,3} = \frac{J_2 - J_3}{\dfrac{1}{A_2 \varphi_{23}}}$$

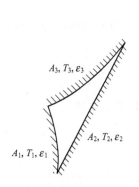

图 2-76　三个灰体表面组成的辐射换热体系

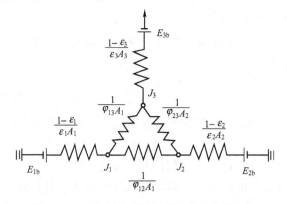

图 2-77　三个灰体表面间的辐射换热网络图

　　这些式子中的分母均为空间热阻，如果再在每个灰体表面考虑其表面热阻，如果它们的温度、黑度以及空间位置均确定，就很容易地描绘出这个辐射体系的网络图（图 2-77）。

　　为了计算物体间的辐射换热量，就需要确定各个节点 $J_i$ 的电位（相当于各物体的有效辐射），可以应用电学中的克希霍夫定律，即流入每个节点的电流的代数和等于零。从而可以列出各结点的方程式而得到一个线性方程组，联立求解此方程组，就可得出各节点的电位。各节点电位确定后，就可十分容易地算出辐射换热量了。

$$J_1: \quad \frac{E_{1b}-J_1}{\dfrac{1-\varepsilon_1}{\varepsilon_1 A_1}} + \frac{J_2-J_1}{\dfrac{1}{A_1\varphi_{12}}} + \frac{J_3-J_1}{\dfrac{1}{A_1\varphi_{13}}} = 0$$

$$J_2: \quad \frac{E_{2b}-J_2}{\dfrac{1-\varepsilon_2}{\varepsilon_2 A_2}} + \frac{J_1-J_2}{\dfrac{1}{A_1\varphi_{12}}} + \frac{J_3-J_2}{\dfrac{1}{A_2\varphi_{23}}} = 0 \qquad (2\text{-}172)$$

$$J_3: \quad \frac{E_{3b}-J_3}{\dfrac{1-\varepsilon_3}{\varepsilon_3 A_3}} + \frac{J_1-J_3}{\dfrac{1}{A_1\varphi_{13}}} + \frac{J_2-J_3}{\dfrac{1}{A_2\varphi_{23}}} = 0$$

　　总结上面，可以得到应用"网络法"的基本步骤（多表面系统辐射换热）如下：

① 画等效电路图（画等效辐射网络图）；

② 列出各节点的热流方程组，依据：电学中的基尔霍夫定律，即所有流向该节点的热流量的代数和为 0；

③ 求解方程组，以获得各个节点的有效辐射 $J_i$；

④ 利用公式 $Q_i = \dfrac{E_{ib}-J_i}{\dfrac{1-\varepsilon_i}{A_i\varepsilon_i}}$ 计算每个净表面净辐射热流量；

⑤ 利用公式 $Q_{i,j} = \dfrac{J_i-J_j}{\dfrac{1}{A_i\varphi_{ij}}}$ 计算表面 $i$ 与表面 $j$ 之间的净辐射换热量。

三个特例如下。

① 有一个表面为黑体的封闭体系

设表面 3 为黑体，黑体的表面热阻 $\dfrac{1-\varepsilon_3}{\varepsilon_3 A_3}=0$，从而 $J_3=E_{3b}$，此时该表面的温度为已知，其网络图如图 2-78 所示。此时，式（2-172）的代数方程简化为二元方程组。

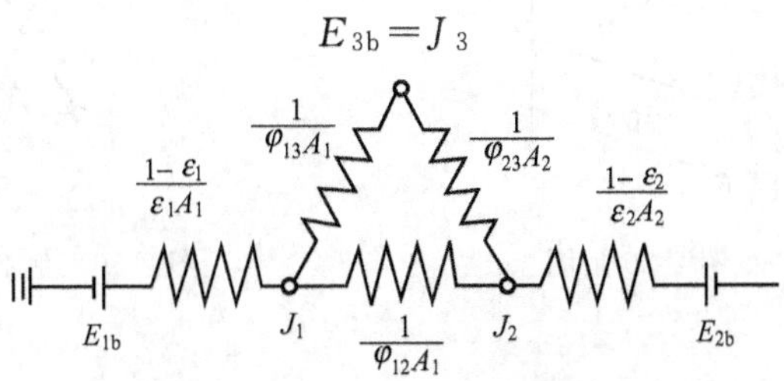

图 2-78　表面 3 为黑体的辐射传热网络

② 图 2-78 也适用于某一表面面积无穷大，此时表面热阻 $\dfrac{1-\varepsilon_3}{\varepsilon_3 A_3}\approx 0$，$J_3=E_{3b}$。

③ 有一个表面绝热（也称重辐射面）的封闭体系。

工程上经常遇到两个辐射表面与另一个绝热面组成封闭系统的辐射换热情况。例如，退火炉中的辐射加热面 1、被退火的工件 2 与绝热炉壁 3 组成的封闭系统。此时物体 1 与物体 2 表面间彼此有辐射换热，物体 3 是绝热的，但绝热的表面 3 对另外两个物体要吸收和再辐射能量，因此，它对整个换热过程仍有影响。

表面 3 为绝热面时，$q_3=0$，$J_3=E_{3b}$。绝热面 3 与黑体面不同的是，此时该表面的温度是未知的。同时，它仍然吸收和发射辐射，只是发射和吸收的辐射相等。由于热辐射具有方向性，因此，它仍然影响其表面的辐射换热。这种表面温度未知，而净辐射换热量为零的表面被称为重辐射面。此时，代表物体 3 的节点 $J_3$ 不必和外部电源相连接，因为它没有净辐射换热，就是说，该节点 $J_3$ 是"浮动"的，此时即使在节点外插入电阻 $(1-\varepsilon_3)/A_3\varepsilon_3$ 也不会影响该点电位，这说明绝热物体的温度与其表面的黑度无关。在这种情况下，该辐射体系的网络也可用图 2-78 表示。注意此处 $J_3$ 是一个浮动电势，取决于 $J_1$、$J_2$ 及其间的两个空间热阻，相当于串并联电路。根据图 2-78 和串并联电路规律，得到：

$$Q_{12}=\dfrac{E_{1b}-E_{2b}}{\dfrac{1-\varepsilon_1}{\varepsilon_1 A_1}+\dfrac{1}{\left(\dfrac{1}{A_1\varphi_{12}}\right)^{-1}+\left(\dfrac{1}{A_1\varphi_{13}}+\dfrac{1}{A_2\varphi_{23}}\right)^{-1}}+\dfrac{1-\varepsilon_2}{\varepsilon_2 A_2}} \tag{2-173}$$

当封闭体系中灰体表面的数目超过 3 个时，它们之间的辐射换热计算一般就不宜用网络法计算，而需要借助计算机采用数值方法计算。

**例 2-29** 有一窑炉墙厚 500mm（图 2-79），墙上有一直径为 150mm 的观察孔，炉内的温度为 1400℃，车间室温 30℃。试计算通过观察孔向外界辐射的热损失。

**解** 此题可看作是三个表面 $A_1$、$A_2$ 和 $A_3$ 组成的辐射换热体系，其中 $A_3$ 处在辐射热平衡中，因此，在网络结构中，代表它的节点 $J_3$ 是一个浮动结点。表面 $A_2$ 被车间房屋所包围，表面 $A_1$ 则位于窑炉的内表面，一般窑炉内外表面比 $A_1$、$A_2$ 大的多，所以，这两个表面均可看作黑体表面。

（1）根据以上假定，可绘出辐射网络图（图 2-80）

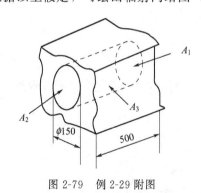

图 2-79 例 2-29 附图

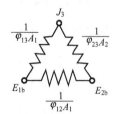

图 2-80 例 2-29 的辐射网络图

（2）求角系数

根据附录 10，中心在同一法线上的两平行平面角系数的计算式为：

$$\varphi_{12}=\varphi_{21}=\frac{2+D^2-2\sqrt{1+D^2}}{D^2}$$

$$D=\frac{150}{500}=0.3$$

$$\varphi_{12}=\frac{2+0.3^2-2\sqrt{1+0.3^2}}{0.3^2}=0.0215$$

根据完整性，有：$\varphi_{11}+\varphi_{12}+\varphi_{13}=1$，而 $\varphi_{11}=0$，所以有：

$$\varphi_{13}=1-\varphi_{12}=1-0.0215=0.9785$$

同理有：
$$\varphi_{23}=0.9785$$

(3) $A_1=A_2=\frac{1}{4}\pi d^2=\frac{1}{4}\pi\times0.15^2=0.01767(\text{m}^2)$

(4) 根据欧姆定律，可写出 $A_1$ 与 $A_2$ 之间的总阻力 $R$。

$$\frac{1}{R}=\frac{1}{\dfrac{1}{A_1\varphi_{13}}+\dfrac{1}{A_2\varphi_{23}}}+\frac{1}{\dfrac{1}{A_1\varphi_{12}}}$$

$$=\frac{1}{\dfrac{1}{0.01767\times0.9785}+\dfrac{1}{0.01767\times0.9785}}+\frac{1}{\dfrac{1}{0.1767\times0.0215}}$$

$$=12.4\times10^{-3}$$

$$R=80.65$$

(5) 表面 $A_1$ 辐射给表面 $A_2$ 的净传热量为：

$$Q_{12}=\frac{E_{1b}-E_{2b}}{R}=\frac{\sigma}{R}(T_1^4-T_2^4)$$

$$=\frac{5.67\times10^{-8}}{80.65}[(1400+273)^4-(30+273)^4]=5502(\text{W})$$

## 五、辐射换热的强化与削弱

由于工程上的需要，经常需要强化或削弱辐射换热。从式(2-164)和式(2-165)可以看出，两个灰体的温度差、角系数和辐射率是影响辐射换热的三个基本因素。由此可以提出增强或者削弱辐射换热的措施。

### (一) 辐射换热的强化

在一些特定的换热场合，辐射换热需要强化。提高高温物体的温度，增大低温物体的面积，采用较大辐射率（黑度）的材料等均可以加大物体间的辐射换热。

### (二) 辐射换热的削弱

前面已经提到，要削弱辐射换热或减少辐射热损失，必须降低辐射物的温度或减小系统的导来黑度。如果辐射物的温度不能改变，可以采用遮热板或罩来削弱辐射换热。这种措施称为辐射隔热。

#### 1. 遮热板

设有两块无限大平行平板 Ⅰ 和 Ⅱ ［图 2-81(a)］，它们的温度、黑度分别为 $T_1$、$\varepsilon_1$ 和

$T_2$、$\varepsilon_2$，且 $T_1 > T_2$。在未加遮热板时的辐射换热量可按式(2-168)计算：

$$q_{12} = \frac{\sigma}{\frac{1}{\varepsilon_1} + \frac{1}{\varepsilon_2} - 1}(T_1^4 - T_2^4) \tag{a}$$

当在两平板之间加入遮热板Ⅲ以后 [图 2-81(b)]，情况将发生变化。假定放入的遮热板是选用热导率很大而且很薄的材料制成，可以认为遮热板两面的温度都等于 $T_3$，它的黑度为 $\varepsilon_3$。由于遮热板并不发热，也不带走热量，它仅在热量传递过程中附加了阻力，此时，热量不再是由板Ⅰ通过辐射直接传给板Ⅱ，而是先由板Ⅰ辐射给遮热板Ⅲ，再由遮热板Ⅲ辐射给板Ⅱ。

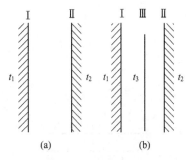

图 2-81　遮热板原理

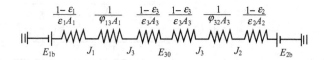

图 2-82　两平行无限大平板中间有一块遮热板时的辐射网络

图 2-82 表示了对应于图 2-81(b) 的辐射网络，它由四个表面热阻和两个空间热阻串联而成。当各个表面的黑度不同时，用网络分析可以很容易地计算出辐射换热量：

$$q'_{12} = \frac{E_{1b} - E_{2b}}{\frac{1-\varepsilon_1}{\varepsilon_1} + \frac{1}{\varphi_{13}} + 2\frac{1-\varepsilon_3}{\varepsilon_3} + \frac{1}{\varphi_{32}} + \frac{1-\varepsilon_2}{\varepsilon_2}} = \frac{E_{1b} - E_{2b}}{\frac{1}{\varepsilon_1} + \frac{1}{\varepsilon_2} + 2\left(\frac{1}{\varepsilon_3} - 1\right)}$$

$$= \frac{\sigma}{\frac{1}{\varepsilon_1} + \frac{1}{\varepsilon_2} + 2\left(\frac{1}{\varepsilon_3} - 1\right)}(T_1^4 - T_2^4) \tag{b}$$

将式(b) 与式(a) 相比，可得：

$$\frac{q'_{12}}{q_{12}} = \frac{\frac{1}{\varepsilon_1} + \frac{1}{\varepsilon_2} - 1}{\frac{1}{\varepsilon_1} + \frac{1}{\varepsilon_2} + 2\left(\frac{1}{\varepsilon_3} - 1\right)} \tag{2-174}$$

假定三块平板的黑度相等，即 $\varepsilon_1 = \varepsilon_2 = \varepsilon_3 = \varepsilon$，由式(2-174) 可知，$q'_{12} = \frac{1}{2}q_{12}$

在加入一块黑度与板面黑度相同的遮热板后，可使壁面的辐射换热量减少到原来的1/2。可以推论，当加入 $n$ 块黑度均相同的遮热板时，则热量将减少为原来的 $1/(n+1)$。这表明遮热板层数越多，遮热效果越好。

从式(2-174) 可知，减小遮热板的黑度 $\varepsilon_3$，也能降低辐射换热量。例如，当两平行平板和遮热板的黑度均为 0.8 时，可使辐射换热量降低一半，但若遮热板的黑度为 0.05 时，则辐射换热量仅为原来的 1/27。因此，在生产实践中，常选用磨光过的具有高反射系数（即黑度小）的金属板作为遮热板。

必须指出：在两块无限大平行平板之间设置遮热板时，其隔热效果与遮热板的位置无关。

### 2. 遮热罩

当两圆柱形物体 1 和 2 之间不设置遮热罩时，其净辐射换热量可以根据式（2-170）计算：

$$Q_{12} = \frac{\sigma}{\frac{1}{\varepsilon_1} + \frac{A_1}{A_2}\left(\frac{1}{\varepsilon_2} - 1\right)}(T_1^4 - T_2^4)A_1 \tag{a}$$

当设置遮热罩 3（图 2-83）后，同样假设罩是选用热导率很大的材料，而且很薄，因此，可以认为内外表面的温度相同。在此情况下，不难绘出其相应的网络结构，如图 2-84 所示。

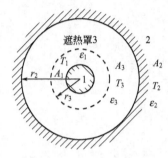

图 2-83 在圆柱形物体间
设置遮热罩图

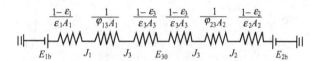

图 2-84 圆柱形物体间设置遮热罩的网络图

根据热阻串联原则，其净辐射换热量为：

$$Q'_{12} = \frac{E_{1b} - E_{2b}}{\frac{1-\varepsilon_1}{\varepsilon_1 A_1} + \frac{1}{A_1\varphi_{13}} + 2\frac{1-\varepsilon_3}{\varepsilon_3 A_3} + \frac{1}{A_2\varphi_{23}} + \frac{1-\varepsilon_2}{\varepsilon_2 A_2}} \tag{b}$$

因为 $\varphi_{13} = 1$，$\varphi_{23} = \dfrac{A_3}{A_2}$，将此代入式（b），并整理得：

$$Q'_{12} = \frac{(E_{1b} - E_{2b})A_1}{\frac{1}{\varepsilon_1} + \frac{A_1}{A_2}\left(\frac{1}{\varepsilon_2} - 1\right) + \frac{A_1}{A_3}\left(\frac{2}{\varepsilon_3} - 1\right)} \tag{c}$$

从上式可以看出，对两个位置已固定的圆柱形物体来说，当 $\varepsilon_3 =$ 常数时，遮热罩越靠近物体 1（即 $\dfrac{A_1}{A_3}$ 越大时），其隔热效果就越好，当 $\dfrac{A_1}{A_3} =$ 常数时，遮热罩的黑度越小，其隔热效果越好。

可以看出，在球形或圆柱形体系中设置遮热罩时，其隔热效果与遮热罩设置的位置有关，这是因为遮热罩在它们之间改变位置时，遮热罩的表面积发生改变，其角系数 $\varphi_{22}$、$\varphi_{23}$、$\varphi_{32}$ 和 $\varphi_{31}$ 都会相应地改变。

**例 2-30** 为了减少例 2-28 中由于辐射换热所引起的热电偶读数误差，在热电偶接点周围设置遮热罩。如果空气温度为 233.6℃，其他各给定值仍和例 2-28 相同，由遮热罩表面到气流的对流传热系数 $h' = 11.63\text{W}/(\text{m}^2 \cdot \text{℃})$，遮热罩黑度 $\varepsilon_3 = 0.8$。试求此时热电偶的读数应为多少？

**解** (1) 设遮热罩的温度为 $t_3$，其表面积为 $A_3$，管道内热空气以对流换热方式传给热接点的热量为：$hA_1(t_g-t_1)$

管道内热空气以对流换热方式传给遮热罩两表面的热量为：$2h'A_3(t_g-t_3)$

热接点以辐射换热方式传给遮热罩的热量为：$\varepsilon_{13}\sigma(T_1^4-T_3^4)A_1$

遮热罩以辐射换热方式传给管道壁的热量为：$\varepsilon_{32}\sigma(T_3^4-T_2^4)A_3$

(2) 当热接点达到稳定热状态时，其热平衡方程式为：

$$hA_1(t_g-t_1)=\varepsilon_{13}\sigma(T_1^4-T_3^4)A_1$$

因为： $$A_3\gg A_1$$

所以： $$\varepsilon_{13}=\varepsilon_1$$

热平衡方程式改写成：

$$h(t_g-t_1)=\varepsilon_1\sigma(T_1^4-T_3^4) \tag{a}$$

(3) 当遮热罩达到稳定热状态时，其热平衡方程式为：

$$2h'A_3(t_g-t_3)+\varepsilon_{13}\sigma(T_1^4-T_3^4)A_1=\varepsilon_{32}\sigma(T_3^4-T_2^4)A_3$$

因为： $$A_2\gg A_3$$

所以： $$\varepsilon_{32}=\varepsilon_3$$

又因： $$A_3\gg A_1$$

所以： $$\varepsilon_{13}\sigma(T_1^4-T_3^4)A_1\approx0$$

热平衡方程式可简化为：

$$2h'(t_g-t_3)=\varepsilon_3\sigma(T_3^4-T_2^4) \tag{b}$$

(4) 将各已知数值代入式(a) 和式(b) 中得：

$$\begin{cases} 46.52\times(233.6-t_1)=0.9\times5.67\times(T_1^4-T_3^4) \\ 2\times11.63\times(233.6-t_3)=0.8\times5.67\times(T_3^4-373^4) \end{cases}$$

联立求解上述方程组，可得：

$$t_3=185.2℃；\ t_1=218.2℃$$

(5) 因此，加遮热罩后热电偶的测量误差：

$$\delta_t=t_g-t_1=233.6-218.2=15.4(℃)$$

这说明加遮热罩后热电偶的测量误差比原来降低了 18.2℃。

# 六、气体辐射

## (一) 气体辐射的特点

气体辐射与吸收的规律与固液体有较大的差别，其主要特点如下。

### 1. 气体的辐射和吸收是在整个容积内进行的

由于气体对辐射线没有反射能力而有透过能力，即 $A+D=1$，$R=0$，它一面透过，一面吸收。最后有一部分会穿透气体而到达外部或固体壁面，因此，气体的辐射与吸收是在整个容积中进行的，与气体在容积中的分子数目（正比于气体分压 $P$ 与射线行程长度 $S$）及容器的形状及容器大小有关。在讨论气体的黑度及吸收率时，必须同时考虑容器的形状和容积的大小。气体辐射比固体辐射要复杂得多。

**2. 不同气体辐射与吸收的本领不同**

① 在工业上常见的温度范围内，单原子气体与对称结构的双原子气体，如 $O_2$、$N_2$、$H_2$ 等，仅具有微弱的辐射和吸收辐射能力，这类气体（包括空气）可以认为是热的透明体，也即在给定方向上沿途的辐射强度将不发生变化，这类气体可认为属于热辐射的透明性介质。

② 对 $CO_2$、$H_2O(g)$、$SO_2$、$CH_4$、$NH_3$ 等多原子气体及 CO 等结构不对称的双原子气体，具有较强的辐射本领和吸收能力，一般称为吸收性介质。工程上，烟气（或燃气）中的二氧化碳和水蒸气是主要的具有辐射能力的气体，它们的辐射和吸收特性对烟气的影响很大。

**3. 气体的辐射与吸收对波长具有选择性**

与固、液体基本连续的辐射和吸收光谱不同，气体只是在某些特定的波长范围内辐射和吸收，所以气体的辐射和吸收具有一定的选择性，通常把具有辐射能力的波长范围称为光带。由于辐射对波长具有选择性，也即气体的光谱是不连续的，所以气体不能作为灰体。

$CO_2$ 和水蒸气的吸收光谱如图 2-85 所示，从该图上可看出，$CO_2$ 和水蒸气的吸收光谱可分出三条最重要的条状光带，这些光带都处在红外线波长范围内。在某些波长范围内，$CO_2$ 和水蒸气的吸收光带是重合的，也就是说，两者之间会产生相互吸收，使混合气体的辐射和吸收能力小于单成分气体辐射，但这种影响一般较小，只有在混合气体各成分辐射能力都很强时才考虑修正。由于水蒸气与 $CO_2$ 相比较有较宽的条状光带，因此它的吸收率和黑度比 $CO_2$ 的高。

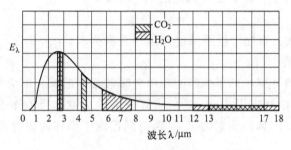

图 2-85　$CO_2$ 和水蒸气的主要吸收谱带

**（二）气体的吸收率与黑度**

气体的吸收和辐射与气体的形状和体积有关，在讨论气体的黑度和吸收率时，必须同时考虑气体的形状和容积的大小。

当辐射能通过吸收性气体层时，因沿途被气体吸收而削弱，其削弱的程度显然取决于辐射能在途中所碰到的气体分子数目。分子数目与气体的密度和射线行程的长度有关，而气体的密度又取决于气体的状态（温度和压力），可见气体辐射比固体辐射要复杂得多。

参见图 2-86 所示的体系来讨论气体对辐射能的吸收。设有波长为 $\lambda$，辐射强度为 $I_{\lambda,0}$ 的单色辐射线

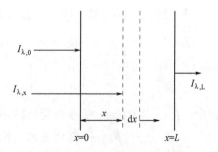

图 2-86　气体对辐射能的吸收

投射到厚度为 $L$ 的气层界面上（$x=0$），通过一段距离 $x$ 后，该辐射强度减弱到 $I_{\lambda,x}$。再通过微元气层 $dx$ 后，单色辐射强度 $I_{\lambda,x}$ 的减少量为 $dI_{\lambda,x}$。假定因气体的吸收作用而导致辐射强度的降低与气体层的厚度以及该处的辐射强度成正比，那么：

$$dI_{\lambda,x}=-k_\lambda I_{\lambda,x}dx \tag{2-175}$$

式中　$k_\lambda$——单色减弱系数（1atm 下），它取决于吸收性气体的种类、密度和波长，1/m。

当吸收性气体的温度和压力为常数时，可对上式积分，得：

$$\int_{I_{\lambda,0}}^{I_{\lambda,L}}\frac{dI_{\lambda,x}}{I_{\lambda,x}}=-\int_0^L k_\lambda dx$$

$$I_{\lambda,L}=I_{\lambda,0}e^{-k_\lambda L} \tag{2-176}$$

式(2-176)表达了单色辐射能在吸收性气体中传播时，是按指数递减的，称为比尔（Beer）定律。也可将式(2-176)写成如下形式：

$$\frac{I_{\lambda,L}}{I_{\lambda,0}}=e^{-k_\lambda L}$$

根据透过率定义可知，等式左边所表达的正是厚度为 $L$ 的气体层的单色透过率 $D_{\lambda,L}$，因此有：

$$D_{\lambda,L}=e^{-k_\lambda L} \tag{2-177}$$

一般认为气体对辐射能没有反射能力（$R=0$），所以有：

$$D_{\lambda,L}+\alpha_{\lambda,L}=1$$

$$\alpha_{\lambda,L}=1-e^{-k_\lambda L} \tag{2-178}$$

根据克希霍夫定律 $\varepsilon_\lambda=\alpha_\lambda$，则气体层的单色黑度为：

$$\varepsilon_{\lambda,L}=\alpha_{\lambda,L}=1-e^{-k_\lambda L} \tag{2-179}$$

从式(2-179)可知，当气体层的厚度趋近于无穷大时，$\alpha_{\lambda,L}$ 和 $\varepsilon_{\lambda,L}$ 将等于 1，此时，气体层就具有黑体的性质。

将吸收性气体所有光带中的单色黑度和单色吸收率加起来，即为气体的黑度 $\varepsilon_g$ 和吸收率 $\alpha_g$。显然，在实践中要应用式(2-179)求算气体的黑度和吸收率是十分困难的。因此，不得不借助实验来测定气体的辐射力 $E_g$，再与同温度下黑体的辐射力 $E_b$ 相比，从而可求得吸收性气体的黑度 $\varepsilon_g$（$\varepsilon_g=\dfrac{E_g}{E_b}$）。下面讨论在实用中，如何求取吸收性气体的黑度和吸收率。

### 1. 气体的黑度

实验指出，所有三原子气体的辐射力与气体的温度、气体的分压（或浓度）、气层的厚度有关，但气体的辐射力不遵循四次方定律。1939 年，沙克（A. Schack）利用哈杰利和埃克尔特的实验数据，提出用以下公式来计算 $CO_2$ 和水蒸气的辐射力

$$E_{CO_2}=4.07\,(P_{CO_2}L_g)^{\frac{1}{3}}\left(\frac{T_g}{100}\right)^{3.5} \tag{2-180}$$

$$E_{H_2O}=4.07(P_{H_2O}^{0.8}L_g^{0.8})\left(\frac{T_g}{100}\right)^3 \tag{2-181}$$

式中　$P_{CO_2}$、$P_{H_2O}$——分别为气体中 $CO_2$ 和水蒸气的分压，atm；

　　　　$T_g$——气体温度，K；

　　　　$L_g$——气层有效厚度，或称气体的平均射线行程，m。

$L_g$ 一般用式(2-182) 计算：

$$L_g = m \frac{4V}{A} \tag{2-182}$$

式中　$m$——为气体辐射的有效系数，它表示气体辐射能经过自身吸收后到达器壁上的成数，当 $L_g > 1m$ 时，$m = 0.9$，当 $L_g < 1m$ 时，$m = 0.85$；

　　　　$V$——气体的体积，$m^3$；

　　　　$A$——气体的表面积，$m^2$。

某些气层形状有效厚度的数值见表 2-14。

**表 2-14　某些气层形状有效厚度的数值**

| 气层形状 | $L_g$ |
| --- | --- |
| 直径为 $d$ 的球体内部 | $0.6d$ |
| 边长为 $a$ 的正方体内部 | $0.6a$ |
| 直径为 $d$ 的无限长圆筒内部 | $0.9d$ |
| 厚度为 $h$ 的两平行的无限大平板之间 | $1.8h$ |
| 直径为 $d$，管与管之间中心距为 $x$ 的管簇　顺排式(当 $x = 2d$) | $3.5d$ |
| 错排式(当 $x = 2d$) | $2.8d$ |
| 错排式(当 $x = 4d$) | $3.8d$ |
| 半径为 $R$ 的无限长的半圆柱体对平侧面的辐射 | $1.26R$ |

在实际中，为计算方便仍以四次方定律作为基础，而在气体黑度 $\varepsilon_g$ 中加以适当的修正，即：

$$E_g = \varepsilon_g \sigma T_g^4 \tag{2-183}$$

式中有：

$$\varepsilon_g = f(T_g, P, L_g) \tag{2-184}$$

为了根据气体的温度、气体的分压 $P_{CO_2}$ 和 $P_{H_2O}$ 以及气层有效厚度 $L_g$ 来计算黑度 $\varepsilon_{CO_2}$ 和 $\varepsilon_{H_2O}$，霍特尔（Hottel）根据实验数据制成了 $CO_2$ 和水蒸气黑度的计算图（图 2-87～图 2-90）。

由图可见，气体的黑度随着气体的分压与气层有效厚度乘积的增加而增大。这是由于气体放射辐射能的大小与气体中的分子数目有关，在一定的温度下，当气体的分压（浓度）与气层有效厚度增大时，气体中的分子就会增多，所以气体的辐射力与气体的分压和气层有效厚度的乘积成正比。气体的黑度也与气体的温度有关，当气体温度升高时，有下述两个因素影响到气体的黑度，一个因素是由于黑体辐射光谱的最高峰会向左移，造成气体的辐射带在黑体的 $E_{\lambda,b}$-$\lambda$ 曲线下所占的面积有可能改变，因此气体黑度将随之增加或减少；另一因素是当气体的分压一定时，温度的升高意味着气体分子数目的减少，因此气体黑度将随着温度升高而减小。这两个因素决定着气体的黑度-温度曲线。

从图 2-87 计算得到 $CO_2$ 的黑度是混合气体总压力 $p_g = 101325Pa$ 时的黑度，当混合气体的总压力不等于 $101325Pa$ 时必须进行修正，需乘上校正系数 $\beta_{CO_2}$（查图 2-88），所以有：

$$\varepsilon_{CO_2} = \beta_{CO_2} \varepsilon'_{CO_2} \tag{2-185}$$

从图 2-88 看出，当 $p_g = 101325Pa$ 时，$\beta_{CO_2} = 1$，$\varepsilon_{CO_2} = \varepsilon'_{CO_2}$；当 $p_g < 101325Pa$ 时，$\beta_{CO_2} < 1$，$\varepsilon_{CO_2} < \varepsilon'_{CO_2}$，且 $\beta_{CO_2}$ 值随着 $p_{CO_2} L_g$ 乘积的增加而增大；当 $p_g > 101325Pa$ 时，$\beta_{CO_2} > 1$，$\varepsilon_{CO_2} > \varepsilon'_{CO_2}$，且 $\beta_{CO_2}$ 值随着 $p_{CO_2} L_g$ 乘积的增加而减小。

$\varepsilon_{H_2O}$ 的计算图较难制作，因为 $p_{H_2O}$ 与 $L_g$ 不是同次方，水蒸气的黑度不仅与 $p_{H_2O} L_g$ 的

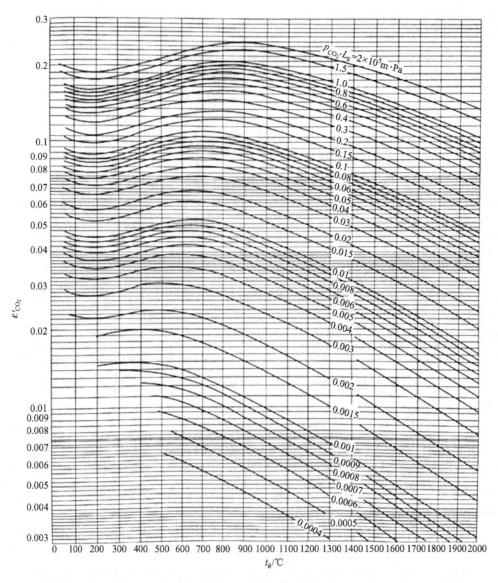

图 2-87  $\varepsilon'_{CO_2}$ 计算图（混合气体总压力为 1atm）

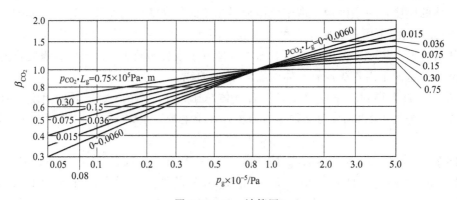

图 2-88  $\beta_{CO_2}$ 计算图

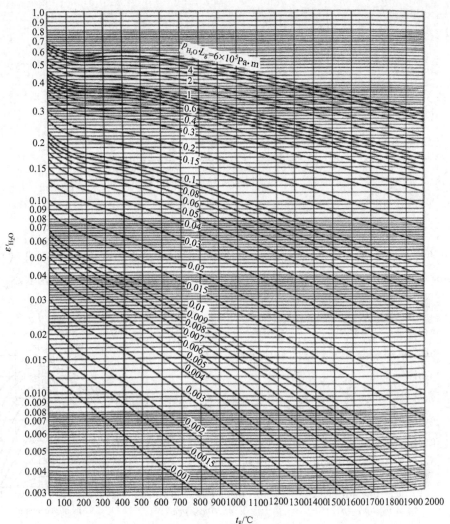

图 2-89 $\varepsilon'_{H_2O}$ 计算图

乘积有关，还与水蒸气分压 $p_{H_2O}$ 有关。图 2-89 是根据 $p_{H_2O}$ 和 $L_g$ 同次方来制作的。

因此从图 2-89 中查得的黑度不是水蒸气的实际黑度，必须乘以校正系数：

$$\varepsilon_{H_2O}=\beta_{H_2O}\varepsilon'_{H_2O} \tag{2-186}$$

校正系数 $\beta_{H_2O}$ 与参数 $\delta=0.5\left(p_g+p_{H_2O}\right)$ 和 $p_{H_2O}L_g$ 有关，可以从图 2-90 中查得。当 $\delta=0.5$ 时，$\beta_{H_2O}=1$，$\varepsilon_{H_2O}=\varepsilon'_{H_2O}$；当 $\delta<0.5$ 时，$\beta_{H_2O}<1$，$\varepsilon_{H_2O}<\varepsilon'_{H_2O}$，且 $\beta_{H_2O}$ 值随着 $p_{H_2O}L_g$ 的增加而增大；当 $\delta>0.5$ 时，$\beta_{H_2O}>1$，$\varepsilon_{H_2O}>\varepsilon'_{H_2O}$，且 $\beta_{H_2O}$ 值随着 $p_{H_2O}L_g$ 的增加而减小。

当混合气体中 $SO_2$ 和 CO 的含量很少时，可以忽略 $SO_2$、CO 对混合气体黑度的影响，所以混合气体的黑度等于 $\varepsilon_{CO_2}$ 和 $\varepsilon_{H_2O}$ 之和。然而，由于在 $CO_2$ 和水蒸气的光谱中有一部分光带是相互重合的，当二者同时存在时，$CO_2$ 所辐射的能量将有一部分被水蒸气吸收；反之，水蒸气所辐射的能量也有一部分被 $CO_2$ 所吸收，因此，混合气体总黑度比它们单独黑度的总和要小，用校正黑度 $\Delta\varepsilon$ 来修正：

$$\varepsilon_g=\varepsilon_{CO_2}+\varepsilon_{H_2O}-\Delta\varepsilon \tag{2-187}$$

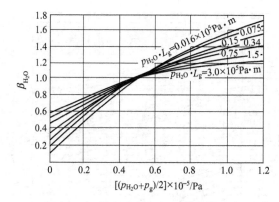

图 2-90　$\beta_{H_2O}$ 的计算图

（混合气体总压力 $\neq$ 1atm，水蒸气分压 $\neq$ 0）

式中的校正黑度 $\Delta\varepsilon$ 可以根据图 2-91 来估算，图中的最高温度为 927℃，当气体温度大于 927℃时仍可采用 927℃时的校正黑度，或者用 $CO_2$ 和水蒸气黑度的乘积来表示

$$\Delta\varepsilon = \varepsilon_{CO_2}\varepsilon_{H_2O} \tag{2-188}$$

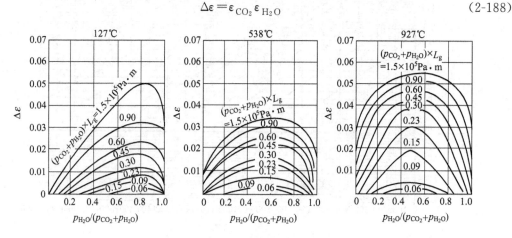

图 2-91　$\Delta\varepsilon$ 计算图

（曲线中数字应乘以 $10^5$，单位为 Pa·m）

在一般情况下，校正黑度的数值较小，不超过混合气体总黑度的 2%～4%，在工程计算中可以忽略 $\Delta\varepsilon$ 值，所以混合气体的总黑度可以用以下近似公式来计算：

$$\varepsilon_g = \varepsilon_{CO_2} + \varepsilon_{H_2O} \tag{2-189}$$

**2. 气体的吸收率**

气体的吸收率与其黑度不同，气体的吸收率不仅与其温度 $T_g$ 有关，而且还与投射在气体上的辐射能的光谱组成有关，投射到气体上的辐射光谱又与固体壁的温度 $T_w$ 有关，因此气体的吸收率不仅与其温度有关，而且还与 $t_w$ 有关。当气体的温度 $T_g$ 与其周围固体壁的温度 $T_w$ 不同时，霍特尔指出，$CO_2$ 和水蒸气的吸收率可用式（2-190）和式（2-191）计算

$$\alpha_{CO_2}(T_g, T_w) = \varepsilon_{CO_2}\left(T_w, p_{CO_2}L_g \frac{T_w}{T_g}\right)\left(\frac{T_g}{T_w}\right)^{0.65} \tag{2-190}$$

$$\alpha_{H_2O}(T_g, T_w) = \varepsilon_{H_2O}\left(T_w, p_{H_2O}L_g \frac{T_w}{T_g}\right)\left(\frac{T_g}{T_w}\right)^{0.45} \tag{2-191}$$

式中，$\varepsilon_{CO_2}\left(T_w, \ p_{CO_2} L_g \dfrac{T_w}{T_g}\right)$ 为 $CO_2$ 的条件黑度，根据图 2-87 和图 2-88 来计算，计

算时用 $T_w$ 代替图中的 $t_g$，用 $p_{CO_2} L_g \dfrac{T_w}{T_g}$ 代替图中的 $p_{CO_2} L_g$；$\varepsilon_{H_2O}\left(T_w, \ p_{H_2O} L_g \dfrac{T_w}{T_g}\right)$ 为

水蒸气的条件黑度，它根据图 2-89 和图 2-90 来计算，计算时用 $T_w$ 代替图中的 $t_g$，用 $p_{H_2O}$

$L_g \dfrac{T_w}{T_g}$ 代替图中的 $p_{H_2O} L_g$。

式（2-190）和式（2-191）可用图 2-92 来表示。由图可知，当 $T_g = T_w$ 时，$\varepsilon_g = \alpha_g$。即
气体的吸收率等于同温度下的黑度，由此可见，
克希霍夫定律也适用于气体。

$CO_2$-$H_2O$ 混合气体的吸收率可用式（2-192）
来计算：

$$\alpha_g = \alpha_{CO_2}(T_g, T_w) + \alpha_{H_2O}(T_g, T_w) - \Delta\alpha(T_w)$$

$$(2\text{-}192)$$

式中，$\Delta\alpha(T_w)$ 为混合气体的校正吸收率，
考虑 $CO_2$ 和水蒸气之间相互影响时的修正值，
用图 2-91 计算。计算时，用 $t_w$ 代替图中的 $t_g$。
一般情况下可以忽略此校正值。

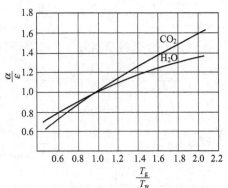

图 2-92 $\dfrac{\alpha(T_g T_w)}{\varepsilon\left(T_2, p, L_g \dfrac{T_w}{T_g}\right)}$ 与 $\dfrac{T_g}{T_w}$ 的关系

### （三）气体与外壳之间的辐射换热

高温气体在管道内流动时，气体与管壁之间
会发生辐射换热，烟气在窑炉内与周围受热面或窑壁之间也会发生辐射换热。辐射换热计算
可以分为以下两种情况。

#### 1. 外壳是黑体

考虑一个温度为 $T_w$ 的黑体外壳，其中充满温度为 $T_g$ 的吸收性气体，气体的黑度和吸
收率分别为 $\varepsilon_g$ 和 $\alpha_g$。此时，气体与黑体外壳之间的净辐射换热量，等于气体的本身辐射减
去从黑体外壳投射来而被气体吸收的辐射能，即：

$$Q_{net,gw} = Q_{gw} - Q_{wg} = E_g A - \alpha_g E_{bw} A$$
$$= (\varepsilon_g E_{bg} - \alpha_g E_{bw})A = \sigma(\varepsilon_g T_g^4 - \alpha_g T_w^4)A \qquad (2\text{-}193)$$

在生产实践中，作为外壳的炉墙或烟道黑度相当大，因此用式（2-193）计算辐射换热一
般能满足要求。

#### 2. 外壳是灰体

考虑外壳是灰体，则情况就相当复杂了，因为气体辐射到外壳上的能量部分被吸收，另
一部分被反射。被反射的部分又部分地被气体所吸收，其中又有一部分穿透气层再度辐射到
外壳上来，如此无限往返，并逐次削弱，以致无穷。用有效辐射的概念来分析问题，则可比
较容易地解决。根据有效辐射的定义，可导出气体及外壳的有效辐射。先推导气体的有效
辐射。

因为：
$$\left(\frac{Q}{A}\right)_g = J_g - G \qquad (a)$$

所以：
$$\left(\frac{Q}{A}\right)_g = \varepsilon_g E_{bg} + (1 - \alpha_g)G - G = \varepsilon_g E_{bg} - \alpha_g G \qquad (b)$$

消去 $G$，可得：

$$J_g = \frac{\varepsilon_g E_{bg}}{\alpha_g} - \left(\frac{1}{\alpha_g} - 1\right)\left(\frac{Q}{A}\right)_g \tag{c}$$

同理可得外壳的有效辐射为：

$$J_w = \frac{\varepsilon_w E_{bw}}{\alpha_w} - \left(\frac{1}{\alpha_w} - 1\right)\left(\frac{Q}{A}\right)_w \tag{d}$$

由于系统中只有气体与外壳，所以气体失去的热量必等于外壳得到的热量，亦等于气体对外壳的净辐射热量，即：

$$\left(\frac{Q}{A}\right)_{net,gw} = -\left(\frac{Q}{A}\right)_w = \left(\frac{Q}{A}\right)_g \tag{e}$$

而气体对外壳的净辐射热量必等于气体与外壳的有效辐射之差，即：

$$\left(\frac{Q}{A}\right)_{net,gw} = J_g - J_w = \frac{\varepsilon_g E_{bg}}{\alpha_g} - \left(\frac{1}{\alpha_g} - 1\right)\left(\frac{Q}{A}\right)_g - \frac{\varepsilon_w E_{bw}}{\alpha_w} + \left(\frac{1}{\alpha_w} - 1\right)\left(\frac{Q}{A}\right)_w$$

所以有：

$$\left(\frac{Q}{A}\right)_{net,gw} = \frac{\sigma\left[\dfrac{\varepsilon_g}{\alpha_g} T_g^4 - \dfrac{\varepsilon_w}{\alpha_w} T_w^4\right]}{\dfrac{1}{\alpha_g} + \dfrac{1}{\alpha_w} - 1} \tag{2-194}$$

对于外壳，根据克希霍夫定律（$\varepsilon_w = \alpha_w$），并令：

$$\varepsilon_{gw} = \frac{1}{\dfrac{1}{\alpha_g} + \dfrac{1}{\varepsilon_w} - 1} \tag{2-195}$$

则式（2-194）可写成：

$$\left(\frac{Q}{A}\right)_{net,gw} = \varepsilon_{gw}\sigma\left[\frac{\varepsilon_g}{\alpha_g} T_g^4 - T_w^4\right] \tag{g}$$

$\varepsilon_{gw}$ 叫做气体与外壳之间的导来黑度，它代表气体与外壳之间的辐射换热能力。在工程近似计算中，可认为 $\alpha_g \approx \varepsilon_g$，于是式（g）可简化为：

$$\left(\frac{Q}{A}\right)_{net,gw} = \varepsilon_{gw}\sigma(T_g^4 - T_w^4) \tag{2-196}$$

式（2-196）是计算具有辐射能力气体和固体壁间辐射换热的基本公式。各种热管道内和烟道内具有辐射能力的气体与壁间的辐射换热，蓄热室内烟气和格子砖之间的辐射换热，换热器内烟气与管壁之间的辐射换热均可用此公式计算。

为计算方便，式（2-196）可改写成与对流换热相类似的公式形式：

$$q_{net,gw} = h_r(t_g - t_w) \tag{2-197}$$

$$h_r = \frac{\varepsilon_{gw}\sigma(T_g^4 - T_w^4)}{t_g - t_w} \tag{2-198}$$

式中 $h_r$——辐射换热系数，$W/(m^2 \cdot ℃)$。

## 七、火焰辐射

净化的气体燃料完全燃烧时，其燃烧产物中的主要成分是二氧化碳（$CO_2$）、水蒸气（$H_2O$）和氮气（$N_2$），固体微粒很少。由于 $CO_2$ 和水蒸气的辐射光谱中不包括可见光谱，所以火焰的颜色略带蓝色而近于无色，其亮度很小，黑度也较小，这类火焰叫暗焰或不发光火焰。不发光火焰的辐射与吸收具有选择性，属于气体辐射范围，可以用气体辐射的有关公式计算其黑度和吸收率。

如果是发生炉煤气、重油或煤粉等燃料直接喷入燃烧室或窑炉内燃烧，其燃烧产物中不仅含有$CO_2$、水蒸气等吸收性气体，而且还有悬浮的灰分、炭黑和焦炭等固体颗粒。由于固体的辐射光谱是连续的，它包含着可见光谱，因此，火焰有一定的颜色，其亮度较大，黑度也较大，这类火焰叫辉焰或发光火焰。

火焰辐射是一个十分复杂的现象，要想用理论分析得到一个计算火焰黑度的公式是困难的。为了把复杂问题简单化，在热工计算中，仍采用气体黑度公式的形式来计算火焰黑度，即：

$$\varepsilon_f = \beta(1 - e^{-k_f L_g}) \qquad (2\text{-}199)$$

式中　$\beta$——考虑火焰在窑炉内的充满程度和温度场的特性系数，可根据表 2-15 查得；

　　　$k_f$——辐射能在火焰中的减弱系数。

表 2-15　火焰特性系数 $\beta$ 值

| 火焰种类 | 不发光火焰 | 发光火焰 | |
|---|---|---|---|
| | | 液体燃料 | 固体燃料 |
| $\beta$ | 1.00 | 0.75 | 0.65 |

对于不发光火焰，有：

$$k_f = k_g(p_{CO_2} + p_{H_2O}) \qquad (2\text{-}200)$$

式中　$k_g$——辐射能在气体中的减弱系数。

$$k_g = \frac{0.8 + 1.6 p_{H_2O}}{\sqrt{p_g L_g}}(1 - 0.38 \times 10^{-3} T)$$

式中　$p_g$——$CO_2$ 和水蒸气分压之和，atm；

　　　$T$——混合气体温度，K。

对于发光火焰，有：

$$k_f = 1.6 \frac{T_f''}{1000} - 0.5 \qquad (2\text{-}201)$$

式中　$T_f''$——烟气出窑炉时的温度，K。

当 $L_g > 2.5\text{m}$ 时，$k_f = 1$。

表 2-16 中列出几种燃料的火焰黑度的近似值供参考。火焰的黑度也可以依靠实测取得。

表 2-16　几种燃料的火焰黑度

| 燃料种类 | | 平均射线行程 | | | |
|---|---|---|---|---|---|
| | | 1m | 1.5m | 2～3m | ∞ |
| 高炉煤气 | | 0.15 | 0.20 | 0.30～0.35 | — |
| 天然气 | 无焰燃烧(暗焰) | — | — | 0.20 | |
| | 有焰燃烧(明焰) | | | 0.60～0.70 | |
| 高炉煤气与焦炉煤气的混合煤气 | | 0.20 | 0.25 | — | |
| 净化发生炉煤气 | | 0.20 | 0.25 | 0.32～0.35 | — |

续表

| 燃料种类 | 平均射线行程 | | | |
|---|---|---|---|---|
| | 1m | 1.5m | 2~3m | ∞ |
| 挥发分含量高的固体燃料 | 0.30 | 0.35 | 0.50~0.60 | 0.70 |
| 未净化发生炉煤气 | 0.25 | 0.30 | 0.40~0.50 | — |
| 重油 | 0.30 | 0.40 | 0.70~0.80 | 0.85 |

当发光火焰被外壳包围时，火焰与外壳之间的净辐射换热量可用经验公式（2-202）计算：

$$Q_{net,fw} = \varepsilon_{fw} \sigma (T_f^4 - T_w^4) A_w \tag{2-202}$$

$$\varepsilon_{fw} = \frac{1}{\dfrac{1}{\varepsilon_f} + \dfrac{1}{\varepsilon_w} - 1} \tag{2-203}$$

式中　$\varepsilon_{fw}$——火焰与外壳之间的导来黑度；

$T_w$——为外壳的平均温度，K；

$A_w$——外壳的内表面积，$m^2$；

$T_f$——火焰的平均温度，K。

对于玻璃窑，$T_f$ 可用式（2-204）计算

$$T_f = K_w \sqrt{T_{th} T_g'} \tag{2-204}$$

式中　$K_w$——温度修正系数（平板池窑 $K_w = 0.5$，烧油池窑 $K_w = 0.61$，小型烧煤气窑 $K_w = 0.44$）；

$T_{th}$——理论燃烧温度，K；

$T_g'$——烟气离窑时的温度，K。

在火焰窑炉内，存在着火焰、窑墙壁和物料，情况就更复杂了。假如窑墙壁的表面温度与物料的表面温度相接近，黑度也相差不多，则可将窑墙壁与物料看作同一种物体来考虑，可应用式（2-202）来计算。

## 第四节　综合传热

把传热过程分为三种基本现象——导热、对流换热和辐射换热，主要是从研究方法上考虑的，实际上这些现象可能是同时发生的，它们彼此之间还要相互影响。几种基本传热方式同时起作用的过程称为综合传热。综合传热是一个十分复杂的传热过程，在生产实践中存在许多综合传热现象，例如，窑内热气体通过窑墙壁向周围空间的散热，热煤气和预热空气管道向周围空间的散热，换热器内烟气与空气之间的换热，以及窑炉内火焰与物料之间的换热等都属于综合传热现象。

### 一、复合传热

物料表面与其接触的流体进行对流换热的同时，还与周围流体进行辐射换热，这种既有对流换热又有辐射换热的现象称为复合传热。为讨论方便起见，只讨论传热现象中对流换热

与辐射换热互不干扰的情况。此时，单位物体表面的复合传热热流密度为：

$$q_{net,gw}=q_c+q_r=h_c(t_g-t_w)+\varepsilon_{gw}\sigma(T_g^4-T_w^4) \tag{2-205}$$

$$\varepsilon_{gw}=\frac{1}{\dfrac{1}{\varepsilon_g}+\dfrac{1}{\varepsilon_w}-1}$$

式中 $q_c$——对流换热热流密度，W/m²；

　　$q_r$——辐射换热热流密度，W/m²；

　　$t_w$——物体的表面温度，℃；

　　$t_g$——与物体表面进行对流换热的流体的温度，℃；

　　$h_c$——对流换热系数，W/(m²·K)；

　　$\sigma$——斯蒂芬-波尔茨曼常数，其值为 $5.67\times10^{-8}$ W/(m²·K⁴)；

　　$\varepsilon_{gw}$——流体与物体表面之间的导来黑度。

令

$$h_r=\frac{\varepsilon_{gw}\sigma(T_g^4-T_w^4)}{t_g-t_w} \tag{2-206}$$

则

$$q_{net,gw}=q_c+q_r=h_c(t_g-t_w)+h_r(t_g-t_w)$$
$$=(h_c+h_r)(t_g-t_w)=h(t_g-t_w) \tag{2-207}$$

式中 $h_r$——辐射换热系数，W/(m²·K)；

　　$h$——复合换热系数，W/(m²·K)。

工程上很多情况下（一般工业设备和管道的散热等），辐射换热与对流换热具有同样的量级，二者同等重要，顾此失彼会造成不能允许的偏差。在某些情况下，一种换热起主导作用，另一种起次要作用，这时复合传热量可只按起主导作用的换热量计算。如果次要的换热不能忽略，有时将起主导作用的换热量按经验修正即得复合换热量。

## 二、器壁为平壁时的综合传热过程

如果平壁两侧有两种不同温度 $t_{f1}$ 和 $t_{f2}$（$t_{f1}>t_{f2}$）的流体，则热量由高温流体通过平壁传给低温流体，此综合传热过程（图 2-93）包括：

① 高温流体与平壁内表面的对流换热和辐射换热；

② 平壁内部的导热；

③ 平壁外表面与低温流体之间的对流换热与辐射换热。

如果传热是稳定态的，则上述传热过程三个环节的换热可以分别按对流和导热计算。

$$q_1=h_1(t_{f1}-t_{w1})=\frac{t_{f1}-t_{w1}}{\dfrac{1}{h_1}} \tag{a}$$

$$q_2=\frac{t_{w1}-t_{w2}}{\dfrac{\delta}{\lambda}} \tag{b}$$

$$q_3=h_2(t_{w2}-t_{f2})=\frac{t_{w2}-t_{f2}}{\dfrac{1}{h_2}} \tag{c}$$

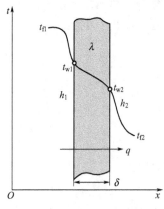

图 2-93　通过平壁的综合传热

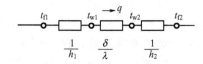

图 2-94　单层平壁综合传热

稳态传热过程中，高温流体失去的热量应等于低温流体吸收的热量，因此传热过程的三个环节各自传递的热流密度完全相等，即：

$$q_1 = q_2 = q_3 = q \qquad\qquad (d)$$

将式(a)、式(b)、式(c) 三式联立求解，得：

$$q = \frac{(t_{f1} - t_{f2})}{\dfrac{1}{h_1} + \dfrac{\delta}{\lambda} + \dfrac{1}{h_2}} \qquad\qquad (2\text{-}208)$$

式中　$t_{f1}$、$t_{f2}$——高温流体和低温流体的温度，℃；

　　　　$\delta$——平壁的厚度，m；

　　　　$\lambda$——平壁的平均导热系数，W/(m·K)；

　　$h_1$ 和 $h_2$——高温流体和低温流体与平壁内外表面之间的复合换热系数，W/(m²·K)。

$$h_1 = h_{c1} + h_{r1}$$
$$h_2 = h_{c2} + h_{r2}$$

式中　$h_{c1}$、$h_{r1}$——高温流体与平壁内表面之间的对流换热系数、辐射换热系数，W/(m²·K)；

　　　　$h_{c2}$、$h_{r2}$——低温流体与平壁外表面之间的对流换热系数、辐射换热系数，W/(m²·K)。

由导热部分的式(2-26) 可知，$\delta/\lambda$ 表示单位导热面上的热阻，称为导热热阻。对于复合换热中的 $1/h$ 称为对流辐射换热热阻，单位为 (m²·K)/W。

若令：

$$r_t = \frac{1}{h_1} + \frac{\delta}{\lambda} + \frac{1}{h_2} \qquad\qquad (2\text{-}209)$$

式(2-209) 中 $r_t$ 为传热过程的总热阻，各个热阻之间的关系如图 2-94 所示。热阻是热量传递过程中的一个基本概念，热阻分析的方法在解决传热问题时应用广泛。

若令

$$K = \frac{1}{\dfrac{1}{h_1} + \dfrac{\delta}{\lambda} + \dfrac{1}{h_2}} \qquad\qquad (2\text{-}210)$$

式中　$K$——综合传热系数，W/(m²·K)，它代表高温流体对低温流体的传热能力。

多层平壁仅比单层平壁增加若干层导热热阻，所以其计算公式为：

$$q = \frac{(t_{f1} - t_{f2})}{\dfrac{1}{h_1} + \sum_{i=1}^{n} \dfrac{\delta_i}{\lambda_i} + \dfrac{1}{h_2}} \qquad\qquad (2\text{-}211)$$

$$Q = \frac{(t_{f1} - t_{f2})A}{\dfrac{1}{h_1} + \sum_{i=1}^{n} \dfrac{\delta_i}{\lambda_i} + \dfrac{1}{h_2}} \qquad (2\text{-}212)$$

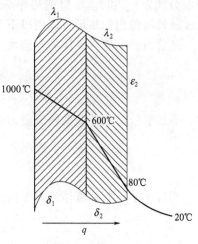

图 2-95　例 2-31 图

**例 2-31**　某窑炉壁的内层为耐火黏土砖，外层为红砖。已知炉壁内表面温度为 1000℃，外表面温度要求不得超过 80℃，并要求尽量多用红砖而少用耐火砖。已知耐火砖的热导率为 $\lambda_1 = 0.698 + 0.64 \times 10^{-3} t$ [W/(m·℃)]，红砖的热导率为 $\lambda_2 = 0.465 + 0.51 \times 10^{-3} t$ [W/(m·℃)]，红砖的最高使用温度为 600℃，红砖看作黑体，环境温度为 20℃，炉壁表面向环境的对流换热系数为 7.13W/(m²·K)，求两层材料的最小厚度（mm）。

**解**　如图所示，已知 $t_{w1} = 1000℃$，$t_{w2} = 600℃$，$t_{w3} = 80℃$，$t_3 = 20℃$。

（1）平均热导率计算

耐火砖：

$$\lambda_1 = 0.698 + 0.64 \times 10^{-3} \times \frac{1000 + 600}{2} = 1.21 [\text{W/(m·℃)}]$$

红砖：

$$\lambda_2 = 0.465 + 0.51 \times 10^{-3} \times \frac{600 + 80}{2} = 0.64 [\text{W/(m·℃)}]$$

热流密度为：

$$q = h_{c2}(t_{w3} - t_3) + \varepsilon_{gw}\sigma(T_{w3}^4 - T_3^4)$$

由于　炉壁面积≪大气面积，

所以　$\varepsilon_{gw} \approx \varepsilon_2$

因此，热流密度为：

$$q = h_{c2}(t_{w3} - t_3) + \varepsilon_{gw}\sigma(T_{w3}^4 - T_3^4) = h_{c2}(t_{w3} - t_3) + \varepsilon_2\sigma(T_{w3}^4 - T_3^4)$$
$$= 7.13 \times (80 - 20) + 1 \times 5.67 \times 10^{-8} \times [(273 + 80)^4 - (273 + 20)^4]$$
$$= 890.32 (\text{W/m}^2)$$

（2）计算两层材料的厚度

因为

$$q = \frac{t_{w1} - t_{w2}}{\dfrac{\delta_1}{\lambda_1}} = \frac{1000 - 600}{\dfrac{\delta_1}{1.21}}$$

所以

$$\delta_1 = 0.54\text{m} = 540\text{mm}$$

同理

$$q = \frac{t_{w2} - t_{w3}}{\dfrac{\delta_2}{\lambda_2}} = \frac{600 - 80}{\dfrac{\delta_2}{0.64}}$$

$$\delta_2 = 0.37\text{m} = 370\text{mm}$$

## 三、器壁为圆筒壁时的综合传热过程

设有一单层圆筒壁，其内径和外径分别为 $d_1$ 和 $d_2$，筒内高温流体和筒外低温流体的温度分别为 $t_{f1}$ 和 $t_{f2}$（$t_{f1} > t_{f2}$），圆管内外流体与壁面间表面复合换热系数分别 $h_1$ 和 $h_2$，圆管内外

壁温分别为 $t_{w1}$ 和 $t_{w2}$，管壁热导率为 $\lambda$（图 2-96），当传热处于稳态时，管内热流体通过单位长度圆筒壁传出的热量可以用以下三个公式计算。

圆管内壁与管内流体的对流换热量为：

$$q_1=h_1\pi d_1(t_{f1}-t_{w1})=\frac{t_{f1}-t_{w1}}{\dfrac{1}{h_1\pi d_1}} \tag{a}$$

通过管壁导热传递的热流量为：

$$q_1=\frac{t_{w1}-t_{w2}}{\dfrac{1}{2\pi\lambda}\ln\dfrac{d_2}{d_1}} \tag{b}$$

圆管外壁与管外流体的对流换热量为：

$$q_1=h_2\pi d_2(t_{w2}-t_{f2})=\frac{t_{w2}-t_{f2}}{\dfrac{1}{h_2\pi d_2}} \tag{c}$$

联立求解上述三个方程式得：

$$q_1=\frac{t_{f1}-t_{f2}}{\dfrac{1}{h_1\pi d_1}+\dfrac{1}{2\pi\lambda}\ln\dfrac{d_2}{d_1}+\dfrac{1}{h_2\pi d_2}}=\frac{\Delta t}{r_t} \tag{2-213}$$

$$r_t=\frac{1}{h_1\pi d_1}+\frac{1}{2\pi\lambda}\ln\frac{d_2}{d_1}+\frac{1}{h_2\pi d_2} \tag{2-214}$$

式（2-214）中 $r_t$ 为传热过程的总热阻，各个热阻之间的关系如图 2-97 所示。

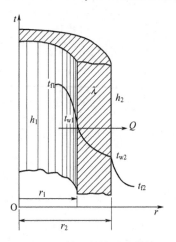

图 2-96 单层圆筒壁的传热

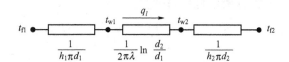

图 2-97 单层圆筒壁的综合传热

令：

$$K=\frac{1}{\dfrac{1}{h_1\pi d_1}+\dfrac{1}{2\pi\lambda}\ln\dfrac{d_2}{d_1}+\dfrac{1}{h_2\pi d_2}} \tag{2-215}$$

式中　$K$——单位长度的总传热系数，$W/(m^2\cdot{}^\circ C)$。

多层圆筒壁仅比单层圆筒壁增加若干层导热热阻，所以其计算公式为：

$$q_1=\frac{t_{f1}-t_{f2}}{\dfrac{1}{h_1\pi d_1}+\sum_{i=1}^{n}\dfrac{1}{2\pi\lambda_i}\ln\dfrac{d_{i+1}}{d_i}+\dfrac{1}{h_2\pi d_{n+1}}} \tag{2-216}$$

　　对于穿过平壁和圆管壁的传热过程计算都可以利用任意一个环节的计算公式计算热流量。但是，固体壁面两侧的温度常常是未知的，已知的温度只有流体温度 $t_{f2}$ 和 $t_{f1}$。传热过程的计算公式恰好回避了未知的温度，从而方便了计算。在求出热流量之后，利用各环节计算公式自然能够算出未知的壁面温度。如果计算中需要用到壁面两侧温度则可利用试算法求解。

**例 2-32**　热水管内径 $d_1=150\text{mm}$，外径 $d_2=160\text{mm}$，热水平均温度 $t_{f1}=90℃$，周围空气温度为 $t_{f2}=20℃$，管内表面的复合换热系数 $h_1=1200\text{W}/(\text{m}^2\cdot℃)$，管外表面的复合换热系数 $h_2=15\text{W}/(\text{m}^2\cdot℃)$，管壁热导率 $\lambda=60\text{W}/(\text{m}\cdot℃)$，管外表面辐射率 $\varepsilon=0.90$。试求：(1) 热水管每米长散热损失；(2) 管外表面的辐射换热系数和对流换热系数。

**解**　(1) 单位长度管壁总传热量计算

根据式(2-213)，得：

$$q_1=\cfrac{t_{f1}-t_{f2}}{\cfrac{1}{h_1\pi d_1}+\cfrac{1}{2\pi\lambda}\ln\cfrac{d_2}{d_1}+\cfrac{1}{h_2\pi d_2}}$$

$$=\cfrac{90-20}{\cfrac{1}{1200\times3.14\times0.15}+\cfrac{1}{2\times3.14\times60}\ln\cfrac{0.16}{0.15}+\cfrac{1}{15\times3.14\times0.16}}$$

$$=519.92\ (\text{W/m})$$

(2) 计算 $h_{r2}$ 和 $h_{c2}$

外表面温度计算

$$q_1=h_2\pi d_2(t_{w2}-t_{f2})=15\times3.14\times0.16\times(t_{w2}-20)$$

解得 $t_{w2}=88.99℃$。

外表面向环境辐射热量的计算：

$$q_{r2}=\varepsilon\sigma(T_{w2}^4-T_{f2}^4)=0.90\times5.67\times10^{-8}\times[(88.99+273)^4-(20+273)^4]$$

$$=500.12(\text{W/m})$$

管外表面的辐射换热系数计算：

$$h_{r2}=\frac{q_{r2}}{t_{w2}-t_{f2}}=\frac{500.12}{88.99-20}=7.25[\text{W}/(\text{m}^2\cdot℃)]$$

管外表面与环境的对流换热系数计算：

$$h_2=h_{c2}+h_{r2}$$

$$h_{c2}=h_2-h_{r2}=15-7.25=7.75[\text{W}/(\text{m}^2\cdot℃)]$$

## 四、强化传热

　　借助换热器实现流体间的热交换时，都希望能够加强换热。强化传热旨在采取有效措施，实现三个目的：增强换热强度，提高传热过程中单位时间内传递的热量；减少传热面积、降低换热设备材料消耗，缩小体积、节省空间；有效地降低电子元件、发动机等高温设备的温度。强化传热技术对于节省能源、废热利用、降低换热器成本、保证高温设备的安全运行有着重要意义，因此也是传热研究的热门问题。

　　根据传热过程热流量计算的一般公式：$Q=KA\Delta t$，要提高热流量就应增大公式右边的三个参数。

**1. 提高传热系数**

传热系数是几个环节热阻之和的倒数，减少每一个环节的热阻都可以使传热系数增大。但是，不同环节热阻降低对提高传热系数的作用不尽相同，甚至差别很大。传热的若干环节中必然有一个环节热阻最大，强化这个环节的换热，减少其热阻，将使传热系数的提高最为显著。因此应该分析、比较，找出热阻最大的环节。

固体壁面一般采用金属材料，厚度不大，热导率较高，因而导热热阻很小。固体壁面两侧的对流换热中，自然对流换热的热阻大于强制对流换热；工质为气体时的换热热阻大于液体换热；单相对流换热热阻高于相变对流换热。根据上述原则不难判断热阻最大的环节。如有空气参与换热，空气侧的换热通常热阻最大，是最需要强化的环节。家用空调器的蒸发器和冷凝器空气侧的换热即属此例。

显然，提高热阻较大一侧的表面传热系数，是减少传热过程总热阻，提高传热系数的有效途径。为了提高表面传热系数，应分析影响对流换热的三个主要因素：工质热物性、流体流动及换热面状况。

（1）工质热物性的影响

工质密度、比热容、黏度、热导率等热物性都在较大程度上影响着对流换热。不同热物性对换热的影响以及热物性对不同类型换热的影响都存在着差异。热物性的影响综合表现在不同对流换热现象的相似准则数关联式中。然而，工质的选择受到制冷、化工等生产过程的限制，为了增强换热而改变工质的可能性极小。

（2）流体流动的影响

流体流动影响着边界层的形成和发展，也影响着流动的形态，从而影响着对流换热。边界层厚度越大，则表面传热系数越小；湍流的扰动较大，表面传热系数也就较大。因此，应在可能的条件下减少边界层厚度，甚至破坏边界层，并且尽量使流动处于湍流阶段。

（3）换热面的影响

换热面的形状、大小、位置会影响对流换热。对于管外自然对流，管道水平放置则边界层不能充分发展，厚度很小，表面换热系数高过竖管。同理，对于竖壁表面的自然对流，表面换热系数与竖壁的高度、形状和大小都有关系。对于管内强制流动，管道长度会影响边界层的发展，管道直径将决定管内流速，从而影响对流换热。

换热面表面状况也是对流换热的影响因素之一。粗糙表面可以增加潜在的汽化核心，使汽泡增多，增强沸腾换热；管内的粗糙壁面有可能破坏流动边界层，增大表面传热系数。异常光洁的表面有利于形成珠状凝结，增强凝结换热。在对流换热的同时，如果还伴随着辐射换热，则增大表面发射率或粗糙度都有利于吸热量。

**2. 增大传热面积**

增大传热面积同样可以增加单位时间传递的热能，在热阻较大的一侧增大传热面积，效果最显著。在平壁表面及圆管内外设置肋片能够有效地增大传热面积，同时增强表面对流体的扰动。

**3. 强化传热的措施**

所有强化措施的作用都可以归结为增大传热系数 $K$、增大传热面 $A$、或同时增大 $K$ 和 $A$。显然，针对不同的换热方式和条件，应采用不同的强化措施。

强化管内单相强制对流换热可采用下列手段：

① 由于流动进口段边界层较薄，表面传热系数较高，应在可能的条件下采用短管；

② 减少管径，增大流速；

③ 增加管壁粗糙度、在管内壁设置低肋，以加强扰动，破坏边界层，同时增大传热面积；

④ 采用波纹管、内螺纹管或内壁带凹坑的圆管；

⑤ 使用管内插入件，比如螺旋线圈、扭带等，以增强扰动，破坏边界层。

对于管外空气的强制对流，可考虑：

① 采用叉排排列；

② 适当提高空气流速，但此举常常受到限制；

③ 采用肋片管束增大换热面积，在热阻最大的环节增大面积是非常有效的措施。肋片一般设计成波纹状，以加强对气流的扰动。

自然对流、相变对流换热也都有一些行之有效的措施。

**4. 传热与流动性能的综合评价**

无论何种强化手段，在提高表面传热系数的同时，也会不同程度地增加流动的沿程阻力。有些措施甚至会使流动阻力增加的倍数超过表面传热系数增加的倍数。这就会增大风机、水泵、油泵等流体机械的能耗。因此，在采用强化手段的时候不能单纯追求强化传热的效果，还应考虑流动阻力的增加及其他技术经济指标。某种强化措施的使用是否合理，需要运用科学的指标体系，对强化传热的效果和流动阻力的增加进行综合评价。

---

### 📖 本章小结 ▶▶

热量传递有三种基本方式：热传导、热对流和热辐射。三种传热方式的机理和规律均不相同。掌握热量传递的基本规律，提出强化或削弱传热的途径和措施，是材料制备过程中必须掌握的基本知识和技能。

傅里叶定律是描述热传导现象的基本定律。在傅里叶定律及能量守恒定律基础上推导出的导热微分方程，联立具体问题的单值性条件，组成了稳态导热或非稳态导热的数学模型，通过分析求解或数值求解，确定温度场；根据傅里叶定律，进一步求解热流量或热流密度。通过对一维稳态导热的分析求解，得到了其温度分布规律和热流量计算方法。

牛顿冷却定律是描述对流换热的基本定律。研究对流换热现象的主要目的就是要确定各种条件下的对流换热系数 $h$ 及影响它的有关物理量之间的内在联系。热边界层是影响对流换热现象的一个重要因素，用边界层理论可求解某些条件下的对流换热问题；相似理论指导下的实验研究可得到描述自然对流或强制对流换热的准数方程，求解各种条件下的对流换热问题。

斯蒂芬-波尔茨曼定律描述了黑体的辐射力与温度之间的关系，是辐射换热的基础。通过黑体、灰体、辐射率、角系数等概念的引入，用普朗克定律、克希霍夫定律、兰贝特定律对黑体的辐射力与波长的关系、辐射率与吸收率的关系、辐射力在辐射表面各个方向上的变化规律进行描述，同时利用表面热阻及空间热阻概念，对物体间的辐射换热进行分析求解。气体辐射有其显著特点，但对辐射力的描述仍采用与固体辐射相同的方法。

对于复杂的综合传热过程，在建立热阻概念的基础上，通过传热网络分析，对换热问题进行求解。

**思考题**　▶▶

2-1　推导导热微分方程的已知前提条件是什么？

2-2　傅里叶定律能否直接应用于非稳态导热？

2-3　为什么多层平壁中温度分布曲线不是一条连续的直线，而是一条折线？

2-4　为什么寒冷地区的玻璃窗采用双层结构？

2-5　天气晴朗干燥时，将被褥晾晒后使用会感到暖和，如果晾晒后再打开拍一阵，效果会好，为什么？

2-6　在热力发电厂中，对于生产蒸汽的水质要求很高，一般都要进行软化处理，能否从传热的角度解释一下原因？

2-7　为什么石棉瓦受潮后，保温效果下降？

2-8　用平板法测定材料的热导率时，试件的尺寸应满足什么条件才能保证测试的准确度？用平板法测定液体的热导率时，加热面应放在被测样品的上面还是下面？为什么？

2-9　工程中应用多孔性材料作保温隔热，从传热学的角度来说，使用时应注意什么问题？为什么？

2-10　在傅里叶定律中作为比例系数出现的热导率 $\lambda$ 是物体的物理性质参数，而在牛顿冷却定律中作为比例系数出现的对流传热系数 $h$ 却不是物理性质参数，为什么？

2-11　两根不同直径的蒸汽管道，外面都覆盖一层厚度相同、材料相同的热绝缘层。如果管子表面及热绝缘层外表面的温度都相同，试问：两管每米长度的热损失相同吗？若不相同，哪个大？

2-12　什么是 $Nu$ 数？主要用来求什么值？

2-13　试简述 $Nu$、$Pr$、$Re$、$Gr$ 准数的表达式及物理意义。

2-14　用简明语言说明热边界层的概念。

2-15　对流换热微分方程与导热问题第三类边界条件表达式的区别？

2-16　如何增强管内强制流动的对流换热？

2-17　平顶建筑物中，顶层天花板表面与室内空气间的传热情况在冬季和夏季是否一样？为什么？

2-18　900℃左右的钢板在热轧时，冷却水流到钢板上，板面上会立即产生许多跳动的小水滴，并且可以维持一段时间而不被汽化掉。试从传热学的观点解释这一现象，并从沸腾曲线上找出开始形成这一状态的点。

2-19　在一保持20℃室温的房间里，夏季穿单衣感到很舒适，在冬季却一定要穿羽绒衣才觉得舒适，试从传热的观点分析其原因。

2-20　夏天站在打开的电冰箱前，虽然没有冷风吹到身上，但感到冷，这是什么原因？

2-21　热辐射和其他形式的电磁辐射有什么区别？

2-22　窗玻璃对红外线几乎是不透明的，但为什么隔着玻璃晒太阳却使人们感到暖和？

2-23　辐射传热角系数的含义是什么？

2-24　试从传热学的角度分析热水瓶胆的保温作用（一般瓶胆是镀银的真空夹层玻璃）。

2-25　任意位置两表面之间用角系数来计算辐射传热，这对物体表面作了哪些基本假定？

2-26 为提高测量精度，用热电偶测量熔窑内温度时，应采用一些什么措施？

2-27 气体辐射有哪些特点？

2-28 什么是"温室效应"？为什么说大气中的 $CO_2$ 含量增加会导致温室效应？

2-29 实际传热过程总是综合传热过程，但在前面讨论对流传热问题时却总将辐射传热排除在外。试问，能否认为这种讨论问题的方法不恰当？

2-30 差分方程的网络划分得越细，则所求得的温度场越接近实际物体的温度分布，所以计算的精度也就越高。此话对不对？为什么？

## 习 题 ▸▸

2-1 有一座玻璃熔窑的胸墙，用硅砖砌筑，内表面平均温度为1300℃，外表面平均温度为300℃，胸墙厚度为450mm，面积为10m²。试求通过胸墙的散热损失量。

【答案】$3.3 \times 10^4$ W

2-2 某窑炉炉墙由耐火黏土砖、硅藻土层与红砖砌成，硅藻土与红砖的厚度分别为40mm和250mm，热导率分别为0.13W/(m·℃)和0.39W/(m·℃)，如果不用硅藻土层，但又希望炉墙的散热维持原状，则红砖必须加厚到多少毫米？

【答案】370mm

2-3 某厂蒸汽管道为 $\phi$175mm×5mm 的钢管，外面包了一层95mm厚的石棉保温层，管壁和石棉的导热率分别为50W/(m·℃)、0.1W/(m·℃)，管道内表面温度为300℃，保温层外表面温度为50℃。试求每米管长的散热损失。在计算中能否略去钢管的热阻，为什么？

【答案】222W/m

2-4 有一水泥立窑，内层为黏土砖，外层为红砖，其尺寸为 $d_1=2$m、$d_2=2.69$m、$d_3=3.17$m，测得该断面内表面温度为1100℃，外壁温度为80℃，求交界面处的温度。

【答案】623℃

2-5 试求通过图示中的复合壁的热流量。假设热量传递是一维的，B和C面积相等。已知各材料的热导率为：$\lambda_A=1.2$W/(m·℃)、$\lambda_B=0.6$W/(m·℃)、$\lambda_C=0.3$W/(m·℃)、$\lambda_D=0.8$W/(m·℃)。

【答案】122W

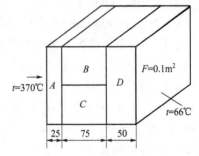

题2-5附图 （图中尺寸单位均为mm）

2-6 平壁表面温度 $t_{w1}=450$℃，采用石棉作为保温层的热绝缘材料，热导率 $\lambda=0.094+0.000125t$，保温层外表面温度 $t_{w2}=50$℃，若要求热损失不超过340W/m²，则保温层的厚度应为多少？

【答案】147mm

2-7 有一空心球，内直径为150mm，外直径为300mm，球内装有某种化学混合物。铁的热导率为73W/(m·℃)，球内外表面温度分别为248℃和38℃，试求化学混合物释放的热量以及球壁内外表面间中心球面上的温度。

【答案】28900W，108℃

2-8 浇注大型混凝土砌块时，由于水泥的水化热使砌块中心温度升高而导致开裂，因此，砌块不能太大。现欲浇注混凝土墙，水泥释放水化热为100W/m³，混凝土热导率为1.5W/(m·℃)，假设此墙两壁温度为20℃，限制墙中心温度不得超过50℃。试问墙厚不得超过多少米？

【答案】1.9m

2-9 一厚度为10cm的无限大平壁，热导率λ为15W/(m·℃)。平壁两侧置于温度为20℃，表面传热系数为50W/(m²·℃)的流体中，平壁内有均匀的内热源 $q_v = 4 \times 10^4$ W/m³。试确定平壁内最高温度及平壁表面温度。

【答案】63.3℃，60℃

2-10 直径为3.2mm的不锈钢导线，长300mm，不锈钢导线上的电压降为10V，外表面温度维持在93℃，导线电阻率为70$\mu\Omega$·cm，热导率为22.5W/(m·℃)。求不锈钢导线的中心温度。

【答案】138.5℃

2-11 一电炉炉膛长×宽×高为250mm×150mm×100mm，炉衬为230mm厚的轻质黏土砖（密度为800kg/m³）。已知内壁平均温度为900℃，炉体外表面温度为80℃，试求此电炉的散热量。

【答案】621W

2-12 空气以10m/s的速度流过直径为50mm、长为1.75m的管道，管壁温度为150℃，如果空气的平均温度为100℃，求对流换热系数。

【答案】35.0W/(m²·℃)

2-13 60℃的水进入一内径为25.4mm的管子，水的流速为2cm/s。试计算水的出口温度（已知管长3m，管壁温度恒定为80℃）。

【答案】71.8℃

2-14 一直管内径0.08m，管长为5m，管壁温度保持60℃，水与空气分别从管中流过，试分别计算水和空气从20℃加热到40℃时的对流换热系数。已知管中水流速为0.3m/s，空气流速为4.5m/s。

【答案】1326W/(m²·℃)，15.7W/(m²·℃)

2-15 一个大气压下20℃的空气，以1.5m/s的速度流过温度为100℃的炉墙表面，炉宽1.0m，炉长2.0m，若不计自然对流影响，求炉墙表面的对流换热量。

【答案】542.4W

2-16 试求由七排光管叉排组成的空气加热器的平均对流传热系数。已知管径为12mm；管子间距 $s_1 = 1.8d$，$s_2 = 2.3d$；空气在最窄截面处的流速为5m/s，空气平均温度为20℃；冲击角为70°。

【答案】87.6W/(m²·℃)

2-17 某热工设备外径为3.0m，高10m，外表面平均温度为68℃，大气温度为22℃，若只考虑自然散热，试计算其对流换热系数。

【答案】4.97W/(m·℃)

2-18 水平放置外径为0.3m的蒸汽管，管外表面温度为450℃，管周围空间很大，充满着50℃的空气。试求每米管长对空气的自然对流热损失（不考虑辐射散热）。

【答案】2710W/m

2-19 有一水平放置的空气夹层，夹层厚度为 20mm，热面温度为 130℃，冷面温度为 30℃。试求：(1) 热面在下边，冷面在上边时的对流换热量；(2) 热面在上边，冷面在下边时的对流换热量。

【答案】(1) 447W/m²；(2) 152W/m²

2-20 长为 12m，外径为 0.3m 的垂直蒸汽管外表面温度为 60℃，试求在 20℃ 的空气中，此管单位长度的散热量？

【答案】150.72W/m

2-21 一直径为 50mm 的黄铜圆棒，水平浸没在 101300Pa 压力的沸水中，铜棒表面保持在 123℃，试计算泡状沸腾时的表面传热系数及每米管长的传热量和气化率。

【答案】表面传热系数 $1.37 \times 10^7$ W/(m² · ℃)；传热量 $4.96 \times 10^7$ W；气化率 21.96kg/s

2-22 一根竖放的直径为 50mm 的管子，表面温度为 75℃，用以凝结 125℃ 的饱和水蒸气，凝结量为 0.025kg/s。试求管子的最小长度。

【答案】1.25m

2-23 两无限大平行平板Ⅰ和Ⅱ，平板Ⅰ为黑体，温度 $t_1=827℃$，平板Ⅱ为辐射率等于 0.8 的灰体，温度 $t_2=627℃$。试求：(1) 平板Ⅰ在此情况下的最大单色辐射力波长；(2) 两平板的有效辐射；(3) 两平板间的净辐射热量；(4) 绘出系统的辐射网络图。

【答案】(1) 2.63μm；(2) $8.3 \times 10^4$ W/m²，$4.64 \times 10^4$ W/m²；(3) $3.66 \times 10^4$ W/m²

2-24 两无限大平行平面，其表面温度分别为 20℃ 及 600℃，黑度均为 0.8。试求这两块平行平面的：(1) 本身辐射；(2) 投射辐射；(3) 有效辐射；(4) 净辐射热量。

【答案】(1) 334W/m²，$2.63 \times 10^4$ W/m²；(2) $5.84 \times 10^3$ W/m²，$2.75 \times 10^4$ W/m²；(3) $5.84 \times 10^3$ W/m²，$2.75 \times 10^4$ W/m²；(4) $-2.17 \times 10^4$ W/m²，$2.17 \times 10^4$ W/m²

2-25 如果在习题 2-24 中的两平面中安放一块黑度为 0.8 或 0.05 的遮热板，试求这两无限大平行平面间的净辐射热量。

【答案】$1.08 \times 10^4$ W/m²，$8.03 \times 10^2$ W/m²

2-26 试求直径为 0.3m，黑度为 0.8 的裸气管的辐射散热损失。已知裸气管的表面温度为 440℃，周围环境温度为 10℃。

【答案】$1.08 \times 10^4$ W/m

2-27 习题 2-26 中，如果在裸气管周围安置遮热管（黑度为 0.82，直径为 0.4m）。

(1) 重算裸气管的辐射散热损失；

(2) 如同时考虑对流传热损失，已知遮热管对流传热系数为 35W/(m² · ℃)，裸气管的散热损失又为多少？

【答案】(1) $5.79 \times 10^3$ W/m；(2) $8.41 \times 10^3$ W/m

2-28 热空气在 $\phi 426mm \times 9mm$ 的钢管内流过，热空气的温度用一个装在外径为 15mm 的瓷保护管中的热电偶来测量，已知钢管内壁温度为 110℃，热电偶读数（即瓷管温度）为 220℃，瓷管的黑度为 0.8，空气向瓷管的对流传热系数为 52.4W/(m² · ℃)。设瓷管本身的热传导可忽略不计。试求由于热电偶保护管向钢管壁的辐射传热而引起的测量相对误差（%），并求出空气的实际温度。

【答案】误差 13.1%；空气的实际温度为 253℃

2-29　在上题的装置中，为了减少热电偶的测量误差，把热电偶保护瓷管用薄铝圆筒屏蔽，屏蔽筒的黑度为 0.3，面积为保护瓷管端部的 4 倍。空气向屏蔽筒的对流传热系数为 35W/(m² · ℃)，其他数据与上题相同。试求此时空气的真实温度以及热电偶的测量相对误差。

【答案】真实温度 221.7℃；测量相对误差 0.81%

2-30　烟气（含有 $CO_2$ 7%，水蒸气 8%）流过一内径为 500mm 的导管，进口温度为 1100℃，出口温度为 700℃；进口处管壁内表面温度为 700℃，出口处管壁内表面温度为 650℃；内表面黑度为 0.8。试求烟气辐射给管壁的热流量及辐射传热系数（烟气压力为 1atm）。

【答案】热流量 6918W/m²；辐射传热系数 30.7W/(m² · ℃)

2-31　今设计一窑的侧墙。已知内表面温度为 1000℃，要求外表面温度不超过 120℃（环境温度为 20℃），若此壁用黏土耐火砖砌筑，其厚度应不低于多少毫米？

【答案】660mm

2-32　试求锅炉壁 [$\delta=20$mm，$\lambda=58$W/(m · ℃)] 两表面的温度和通过锅炉壁的热流量。已知烟气温度为 1000℃，水的温度为 90℃，从烟气到壁面的对流辐射传热系数为 116W/(m² · ℃)，从壁面到水的对流传热系数为 2320W/(m² · ℃)。

【答案】锅炉壁两表面温度为 165.5℃、131.7℃；热流量为 $9.68\times10^4$ W/m²

2-33　在习题 2-32 中，如在烟气一侧的壁面上附有一层烟炱 [$\delta=0.5$mm，$\lambda=0.1$W/(m · ℃)]，而在水一边的壁面上附有一层水垢 [$\delta=2$mm，$\lambda=1.16$W/(m · ℃)]，试重算该题。

【答案】温度为 231.8℃、211.6℃；热流量 $5.64\times10^4$ W/m²

2-34　一烘箱的炉门由两种保温材料 A 及 B 组成，$\delta_A=2\delta_B$。已知 $\lambda_A=0.1$W/(m · ℃)，$\lambda_B=0.06$W/(m · ℃)，烘箱内空气温度 $t_{f1}=400$℃，内壁面的总表面换热系数 $h_1=50$W/(m² · ℃)。为安全起见，希望烘箱炉门的外表面温度不高于 50℃。设可把炉门导热作为一维问题处理，试确定所需保温材料的厚度。环境温度 $t_{f2}=25$℃，外表面的总表面换热系数 $h_2=9.5$W/(m² · ℃)。

【答案】79.3mm，39.6mm

2-35　平壁外表面覆盖着厚 25mm、热导率为 0.14W/(m · ℃) 的隔热层，隔热层内壁温度为 315℃，环境温度为 38℃，为保证隔热层外表面温度不超过 41℃，对流换热系数应为多少？（隔热层外表面辐射率 $\varepsilon_w=1$）

【答案】504.5W/(m² · ℃)

2-36　某热工设备的垂直平壁厚度为 0.05m，热导率为 0.445W/(m · ℃)，已知内部气体温度为 187℃，环境温度为 27℃，外壁与周围环境的对流换热系数为 5W/(m² · ℃)，辐射换热系数为 6W/(m² · ℃)，热气体与内壁的复合换热系数为 10.85W/(m² · ℃)。内部气体的吸收率等于辐射率，即 $a_g=\varepsilon_g=0.21$，壁面辐射率 $\varepsilon_w=1$。试求：（1）内壁温度；（2）热气体与内壁的辐射换热系数和对流换热系数。

【答案】（1）137℃；（2）3.94W/(m² · ℃)，6.91W/(m² · ℃)

2-37　一根内径为 20mm，外径 30mm 的钢管，包上 20mm 厚的保温材料，保温材料的热导率为 0.057W/(m · ℃)，表面黑度为 0.7，保温层的内壁温度为 200℃，周围环境温度为 20℃。试计算每米管长的热损失。

【答案】63.6W/m

# 参 考 文 献

［1］　孙晋涛．硅酸盐工业热工基础［M］．武汉：武汉理工大学出版社，2001.

［2］　徐德龙，谢峻林．材料工程基础［M］．武汉：武汉理工大学出版社，2010.

［3］　冯晓云，童树庭，袁华．材料工程基础［M］．北京：化学工业出版社，2007.

［4］　杨世铭，陶文铨．传热学［M］．北京：高等教育出版社，1998.

［5］　王秋旺．传热学重点难点及典型题精解［M］．西安：西安交通大学出版社，2003.

［6］　王补宣．工程传热传质学（上册）［M］．北京：科学出版社，1998.

［7］　隋良志．硅酸盐工业热工基础［M］．北京：化学工业出版社，2013.

［8］　肖奇，黄苏萍．无机材料热工基础［M］．北京：冶金工业出版社，2015.

［9］　赵振南．传热学［M］．北京：高等教育出版社，2002.

［10］　王运东，骆广生，刘谦．传递过程原理［M］．北京：清华大学出版社，2002.

［11］　陶文铨．数值传热学［M］．西安：西安交通大学出版社，2001.

［12］　［美］施天谟．计算传热学［M］．北京：科学出版社，1987.

［13］　唐兴伦，范群波，张朝晖．ANSYS工程应用教程——热与电磁学篇［M］．北京：中国铁道出版社，2003.

［14］　孔祥谦．有限单元法在传热学中的应用［M］．北京：科学出版社，1998.

［15］　唐家鹏．FLUENT14.0超级学习手册［M］．北京：人民邮电出版社，2013.

［16］　李慧．全氧燃烧熔窑火焰空间的数值模拟［D］．陕西科技大学大学，2009.

［17］　陈杰，李阳．全氧燃烧玻璃熔窑的数值模拟［J］．建筑材料学报，2016，19（5）：915-920.

［18］　陈杰，王晓刚．多热源合成SiC温度场的动态数学模型及数值分析［J］．煤炭学报，2009，34（2）：271-274.

［19］　陈杰，王晓刚，郭继华．多热源合成SiC传热规律［J］．北京科技大学学报，2005，27（5）：536-539.

［20］　张美杰．材料热工基础［M］．北京：冶金工业出版社，2014.

［21］　王秋旺，曾敏．传热学要点与题解［M］．西安：西安交通大学出版社，2006.

# 第三章　质量传递原理

**本章提要**

在介绍质量传递过程的相关概念及原理的基础上，对分子扩散传质的机理、数学模型及其求解进行了较为详细的分析。同时，还对多孔介质中的扩散传质、非稳态传质和对流传质进行了简要的分析与介绍。

**掌握内容**

传质的基本概念，菲克定律，分子扩散传质的数学模型，等摩尔逆扩散及单向扩散的特点及规律，对流传质、浓度边界层等。

**了解内容**

多孔介质中的扩散传质，非稳态传质，对流传质数学方程、对流传质准数方程及其应用。

在两种或者两种以上的混合物中，如果有浓度梯度，各组分就会自发地从高浓度向低浓度方向转移，从而出现物质的交换，简称传质。浓度梯度是传质的推动力。在日常生活中，传质现象处处可见，例如食盐在水中的溶化、烟气在大气中的扩散等。在化工、材料、冶金、动力、轻工等各个领域都会遇到传质现象，如物料干燥、燃料燃烧、物料烧结、固相烧结、固相反应等过程。

传质的基本方式有分子扩散和对流传质。在静止流体中或在垂直于浓度梯度方向上做层流运动的流体以及固体中的传质，是由于分子、原子及自由电子等微观粒子的随机运动所引起的，因此称为分子扩散，其机理类似于导热。对流传质是由于流体湍流运动引起的传质。物质通过湍流运动的传质，除了湍流扩散外，还有通过边界层的层流扩散，把这类扩散总称为对流传质。其机理类似于对流传热。在实际工程中，分子扩散和对流传质往往同时发生。

在没有浓度差的二元体系中，如果各区域间存在温度差或压力差时，也会产生扩散，前者称为热扩散，后者称为压力扩散。扩散的结果导致浓度变化并引起质量传递，直至建立温度扩散、压力扩散与浓度扩散的平衡状态。在工程计算中，当系统的温差或压力差不大时，可不考虑热扩散或压力扩散，只考虑等温、等压系统下的浓度扩散。

　　质量传递与动量传递、热量传递具有类似的机理，故采用与动量传递、热量传递类似的方法来分析质量传递原理。由于在多元系统中，几种组分各自存在浓度差而产生相互扩散，其质量传输要比动量传输和热量传输复杂得多。本章主要介绍传质的基本概念、分子扩散基本定律、分子扩散传质的数学模型、等摩尔逆扩散及单向扩散的特点及规律、对流传质等。

## 第一节　传质的基本概念

### 一、浓度的表示方法

　　在多元混合物中，各组分在混合物中所占分量的多少统称浓度，通常用质量浓度和摩尔浓度来表示。质量浓度指单位体积混合物中组分 $i$ 的质量，用 $\rho_i$ 表示，单位为 $kg/m^3$。摩尔浓度是指单位体积混合物中组分 $i$ 的摩尔数，用 $C_i$ 来表示，单位为 $mol/m^3$。由 $n$ 个组分所组成的混合物中总质量浓度和总摩尔浓度分别为：

$$\rho = \sum_{i=1}^{n} \rho_i \tag{3-1}$$

$$C = \sum_{i=1}^{n} C_i \tag{3-2}$$

质量浓度和摩尔浓度的关系为：

$$C = \frac{\rho}{M} \tag{3-3}$$

对于混合气体，可用理想气体状态方程将摩尔浓度表述为：

$$C_i = \frac{n_i}{V} = \frac{p_i}{RT}$$

$$C = \frac{n}{V} = \frac{p}{RT} \tag{3-4}$$

式中　$p_i$、$p$——分别表示组分 $i$ 的分压及混合气体的总压，Pa；

　　　　$n_i$、$n$——分别表示组分 $i$ 的摩尔数和混合气体的摩尔数，mol；

　　　　$V$——混合气体的体积，$m^3$；

　　　　$R$——通用气体常数，$R = 8.314J/(mol \cdot K)$；

　　　　$T$——混合气体的绝对温度，K。

### 二、成分表示法

通常使用质量分数或摩尔分数来表示混合物的成分。

#### 1. 质量分数

混合物中某组分 $i$ 的质量浓度与混合物的总质量浓度之比称为该组分的质量分数，用 $w_i$ 表示：

$$w_i = \frac{\rho_i}{\rho} = \frac{\rho_i}{\sum\limits_{i=1}^{n} \rho_i} \tag{3-5}$$

由定义可知，质量分数总和等于 1，即 $\sum\limits_{i=1}^{n} w_i = 1$。

**2. 摩尔分数**

混合物中某组分 $i$ 的摩尔浓度与混合物的总摩尔浓度之比称为该组分的摩尔分数，用 $x_i$ 表示：

$$x_i = \frac{C_i}{C} = \frac{C_i}{\sum\limits_{i=1}^{n} C_i} \tag{3-6}$$

由定义可知，摩尔分数总和等于 1，即 $\sum\limits_{i=1}^{n} x_i = 1$。

## 三、扩散速度

多组分混合物中，各组分之间进行分子扩散时，由于各组分的扩散性质不同，它们的扩散速率也有所不同。因此，多组分混合物的扩散速度应是各组分速度的平均值。其质量平均速度的定义为：

$$u = \sum\limits_{i=1}^{n} \frac{\rho_i u_i}{\rho} \tag{3-7}$$

式中　$u_i$——组分相对于固定坐标的绝对速度，m/s；
　　　$u$——混合物的质量平均速度，m/s。

相应的，多组分混合物的摩尔平均速度定义为：

$$u_{\mathrm{M}} = \sum\limits_{i=1}^{n} \frac{C_i u_i}{C} \tag{3-8}$$

式中　$u_{\mathrm{M}}$——混合物的摩尔平均速度，m/s。

组分 $i$ 相对于质量平均速度或摩尔平均速度的速度称为扩散速度，即 $u_i - u$ 为组分 $i$ 相对于质量平均速度的扩散速度；$u_i - u_{\mathrm{M}}$ 为组分 $i$ 相对于摩尔平均速度的扩散速度。可见只有存在浓度梯度时，才有扩散速度的存在。

因此对于 A、B 组分的混合物，传质速度有三种表示方法：相对于固定坐标的绝对速度 $u_{\mathrm{A}}$、$u_{\mathrm{B}}$；主体流动速度 $u(u_{\mathrm{M}})$；扩散速度 $u_{\mathrm{A}} - u$（或 $u_{\mathrm{A}} - u_{\mathrm{M}}$）。绝对速度＝主体速度＋扩散速度。

## 四、扩散通量

单位时间内通过垂直于浓度梯度上单位面积的物质的量称为扩散通量。根据所用的浓度单位不同，扩散通量可以表示为质量通量［kg/(m² · s)］和摩尔通量［kmol/(m² · s)］。由于传质过程多伴随混合物的整体流动，所以扩散通量可以是相对于空间固定坐标来确定，也可以相对于随混合物整体平均速度（$u$ 或 $u_{\mathrm{M}}$）移动的动坐标来确定。对于组分 $i$，相对于固定坐标所确定的通量称为该组分的净质量通量或净摩尔通量，分别用 $m$ 和 $N$ 表示。相对

于以平均速度 $u$ 或 $u_M$ 移动的动坐标所确定的通量称为该组分的分子扩散质量通量或分子扩散摩尔通量，分别用 $j$ 和 $J$ 表示。

(1) 以绝对速度表示

净质量通量[kg/(m² · s)]：$m_i = \rho_i u_i$

净摩尔通量[kmol/(m² · s)]：$N_i = C_i u_i$

(2) 以扩散速度表示

分子扩散质量通量[kg/(m² · s)]：$j_i = \rho_i (u_i - u)$

分子扩散摩尔通量[kmol/(m² · s)]：$J_i = C_i (u_i - u_M)$

(3) 以主体流动速度表示

质量通量[kg/(m² · s)]：$\rho_A u = \rho_A \left[ \dfrac{1}{\rho} (\rho_A u_A + \rho_B u_B) \right] = w_A (m_A + m_B)$

摩尔通量[kmol/(m² · s)]：$C_A u_M = C_A \left[ \dfrac{1}{C} (C_A u_A + C_B u_B) \right] = x_A (N_A + N_B)$

对于 A 和 B 两种组分组成的混合物传质体系，扩散通量的表示方法及与浓度、扩散速度的相互关系列于表 3-1。

表 3-1　双组分混合物传质体系扩散通量的表示方法

| 项目 | 质量通量 | 摩尔通量 |
|---|---|---|
| 净通量 | $m_A = \rho_A u_A$<br>$m_B = \rho_B u_B$<br>$m = m_A + m_B = \rho u$ | $N_A = C_A u_A$<br>$N_B = C_B u_B$<br>$N = N_A + N_B = C u_M$ |
| 分子扩散通量 | $j_A = \rho_A (u_A - u)$<br>$j_B = \rho_B (u_B - u)$<br>$j_A + j_B = 0$ | $J_A = C_A (u_A - u_M)$<br>$J_B = C_B (u_B - u_M)$<br>$J_A + J_B = 0$ |
| 关系式 | $m_A = N_A M_A$<br>$m_A = j_A + \rho_A u$<br>$j_A = m_A - w_A (m_A + m_B)$ | $N_A = m_A / M_A$<br>$N_A = J_A + C_A u_M$<br>$J_A = N_A - x_A (N_A + N_B)$ |

## 第二节　分子扩散传质

## 一、菲克定律

描述分子扩散过程中传质通量与浓度梯度之间的关系的定律称为菲克（Fick）扩散定律。大量实验表明，分子扩散通量与浓度梯度成正比。在恒温恒压且浓度场不随时间而变化的稳态条件下，对于由 A、B 两组分组成的混合物，当不考虑主体的流动时，由组分 A 的浓度梯度引起的扩散通量可表示为：

$$J_{A,z} = -D_{AB} \frac{dC_A}{dz} \tag{3-9}$$

式中　$J_{A,z}$ ——组分 A 在 $z$ 方向相对于摩尔平均速度的分子扩散摩尔通量，kmol/(m² · s)；

$\dfrac{\mathrm{d}C_A}{\mathrm{d}z}$——组分 A 在 $z$ 方向上的摩尔浓度梯度，$\mathrm{kmol/m^4}$；

$D_{AB}$——组分 A 在组分 B 中的分子扩散系数，$\mathrm{m^2/s}$；

负号——分子扩散通量方向与浓度梯度方向相反，即分子扩散由高浓度向低浓度方向进行。

在定温定压条件下，菲克定律也可以写成：

$$j_{A,z} = -D_{AB}\frac{\mathrm{d}\rho_A}{\mathrm{d}z} \tag{3-10}$$

式中　$j_{A,z}$——组分 A 在 $z$ 方向相对于质量平均速度的分子扩散质量摩尔通量，$\mathrm{kmol/(m^2 \cdot s)}$；

$\dfrac{\mathrm{d}\rho_A}{\mathrm{d}z}$——组分 A 在 $z$ 方向上的质量浓度梯度，$\mathrm{kg/m^4}$。

对于气体，菲克定律也可以用气体分压表示，即：

$$J_{A,z} = -\frac{D_{AB}}{RT} \times \frac{\mathrm{d}p_A}{\mathrm{d}z} \tag{3-11}$$

式中　$p_A$——组分 A 的气体分压，Pa。

菲克定律是描述分子扩散的基本定律，需要强调指出的是，菲克定律的上述表达式都是相对于以混合物的摩尔平均速度或质量平均速度的动坐标系而言的，对于固定坐标这些表达式将不再适用。除非在等质量逆扩散或等摩尔逆扩散时，混合物整体的质量平均速度或摩尔平均速度为零，此时两种坐标的菲克定律表达式才相同。

由分子扩散摩尔通量定义可得：

$$J_A = C_A \cdot (u_A - u_M) = C_A u_A - C_A u_M = N_A - C_A u_M \tag{a}$$

将菲克定律式(3-9) 带入式(a) 并移项，得：

$$N_{A,z} = -D_{AB}\frac{\mathrm{d}C_A}{\mathrm{d}z} + \frac{C_A}{C}(C_A u_A + C_B u_B)$$

$$= -D_{AB}\frac{\mathrm{d}C_A}{\mathrm{d}z} + \frac{C_A}{C}(N_{A,z} + N_{B,z})$$

$$= -D_{AB}\frac{\mathrm{d}C_A}{\mathrm{d}z} + x_A(N_{A,z} + N_{B,z}) \tag{b}$$

采用矢量形式，则式(b) 的通式为：

$$\vec{N}_{A,z} = -D_{AB}\frac{\mathrm{d}C_A}{\mathrm{d}z} + x_A(\vec{N}_{A,z} + \vec{N}_{B,z}) \tag{3-12}$$

式(3-12) 称为扩散方程式。它表示组分 A 相对于固定坐标的净摩尔扩散通量等于该组分的分子扩散通量与该组分随混合物整体流动而传递的通量之和。它实质上即为相对于固定坐标的菲克定律。

应用式(3-12) 计算时应注意 $\vec{N}_A$、$\vec{N}_B$ 两矢量的方向。若为等摩尔逆扩散，则 $N_A = -N_B$，故：

$$\vec{N} = \vec{N}_A + \vec{N}_B = 0$$

并不难推出：
$$N_A = J_A$$

即等摩尔逆扩散时，无混合整体流体，只有由浓度梯度推动的分子扩散。

应用上述方法同样可以推出用质量通量表述的扩散方程：

$$\vec{m}_A = -D_{AB} \frac{d\rho_A}{dz} + w_A (\vec{m}_A + \vec{m}_B) \qquad (3-13)$$

## 二、分子扩散系数

菲克定律中的比例系数 $D_{AB}$ 称为分子扩散系数，菲克定律的表达式(3-9) 可以改写为：

$$D_{AB} = -\frac{J_{A,B}}{dC_A/dz} \quad (m^2/s)$$

分子扩散系数表示在单位时间内每下降 1 单位浓度梯度下，通过单位面积所扩散的物质质量，即反映了物质在介质中的扩散能力。扩散系数的大小与扩散物质、介质种类和温度、压强等因素有关，分子扩散系数主要通过对某一特定体系采用实验测定。下面分别介绍气体、液体和固体中扩散的常用经验公式和实验测定数据。

### 1. 气体

对于气体混合物的分子扩散系数，当没有实验数据时，可根据由气体分子运动理论所建立的半经验公式计算：

$$D_{AB} = \frac{435.7 T^{3/2}}{p(V_A^{1/3} + V_B^{1/3})} \sqrt{\frac{1}{M_A} + \frac{1}{M_B}} \quad (cm^2/s) \qquad (3-14)$$

式中　$T$——热力学温度，K；

　　　$p$——气体的总压，Pa；

$M_A$，$M_B$——气体 A 和 B 的摩尔质量，kg/mol；

$V_A$，$V_B$——气体 A 和 B 在正常沸点下，其液态的摩尔容积，$cm^3/mol$。

几种常见的气体的摩尔容积见表 3-2。

表 3-2　常见气体的液态摩尔容积

| 气体种类 | 空气 | $H_2$ | $H_2O$ | $CO_2$ | $N_2$ | $NH_3$ | $O_2$ | $SO_2$ |
|---|---|---|---|---|---|---|---|---|
| 摩尔容积/($cm^3/mol$) | 29.9 | 14.3 | 18.9 | 34.0 | 31.1 | 25.8 | 25.6 | 44.8 |

公式说明，扩散系数与气体的浓度无关，随着气体温度的升高、总压的下降而增大。这是因为随着气体温度的升高，气体分子的平均动能增大，因而扩散加快；而当气体压强升高时，分子间的平均自由程会减小，使分子扩散所遇的阻力增大，从而扩散减弱。若已知温度 $T_1$，压强 $p_1$ 条件下的分子扩散系数 $D_{1,AB}$，则可根据下式推算出 $T_2$ 及 $p_2$ 条件下的扩散系数 $D_{2,AB}$：

$$D_{2,AB} = D_1 \cdot \frac{p_1}{p_2} \left(\frac{T_2}{T_1}\right)^{1.75} \quad (cm^2/s) \qquad (3-15)$$

表 3-3 为在标准状态下几种常见气体在空气中的扩散系数。

表 3-3　常见气体在空气中的扩散系数（$p_0 = 101325Pa$，$T_0 = 273K$）

| 气体种类 | HCl | $H_2$ | $H_2O$ | $CO_2$ | $N_2$ | $NH_3$ | $O_2$ | $SO_2$ |
|---|---|---|---|---|---|---|---|---|
| $D_0/(cm^2/s)$ | 0.130 | 0.611 | 0.220 | 0.138 | 0.132 | 0.170 | 0.178 | 0.103 |

### 2. 液体

物质在液相中的扩散系数小于在气相中的扩散系数，一般为 $10^{-10} \sim 10^{-9}$ $m^2/s$。液体的扩散系数不仅与体系的温度和压力有关，还随着浓度的变化而变化。稀溶液中溶质的扩散系数可视为与浓度无关的常数。表 3-4 是某些溶质和水组成的稀溶液的扩散系数的实验测定值。

表 3-4　某些溶质和水组成的稀溶液的扩散系数的实验测定值

| 溶质 | 温度/℃ | 扩散系数×$10^9$/(m²/s) | 溶质 | 温度/℃ | 扩散系数×$10^9$/(m²/s) |
|---|---|---|---|---|---|
| $H_2$ | 25 | 4.80 | $Cl_2$ | 16 | 1.26 |
| $O_2$ | 25 | 2.41 | HCl | 0 | 1.80 |
| $N_2$ | 29.6 | 3.47 | NaCl | 18 | 1.26 |
| $CO_2$ | 25 | 2.00 | 醋酸 | 20 | 1.19 |
| $NH_3$ | 12 | 1.64 | 甲醇 | 15 | 1.26 |
| $CH_4$ | 20 | 1.40 | 乙醇 | 15 | 1.00 |

若已知浓度为 $T_1$，溶剂黏度为 $\mu_{B_1}$ 条件下的液体扩散系数 $D_{1,AB}$，则根据式(3-16) 推算 $T_2$ 与 $\mu_{B_2}$ 条件下的 $D_{2,AB}$，即：

$$D_{2,AB}=D_{1,AB}\times\left(\frac{\mu_{B_1}}{\mu_{B_2}}\right)\times\left(\frac{T_2}{T_1}\right) \quad (cm^2/s) \tag{3-16}$$

**3. 固体**

气体、液体和固体在固体中的扩散速率小于在液体及气体中的扩散速率。固体中的扩散情况更为复杂，一类是扩散基本上与固体结构无关，其扩散系数数值一般为 $10^{-18}\sim10^{-13}$ $m^2/s$，另一类是多孔结构内的扩散，其扩散系数与固体结构相关。下面对这两类扩散分别讨论。

（1）遵循菲克定律的固体中的扩散

物体在固体中做此种扩散时，溶质将溶解在固体中而形成均匀的固溶体。如锌水通过铜的扩散此时菲克定律仍适用。因此物质在固体中的扩散无整体流动，故其摩尔通量为：

$$N_A=J_A=-D_{AB}\frac{dC_A}{dz} \tag{3-17}$$

式中　$D_{AB}$——物质 A 在固体 B 中的分子扩散系数，$m^2/s$。

$D_{AB}$ 与扩散时物质的压强无关，某些物质在固体中的扩散系数列于表 3-5 所示。

表 3-5　某些物质在固体中的扩散系数

| 扩散物质（A） | 固体扩散介质（B） | 温度/℃ | 扩散系数×$10^9$/(m²/s) |
|---|---|---|---|
| 氦 | 硼酸硅玻璃 | 500 | $2.00\times10^{-3}$ |
| 氢 | 镍 | 85 | $1.16\times10^{-3}$ |
| 汞 | 铅 | 20 | $2.50\times10^{-10}$ |
| 锑 | 银 | 20 | $3.51\times10^{-16}$ |
| 镉 | 铜 | 20 | $2.71\times10^{-10}$ |
| 氦 | 铁 | 20 | $2.59\times10^{-4}$ |
| 铝 | 铜 | 20 | $1.30\times10^{-25}$ |

（2）多孔材料中的扩散

工业上经常可见气体或液体通过大量空隙的固体材料扩散的现象。如矿石的还原和焙烧，粉末冶金制品的脱气等。此时，固体材料的物理结构和孔隙特征对扩散量起着决定作用。

气体通过多孔材料的扩散可分成两种情况。

① 若孔隙直径大于气体分子平均自由行程，则扩散不会受孔隙壁面影响，菲克定律仍适用。由于此时多孔材料中的扩散路程弯曲，不规则，其扩散通量应小于相同长度的均匀细孔的扩散通量，因此这时的扩散系数采用有效扩散系数 $D_{AB,ef}$，并将其带入式(3-17) 计算扩散通量。

有效扩散系数的定义式为：

$$D_{AB,ef} = \frac{D_{AB}\varepsilon}{\tau} \tag{3-18}$$

式中　$D_{AB}$——二元混合物中的一般分子扩散系数，$m^2/s$；

$\quad\quad\varepsilon$——多孔材料的孔隙率；

$\quad\quad\tau$——曲折因素，由实验确定。

曲折因素用以校正扩散方向所增加的距离。实际的扩散路程曲折多变，故该值需由试验确定。一般对于松散颗粒，$\tau = 1.5 \sim 2.0$，紧密聚集颗粒 $\tau = 7 \sim 8$。

② 若气体压强很低，或空隙直径远小于气体分子平均自由行程，此时，气体分子与壁面碰撞的机会多于气体分子之间的碰撞机会，此时，可以忽略分子之间的碰撞阻力，扩散阻力主要取决于分子与壁面的碰撞。此种扩散称为纽特森扩散。

根据气体分子运动学说，纽特森有效扩散系数为：

$$D_{k,ef} = \frac{2}{3}\bar{r}\,\bar{u}_A \tag{3-19}$$

式中　$\bar{r}$——平均空隙半径；

$\quad\quad\bar{u}_A$——扩散物质 A 的分子均方根速度，$\bar{u}_A = \sqrt{\dfrac{8RT}{\pi M_A}}$，$m/s$。

与气体和液体中的扩散相同，由于温度对分子热运动的影响十分明显，温度对扩散系数具有显著的影响，固体中分子扩散系数与温度的关系可以用式(3-20) 表示：

$$D_{AB} = D_0 \exp\left(-\frac{Q}{RT}\right) \tag{3-20}$$

式中　$D_0$——扩散常数或频率因子，$m^2/s$；

$\quad\quad Q$——扩散活化能，$kJ/kmol$。

## 三、传质微分方程及其单值性条件

### （一）方程的导出

与传热学利用微元体推出导热微分方程相似，在传质问题上也以微元控制体作为研究对象来导出传质微分方程。为简化问题，仅考虑有扩散影响和化学反应存在的双组分流体（A、B 两种组分）体系。在流体中取一个六面体微元控制体（如图 3-1 所示），以静止坐标系 $x$-$y$-$z$ 为参考基准，使用欧拉法来分析 A、B 两组分的质量传递情况。

引起 A 组分质量变化的因素包括以下几个方面：①因 A 组分流入和流出控制体而引起的 A 组分质量变化；②因 A 组分在双组分流体中的扩散而引起的 A 组分在控制体中的质量变化；③因化学反应而导致 A 组分的产生和消失。则针对组分 A 有以下质量守恒方程：

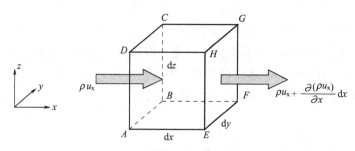

图 3-1 传质微元六面体

$$\tag{3-21}$$

设组分 A、B 的质量浓度分别为 $\rho_A$、$\rho_B$；混合流体沿 $x$、$y$、$z$ 三个方向的速度分量分别为 $u_x$、$u_y$、$u_z$；组分 A、B 沿 $x$、$y$、$z$ 三个方向的速度分量分别为 $u_{Ax}$、$u_{Ay}$、$u_{Az}$ 和 $u_{Bx}$、$u_{By}$、$u_{Bz}$。单位控制体积内因化学反应所产生的 A 组分的质量速率为 $r_A$，单位为 $kg/(m^3 \cdot s)$，其值为负时，代表 A 为反应物。

组分 A 因流体流动而沿 $x$ 方向左侧控制面流入控制体的质量速率为 $(\rho_A u_{Ax})\,dy\,dz$，沿 $x$ 方向右侧控制面流出控制体的质量速率为 $\left[(\rho_A u_{Ax})+\dfrac{\partial}{\partial x}(\rho_A u_{Ax})dx\right]dy\,dz$，则组分 A 沿 $x$ 方向净流入的质量速率为：

$$-\frac{\partial}{\partial x}(\rho_A u_{Ax})dx\,dy\,dz \tag{a}$$

同理可得组分 A 沿 $y$、$z$ 方向净流入的质量速率分别为：

$$-\frac{\partial}{\partial y}(\rho_A u_{Ay})dx\,dy\,dz \tag{b}$$

$$-\frac{\partial}{\partial z}(\rho_A u_{Az})dx\,dy\,dz \tag{c}$$

设每单位容积中 A 组分的生成速率为 $r_A$，则控制体中，A 组分因化学反应的生成速率为：

$$r_A dx\,dy\,dz \tag{d}$$

控制体内 A 组分的质量累积速率为：

$$\frac{\partial \rho_A}{\partial \tau}dx\,dy\,dz \tag{e}$$

将式（a）～式（e）分别代入质量平衡方程（3-21），得：

$$\frac{\partial \rho_A}{\partial \tau}+\frac{\partial}{\partial x}(\rho_A u_{Ax})+\frac{\partial}{\partial y}(\rho_A u_{Ay})+\frac{\partial}{\partial z}(\rho_A u_{Az})-r_A=0 \tag{f}$$

将有关质量通量的表达式代入式（f），可得以质量形式表示的 A 组分传质微分方程，即：

$$\frac{\partial \rho_A}{\partial \tau}+\left(\frac{\partial m_{A,x}}{\partial x}+\frac{\partial m_{A,y}}{\partial y}+\frac{\partial m_{A,z}}{\partial z}\right)=r_A \tag{3-22}$$

同样可得 B 组分的传质微分方程为：

$$\frac{\partial \rho_B}{\partial \tau} + \left( \frac{\partial m_{B,x}}{\partial x} + \frac{\partial m_{B,y}}{\partial y} + \frac{\partial m_{B,z}}{\partial z} \right) = r_B \tag{3-23}$$

将式(3-22)和式(3-23)改写成矢量形式，为：

$$\frac{\partial \rho_A}{\partial \tau} + \nabla \cdot \vec{m}_A - r_A = 0 \tag{3-24}$$

$$\frac{\partial \rho_B}{\partial \tau} + \nabla \cdot \vec{m}_B - r_B = 0 \tag{3-25}$$

将摩尔浓度有关的净摩尔通量的表达式代入式(f)，可得：

$$\frac{\partial C_A}{\partial \tau} + \left( \frac{\partial N_{A,x}}{\partial x} + \frac{\partial N_{A,y}}{\partial y} + \frac{\partial N_{A,z}}{\partial z} \right) = R_A \tag{3-26}$$

$$\frac{\partial C_B}{\partial \tau} + \left( \frac{\partial N_{B,x}}{\partial x} + \frac{\partial N_{B,y}}{\partial y} + \frac{\partial N_{B,z}}{\partial z} \right) = R_B \tag{3-27}$$

将式(3-26)和式(3-27)改写成矢量形式，为：

$$\frac{\partial C_A}{\partial \tau} + \nabla \cdot \vec{N}_A - R_A = 0 \tag{3-28}$$

$$\frac{\partial C_B}{\partial \tau} + \nabla \cdot \vec{N}_B - R_B = 0 \tag{3-29}$$

这里 $R_A = \frac{r_A}{M_A}$，$R_B = \frac{r_B}{M_B}$。

对于两组分扩散传质体系，由式(3-22)和式(3-23)可得：

$$\frac{\partial \rho}{\partial \tau} + \left( \frac{\partial m_x}{\partial x} + \frac{\partial m_y}{\partial y} + \frac{\partial m_z}{\partial z} \right) = r_A + r_B \tag{3-30}$$

或

$$\frac{\partial C}{\partial \tau} + \left( \frac{\partial N_x}{\partial x} + \frac{\partial N_y}{\partial y} + \frac{\partial N_z}{\partial z} \right) = R_A + R_B \tag{3-31}$$

再考虑到 $m = m_A + m_B = \rho u$，且在无化学反应或仅有 $A \to B$ 的化学反应时，$r_A + r_B = 0$，则式(3-30)可改写为：

$$\frac{\partial \rho}{\partial \tau} + \left( \frac{\partial \rho u_x}{\partial x} + \frac{\partial \rho u_y}{\partial y} + \frac{\partial \rho u_z}{\partial z} \right) = 0 \tag{3-32}$$

此即为两组分流体的连续性方程，与前面第一章得到的均匀流体连续性方程相同。

将式(3-12)及式(3-13)分别代入式(3-24)及式(3-28)，并注意到 $m_A + m_B = \rho u$ 及 $N_A + N_B = C u_M$，在 $\rho$ 和 $D_{AB}$ 均为常数时，则有：

$$\frac{\partial \rho_A}{\partial \tau} - D_{AB} \nabla^2 \rho_A + \nabla(\rho_A u) - r_A = 0 \tag{3-33}$$

$$\frac{\partial C_A}{\partial \tau} - D_{AB} \nabla^2 C_A + \nabla(C_A u_M) - R_A = 0 \tag{3-34}$$

式(3-24)、式(3-28)、式(3-33)和式(3-34)即为描述二元系统组分 A 质量浓度或摩尔浓度分布的微分方程，简称传质微分方程。

**(二) 传质微分方程的简化形式**

在某些情况下，根据单值性条件中的时间条件、物理条件及几何条件，传质微分方程可以简化。

① 混合物密度 $\rho$ 与分子扩散系数 $D_{AB}$ 为常数，此时，式(3-33) 可简化为：

$$\frac{\partial \rho_A}{\partial \tau} - D_{AB} \nabla^2 \rho_A + \rho_A \nabla \cdot u + u \nabla \cdot \rho_A - r_A = 0$$

根据连续性方程 $\nabla \cdot u = 0$，则对上式移项整理得：

$$\frac{\partial \rho_A}{\partial \tau} + u \nabla \cdot \rho_A = D_{AB} \nabla^2 \rho_A + r_A \tag{3-35}$$

同理：

$$\frac{\partial C_A}{\partial \tau} + u_M \nabla \cdot C_A = D_{AB} \nabla^2 C_A + R_A \tag{3-36}$$

由于 $\frac{\partial \rho_A}{\partial \tau} + u \nabla \cdot \rho_A = \frac{D\rho_A}{D\tau}$，$\frac{\partial C_A}{\partial \tau} + u_M \nabla \cdot C_A = \frac{DC_A}{D\tau}$，则式(3-35) 及式(3-36) 可简写为：

$$\frac{D\rho_A}{D\tau} = D_{AB} \nabla^2 \rho_A + r_A \tag{3-37}$$

$$\frac{DC_A}{D\tau} = D_{AB} \nabla^2 C_A + R_A \tag{3-38}$$

② 混合物密度 $\rho$（或混合物浓度 $C$）与分子扩散系数 $D_{AB}$ 为常数，且系统内无化学反应，则有：

$$\frac{D\rho_A}{D\tau} = D_{AB} \nabla^2 \rho_A \tag{3-39}$$

$$\frac{DC_A}{D\tau} = D_{AB} \nabla^2 C_A \tag{3-40}$$

③ 混合物密度 $\rho$（或混合物浓度 $C$）与分子扩散系数 $D_{AB}$ 为常数，系统内无化学反应，且流体的整体平均速度 $u = 0$，则：

$$\frac{\partial \rho_A}{\partial \tau} = D_{AB} \nabla^2 \rho_A \tag{3-41}$$

$$\frac{\partial C_A}{\partial \tau} = D_{AB} \nabla^2 C_A \tag{3-42}$$

式(3-41) 及式(3-42) 称为菲克第二定律。它表达了非稳态下分子扩散的规律。在固体和不流动的流体以及进行等摩尔逆扩散的二元系统中，整体平均速度均可视为零，菲克第二定律可以使用。

④ 如为稳态传质体系，其他条件与情况 3 相同，则式(3-41) 和式(3-42) 又简化为：

$$\nabla^2 \rho_A = \frac{\partial^2 \rho_A}{\partial x^2} + \frac{\partial^2 \rho_A}{\partial y^2} + \frac{\partial^2 \rho_A}{\partial z^2} = 0 \tag{3-43}$$

$$\nabla^2 C_A = \frac{\partial^2 C_A}{\partial x^2} + \frac{\partial^2 C_A}{\partial y^2} + \frac{\partial^2 C_A}{\partial z^2} = 0 \tag{3-44}$$

### (三) 初始条件和边界条件

上述的传质微分方程可用来描述不同情况下的传质过程。但要从中得到某一传质过程的定解，还必须有相应的单值性条件，前面已根据单值性条件中的时间条件、物理条件及几何条件对传质微分方程进行了简化，本节介绍传质过程中的初始条件及边界条件。在求解传质微分方程时所用的单值性条件与求解导热微分方程时所用的非常相似。

传质过程中的初始条件可用质量浓度或摩尔浓度来表示扩散过程开始之前系统内部的浓度分布，如：

$$当 \tau=0 \text{ 时}, C_A=C_{A0}$$

或：

$$\tau=0 \text{ 时}, \rho_A=\rho_{A0}$$

传质过程常用的边界条件有三类。

① 第一类边界条件：规定了边界上的浓度值，该浓度可以用摩尔浓度表示，如 $C_A=C_{A1}$，或摩尔分数表示，如 $x_A=x_{A1}$；也可用质量浓度或质量分数表示，如 $\rho_A=\rho_{A1}$，$w_A=w_{A1}$。当扩散系统由气体组成时，浓度又可用组分分压表示，如 $p_A=p_{A1}=x_{A1}p_0$。

② 第二类边界条件：规定了边界上的质量通量值，如 $m_A=m_{A1}$，$j_A=j_{A1}$，或摩尔通量值 $N_A=N_{A1}$，$J_A=J_{A1}$。边界上的质量通量和摩尔通量按下式定义：

$$j_{A,z}=-D_{AB}\frac{\mathrm{d}\rho_A}{\mathrm{d}z}\Big|_{z=0} \qquad J_{A,z}=-D_{AB}\frac{\mathrm{d}C_A}{\mathrm{d}z}\Big|_{z=0}$$

最简单的是规定边界上的通量等于 0。例如，表面不能吸收落到它上面的物质 A，则边界条件为 $\frac{\partial C_A}{\partial z}=0$。

③ 第三类边界条件：规定了边界上的对流传质系数 $k_c$ 及主流中 A 组分浓度 $C_{A\infty}$。

当流体流过一个质量扩散的表面时，由于对流传质的作用，这个表面就向流体进行传质。

此时，边界上的摩尔通量为：

$$N_A=k_c(C_{A1}-C_{A\infty})$$

式中　$C_{A\infty}$——主流体中组分 A 的浓度；

　　　$C_{A1}$——边界面处组分 A 的浓度；

　　　$k_c$——对流传质系数。

**例 3-1**　有一圆柱形核燃料棒，此棒含有可裂变材料，中子生成率与中子浓度成正比，试用传质微分方程来描述该传质过程，并列出相应的边界条件。

**解**　由式(3-38)可知，对于组分 A 有：

$$\frac{DC_A}{D\tau}=D_{AB}\nabla^2 C_A+R_A$$

由于中子生成率与中子浓度成正比，即 $R_A=kC_A$；对于固体中的扩散过程，由于固体不运动，$u_M=0$，所以上式可简化为：

$$\frac{\partial C_A}{\partial \tau}=D_{AB}\nabla^2 C_A+kC_A$$

采用圆柱坐标系将上式展开：

$$\frac{\partial C_A}{\partial \tau}=D_{AB}\left(\frac{\partial^2 C_A}{\partial r^2}+\frac{1}{r}\times\frac{\partial C_A}{\partial r}+\frac{1}{r^2}\times\frac{\partial^2 C_A}{\partial \phi^2}+\frac{\partial^2 C_A}{\partial z^2}\right)+kC_A$$

若该圆柱的长度远大于半径 $r$，则 $\frac{\partial^2 C_A}{\partial z^2}=0$；又因为圆柱体上统一半径处的浓度与 $\phi$ 角无关，则 $\frac{\partial^2 C_A}{\partial \phi^2}=0$，上式简化为：

$$\frac{\partial C_A}{\partial \tau} = D_{AB}\left(\frac{\partial^2 C_A}{\partial r^2} + \frac{1}{r}\times\frac{\partial C_A}{\partial r}\right) + kC_A$$

这即为该传质过程的传质微分方程，此时的边界条件为第二类边界条件：

$$\left.\frac{dC_A}{dr}\right|_{r=0} = 0$$

上述边界条件说明在核燃料棒的中心，组分 A 的浓度为一有限值。

## 四、无化学反应的一维稳态分子扩散

### 1. 等摩尔逆扩散

工程上经常遇到的一类典型扩散现象是两组分作等摩尔逆向扩散。如对二元混合液体进行蒸馏时，若两组分的汽化潜热相近，则在蒸馏过程中有 1molA 组分的凝结，就有 1molB 组分的汽化。即两组分扩散的摩尔通量大小相等，方向相反：$N_{A,z} = -N_{B,z}$。这种扩散就称为等摩尔逆扩散。

传质微分方程采用摩尔通量形式(3-28)：

$$\frac{\partial C_A}{\partial \tau} + \nabla \cdot \vec{N}_A - R_A = 0$$

由于是无化学反应的稳态分子扩散，所以 $\frac{\partial C_A}{\partial \tau}=0$，$R_A=0$。上式就简化成为：

$$\nabla \cdot \vec{N}_A = 0$$

由于 $N_{A,z} = -N_{B,z}$，将式(3-11)：$N_{A,z} = -D_{AB}\frac{dC_A}{dz} + x_A(N_{A,z} + N_{B,z})$ 带入上式，得：

$$\frac{d^2 C_A}{dz^2} = 0 \tag{a}$$

此式即为无化学反应的等摩尔逆扩散的传质微分方程。

边界条件为：

$$z = z_1 \text{ 时}, C_A = C_{A1} \tag{b}$$
$$z = z_2 \text{ 时}, C_A = C_{A2} \tag{c}$$

由传质微分方程式(a) 及边界条件式(b) 和式(c) 组成了等摩尔逆扩散下的数学模型。联立求解得浓度分布：

$$C_A = \frac{C_{A2} - C_{A1}}{z_2 - z_1}z + C_{A1} \tag{3-45}$$

由于 $N_{A,z} = -D_{AB}\frac{dC_A}{dz} + x_A(N_{A,z} + N_{B,z})$，且 $N_{A,z} = -N_{B,z}$，所以有：

$$N_{A,z} = -D_{AB}\frac{dC_A}{dz} \tag{d}$$

将式(3-45) 带入式(d) 得：

$$N_{A,z} = \frac{D_{AB}}{z_2 - z_1}(C_{A1} - C_{A2}) \tag{3-46}$$

式(3-46) 可以用分压形式表示。由于 $C_A = \frac{p_A}{RT}$，于是：

$$N_{A,z} = \frac{D_{AB}}{RT(z_2-z_1)}(p_{A1}-p_{A2}) \tag{3-47}$$

式(3-46)、式(3-47)称为稳态的等摩尔逆向扩散方程。

**例 3-2** 压强为 $1.013\times10^5\,Pa$、温度为 25℃的系统中，$N_2$ 和 $O_2$ 的混合气发生稳态扩散过程。已知相距 $5.00\times10^{-3}\,m$ 的两截面上，氧气的分压分别为 12.5kPa、7.5kPa；0℃时氧气在氮气中的扩散系数为 $1.818\times10^{-5}\,m^2/s$。求等摩尔逆扩散时：

(1) 氧气的扩散通量；

(2) 氮气的扩散通量；

(3) 与分压为 12.5kPa 的截面相距 $2.5\times10^{-3}\,m$ 处氧气的分压。

**解** (1) 首先利用式(3-15)将 273K 时的扩散系数换算为 298K 时的值：

$$D = D_0 \frac{p_0}{p}\left(\frac{T}{T_0}\right)^{1.75}$$

$$= 1.818\times10^{-5}\times\frac{1.013\times10^5}{1.013\times10^5}\times\left(\frac{273+25}{273}\right)^{1.75}$$

$$= 2.119\times10^{-5}\,(m^2/s)$$

扩散距离为 $z$ 时，等摩尔逆扩散时氧的扩散通量为：

$$N_{O_2} = \frac{D_{AB}}{RT(z_2-z_1)}(p_{A1}-p_{A2})$$

$$= \frac{2.119\times10^{-5}}{8.314\times298\times5.00\times10^{-3}}\times(1.25\times10^4-7.5\times10^3)$$

$$= 8.553\times10^{-3}\,[mol/(m^2\cdot s)]$$

(2) 由于该扩散过程为等摩尔逆扩散过程，所以 $-N_{O_2}=N_{N_2}$，即氮气的扩散通量也为 $8.553\times10^{-3}\,mol/(m^2\cdot s)$。

(3) 因为系统中的扩散过程稳态扩散，所以为定值，则将 $C_A=\frac{p_A}{RT}$ 带入运用式(3-45)，得：

$$p_A = \frac{p_{A2}-p_{A1}}{z_2-z_1}z+p_{A1}$$

$$= \frac{12.5-7.5}{5.0\times10^{-3}}\times2.5\times10^{-3}+7.5$$

$$= 10\,(kPa)$$

**2. 单向扩散**

这是工程中经常遇到的一类典型传质过程，如空气增湿过程、干燥过程等。这类过程的特点是只有一种组分的扩散，并无相反方向的扩散（即 $N_B=0$），此种扩散称为单向扩散。扩散质量通量的计算过程推导如下。

设有一水槽如图 3-2 所示，槽内水做等温蒸发，其中水蒸气为组分 A，空气为组分 B。水面上水蒸气分压 $p_{A1}$ 大于空气中水蒸气分压 $p_{A2}$，故水蒸气由水面通过静止的空气层向槽口空气层扩散，并不断被空气流带走。干空气则由槽口向水面扩散。由于空气不溶于水（或者说空气在水中的溶解度非常小，可以忽略），故空气通过水表面的净扩散通量为零。这样如果以水表面为固定坐标，则为水蒸气向上的单向扩散。

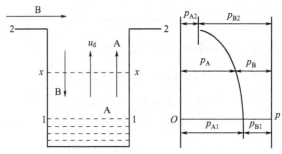

图 3-2 静止气膜中的水蒸气扩散

对于稳态一维无化学反应的分子扩散传质，传质微分方程采用摩尔通量形式(3-28)：

$$\frac{\partial C_A}{\partial \tau} + \nabla \cdot \vec{N}_A - R_A = 0 \tag{a}$$

由于是无化学反应的稳态分子扩散，所以 $\dfrac{\partial C_A}{\partial \tau}=0$，$R_A=0$。上式就简化成为：

$$\nabla \cdot \vec{N}_A = 0 \tag{b}$$

由于 $N_{B,z}=0$，$x_A=\dfrac{C_A}{C}$，则式(3-11)：$N_{A,z}=-D_{AB}\dfrac{dC_A}{dz}+x_A(N_{A,z}+N_{B,z})$ 变为：

$$N_{A,z}=-D_{AB}\frac{dC_A}{dz}+\frac{C_A}{C}\cdot N_{A,z} \tag{c}$$

由式(c) 移项，求得：

$$N_{A,z}=-\frac{D_{AB}}{1-C_A/C}\times\frac{dC_A}{dz} \tag{d}$$

将式(d) 带入式(b)，得到无化学反应一维稳态单向扩散的传质微分方程：

$$\frac{d}{dz}\left(-\frac{D_{AB}}{1-C_A/C}\times\frac{dC_A}{dz}\right)=0 \tag{e}$$

由于 $C_A=\dfrac{p_A}{RT}$，整理上式得：

$$\frac{d}{dz}\left[-\frac{D_{AB}}{RT}\times\frac{p}{p-p_A}\times\frac{dp_A}{dz}\right]=0 \tag{f}$$

边界条件为：

$$z=z_1, p_A=p_{A1}$$
$$z=z_2, p_A=p_{A2} \tag{g}$$

由传质微分方程 (f) 及边界条件 (g) 组成了无化学反应一维稳态单向扩散下的数学模型。联立求解得组分 A 随 $z$ 变化的压力分布：

$$\frac{p-p_A}{p-p_{A1}}=\left(\frac{p-p_{A2}}{p-p_{A1}}\right)^{\frac{z-z_1}{z_2-z_1}} \tag{3-48}$$

可以看出，当组分 A 向组分 B（$N_B=0$）扩散时，组分的浓度不再像等摩尔逆扩散时呈线性规律变化，而是按指数规律变化。

将式(3-48) 求导，带入式(d) 得：

$$N_{A,z}=\frac{D_{AB}p}{RT(z_2-z_1)}\ln\frac{p-p_{A2}}{p-p_{A1}}=\frac{D_{AB}p}{RT(z_2-z_1)}\ln\frac{p_{B2}}{p_{B1}} \tag{3-49}$$

**例 3-3** 在温度为 20℃、总压为 101.3kPa 的条件下，$CO_2$ 与空气的混合气缓慢地沿着 $Na_2CO_3$ 溶液液面流过，空气不溶于 $Na_2CO_3$ 溶液。$CO_2$ 透过 1mm 厚的静止空气层扩散到 $Na_2CO_3$ 溶液中，混合气体中的 $CO_2$ 摩尔分数为 20%，$CO_2$ 到达 $Na_2CO_3$ 溶液液面上立即被吸收，故相界面上 $CO_2$ 的浓度可忽略不计。已知温度为 20℃时，$CO_2$ 在空气中的扩散系数为 $0.18cm^2/s$。试求 $CO_2$ 的传质速率为多少？

**解** $CO_2$ 通过静止空气层扩散到溶液 $Na_2CO_3$ 液面属单向扩散，可用式(3-49)计算。

已知：$CO_2$ 在空气中的扩散系数 $D=0.18cm^2/s=1.8\times10^{-5}\ m^2/s$，扩散距离 $Z=1mm=0.001m$，气相总压 $p=101.3kPa$，气相主体中溶质 $CO_2$ 的分压 $p_{A1}=p\cdot x_{A1}=101.3\times0.2=20.27kPa$，气液界面上 $CO_2$ 的分压 $p_{A2}=0$。

代入式(3-49)，得：

$$N_{A,z}=\frac{D_{AB}p}{RT(z_2-z_1)}\ln\frac{p-p_{A2}}{p-p_{A1}}=\frac{1.8\times10^{-5}\times101.3}{8.314\times293\times0.001}\ln\left(\frac{101.3-0}{101.3-20.27}\right)$$
$$=1.67\times10^{-4}\ [kmol/(m^2\cdot s)]$$

## 五、有化学反应的一维稳态分子扩散

与导热过程受内热源影响相类似，在传质过程中分子扩散若受均质化学反应影响，则此时适用的传质微分方程式为：

$$\frac{\partial C_A}{\partial\tau}+\nabla\cdot\vec{N}_A-R_A=0 \tag{a}$$

对于一维稳态扩散，固体中的扩散或静止的流体、等摩尔逆扩散，上式简化为：

$$D_{AB}\frac{d^2C_A}{dz^2}+R_A=0 \tag{3-50}$$

若系统内有化学反应，则 $R_A$ 有以下两种形式。

① 零级反应，$R_A=k_0$；$k_0$ 为零级反应速度常数，$kmol/(m^3\cdot s)$。

② 一级反应，$R_A=k_1C_A$，$k_1$ 为一级反应速度常数，$1/s$。

当组分 A 为生成物时，$R_A$ 为正；为反应物时，$R_A$ 为负。在许多实际应用中，组分 A 一般通过一级反应被转化成另一种组分，即组分 A 作为反应物被消耗。于是，式(3-50)可写成：

$$D_{AB}\frac{d^2C_A}{dz^2}-k_1C_A=0 \tag{3-51}$$

式(3-51)即为有化学反应的一维稳态分子扩散情况下，描述组分 A 沿扩散路程浓度变化的传质微分方程。

现考察如图 3-3 所示的二元系统。设系统由气相组分 A 与液相组分 B 构成。组分 A 向组分 B 扩散的同时，又与组分 B 发生一级反应。设气液交界面为扩散路程起点，容器底部对组分 A 为不渗透边界。则该过程的边界条件为：

$$z=0, C_A=C_{A0}$$

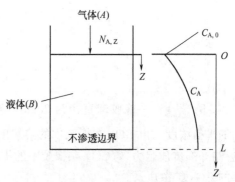

图 3-3 一级化学反应的一维稳态扩散

$$z = L, \frac{dC_A}{dz} = 0 \tag{3-52}$$

由式(3-51)和式(3-52)组成的数学模型即可求出组分 A 沿扩散路程的浓度分布以及组分 A 通过气液交界面的扩散通量。

## 六、固体中的分子扩散

与流体中存在分子扩散一样，固体中也存在分子扩散传质。由于固体中的分子扩散系数比流体中的分子扩散系数小几个数量级，因此，固体中的分子扩散速度要比流体中的分子扩散速度慢得多。但它决定着许多过程的进行，是传质操作中的重要现象。气体、液体和固体均可在固体中扩散。诸如固体的干燥、固体催化剂的吸收和催化反应，高温下金属热处理等均属于固体中的扩散传质现象。固体中的扩散传质通常分为两种类型：一种是固体组分中的原子运动造成的固体内部扩散，另一种是气体或者液体扩散到固体内部空隙中。

### （一）固体内部原子的扩散

在固体按均质物质处理时，通常情况下，由于固体中分子扩散通量很小，因而在固体中的分子扩散传质可以忽略主体运动，在稳态情况下，其传质微分方程为：

$$\frac{d^2 C_A}{dz^2} = 0 \tag{a}$$

如果边界条件为第一类边界条件，即：

$$z = 0, C_A = C_{A1}$$
$$z = z_2 - z_1, C_A = C_{A2} \tag{b}$$

由于数学模型及传递规律与热传导相似，其解的形式也与热传导具有相同的形式。

无限大平板：

$$C_A = \frac{C_{A1} - C_{A2}}{z_2 - z_1} z + C_{A1} \tag{3-53}$$

由于 $N_{A,z} = -D_{AB}\frac{dC_A}{dz}$，将式(3-53)带入，得到：

$$N_{A,z} = D_{AB}\frac{C_{A1} - C_{A2}}{z_2 - z_1} \tag{3-54}$$

对于长圆筒壁：

$$N_{Ar} = D_{AB}(C_{A1} - C_{A2})\frac{2\pi l}{\ln(r_2/r_1)} \tag{3-55}$$

球壁：

$$N_{Ar} = D_{AB}(C_{A1} - C_{A2})\frac{4\pi r_1 r_2}{r_2 - r_1} \tag{3-56}$$

**例 3-4** 一橡胶球直径为 20cm，壁厚为 4mm，其中充满 $CO_2$ 气体。紧邻球内壁表面的平衡浓度（由 $CO_2$ 在橡胶中的溶解度确定）为 $8.05 \times 10^{-5}$ kmol/m³，外壁面浓度为 0（忽略外部传质阻力），$CO_2$ 在橡胶中的扩散系数为 $1.1 \times 10^{-6}$ cm²/s。试计算每小时通过球壁的 $CO_2$ 扩散质量。

**解** 根据题意

$C_{A1}=8.05\times10^{-5}\,kmol/m^3$，$C_{A2}=0$，$D_{AB}=1.1\times10^{-6}\,cm^2/s=1.1\times10^{-10}\,m^2/s$，$r_2=0.20/2=0.10m$，$r_1=r_2-\delta=0.10-0.004=0.096(m)$

带入式(3-56)，有：

$$N_{Ar}=D_{AB}(C_{A1}-C_{A2})\frac{4\pi r_1 r_2}{r_2-r_1}$$

$$=1.1\times10^{-10}\times(8.05\times10^{-5}-0)\times\frac{4\times3.14\times0.096\times0.10}{0.004}$$

$$=2.67\times10^{-13}(kmol/s)$$

对每小时通过球壁的 $CO_2$ 扩散质量为：

$$m_A=3600\times2.67\times10^{-13}\times44=4.23\times10^{-8}(kg)=4.23\times10^{-2}(mg)$$

由此可以看出，$CO_2$ 通过球壁以分子扩散方式的泄漏量是十分微弱的，几乎可以忽略不计。

### (二) 多孔固体中的稳态扩散

上面在讨论固体内部原子扩散时，将固体按均匀物质处理，没有涉及实际固体内部的结构。在如图 3-4 所示的多孔固体中，由于固体中充满了空隙或孔道，当扩散物质在孔道内进行扩散时，其扩散质量除与扩散物质本身的性质有关外，还与孔道的尺寸密切相关。按扩散物质分子运动的平均自由程 $\lambda$ 与孔道直径 $d$ 的关系，将多孔固体中的扩散分为菲克型扩散、纽特逊扩散和过渡区扩散。

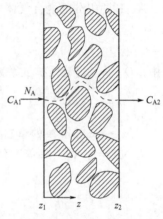

图 3-4　多孔固体中的分子扩散

#### 1. 菲克型扩散

当固体内部孔道的直径 $d$ 远大于流体分子运动的平均自由程（$d/\lambda\geqslant100$）时，扩散分子之间的碰撞概率远大于分子与壁面之间的碰撞概率，这时扩散仍遵循菲克定律，但其有效扩散系数要加以修正，称此种多孔固体中的扩散为菲克型扩散。在多孔固体平板中的菲克型扩散的扩散通量为：

$$N_{A,z}=\frac{D_{AB,ef}(C_{A1}-C_{A2})}{(z_2-z_1)}\tag{3-57}$$

式中　$D_{AB,ef}$——有效扩散系数，$D_{AB,ef}=\dfrac{D_{AB}\varepsilon}{\tau}$，见式(3-18)。

根据气体分子运动学说，理想气体分子运动的平均自由程可由式(3-58)计算：

$$\lambda=\frac{\frac{3}{2}\mu}{p_A}\left(\frac{\pi RT}{2M_A}\right)^{\frac{1}{2}}\tag{3-58}$$

式中　$\lambda$——分子平均自由程，m；

$\mu$——黏度，Pa·s；

$p_A$——组分 A 的分压，Pa；

$M_A$——组分 A 的摩尔质量，kg/mol。

#### 2. 纽特逊扩散

对于固体内部孔道的直径小于气体分子运动的平均自由程（$d/\lambda\leqslant0.10$）时的纽特逊扩

散，由于物质的扩散阻力主要取决于分子与壁面的碰撞阻力，当稳态扩散时，其扩散通量表达式为：

$$N_{A,z} = \frac{D_{k,ef}(C_{A1}-C_{A2})}{z_2-z_1} \tag{3-59}$$

若为理想气体，其扩散通量表达式为：

$$N_{A,z} = \frac{D_{k,ef}(p_{A1}-p_{A2})}{RT(z_2-z_1)} \tag{3-60}$$

式中　$D_{k,ef}$——纽特逊扩散系数。

### 3. 过渡区扩散

当固体内部孔道的直径与气体分子运动的平均自由程相差不大（通常 $0.10 \leqslant d/\lambda \leqslant 100$）时，扩散分子相互之间的碰撞及分子与多孔壁面之间的碰撞对扩散的影响相当，这时的扩散称为过渡区扩散。过渡区扩散可认为是纽特逊扩散和菲克型扩散阻力串联起来施加影响。因此，A、B 两组分的混合气体中，组分 A 的有效扩散系数用式(3-61) 表达：

$$\frac{1}{D_A} = \frac{1-bx_A}{D_{AB,ef}} + \frac{1}{D_{k,ef}} \tag{3-61}$$

式中　$D_A$——过渡区扩散系数；

　　　$b$——系数，$b = 1 + \dfrac{N_B}{N_A}$；

　　　$x_A$——组分 A 的摩尔分数。

当 $N_A = -N_B$，即等摩尔逆扩散时，或者 $x_A$ 接近零时，式(3-61) 变为：

$$\frac{1}{D_A} = \frac{1}{D_{AB,ef}} + \frac{1}{D_{k,ef}} \tag{3-62}$$

则：

$$N_{A,z} = \frac{D_{AB,ef}D_{k,ef}}{D_{AB,ef}+D_{k,ef}} \times \frac{C_{A1}-C_{A2}}{z_2-z_1} \tag{3-63}$$

## 七、非稳态扩散

分子扩散传质系统内，浓度随时间变化的质量传递过程称为非稳态扩散过程，即：$\dfrac{\partial C_A}{\partial \tau} \neq 0$。在固体、静止的液体或具有等摩尔拟扩散的系统内，当无化学反应和主体运动时，根据菲克第二定律可得到组分 A 的非稳态扩散的传质微分方程：

$$\frac{\partial \rho_A}{\partial \tau} = D_{AB}\left(\frac{\partial^2 \rho_A}{\partial x^2} + \frac{\partial^2 \rho_A}{\partial y^2} + \frac{\partial^2 \rho_A}{\partial z^2}\right) \tag{3-64}$$

$$\frac{\partial C_A}{\partial \tau} = D_{AB}\left(\frac{\partial^2 C_A}{\partial x^2} + \frac{\partial^2 C_A}{\partial y^2} + \frac{\partial^2 C_A}{\partial z^2}\right) \tag{3-65}$$

为了求解式(3-64) 和式(3-65)，对于具体的非稳态传质物理过程，必须给定初始条件和边界条件。由非稳态扩散的传质微分方程、初始条件及边界条件共同组成了非稳态扩散的数学模型。求解非稳态扩散传质问题的实质便是在给定的边界条件和初始条件下获得扩散体系的瞬时浓度分布和在一定时间间隔内所传导的质量通量。

上述方程在形式上与非稳态导热的偏微分方程完全相同。因此，根据类比原理，传热学中已经得到的各种非稳态导热的解均可以直接引用来计算非稳态传质问题，只需将热扩散系数 $a$ 改为分子扩散系数 $D_{AB}$，将温度改为 A 组分的质量浓度和摩尔浓度即可。

## 第三节 对流传质

### 一、对流传质的微分方程组

运动流体与壁面之间或两个有限互溶的运动两相流体之间的质量传递现象称为对流传质。与第二章中的对流换热相似，对流传质过程包括由于浓度梯度而引起的分子扩散传质和由于流体的对流运动而引起的物质宏观迁移传质。对流传质的速率受分子扩散速率和流体运动的综合影响。对流传质的研究与分析方法与处理对流传热相似，关键是确定对流传质系数。根据流体运动的原因不同对流传质可分为自然对流传质和强制对流传质两大类。在工程实践中，通常为了强化传质大多采用强制对流传质。本节主要介绍流体与固体壁面间的强制对流传质。

与对流传热中的牛顿冷却定律相似，在理论分析和试验研究的基础上，通常将流体与固体壁面间的对流传质通量表示成浓度差与传质系数的乘积，即：

$$N_A = k_C (C_{Aw} - C_{A\infty}) \tag{3-66}$$

式中　$k_C$——对流传质系数，m/s；

　　$C_{Aw}$——A 组分在紧邻固壁流体中的摩尔浓度，$kmol/m^3$；

　　$C_{A\infty}$——A 组分在主流流体中的摩尔浓度，$kmol/m^3$。

上述关系式与对流换热中的牛顿冷却定律相似，因而研究方法也相似。

由式(3-66)，可得：

$$k_C = N_A / (C_{Aw} - C_{A\infty}) = N_A / \Delta C_A \tag{3-67}$$

式(3-67) 只给出了对流传质系数 $k_C$ 的定义式，并没有揭示该系数与各影响因素之间的内在联系，本节的主要任务是揭示其内在联系，求出对流传质系数 $k_C$。

在紧贴壁面处，由于流体具有黏性，必有一层黏附在壁面，速度为零（分子扩散状态）。因此将菲克定律带入式(3-67)，得到对流传质微分方程：

$$k_C = N_A / \Delta C_A = -\frac{D_{AB}}{\Delta C_A} \times \frac{dC_A}{dz}\bigg|_{z=0} \tag{3-68}$$

由式(3-68) 可以看出，要求出 $k_C$，关键在于求出壁面的浓度梯度。而要求得浓度梯度，必须求解传质微分方程，在传质微分方程式(3-33) 和式(3-34) 中是包括速度分布的，这就要先求解连续性方程（质量守恒方程）和动量守恒方程。由此，可归纳出求解对流传质系数的具体步骤为：

① 求解动量方程与连续性方程，得出速度分布；

② 求解传质微分方程，得出浓度分布；

③ 由浓度分布，得出浓度梯度；

④ 由浓度梯度，根据对流传质微分方程，求出对流传质系数 $k_C$。

通过以上分析可知，描述对流传质的数学方程组为：动量守恒方程、连续性方程、传质微分方程(3-33) 以及对流传质微分方程(3-68)。加上相应的单值性条件，就可以求解具体条件下的对流传质系统的速度场、浓度场及对流传质系数了。

与对流换热问题类似，上述求解步骤只是一个原则。实际上由于各方程（组）的非线性特点及边界条件的复杂性，利用该方法仅能求解一些较为简单的问题（例如层流传质问题），并不能求解实际工程中常见的湍流传质问题。目前对于对流传质求解主要采用边界层理论指导下的分析法、数值计算、实验研究和比拟法。本节简要介绍边界层理论指导下的分析法以及相似理论指导下的实验法求解。

## 二、浓度边界层与边界层传质微分方程组

在求解对流换热问题时，已建立了速度边界层和温度边界层的概念。与此类似，对于对流传质问题同样可以设想在流体与相界面之间有浓度边界层存在，质量传递主要在此边界层内进行。

当流体流过固体壁面时，若某组分在流体中的浓度与固体壁面附近的浓度存在差异，则在壁面垂直方向上的流体内部将存在浓度梯度，该浓度梯度自壁面向主流流体逐渐减小，通常将壁面附近具有较高浓度梯度的区域称为浓度边界层。图 3-5 为流体沿平板流动时，沿壁面法线方向上流体的浓度变化的示意图。为统一起见，通常把流体浓度等于主流体浓度99％处定为浓度边界层的外边缘，即 $\delta_C$ 是指从平板表面至浓度为 $0.99C_\infty$ 处的距离。

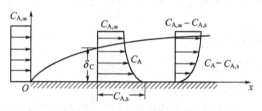

图 3-5　浓度边界层

根据流体的流动状态，浓度边界层也将分为层流与湍流两种。层流边界层中，质量传递靠分子扩散；而在湍流边界层中，除层流底层靠分子扩散传质外，其余的湍流区域主要依靠湍流扩散。

这样，利用浓度边界层就将整个流动分成了两个区域，具有显著浓度变化的边界层及可视为等浓度区域的主流。显然，质量传递过程将在浓度边界层内进行。

描述对流传质的边界层方程组与对流换热方程组十分相似。对于沿平板的层流边界层流动，在常物性及零压力梯度下的边界层动量方程和能量方程如下：

$$u_x \frac{\partial u_x}{\partial x} + u_y \frac{\partial u_x}{\partial y} = \nu \frac{\partial^2 u_x}{\partial y^2} \tag{3-69}$$

$$u_x \frac{\partial t}{\partial x} + u_y \frac{\partial t}{\partial y} = a \frac{\partial^2 t}{\partial y^2} \tag{3-70}$$

对于沿平板作层流边界层流动的对流传质，同样可用类似方法导出其对流扩散方程：

$$u_x \frac{\partial C_A}{\partial x} + u_y \frac{\partial C_A}{\partial y} = D_{AB} \frac{\partial^2 C_A}{\partial y^2} \tag{3-71}$$

可以看出，式(3-69)与式(3-70)、式(3-71)的形式完全类似。而且，分析上述三式中的热扩散系数 $\alpha$、动量扩散系数 $\nu$ 及分子扩散系数 $D_{AB}$ 的量纲后可发现三者相同。这表明虽然三个方程反映的是三种不同的传递现象，但就其本质而言这三种传递现象应具有统一的内在机

理。这样就为传质学的研究提供了一种独特的方法，即可利用动量传递和热量传递的某些结论来求解传质问题。

工程上经常遇到的是热量和质量传递同时发生的情况。当动量传递、能量传递和质量传递在层流边界层中同时出现时，显然应把式（3-69）与式（3-70）、式（3-71）一起用来描写整个过程。此时的边界条件是：

$$y=0,\ u_x=0,\ u_y=u_{y,s},\ C=C_s,\ t=t_s;$$
$$y=\infty,\ u_x=u_\infty,\qquad\qquad C=C_\infty,\ t=t_\infty。$$

将此边界条件与单独换热时的边界条件相比，可发现它们之间的差别就在于当有传质发生时，在壁面（或相界面）上 $y$ 方向的速度 $u_{y,s}$ 不为零。若能假设 $u_{y,s}=0$，就说明传质的存在并没有使流动模型和换热情况受到影响，能量方程和动量方程的边界条件仍能与无传质时相同。但是该假设是否成立，这将取决于所进行的传质过程的强弱程度。一般在质量浓度较低且传递的质量又较小的场合下可以近似认为 $u_{y,s}=0$。必须指出，这一近似是个重要的简化，它使得对于这一类传质问题的数学描述完全与对流换热问题相似。从而，在求解层流边界层以至湍流边界层中的传质问题时就有可能直接利用对流换热的已知解。

对于边界层浓度方程，在二维稳态情况下的具体形式为：

$$u_x\frac{\partial C_A}{\partial x}+u_y\frac{\partial C_A}{\partial y}=D_{AB}\frac{\partial^2 C_A}{\partial y^2} \tag{a}$$

要求解上述方程必须结合速度边界层方程进行联立求解。浓度边界层微分方程的边界条件为：

$$y=0,\ C_A=C_{Aw}$$
$$y=\delta_c,\ C_A=C_{A\infty}$$

根据流体在平板壁面静止的特性及质量守恒关系可知，壁面与流体之间的传质量等于通过壁面上静止流体层的分子扩散传质量，即：

$$k_C(C_{Aw}-C_{A\infty})=-D_{AB}\frac{\partial C_A}{\partial y}\Big|_{y=0} \tag{b}$$

通过该方程还可以得出：

$$k_C=-\frac{D_{AB}}{(C_{Aw}-C_{A\infty})}\frac{\partial C_A}{\partial y}\Big|_{y=0} \tag{3-72}$$

这就是边界层对流传质微分方程。要利用式计算对流传质系数必须先得出边界层内 A 组分的浓度分布，这可以通过对边界层浓度方程的求解得到。具体步骤为：

① 结合连续性方程求解流体边界层速度方程，得出边界层速度分布；
② 求解边界层浓度方程，得出边界层浓度分布；
③ 由浓度分布得出浓度梯度；
④ 由壁面处的浓度梯度求得对流传质系数。

## 三、对流传质准数方程

### 1. 对流传质中的准数

描述对流传质的常用准数有雷诺数、施密特数、薛伍德数、传质贝克来数、传质斯坦顿数、传质格拉晓夫数和路易斯数。除雷诺数外，其余六个准数均是对流传质所特有的，但在对流换热中均有对应的准数，各准数的表达式和对流换热中对应的准数见表 3-6。

表 3-6  对流传质准数和对流换热准数比较

| 序号 | 对流传质准数 | | 对流换热准数 | |
| --- | --- | --- | --- | --- |
| | 名称 | 表达式 | 名称 | 表达式 |
| 1 | 施密特数 $Sc$ | $Sc = \dfrac{\nu}{D_{AB}}$ | 普朗特数 $Pr$ | $Pr = \dfrac{\nu}{a}$ |
| 2 | 薛伍德数 $Sh$ | $Sh = \dfrac{k_C l}{D_{AB}}$ | 努塞尔数 $Nu$ | $Nu = \dfrac{hl}{\lambda}$ |
| 3 | 传质贝克来数 $Pe_{AB}$ | $Pe_{AB} = Re \cdot Sc = \dfrac{ul}{D_{AB}}$ | 传热贝克来数 $Pe$ | $Pe = Re \cdot Pr = \dfrac{ul}{a}$ |
| 4 | 传质斯坦顿数 $St$ | $St = \dfrac{Sh}{Re \cdot Sc}$ | 传热斯坦顿数 $St$ | $St = \dfrac{Nu}{Re \cdot Pr}$ |
| 5 | 传质格拉晓夫数 $Gr_{AB}$ | $Gr_{AB} = \dfrac{gl^3 \Delta \rho}{\rho \nu^2}$ | 传热格拉晓夫数 $Gr$ | $Gr = \dfrac{gl^3 \beta \Delta t}{\nu^2}$ |
| 6 | 路易斯数 $Le$ | $Le = \dfrac{a}{D_{AB}}$ | | |

上述准数中 $l$ 为定性尺寸，刘易斯数 $Le$ 为联系传热和传质的准数。

**2. 常用的对流传质准数方程**

根据相似原理及 $\pi$ 定理可以分析推导出对流传质的准数方程的通式如下：

$$Sh = KGr_{AB}^{\alpha} Sc^{\beta} Re^{\gamma} \tag{3-73}$$

在自然对流传质情况下，$u=0$，则自然对流传质准数方程为：

$$Sh = KGr_{AB}^{\alpha} Sc^{\beta} \tag{3-74}$$

在强制对流传质情况下，$\Delta \rho = 0$，则强制对流传质准数方程为

$$Sh = KSc^{\beta} Re^{\gamma} \tag{3-75}$$

上述特征方程需要通过大量的实验数据进行关联，对于不同的流体流动情况，其中的系数 $K$ 和特征指数（$\alpha$、$\beta$、$\gamma$）各不相同，下面介绍常见的特征准数方程。

（1）圆管内强制对流传质准数方程

$$Sh = 0.023 Re^{0.83} Sc^{0.44} \tag{3-76}$$

适用范围为：$0.6 < Sc < 2500$，$2000 < Re < 3.5 \times 10^5$，定性尺寸为圆管内径，速度为气体对管壁表面的绝对速度。

（2）流体沿平壁流动时的强制对流传质

层流时（$Re < 15000$）：

$$Sh_L = 0.332 Re_L^{0.5} Sc^{1/3} \tag{3-77}$$

湍流时（$15000 < Re < 300000$）：

$$Sh_L = 0.0364 Re_L^{0.8} Sc^{1/3} \tag{3-78}$$

适用范围为沿流动方向平壁的长度，速度为边界层外的气流速度，计算所得的为整个壁面上的平均值。

式（3-77）和式（3-78）中的速度均指主流速度，定形尺寸为板长 $L$。

### 本章小结 ▶▶

　　质量传递的主要推动力是物质的浓度梯度。物质的浓度可以用质量浓度和摩尔浓度表示，两者之间可以相互换算。同时在质量传递中还用质量分数和摩尔分数表示多元体系中各组分的含量。多元体系中各组分扩散速率可以用空间固定坐标，也可以以平均速率移动的坐标系两种扩散速率表示。扩散通量为单位时间内通过垂直于浓度梯度的单位面积的物质数量，以相对于空间固定坐标来确定的扩散通量称为净扩散通量；以相对于混合物整体平均速度（$u$ 或 $u_n$）移动的动坐标来确定的扩散通量称为分子扩散通量。根据所用的浓度单位不同，扩散通量可以表示为质量通量和摩尔通量。

　　分子扩散遵循菲克定律，其中扩散系数与扩散体系有着密切关系。物质在扩散过程中，传质微分方程联立具体问题的单值性条件，组成了稳态传质或非稳态质量传递的数学模型，通过分析求解或数值求解，确定浓度场；根据菲克定律，进一步求解扩散通量。对于流体中的等摩尔逆扩散和单向扩散这两种特殊情况，通过对扩散方程的求解可以得到浓度分布以及扩散通量的表达式。

　　多孔固体中的扩散分为菲克型扩散、纽特逊扩散和过渡区扩散，其扩散原理和规律存在较大差异。

　　对流传质问题的研究类似于对流传热，关键是确定对流传质系数。描述对流传质的数学方程组为：动量守恒方程、连续性方程、传质微分方程（3-33）以及对流传质微分方程（3-68），加上相应的单值性条件，就可以求解具体条件下的对流传质系统的速度场、浓度场及对流传质系数。目前对于对流传质求解主要采用边界层理论指导下的分析法、数值计算、相似理论指导下的实验研究和比拟法。工程上对流传质系数通常采用对流传质准数方程求解。

### 思考题 ▶▶

3-1　表示物质组成的方法有哪些？相互之间有何联系？

3-2　分子扩散遵循的菲克定律的意义是什么？

3-3　扩散系数是物质的物性参数吗？

3-4　在房间一个角落放置鲜花，为什么整个房间都能闻到花香？

3-5　冬季的雾霾天气为什么在早晚很严重，中午一般比较弱？

3-6　喝咖啡时加入糖块，搅拌的目的是什么？

3-7　描述对流传质的准数有哪些？其物理意义各是什么？

3-8　在煤燃烧时，采用鼓风机鼓风的目的是什么？

3-9　对比传热、传质以及动量传递过程有何相似性？

3-10　陶瓷墙地砖素坯干燥时，为什么越厚干燥时间越长？

### 习　题 ▶▶

3-1　通常认为空气中的主要成分是 $N_2$ 和 $O_2$，其体积含量分量分别 79% 和 21%。试计算：

（1）空气中 $N_2$ 和 $O_2$ 的摩尔浓度和质量浓度；

(2) 空气中 $N_2$ 和 $O_2$ 的摩尔分数和质量分数。

【答案】 (1) 0.041kmol/m³，0.0084kmol/m³；0.28kg/m³，0.91kg/m³ (2) 0.79，0.21。

3-2 温度为 25℃，总压力为 $10^5$ Pa 的甲烷-氦（$CH_4$-He）混合物盛于一容器中，其中某点甲烷的分压为 $0.6 \times 10^5$ Pa，距该点 2.0cm 处的甲烷分压降为 $0.2 \times 10^5$ Pa。设容器中总压恒定，扩散系数为 0.675cm²/s，试计算甲烷在稳态时分子扩散的摩尔通量。

【答案】 $5.45 \times 10^5$（kmol/m² · s）。

3-3 在一燃烧室内，空气中的氧扩散至碳层表面，与碳发生化学反应而生成 CO 和 $CO_2$（参见图）。已知氧在 $z=\delta$ 处的摩尔百分数为 21%。假定碳表面的化学反应是瞬时的，在气体层中无化学反应，试根据传质微分方程，写出下列两种情况下的传质关系式：

(1) 在碳层表面只有 $CO_2$ 生成；

(2) 在碳层表面只有 CO 生成。

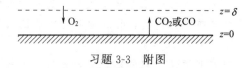

习题 3-3 附图

3-4 组分 A 和组分 B 以分子扩散的方式通过一厚度为 10mm 的膜，在膜两侧 A 组分的分压分别为 0kPa 和 60kPa，假设扩散系数为常数，且扩散方式为等摩尔逆扩散，请写出此扩散过程中 A 组分传递的数学模型。

3-5 某合成氨厂为使其系统压力保持 0.1MPa，在该厂输送氨气（$NH_3$）的主管上另接有一根管径为 3mm，长度为 20m 的支管通入大气。该系统温度保持 25℃，并已知 25℃时氨气在空气中的分子扩散系数为 $0.28 \times 10^{-4}$ m²/s，现要求：

(1) 每小时损失到大气中的氨气量；

(2) 每小时混杂到主管中的空气量；

(3) 当主管中氨气以 5kg/h 流过时，在主管下游处空气的质量分数和摩尔分数。

【答案】 (1) $2.48 \times 10^{-8}$ kg/h；(2) $4.23 \times 10^{-8}$ kg/h；(3) $0.85 \times 10^{-8}$，$4.96 \times 10^{-9}$

3-6 组分 A 以分子扩散的方式通过一厚度为 $Z_2 - Z_1$ 的膜。总压力为 100kPa，在 1 点处 A 的分压为 $p_{A1} = 0$，在 2 点处 A 的分压为 $p_{A2} = 30$kPa。假设扩散系数为常数，且扩散方式为等摩尔逆扩散。试计算在距离膜厚度的 1/4、1/3 和 3/4 处组分 A 的分压。

【答案】 7.5kPa，10kPa，22.5kPa。

3-7 在一截面积为 6mm² 的管子底部盛有 0.1g 水，管子内水面到管口的高度为 100mm，管内为空气和水蒸气的混合物，总压为 101325Pa，温度恒定为 40℃，底部水蒸气分压为 7370Pa，管口水蒸气分压为 2950Pa。假设仅有分子扩散，求水挥发完所需的时间。

【答案】 $1.82 \times 10^6$ s。

3-8 某人将一杯咖啡置于温度为 25℃（水蒸气分压为 25mmHg）的室内后即离开了。相隔一段时间后再去该室发现由于蒸发，咖啡只剩了半杯。设杯高 8cm，咖啡初始液面位于杯口之下 1cm 处。试求此人离开的天数。

【答案】 17 天。

3-9 温度为 20℃，相对湿度为 40% 的空气以 3.1m/s 的速度水平吹过表面温度为 15℃的湿砖坯。已知砖坯沿空气流动方向的长度为 100mm，求每小时每平方米砖坯表面积的水分蒸发量。

【答案】$0.533 \text{kg}/(\text{m}^2 \cdot \text{h})$。

3-10 有一表面温度为 80℃，定型尺寸为 1m 的物体悬于半空，20℃的空气以 87m/s 的速度流过该物体表面。现已测得该物体边界层内某点 $A$ 的温度为 60℃，点 $A$ 附近表面传出的热量为 $104 \text{W}/\text{m}^2$。另有一物体形状与其相似，定形尺寸为 2m，在该物体表面上还附有一层水膜。50℃的干空气以 50m/s 的速度流过，求在对应于 $A$ 点的 $A'$ 上水蒸气摩尔浓度及该点附近表面水蒸气的对流传质通量。

【答案】$0.031 \text{kmol}/\text{m}^3$，$3.54 \times 10^{-4} \text{kmol}/(\text{m}^2 \cdot \text{s})$。

## 参 考 文 献

[1] 张美杰. 材料热工基础 [M]. 北京：冶金工业出版社，2008.
[2] 王志魁，刘丽英，刘伟. 化工原理 [M]. 第4版. 北京：化学工业出版社，2010.
[3] 陈敏恒. 化工原理 [M]. 第2版. 北京：化学工业出版社，2001.
[4] 王补宣. 工程传热传质学 [M]. 北京：科学出版社，2002.
[5] 徐德龙，谢峻林. 材料工程基础 [M]. 武汉：武汉理工大学出版社，2008.
[6] 孙晋涛. 硅酸盐工业热工基础 [M]. 武汉：武汉理工大学出版社，2001.
[7] 周勇敏. 材料工程基础 [M]. 北京：化学工业出版社，2011.

# 第四章　干燥原理

**本章提要**

详细介绍了干燥过程中的基本概念，干燥过程及其特点，干燥时间计算以及干燥过程的强化控制途径，物料干燥过程中的物料平衡和热平衡计算，并对各种干燥方法及其应用进行了简要的介绍。

**掌握内容**

湿空气的性质及其换算，干燥过程及其特点，干燥速率曲线，影响干燥速率的主要因素，干燥过程的物料衡算和热量衡算，干燥过程的强化途径。

**了解内容**

干燥时间计算，各种干燥方法的基本原理、特点、应用。

干燥是指利用加热蒸发的方法除去固体物料或者成品、半成品中水分的单元操作过程。在材料的生产和加工过程中，原料以及半成品所含水分通常都高于生产工艺要求，必须对其进行干燥以除去其中的部分或全部水分，才能满足生产工艺要求。例如陶瓷坯体、耐火砖坯体需要干燥，以提高强度，便于运输和装窑，避免在烧成过程的干燥开裂。在水泥生产过程中，很多原料如黏土、石灰石、矿渣、煤等，都需要干燥才能保障运输、粉碎、筛分和配料等过程的顺利进行。玻璃厂的天然石英砂和用湿法加工的砂岩粉都需要干燥后入库和配料，否则无法保证运输和配料的顺利进行。

潮湿物料或半成品在有热量供给的情况下，只要其表面水蒸气分压大于空气中水蒸气的分压，物料表面的水蒸气就会向空气中扩散，这个过程称为外扩散。物料表面的水蒸气扩散后，表面的水分又被汽化，同时吸收热量。同时，固体内部的水分在浓度差的推动下移动到表面，此过程称为内扩散。因此，整个干燥过程由蒸发、内扩散和外扩散所组成，包括了热量的交换和质量的传递，是一个传热和传质的综合过程。

物料的干燥有自然干燥和人工干燥两种。自然干燥就是将潮湿物料放置于露天或室内场地上，借风吹和日晒等自然条件使物料脱水。这种干燥方法不需要专用设备，也不需要消耗动力和燃料，操作简单，但是速度慢、产量低，劳动强度大，受气候条件影响大。人工干燥是指将潮湿物料置于专用的干燥设备中进行加热，使物料脱水。人工干燥的特点是速度快、产量大、不受气候条件限制，便于实现自动化，但需要消耗动力和燃料。

根据对被干燥物料的加热方式不同，可以将干燥分为以下几种。

(1) 传导干燥

传导干燥是利用热传导的方式将热量通过干燥器的壁面传给湿物料，使物料中水分汽化的干燥方式。干燥介质与湿物料不直接接触，传导干燥属于间接加热的干燥方法。

(2) 对流干燥

对流干燥是将干燥介质与湿物料直接接触，通过对流换热的方式加热物料，使水分汽化并通过对流传质的方式将水蒸气带走。对流干燥属于直接加热的干燥方法。

(3) 辐射干燥

辐射干燥是热能以电磁波的形式通过辐射换热方式加热物料，使其中的水分汽化。辐射干燥不需要干燥介质。

(4) 场干燥

对物料施加高频电场或声波场，利用高频电场或声波场的交变作用，使物料的电能或声能转变为热能，将水分加热气化而达到干燥的目的。

上述各种干燥方式在不同的物料或制品的干燥过程中都有应用。但在材料生产中应用最多的还是对流干燥，所采用的干燥介质为热空气或热烟气。热空气通过对流方式将热量传给湿物料，物料表面水分温度升高而蒸发，导致在物料内部和表面形成水分浓度梯度，在该浓度差作用下内部水分不断向表面扩散并汽化。物料表面汽化水分与干燥介质之间产生对流传质，水蒸气不断进入干燥介质中并被干燥介质带走。所以干燥介质既是载热体又是载湿体，它将热量传给物料的同时又把从物料中汽化的水分带走。因此，对流干燥是传热和传质相结合的操作过程，干燥速率由传热速率和传质速率共同控制。

## 第一节 干燥静力学

### 一、湿空气的性质

#### (一) 干空气与湿空气

完全不含水蒸气的空气称为绝干空气（简称干空气）。湿空气是指含有水蒸气的空气，是干空气和水蒸气的混合物。由于自然界中江河湖海中水分的蒸发和汽化，大气中总是含有或多或少的水蒸气，所以人们常遇到的空气都是湿空气。由于湿空气是混合气体，适用于混合气体的定律及公式。当湿空气中水蒸气的分压很低时（0.003~0.004MPa），湿空气接近于理想气体，因此将湿空气当做理想气体来处理可以满足工程需要。

依据道尔顿分压定律，湿空气的总压 $p$ 应为干空气的分压 $p_a$ 与水蒸气的分压 $p_v$ 之和，即：

$$p = p_a + p_v \tag{4-1}$$

干空气与未饱和水蒸气组成的湿空气称为未饱和空气。当水蒸气的分压达到对应温度下的饱和压力，水蒸气达到饱和状态。由干空气与饱和水蒸气组成的湿空气称为饱和空气。饱和空气不再具有吸湿能力，若向其中加入水蒸气，将会凝结为水珠从中析出，此时空气中的水蒸气分压达到该温度下的最大值。

### （二）湿空气中水蒸气的含量

湿空气中的水蒸气含量有三种表示方法，绝对湿度、相对湿度和含湿量。

**1. 绝对湿度**

单位体积湿空气所含水蒸气的质量为绝对湿度，用符号 $\rho_v$ 表示。空气的绝对湿度也就是在空气温度和水蒸气分压下的水蒸气密度。根据理想气体状态方程可得：

$$\rho_v = \frac{p_v}{RT}M_v = \frac{p_v}{R_v T} \tag{4-2}$$

式中　$\rho_v$——湿空气的绝对湿度，$kg/m^3$；

　　　$M_v$——水蒸气的摩尔质量，$M_v = 18kg/kmol$；

　　　$R$——通用气体常数，其值为 $8.314J/(mol \cdot K)$；

　　　$R_v$——水蒸气的气体常数，其值为 $462J/(kg \cdot K)$；

　　　$T$——湿空气的温度，K。

对于饱和空气，有：

$$\rho_{sv} = \frac{p_{sv}}{RT}M_v = \frac{p_{sv}}{R_v T} \tag{4-3}$$

式中　$\rho_{sv}$——饱和空气的绝对湿度，$kg/m^3$；

　　　$p_{sv}$——饱和水蒸气分压，Pa。

水在标准大气压下的饱和蒸汽压仅是温度的单值函数，在 $0 \sim 100℃$ 范围内及标准大气压下，饱和水蒸气分压可以用式(4-4) 计算：

$$p_{sv} = 610.8 + 2674.3\left(\frac{t}{100}\right) + 31558\left(\frac{t}{100}\right)^2 - 27645\left(\frac{t}{100}\right)^3 + 94124\left(\frac{t}{100}\right)^4 \tag{4-4}$$

饱和水蒸气分压也可以查阅相关手册得到。表 4-1 列出了饱和空气的绝对湿度及饱和水蒸气分压。需要说明的是，绝对湿度仅表示单位体积湿空气中水蒸气的质量的多少，不能完全说明空气干燥能力。

表 4-1　标准大气压下饱和空气的绝对湿度及饱和水蒸气分压

| 饱和温度 $t/℃$ | 绝对湿度 $\rho_{sv}/(kg/m^3)$ | 饱和水蒸气分压 $p_{sv}/kPa$ | 饱和温度 $t/℃$ | 绝对湿度 $\rho_{sv}/(kg/m^3)$ | 饱和水蒸气分压 $p_{sv}/kPa$ |
|---|---|---|---|---|---|
| −15 | 0.00139 | 0.1652 | 45 | 0.06524 | 9.5840 |
| −10 | 0.00214 | 0.2599 | 50 | 0.08294 | 12.3338 |
| −5 | 0.00324 | 0.4012 | 55 | 0.10428 | 15.7377 |
| 0 | 0.00484 | 0.6106 | 60 | 0.13009 | 19.9163 |
| 5 | 0.00680 | 0.8724 | 65 | 0.16105 | 25.0050 |
| 10 | 0.00940 | 1.2278 | 70 | 0.19795 | 31.1567 |
| 15 | 0.01282 | 1.7032 | 75 | 0.24165 | 38.5160 |
| 20 | 0.01720 | 2.3379 | 80 | 0.29299 | 47.3465 |
| 25 | 0.02303 | 3.1674 | 85 | 0.35323 | 57.8102 |
| 30 | 0.03036 | 4.2430 | 90 | 0.42307 | 70.0970 |
| 35 | 0.03959 | 5.6231 | 95 | 0.50411 | 84.5335 |
| 40 | 0.05113 | 7.3764 | 99.4 | 0.58625 | 99.3214 |

## 2. 相对湿度

相对湿度是指空气的绝对湿度 $\rho_v$ 与相同温度下饱和空气的绝对湿度 $\rho_{sv}$ 之比，通常用 $\varphi$ 表示。相对湿度也可以定义为湿空气中水蒸气的分压与相同温度下的饱和空气中水蒸气分压之比，即：

$$\varphi = \frac{\rho_v}{\rho_{sv}} \times 100\% = \frac{p_v}{p_{sv}} \times 100\% \tag{4-5}$$

由此可知，相对湿度表示湿空气中水蒸气含量接近饱和的程度。其大小直接反映了空气作为干燥介质时所具有的干燥能力。$\varphi$ 值越小，表示湿空气距离饱和状态越远，吸收水蒸气的能力越强；反之，空气越潮湿，吸收水蒸气的能力越弱。当 $\varphi = 0$ 时即为绝干空气，干燥能力最强。当 $\varphi = 100\%$ 时，$p_v = p_{sv}$，为饱和空气，空气失去干燥能力。一般湿空气 $0 < \varphi < 100\%$。

根据式(4-5)可得：

$$p_v = \varphi p_{sv} \tag{4-6}$$

## 3. 含湿量

由于在干燥过程中，湿空气中的水蒸气含量不断发生变化，唯有干空气的质量保持不变。因此为了分析计算方便，以干空气为基准描述湿空气的状态参数，可以用含湿量表示。含湿量指单位质量绝干空气所携带的水蒸气质量，用符号 $d$ 表示，即：

$$d = \frac{m_v}{m_a} = \frac{\rho_v}{\rho_a} \tag{4-7}$$

式中 $m_v$、$m_a$——分别表示湿空气中水蒸气和干空气的质量，kg。

根据理想气体状态方程，有：

$$d = \frac{\rho_v}{\rho_a} = \frac{p_v/R_v T}{p_a/R_a T} = \frac{p_v M_v}{p_a M_a} = 0.622 \frac{p_v}{p_a} = 0.622 \frac{p_v}{p - p_v} \tag{4-8}$$

式中 $R_a$——空气的气体常数，其值为 287J/(kg·K)；

$p$——湿空气的总压，Pa。

将式(4-6)带入式(4-8)可得含湿量与相对湿度之间的关系为：

$$d = 0.622 \frac{\varphi p_{sv}}{p - \varphi p_{sv}} \tag{4-9}$$

由式(4-4)可知，$p_{sv}$ 是温度的单值函数。因此，当湿空气总压一定时，空气的含湿量是温度 $t$ 和相对湿度 $\varphi$ 的函数，即 $d = f(\varphi, t)$。

上述三个表示湿空气中水蒸气的量均为湿空气的状态参数，分别适用于不同的场合。在实测空气中水蒸气的含量时，用绝对湿度表示较方便；在说明空气的干燥能力时，用相对湿度较为方便；在进行干燥计算时，用含湿量表示湿度能使计算简便。上述三种湿度可以通过式(4-5)、式(4-6)和式(4-9)互相换算。

## （三）湿空气的温度参数

### 1. 干球温度和湿球温度

如图 4-1 所示，左边一支温度计的感温球露在空气中，称为干球温度计，测试空气的真实温度，称为干球温度，用 $t$ 表示。右边的湿球温度计的感温球用纱布包裹，纱布的末端浸

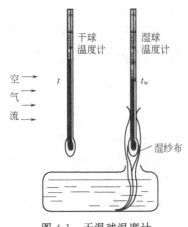

图 4-1　干湿球温度计

在水中，保持潮湿状态，测试温度为湿球温度，用符号 $t_w$ 来表示。当空气的相对湿度小于 100％ 时，纱布上的水分不断蒸发，这个过程需要吸热，从而使水的温度不断降低，空气通过对流换热将热量传递给水分。当空气传给水的热量恰好等于水分蒸发所消耗的热量时，水温不再降低，温度计所指示的温度即为湿球温度。湿球温度不代表空气的真实温度，而是说明空气的状态和性质，它只决定于湿空气的温度和相对湿度。对于未饱和的空气，湿球温度总是低于干球温度（$t_w < t$）；对于饱和空气，湿球温度和干球温度相等（$t_w = t$）。

在未饱和空气中，由于湿球温度计表面温度低于空气实际温度，温差作用导致空气向湿球温度计表面通过对流换热方式传热。在平衡状态下，空气向湿纱布传递的热量恰好等于湿纱布表面水分汽化所需热量，即：

$$hA(t - t_w) = k_d A(d_w - d)r_w \tag{4-10}$$

式中　$h$——空气与湿球温度计表面之间的对流换热系数，$W/(m^2 \cdot ℃)$；

　　$A$——湿球温度计换热表面积，$m^2$；

　　$k_d$——以含湿量差为传质推动力的对流传质系数，$k_d = k_c \rho$，$kg/(m^2 \cdot s)$；

　　$d_w$——$t_w$ 温度下对应的饱和空气的含湿量，$kg_{水蒸气}/kg_{干空气}$；

　　$r_w$——水在 $t_w$ 下的汽化潜热，$kJ/kg$。

由式(4-10) 可得：

$$t_w = t - \frac{k_d r_w}{h}(d_w - d) \tag{4-11}$$

由于 $h$ 与 $k_d$ 与掠过湿球的风速有关，因此同样的湿空气，空气流动状态不同，湿球温度也将不同。但是，在风速为 2～40m/s 的范围内，虽然 $h$ 与 $k_d$ 变化很大，两者的比值变化不大，湿球温度计读数变化也很小。上述湿球温度的表达式也说明，湿球温度不仅与空气的状态有关，还与空气的流动状态有关，严格意义上讲，湿球温度不是湿空气的状态参数。

**2．绝热饱和温度**

若空气与足量水接触，在绝热情况下，水向空气中汽化所需要的潜热只有来自空气降温所释放的显热，空气的温度将不断降低，同时空气将逐渐为水蒸气所饱和。当空气达到饱和时，其温度不再降低，这时的温度就称为空气的绝热饱和温度，用符号表 $t_{as}$ 表示。

未饱和空气在绝热饱和过程中温度降低所释放出的热量与绝热饱和过程中水汽化所释放的热量相等，以 1kg 干空气为基准，热量平衡关系为：

$$c_w(t - t_{as}) = (d_{as} - d)r_{as} \tag{4-12}$$

式中　$c_w$——未饱和空气的比热容，$kJ/(kg_{干空气} \cdot ℃)$；

　　$d_{as}$——饱和空气的含湿量，即绝热饱和温度对应的含湿量，$kg_{水蒸气}/kg_{干空气}$；

　　$r_{as}$——水在绝热饱和温度 $t_{as}$ 下的汽化潜热，$kJ/kg$。

由式(4-12) 可以推出：

$$t_{as} = t - \frac{r_{as}}{c_w}(d_{as} - d) \tag{4-13}$$

由式(4-13)可以看出，湿空气的绝热饱和温度仅与其状态有关，是湿空气的状态参数。实验结果表明，对于水蒸气-空气系统，当空气温度不太高，相对湿度不太低时，$\dfrac{k_d r_w}{h}$ 与 $\dfrac{r_{as}}{c_w}$ 近似相等，因此根据式(4-11)和式(4-13)可以得出：

$$t_w \approx t_{as} \tag{4-14}$$

由于绝热饱和过程为空气经绝热冷却而达到饱和的过程，与湿物料在空气中进行湿热交换的冷却过程在机理上完全不同，因此湿球温度和绝热饱和温度在物理意义上不能混淆。

### 3. 露点

当未饱和湿空气中水蒸气分压或者含湿量不变时，湿空气冷却到饱和状态（$\varphi = 100\%$）的温度称为露点，用 $t_d$ 表示。若湿空气在达到露点后继续冷却，空气中的水蒸气就会凝结出水滴而析出。

根据露点定义，湿空气在露点温度下处于饱和状态，其含湿量保持不变，由式(4-8)可得：

$$d = 0.622 \frac{p_{sd}}{p - p_{sd}} \tag{4-15}$$

式中　$p_{sd}$——露点 $t_d$ 时饱和水蒸气分压，Pa。

由于饱和水蒸气分压是温度的单值函数，因此，露点是湿空气含湿量 $d$ 的单值函数，即 $t_d = f(d)$。由此可知，湿空气的露点也是状态参数。

当湿空气的总压和含湿量已知时，也可由表 4-1 查得相应的露点。在测得湿空气露点后，可根据式(4-15)得到湿空气的含湿量，这就是露点法测定湿空气含湿量的原理。露点可用湿度计或露点仪进行测量。

根据上述对湿空气状态的温度参数的定义和分析可知，对于空气-水系统，$t_w \approx t_{as}$，并且干球温度 $t$、湿球温度 $t_w$ 和露点 $t_d$ 之间存在下列关系：对于未饱和空气，$t_d < t_w < t$；对于饱和空气，$t_d = t_w = t$。

### （四）湿空气的比容和密度

#### 1. 湿空气的比容

湿空气的比容是指在一定温度和总压力下，1kg 干空气与其携带的质量为 $d(\text{kg})$ 的水蒸气体积的总和，即单位质量湿空气的体积，用 $\nu_d$ 表示。根据定义，湿空气比容的表达式为：

$$\nu_d = \nu_a + d\nu_v = \frac{R_a T}{p} + \frac{R_v T}{p} \cdot d = (R_a + dR_v)\frac{T}{p} \tag{4-16}$$

式中　$\nu_a$——干空气的比容，$\text{m}^3/\text{kg}$；

　　　$\nu_v$——水蒸气的比容，$\text{m}^3/\text{kg}$。

#### 2. 湿空气的密度

湿空气的密度表示单位体积湿空气的质量，用 $\rho$ 表示。由于湿空气是干空气和水蒸气的混合物，因此湿空气的密度也表示湿空气中干空气的质量浓度与水蒸气的质量浓度之和，即：

$$\rho = \rho_a + \rho_v \tag{4-17}$$

根据湿空气密度定义，结合理想气体状态方程，又可以表示为：

$$\rho = \frac{1+d}{\nu_d} = \frac{1+d}{R_a + dR_v} \times \frac{p}{T} \tag{4-18}$$

（五）湿空气的比热容和焓

**1. 湿空气的恒压比热容**

湿空气的恒压比热容是指 1kg 干空气与其携带的质量为 $d$（kg）的水蒸气在恒压情况下升高或降低 1℃所吸收或释放的热量，用 $c_w$ 表示。与湿空气的含湿量一样，湿空气的比热容同样是以 1kg 干空气为基准的，因此其单位为 kJ/(kg干空气·℃)。

$$c_w = c_a + dc_v \qquad (4\text{-}19)$$

式中 $c_a$——干空气的恒压热容量，kJ/(kg·℃)；

$c_v$——水蒸气的恒压热容量，kJ/(kg·℃)。

在 0～120℃范围内，干空气与水蒸气的平均比热容分别为 1.01kJ/(kg·℃) 和 1.88kJ/(kg·℃)，因此湿空气的比热容可用式(4-20) 近似计算。

$$c_w = 1.01 + 1.88d \qquad (4\text{-}20)$$

由式(4-19) 可见，湿空气的比热容不仅与温度有关（$c_a$ 和 $c_v$ 是温度的函数），而且与湿空气的含湿量有关。

**2. 湿空气的焓**

湿空气的焓是指 1kg 干空气焓与其携带的 $d$kg 的水蒸气的焓值之和，用 $h$ 表示：

$$h = h_a + dh_v \qquad (4\text{-}21)$$

式中 $h_a$——单位质量干空气的焓值，kJ/kg；

$h_v$——单位质量水蒸气的焓值，kJ/kg。

若以 0℃时的干空气和 0℃时的饱和水为焓值基准点，在温度为 0～120℃范围内，$h_a$ 和 $h_v$ 分别可由式(4-22) 和式(4-23) 计算。

$$h_a = c_a t = 1.01t \qquad (4\text{-}22)$$

$$h_v = c_v t + r_0 = 1.88t + 2501 \qquad (4\text{-}23)$$

式中 $r_0$——0℃时水蒸气的汽化潜热，kJ/kg。

将式(4-22) 和式(4-23) 带入式(4-21) 得到：

$$h = (c_a + c_v d)t + r_0 d = (1.01 + 1.88d)t + 2501d \qquad (4\text{-}24)$$

湿空气的焓同样是湿空气的状态参数，其数值随着温度和含湿量的增大而增大。

上面介绍的湿空气参数中除湿球温度不是严格意义上的状态参数外，其余均是湿空气的状态参数。在一定的总压力下，只要已知其中任意两个状态参数即可确定湿空气的状态，而其余的状态参数均可根据上述关系式进行计算。在工程上，由于湿球温度与绝热饱和温度近似相等，因此也可将湿球温度近似认为是状态参数。

在较早的工业设计与计算中，可采用湿度图查出湿空气的状态参数。随着计算机技术的高速发展，可以很方便地将上述湿空气的状态参数之间的关系程序化。因此，现代工程设计中使用查图的方法日益减少。对湿度图的详细使用方法参阅较早的相关资料。

**例 4-1** 在容积为 50m³ 的空间中，空气温度为 30℃，相对湿度 $\varphi$ 为 60%，大气压强 $p = 101.3$kPa。求湿空气的露点、含湿量、干空气的质量、水蒸气质量和湿空气焓值。

**解** 由饱和水蒸气表 4-1 查得，$t = 30$℃时，$p_{sv} = 4.243$kPa，所以有：

$$p_v = \varphi p_{sv} = 0.6 \times 4.243 = 2.546 \text{(kPa)}$$

对应于此水蒸气分压下的饱和温度即为湿空气的露点温度，从饱和水蒸气表中可查得：

$$t_d = 21.25℃$$

根据式(4-8) 可得湿空气的含湿量为：

$$d = 0.622 \frac{p_v}{p-p_v} = 0.622 \times \frac{2.546}{101.3-2.546} = 0.016(\text{kg}_{水蒸气}/\text{kg}_{干空气})$$

干空气分压

$$p_a = p - p_v = 101.3 - 2.546 = 98.754(\text{kPa})$$

根据理想气体状态方程可得干空气质量

$$m_a = \frac{p_a V}{R_a T} = \frac{98.754 \times 50 \times 1000}{287 \times (273+30)} = 56.78(\text{kg})$$

水蒸气质量

$$m_v = m_a d = 56.78 \times 0.016 = 0.91(\text{kg})$$

湿空气的焓

$$h = (1.01 + 1.88d)t + 2501d$$
$$= (1.01 + 1.88 \times 0.016) \times 30 + 2501 \times 0.016$$
$$= 71.22(\text{kJ}/\text{kg}_{干空气})$$

**例 4-2** 在一个标准大气压下（101.325kPa），由干湿球温度计测得的空气的干球温度和湿球温度分别是30℃和20℃。求湿空气的 $d$、$\varphi$、$h$、$p_v$、$p_a$。

**解** 由饱和水蒸气表 4-1 查得，20℃和30℃时饱和水蒸气分压分别是 $p_{sv1} = 2.338\text{kPa}$ 和 $p_{sv2} = 4.243\text{kPa}$，由附录查得 20℃时水的汽化潜热 $r_w = 2454.3\text{kJ/kg}$。

根据式(4-8) 可以计算出 20℃时湿空气的含湿量为：

$$d_w = 0.622 \frac{p_{sv1}}{p-p_{sv1}} = 0.622 \times \frac{2.338}{101.325-2.338} = 0.0147(\text{kg}_{水蒸气}/\text{kg}_{干空气})$$

由于 $t_w \approx t_{as}$，因此，$t_{as} = 20℃$ 时

$$r_{as} = r_w = 2454.3\text{kJ/kg}$$
$$d_{as} = d_w = 0.0147 \text{kg}_{水蒸气}/\text{kg}_{干空气}$$

将式(4-17) $c_w = 1.01 + 1.88d$ 代入式(4-13) 可得：

$$20 = 30 - \frac{2454.3}{1.01+1.88d}(0.0147-d)$$

求解可得：

$$d = 0.0105\text{kg}_{水蒸气}/\text{kg}_{干空气}$$

由含湿量 $d$ 的定义，温度为 30℃时，有：

$$d = 0.622 \frac{\varphi p_{sv2}}{p-\varphi p_{sv2}}$$

求得：

$$\varphi = \frac{dp}{(0.622+d)p_{sv2}} = \frac{0.0105 \times 101.325}{(0.622+0.0105) \times 4.243} = 39.6\%$$
$$h = (1.01+1.88d)t + 2501d$$
$$= (1.01+1.88 \times 0.0105) \times 30 + 2501 \times 0.0105$$
$$= 57.15(\text{kJ}/\text{kg}_{干空气})$$

水蒸气分压 $\quad p_v = \varphi p_{sv} = 39.6\% \times 4.243 = 1.68(\text{kPa})$

干空气分压 $\qquad p_a = p - p_v = 101.325 - 1.68 = 99.645(\text{kPa})$

## 二、湿空气状态的变化过程

### （一）加热和冷却过程

在对空气进行单纯的加热或冷却过程中，如果最终温度不低于露点，湿空气中的水蒸气分压（$p_v$）和含湿量（$d$）保持不变。

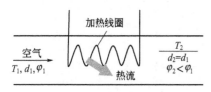

图 4-2 空气的加热过程

湿空气加热过程如图 4-2 所示，在加热过程中，湿空气的温度升高，焓值增大，相对湿度减小；反之，在冷却过程中，湿空气的温度降低，焓值减小，相对湿度增大。因此，在利用热空气作为干燥介质时，需要将空气进行预热，以提高空气的吸湿能力。

根据稳定流动能量方程，加热和冷却过程中的吸热量和放热量分别等于过程中的湿空气焓增加值和减小值，即：

$$q = \Delta h = \begin{cases} h_2 - h_1 (\text{加热过程}) \\ h_1 - h_2 (\text{冷却过程}) \end{cases} \qquad (4\text{-}25)$$

### （二）加湿和去湿过程

在采用空气作为干燥介质过程中，物料的干燥也就是空气的加湿过程，若过程中系统与外界没有热量交换则称为绝热加湿过程。如图 4-3 所示的绝热加湿过程中，水分蒸发需要的热量全部由空气温度降低所释放的显热供给。在该过程，湿空气的焓值保持不变，而相对湿度和含湿量均增加，湿空气温度降低。各状态参数之间的关系见式（4-26）所示。绝热去湿过程的状态参数与加湿相反。

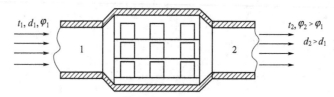

图 4-3 热空气的加湿过程

$$\left. \begin{array}{l} \Delta h = h_2 - h_1 = 0 \\ \Delta t = t_2 - t_1 < 0 \\ \Delta \varphi = \varphi_2 - \varphi_1 > 0 \\ \Delta d = d_2 - d_1 > 0 \end{array} \right\} \qquad (4\text{-}26)$$

有外界热量交换的加湿或去湿过程中，焓值将增加或减小。各参数在加湿或去湿过程中的计算可以根据过程特点及状态参数之间的关系确定。

### （三）绝热混合过程

干燥技术中，经常采用两股或多股状态不同的湿空气进行混合，以获得温度、湿度符合要求的空气（如图 4-4 所示）。在混合过程中，气流与外界的热交换量很少，此过程可视为绝热过程。混合后的湿空气状态取决于混合前各股空气的状态及相对流量。

如果忽略混合过程中微小的压力变化，设混合前两股气流的质量流量、含湿量、焓分别为 $\dot{m}_{a1}$、$d_1$、$h_1$ 和 $\dot{m}_{a2}$、$d_2$、$h_2$，混合后气流的质量流量、含湿量、焓分别为 $\dot{m}_{a3}$、$d_3$、$h_3$。根据质量守恒定律和能量守恒定律可得以下几项。

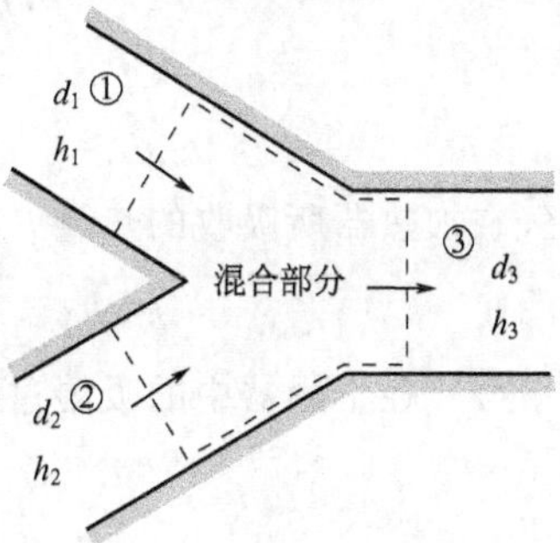

干空气质量守恒：

$$\dot{m}_{a1}+\dot{m}_{a2}=\dot{m}_{a3} \qquad (a)$$

图 4-4　两股气流的混合

湿空气中水蒸气质量守恒：

$$\dot{m}_{a1}d_1+\dot{m}_{a2}d_2=\dot{m}_{a3}d_3 \qquad (b)$$

能量守恒：

$$\dot{m}_{a1}h_1+\dot{m}_{a2}h_2=\dot{m}_{a3}h_3 \qquad (c)$$

式(a)、式(b)、式(c) 联立求解，整理后得：

$$\frac{\dot{m}_{a1}}{\dot{m}_{a2}}=\frac{d_2-d_3}{d_3-d_1}=\frac{h_2-h_3}{h_3-h_1} \qquad (4\text{-}27)$$

由混合前两股气流的质量流量和状态参数，根据式(4-27) 可计算出混合后气流的状态参数为：

$$d_3=\frac{\dot{m}_{a1}}{\dot{m}_{a1}+\dot{m}_{a2}}d_1+\frac{\dot{m}_{a2}}{\dot{m}_{a1}+\dot{m}_{a2}}d_2=\frac{x}{x+1}d_1+\frac{1}{x+1}d_2 \qquad (4\text{-}28)$$

$$h_3=\frac{\dot{m}_{a1}}{\dot{m}_{a1}+\dot{m}_{a2}}h_1+\frac{\dot{m}_{a2}}{\dot{m}_{a1}+\dot{m}_{a2}}h_2=\frac{x}{x+1}h_1+\frac{1}{x+1}h_2 \qquad (4\text{-}29)$$

式中，$x=\dfrac{\dot{m}_{a1}}{\dot{m}_{a2}}$为混合前两股气流的质量流量之比。

### （四）干燥过程

在对流干燥过程中，利用未饱和空气与湿物料接触，未饱和空气吸收湿物料中的水分。为提高空气的吸湿能力，一般在干燥器前加热空气，所以，干燥过程包括空气的加热过程和绝热吸湿过程。

**例 4-3** 已知空气 $t_1=30℃$、$p_{v1}=2.938\text{kPa}$，将该空气送入加热器进行加热后，$t_2=60℃$，然后送入干燥器中作为干燥介质。空气流出干燥器时的温度 $t_3=35℃$。求空气在加热器中吸收热量和 1kg 干空气所吸收的水分。大气压强 $p=0.1\text{MPa}$。

**解** (1) $d_1=0.622\dfrac{p_{v1}}{p-p_{v1}}=0.622\times\dfrac{2.938}{100-2.938}=0.0188(\text{kg/kg干空气})$

$\qquad h_1=(1.01+1.88d_1)t_1+2501d_1$

$\qquad\quad =(1.01+1.88\times0.0188)\times30+2501\times0.0188$

$\qquad\quad =78.38(\text{kJ/kg干空气})$

加热过程

$$d_2=d_1=0.0188\ \text{kg水蒸气/kg干空气}$$

$$h_2 = (1.01 + 1.88d_2)t_2 + 2501d_2$$
$$= (1.01 + 1.88 \times 0.0188) \times 60 + 2501 \times 0.0188$$
$$= 109.74 (\text{kJ/kg}_{\text{干空气}})$$

空气在加热器所吸收的热量

$$q = h_2 - h_1 = 109.74 - 78.38 = 31.36 (\text{kJ/kg}_{\text{干空气}})$$

（2）在干燥器中的吸湿过程其焓不变

$$h_2 = h_3 = 109.74 \text{kJ/kg}_{\text{干空气}}$$

$$h_3 = (1.01 + 1.88d_3)t_3 + 2501d_3$$

$$d_3 = \frac{h_3 - 1.01t_3}{2501 + 1.88t_3} = \frac{109.74 - 1.01 \times 35}{2501 + 1.88 \times 35} = 0.029 (\text{kJ/kg}_{\text{干空气}})$$

干燥过程中吸收水分

$$\Delta d = d_3 - d_2 = 0.029 - 0.0188 = 0.0102 (\text{kg}_{\text{水蒸气}} / \text{kg}_{\text{干空气}})$$

## 三、物料中所含水分的性质

水分在物料中可以有不同的形式存在，并以不同的方式与固体物料结合。固体物料与水分结合的特征、强度不同，使物料中的水分分离的条件也有所不同。

（一）结合水与非结合水

干燥过程中，根据水分被去除的难易程度，将物料中所含水分分为结合水和非结合水。

**1. 结合水**

水分凭借化学力或物理化学力以吸附、渗透和结构水等形式与物料相结合，称为结合水。当物料与水以化学力结合时，即水存在于物料的分子结构中，这部分水称为化学结合水。脱除化学结合水不属于干燥范围。

物料表面吸附作用形成的水膜，通过物料纤维皮壁的渗透水、微孔毛细管中的水分，这些都属于以物理化学力与物料相结合的水分，称为物理化学结合水。其中以吸附水与物料的结合最强。

由于化学力和物理化学力的存在，结合水所产生的水蒸气分压小于同温度下纯水的饱和水蒸气分压，干燥过程的传质推动力小，故较难脱除。

**2. 非结合水**

附着在固体物料表面或颗粒堆积层的大孔隙中的水分，称为非结合水。非结合水与物料的结合属于机械结合，结合力较弱，水分所产生的水蒸气分压与纯水在相同温度下的饱和水蒸气分压相同。在干燥过程中，非结合水比结合水容易去除。

结合水和非结合水是根据物料与水分的结合方式不同划分的，仅与物料的性质有关，与干燥介质（比如空气）状态无关。

（二）平衡水分和自由水分

根据湿物料中的水分，在一定干燥条件下能否用干燥方法去除可划分为平衡水分和自由水分。

**1. 平衡水分**

将湿物料与一定温度的未饱和空气相接触，物料中的含水量将逐渐减少。当物料表面水蒸气分压与湿空气水蒸气分压达到平衡时，物料的含水量将不再随与空气的接触时间而变化，此时，物料中的含水量称为此空气状态下的平衡含水量 $X^*$。平衡含水量是物料在一定空气状态下被干燥的极限。

物料的平衡含水量与物料的种类、空气状态（$t$，$\varphi$）有关。对于同一物料，温度一定时，空气的相对湿度越大，平衡含水量就越大。

**2. 自由含水量**

物料所含水量中大于平衡量的那一部分含水量，即可在一定空气状态下用干燥方法去除的水分称为自由含水量。

自由水分和平衡水分的划分除与物料有关外，还取决于空气的状态。

## 第二节　干燥动力学

### 一、恒定干燥条件下的干燥速率

#### （一）干燥动力学实验

干燥实验是在恒定干燥条件下进行。恒定干燥条件是指干燥过程中空气的湿度、温度、速度以及与湿物料的接触状况都不变。大量空气与少量湿物料接触的情况可以认为是恒定干燥条件，空气的各项性质可取进出口的平均值。在干燥实验过程中记录每一个时间间隔内物料质量的变化以及物料的表面温度，直到湿物料的质量恒定。这时湿物料的含水量为该条件下的平衡含水量。根据实验数据绘出物料含水量、物料表面温度与干燥时间的关系曲线，如图 4-5 所示，此曲线即为干燥曲线。

#### （二）干燥速率曲线

物料的干燥速率是指单位时间内在单位干燥面积上汽化的水分质量，其微分表达式为：

$$j = \frac{\mathrm{d}m_\mathrm{w}}{A\,\mathrm{d}\tau} = -\frac{m_0\,\mathrm{d}X}{A\,\mathrm{d}\tau} \tag{4-30}$$

式中　$j$——物料的干燥速度，$\mathrm{kg/(m^2 \cdot s)}$；

　　　$m_0$——湿物料中绝干物料的质量，kg；

　　　$m_\mathrm{w}$——干燥过程中汽化水分的质量，kg；

　　　$A$——干燥面积，$\mathrm{m^2}$；

　　　$X$——物料的干基含水率，$\mathrm{kg_水/kg_{干料}}$。

根据干燥曲线和式（4-30）的计算结果可以绘出图 4-6 所

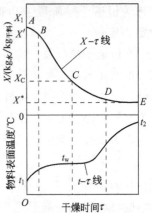

图 4-5　恒定干燥条件下
物料的干燥曲线

示的干燥速率曲线。从图中可以看出，整个干燥过程可以分为预热阶段（A→B）、恒速干燥（B→C）和降速干燥（C→D→E）三个阶段。通常预热阶段时间很短，可以忽略不计。

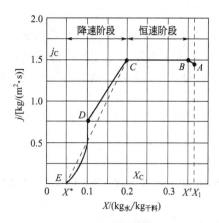

图 4-6　恒定干燥条件下的
干燥速率曲线

## 1. 恒速干燥阶段

此阶段干燥速率如图 4-6 中 BC 所示。在这一阶段，物料内部的水分能及时扩散到表面，物料表面都充满非结合水。由于非结合水与物料的结合力极弱，空气传给物料的热量全部用于水分蒸发，空气与物料间的传热速率等于物料表面水分的汽化速率，故物料的表面温度保持不变，即为该空气状态下的湿球温度 $t_w$。

对流传热速率为：

$$q = h(t_f - t_w) = \frac{dm_w}{A d\tau} r_w = j r_w \qquad (4\text{-}31)$$

水分蒸发的传质速率：

$$j = k_d(d_w - d) \qquad (4\text{-}32)$$

式中　$q$——传热速率，$W/m^2$；

$\quad$ $r_w$——水在湿球温度下的汽化潜热，$J/kg$；

$\quad$ $h$——物料与空气间的对流换热系数，$W/(m^2 \cdot \text{℃})$；

$\quad$ $d_w$——湿球温度 $t_w$ 下的含湿量，$kg_{水蒸气}/kg_{干空气}$；

$\quad$ $d$——干燥介质空气的含湿量，$kg_{水蒸气}/kg_{干空气}$；

$\quad$ $k_d$——以含湿量差为传质推动力的对流传质系数，$k_d = k_c \rho$，$kg/(m^2 \cdot s)$。

由式(4-31) 和式(4-32)可得恒速干燥阶段的干燥速率为：

$$j_c = k_d(d_w - d) = \frac{h}{r_w}(t_f - t_w) \qquad (4\text{-}33)$$

在恒定干燥条件下，$h$ 和 $k_d$ 保持不变，且（$d_w - d$）和（$t_f - t_w$）也为定值，由式(4-33)可知，此阶段干燥速率保持恒定，干燥速率不随物料的含水量改变而变化，故称为恒速干燥阶段。由此可以看出，只要物料表面全部被非结合水覆盖，干燥速率必定为定值。

在恒速干燥阶段，物料内部水分向表面的扩散速率（内扩散速率）等于或大于物料表面水分的汽化速率（外扩散速率），物料表面始终维持湿润状态。此时干燥速率由物料表面的水分汽化速率所控制，即外扩散控制阶段，干燥速率取决于干燥条件，即此阶段的干燥速率只与空气状态有关，与物料的种类无关。

干燥条件主要由空气流速、空气的含湿量、空气温度以及空气与物料的接触方式决定。

（1）空气流速

在绝热条件下，当空气流动方向与物料表面平行时，空气的质量流量 $\dot{m} = 0.68 \sim 8.14 kg/(m^2 \cdot s)$，空气平均温度 $t = 45 \sim 150\text{℃}$，则对流换热系数 $h$ [$W/(m^2 \cdot \text{℃})$] 为：

$$h = 14.3 \dot{m}^{0.8} \qquad (4\text{-}34)$$

结合式(4-33)可知，干燥速率 $j \propto \dot{m}^{0.8}$。

当空气垂直穿过物料颗粒堆积层时，设物料颗粒直径为 $d_p$，对流换热系数为：

$$h = 0.0189 \frac{\dot{m}^{0.59}}{d_p^{0.41}} \left( \frac{d_p \dot{m}}{\mu} > 350 \right) \qquad (4\text{-}35)$$

$$h = 0.0118 \frac{\dot{m}^{0.49}}{d_{\mathrm{p}}^{0.41}} \quad \left( \frac{d_{\mathrm{p}} \dot{m}}{\mu} < 350 \right) \tag{4-36}$$

则干燥速率 $j \propto \dot{m}^{0.49 \sim 0.59}$。当气体的辐射传热对物料起重要作用时,流速的影响将相对减弱。

(2) 空气中的含湿量

若空气温度不变,空气的含湿量降低,传质推动力 $(d_{\mathrm{w}} - d)$ 将增大,干燥速率增加。

(3) 空气温度

若空气含湿量不变,提高空气的温度,空气的湿球温度也将增加,但与干球温度相比湿球湿度的增加幅度很小,$(t - t_{\mathrm{w}})$ 增加,所以干燥速率仍有增加。

$$j_2 = j_1 \frac{t_2 - t_{\mathrm{w2}}}{t_1 - t_{\mathrm{w1}}} \times \frac{r_{\mathrm{w1}}}{r_{\mathrm{w2}}} \tag{4-37}$$

式中  $t_1$、$t_2$——物料的干球温度,℃;

$t_{\mathrm{w1}}$、$t_{\mathrm{w2}}$——对应于 $t_1$、$t_2$ 的湿球温度,℃;

$r_{\mathrm{w1}}$、$r_{\mathrm{w2}}$——对应于 $t_1$、$t_2$ 的汽化潜热,$r_{\mathrm{w1}} \approx r_{\mathrm{w2}}$,kJ/kg。

(4) 空气与物料接触方式

当物料颗粒悬浮分散在气流中,物料与空气的接触面积加大,且传热系数 ($h$) 和传质系数 ($k_{\mathrm{c}}$) 大,这时物料的干燥速率较大。当气流掠过物料层表面时,空气与物料接触面积小,干燥速率较低。当气流垂直穿过物料时,干燥速率介于两者之间。

**2. 降速干燥阶段**

在图 4-6 中的 $CDE$ 段的干燥速率随物料含水量的减小而降低,称为降速干燥阶段。在该阶段中,物料内部水分向表面扩散的速率已小于物料表面的汽化速率,物料表面不能再保持完全润湿而形成部分"干区"(图 4-7),实际汽化面积减小,以物料全部外表面所计算的干燥速率下降。当物料外表面全部成为"干区"后,水分的汽化面由物料表面转移到内部,使传热传质途径加长,造成干燥速率下降。

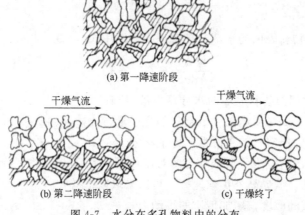

(a) 第一降速阶段

(b) 第二降速阶段

(c) 干燥终了

图 4-7  水分在多孔物料中的分布

降速干燥阶段中,干燥速率主要取决于物料内部水分的扩散速率,与物料本身的种类、结构、形状和尺寸等因素有关,受外部干燥介质的条件影响较小,故该阶段又称为内扩散控制阶段。在该阶段中,水分迁移的形式可以呈液态也可以呈气态,水分多时主要以液态形式扩散，水分少时主要以气态形式扩散。

**3. 临界含水量**

恒速干燥阶段和降速干燥阶段的分界点称为临界点（图 4-6 中的 $C$ 点），相应的物料含水量为临界含水量（$X_c$）。临界含水量不仅与物料的性质、结构、厚度有关，还与干燥介质的温度、湿度、流速等有关。通常，吸水性物料的临界含水量比非吸水性物料的大；物料厚度越大，临界含水量越大。

**（三）影响干燥速率的因素**

干燥是一个传热传质同时进行的过程，因此干燥速率的大小取决于传热、外扩散与内扩散速率。

**1. 传热**

在对流干燥中，单位时间内干燥介质传递给物料单位面积上的热量为：

$$\frac{\mathrm{d}Q}{A\mathrm{d}\tau}=h(t_{\mathrm f}-t)\tag{4-38}$$

式中　$\mathrm{d}Q$——$\mathrm{d}\tau$ 时间内干燥介质传递给物料的热量，kJ；

　　　$A$——物料与干燥介质接触的表面积，$\mathrm{m}^2$；

　　　$t_{\mathrm f}$——干燥介质的温度，℃；

　　　$t$——物料表面温度，℃；

　　　$h$——物料与干燥介质之间的对流换热系数，$\mathrm{W/(m^2 \cdot ℃)}$。

从式(4-38)可以看出，传热量与对流换热系数、干燥介质与物料的表面温差（$t_{\mathrm f}-t$）、物料的表面积成正比。因此，欲加快传热速率，可以采取以下措施。

① 提高干燥介质温度，以增加干燥介质与物料表面之间的温差，强化传热速率。但这易使制品表面温度迅速升高，制品容易变形甚至开裂。另外，对高温敏感的物料，干燥时干燥介质的温度也不宜过高。

② 提高对流换热系数，例如加快干燥介质的流速等，加快传热。

③ 增大传热面积，使物料均匀分散于干燥介质中，或变单面干燥为双面干燥。

**2. 外扩散**

在稳定条件下，物料表面的水蒸气扩散速率可以用式(4-39)表示：

$$\frac{\mathrm{d}m_{\mathrm w}}{A\mathrm{d}\tau}=k_{\mathrm d}(d_{\mathrm w}-d)\tag{4-39}$$

式中　$\mathrm{d}m_{\mathrm w}$——$\mathrm{d}\tau$ 时间内物料表面的水分蒸发量，kg；

　　　$d_{\mathrm w}$——物料表面在湿球温度下空气的含湿量，$\mathrm{kg_{水蒸气}/kg_{干空气}}$；

　　　$d$——干燥介质空气的含湿量，$\mathrm{kg_{水蒸气}/kg_{干空气}}$；

　　　$k_{\mathrm d}$——以含湿量差为传质推动力的对流传质系数，$\mathrm{kg/(m^2 \cdot s)}$。

由式(4-39)可见，欲提高外扩散速率，可以采取以下措施。

① 降低干燥介质的湿度，增加传质的推动力。

② 提高对流传质系数，例如随着干燥介质流动速度的增加，传质系数增加。

**3. 内扩散**

在干燥过程中，物料内部的水分或蒸汽向表面迁移是由于存在着湿度梯度或温度梯度，因此水分的内扩散包括湿扩散和热扩散两个过程。

　　湿扩散是由于物料内部存在湿度梯度而引起的水分迁移，它主要靠扩散渗透力和毛细管力的作用，并遵循扩散定律。湿扩散率的大小除与物料的性质、结构、含水率有关外，还与物料或制品的形状及尺寸有关。

　　热扩散是由于物料内部存在温度梯度引起的水分扩散，其原因有：①高温处的水分子动能大于低温处的水分子动能，使水分由高温处向低温处迁移；②毛细管高温端水的表面张力大于低温端，造成毛细管内水分由高温端向低温端迁移；③毛细管高温处空气压强大于低温处空气压强，在此压差的推动下，水分由高温处向低温处迁移。

　　热湿传导的方向与加热方式有关，采用外部加热时，物料表面温度高于内部温度，热传导与湿传导方向相反，热传导成为阻力；采用内热源加热时，热传导方向与湿传导方向相同，这有利于干燥过程。

　　综上所述，物料的干燥过程是个复杂的传热和传质过程，影响干燥速率的因素可以归纳为以下几个方面：①物料或制品的性质、结构、几何形状和尺寸；②物料或制品干燥的初始状态和终了状态的温度和湿度；③干燥介质的状态，即温度、湿度、流态等；④干燥介质和物料的接触情况、加热方式等；⑤干燥设备的结构、操作参数及自动化程度。

## 二、间歇干燥过程的干燥时间计算

### （一）恒速干燥阶段

　　若物料在干燥前的含水量（$X_1$）大于临界含水量（$X_C$），忽略物料的预热阶段，根据干燥速率表达式，可用下式计算恒速干燥阶段的干燥时间（$\tau_1$）：

$$\int_0^{\tau_1} \mathrm{d}\tau = -\frac{m_0}{A} \int_{X_1}^{X_C} \frac{\mathrm{d}X}{j_c}$$

对恒速干燥阶段，干燥速率 $j_c$ 为一定值：

$$\tau_1 = \frac{m_0}{A} \times \frac{X_1 - X_C}{j_c} \tag{4-40}$$

干燥速率 $j_c$ 可由实验确定，也可由式(4-33)的传质速率计算式估算。

　　**例 4-4**　在常压下将干球温度 $t = 30℃$、湿球温度 $t_w = 20℃$ 的空气预热到 70℃ 后送入间歇式干燥器，空气以 6m/s 的速度流过物料表面。已知干燥单位面积的干物料量为 $23.5 \mathrm{kg/m^2}$，物料的临界含水量 $X_C = 0.21 \mathrm{kg/kg_{干料}}$。试计算：（1）恒速干燥阶段的干燥速率；（2）将物料含水量从 $X_1 = 0.45 \mathrm{kg/kg_{干料}}$ 减少到 $X_2 = 0.24 \mathrm{kg/kg_{干料}}$ 所需要的干燥时间。

　　**解**　（1）从例 4-2 计算结果可知，$d = 0.0105 \mathrm{kg/kg_{干空气}}$。由附录中查得 $t_w = 20℃$ 时，水的汽化潜热 $r_w = 2454.3 \mathrm{kJ/kg}$。

　　利用式(4-16)可进行干燥器内湿空气的比容计算：

$$\nu = (R_a + dR_v)\frac{T}{p} = (287 + 0.0105 \times 462) \times \frac{273 + 70}{101325} = 0.988 (\mathrm{m^3/kg_{干空气}})$$

湿空气的密度：

$$\rho = \frac{1+d}{\nu} = \frac{1+0.01}{0.988} = 1.022 (\mathrm{kg/m^3})$$

湿空气的质量流量：

$$\dot{m} = \rho u = 1.022 \times 6 = 6.13 [\text{kg}/(\text{m}^2/\text{s})]$$

对流换热系数：

$$h = 14.3 \dot{m}^{0.8} = 14.3 \times 6.13^{0.8} = 61 [\text{W}/(\text{m}^2 \cdot ℃)]$$

恒速干燥阶段的干燥速率：

$$j_c = \frac{h}{\gamma_w}(t - t_w) = \frac{61}{2454.3 \times 1000} \times (70 - 20) = 1.243 \times 10^{-3} [\text{kg}/(\text{m}^2 \cdot \text{s})]$$

（2）因 $X_2 > X_C$，故由 $X_1$ 到 $X_2$ 的干燥过程仅为恒速干燥阶段，干燥时间为：

$$\tau_1 = \frac{m_0}{A j_c} \times (X_1 - X_2) = \frac{23.5}{1.243 \times 10^{-3}} \times (0.45 - 0.24) = 3970(\text{s}) = 1.1(\text{h})$$

## （二）降速干燥阶段

当物料的含水量减少到临界含水量时，降速干燥阶段开始。物料从临界含水量 $X_C$ 减少到 $X_2$ 所需要的时间 $\tau_2$ 为：

$$\tau_2 = -\frac{m_0}{A} \int_{X_C}^{X_2} \frac{\mathrm{d}X}{j} \tag{4-41}$$

### 1. 图解积分法

当物料在降速干燥阶段的干燥速率与含水量呈非线性变化时，一般采用图解积分法求解 $\tau_2$。

由干燥速率曲线得到不同 $X$ 所对应的 $j$ 值，以 $X$ 为横坐标，$\frac{1}{j}$ 为纵坐标，在直角坐标中绘出 $X$-$\frac{1}{j}$ 曲线，$X = X_2$ 与 $X = X_C$ 之间曲线下所包围的面积为积分项 $\int_{X_2}^{X_C} \frac{\mathrm{d}X}{j}$ 的值，如图 4-8 所示。

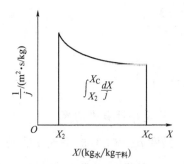
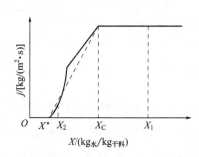

图 4-8　图解积分法　　　　　图 4-9　降速干燥速率曲线按直线处理

### 2. 近似计算法

如果物料在降速干燥阶段的干燥速率与含水量的变化关系可近似作为线性关系处理，如图 4-9 中通过临界点与平衡水分点的直线，则降速干燥的干燥速率可写成：

$$j = K_X(X - X^*) \tag{4-42}$$

式中比例系数 $K_X$ 可由物料的临界含水量和恒速干燥速率求取：

$$K_X = \frac{j_c}{X_C - X^*} \tag{4-43}$$

根据干燥速率定义式，降速干燥阶段的干燥时间：

$$\tau_2 = -\frac{m_0}{A K_X} \int_{X_C}^{X_2} \frac{\mathrm{d}X}{X - X^*} = \frac{m_0}{A K_X} \ln \frac{X_C - X^*}{X_2 - X^*}$$

$$=\frac{m_0(X_C-X^*)}{Aj_c}\ln\frac{X_C-X^*}{X_2-X^*} \tag{4-44}$$

因此，物料在整个干燥过程中所需要的总的干燥时间 $\tau$ 为：

$$\tau=\tau_1+\tau_2 \tag{4-45}$$

**例 4-5**　已知物料在恒定空气条件下含水量从 $0.10\mathrm{kg/kg}_{干料}$ 干燥至 $0.04\mathrm{kg/kg}_{干料}$ 共需要 5h。如果将此物料继续干燥到含水量为 $0.01\mathrm{kg/kg}_{干料}$ 还需多少时间？已知此干燥条件下物料的临界含水量 $X_C=0.08\mathrm{kg/kg}_{干料}$，降速干燥阶段的干燥曲线近似作为通过原点的直线处理。

**解**　(1) 由于 $X_1>X_C>X_2$，平衡含水量 $X^*=0\mathrm{kg/kg}_{干料}$，物料含水量从 $X_1$ 下降到 $X_2$ 经历等速干燥和降速干燥两个阶段：

$$\tau_1=\frac{m_0}{A}\times\frac{X_1-X_C}{j_c}$$

$$\tau_2=\frac{m_0 X_C}{Aj_c}\ln\frac{X_C}{X_2}$$

$$\frac{\tau_1}{\tau_2}=\frac{X_1-X_C}{X_C\ln\dfrac{X_C}{X_2}}=\frac{0.1-0.08}{0.08\times\ln\dfrac{0.08}{0.04}}=0.361$$

已知：$\qquad\qquad\qquad\qquad\tau=\tau_1+\tau_2=5\mathrm{h}$

解得：$\qquad\qquad\qquad\qquad\tau_1=1.33\mathrm{h};\ \tau_2=3.67\mathrm{h}$

(2) 继续干燥所需要的时间

设物料从临界含水量 $X_C$，干燥至 $X_3=0.01\mathrm{kg/kg}_{干料}$ 所需时间为 $\tau_3$，则有：

$$\frac{\tau_3}{\tau_2}=\frac{\ln\dfrac{X_C}{X_3}}{\ln\dfrac{X_C}{X_2}}=\frac{\ln\dfrac{0.08}{0.01}}{\ln\dfrac{0.08}{0.04}}=3$$

$$\tau_3=3\tau_2$$

继续干燥所需要的时间：

$$\tau_3-\tau_2=2\tau_2=2\times3.67=7.34(\mathrm{h})$$

## 三、连续干燥过程

### (一) 连续干燥过程的特点

在连续干燥器中，气流与物料的接触方式有顺流、逆流、错流或其他更为复杂的形式。图 4-10 为顺流干燥器中气固两相温度沿设备长度方向的变化情况。

在预热阶段，物料中的水分大于临界水分。沿设备长度的增加，物料表面温度上升到气流的湿球温度，气流温度下降。在连续干燥过程中，由于不同的部位与物料相接触的空气状态不同，即使物料含水量大于临界含水量，也不存在恒速干燥阶段，只有一个表面汽化阶段。在表面汽化状态，物料表面水分汽化，空气湿度增加，空气经历绝热增湿过程，物料表面温度基本保持不变，为空气的湿球温度。

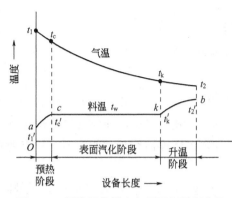

图 4-10　顺流干燥器中气固两相温度变化

升温阶段中，与物料接触的空气状态沿流动方向不断变化，物料中的水分小于临界水分，物料温度升高，气流温度继续下降。其干燥速率不能假设与物料含水量成正比，即 $j \neq K_X (X - X^*)$。

## （二）连续干燥过程的数学描述分析

在连续操作的干燥设备中，干燥介质流过物料时，其温度降低，湿度逐渐增加，干燥条件沿流动途径不断变化。对某一确定部位而言，空气和物料状态不随时间发生变化。由于干燥过程是气固两相的热、质同时传递过程，过程的数学描述是控制体中两相质量、动量和能量的传递方程组。由式（4-31）和式（4-32）所示的传热速率和传质速率方程可知，在相间的传热和传质方程中，分别包含界面温度和界面上气体的饱和湿度。在气固系统中这两个参数与物料内部的导热和扩散有关。所以，对干燥过程的全面数学描述除了上述方程组中四个方程之外，还应同时列出物料内部的传热和传质方程式。物料内部的传热和传质与物料的内部结构、水分与物料的结合方式、物料层的厚度等诸多因素有关，要定量地写出这两个特征方程式是非常困难的。因此，一些参量的确定变得十分复杂，这是干燥过程至今得不到圆满解决的原因之一。

通过对干燥过程进行物料衡算及热量衡算，可对干燥过程中的一些主要参量进行计算。

## （三）干燥过程的物料衡算和热量衡算

对于干燥过程进行物料平衡与热量平衡计算的目的是为了根据被干燥物料的产量及含水率，确定干燥器中水分蒸发量、干燥介质消耗量以及热耗等经济技术指标，用以衡量运行中的干燥器的结构、操作参数等是否合理并为设计和开发新型干燥器提供参考依据。

利用热空气对物料进行干燥的流程如图 4-11 所示。空气进入预热器被加热后进入干燥器，在干燥器内把热

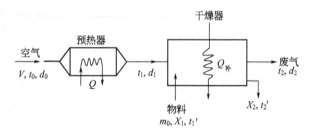

图 4-11　连续干燥过程的物料和热量衡算示意图

量传递给湿物料用于蒸发物料内的水分，然后废气排出干燥器。湿物料进入干燥器后被热空气加热，并蒸发其中的水分，干燥后的物料由干燥器卸出。

### 1. 物料衡算

（1）物料中含水量的表示方法

湿基含水量：物料中水分的质量占湿物料总质量的百分比，用 $w$ 表示；

干基含水量：物料中水分的质量占绝干物料总质量的百分比，用 $X$ 表示。

干基含水量与湿基含水量的关系：

$$X = \frac{w}{1-w} \tag{4-46}$$

$$w=\frac{X}{1+X} \tag{4-47}$$

工业生产中，通常用湿基含水量来表示物料中水分的多少。但在干燥器的物料衡算中，由于干燥过程中湿物料的质量不断变化，而绝干物料质量不变，故采用干基含水量计算方便。

（2）物料衡算

物料衡算的目的是计算：水分的蒸发量；空气的消耗量；干燥产品的流量。

① 计算水分的蒸发量　以干燥器为控制体，水分的质量守恒：

$$m_{\mathrm{w}}=m_0(X_1-X_2)=V(d_2-d_1) \tag{4-48}$$

式中　$m_{\mathrm{w}}$——干燥过程被除去水分的速率，即水分的蒸发量，kg/s；

$m_0$——湿物料中绝干物料的质量，kg；

$X_1$、$X_2$——干燥器进出口物料的干基含水量，kg$_水$/kg$_干料$；

$V$——干空气质量流量，kg$_干空气$/s；

$d_1$、$d_2$——干燥器进出口空气的含湿量，kg$_水蒸气$/kg$_干空气$。

② 空气的消耗量

a. 干空气的消耗量（质量流量）：

$$V=\frac{m_0(X_1-X_2)}{d_2-d_1}=\frac{m_{\mathrm{w}}}{d_2-d_1} \tag{4-49}$$

蒸发 1kg 水分所消耗的干空气量（kg），称为单位空气消耗量，或比空气消耗量。

$$单位空气消耗量=\frac{V}{m_{\mathrm{w}}}=\frac{1}{d_2-d_1} \tag{4-50}$$

若以 $d_0$ 表示空气预热前的含湿量，而空气经预热后含湿量不变，故 $d_0=d_1$，则单位空气消耗量$=\frac{1}{d_2-d_0}$，单位空气消耗量仅与 $d_2$、$d_0$ 有关，与路径无关。$d_0$ 越大，单位空气消耗量越大。由于 $d=f(\varphi,t)$，所以，在其他条件相同时，单位空气消耗量随着温度 $t$ 和相对湿度 $\varphi$ 的增加而增加。

b. 湿空气（新鲜空气）消耗量（kg）

$$V_{湿空气}=V(1+d_0) \tag{4-51}$$

c. 风机的风量 $q_{\mathrm{v}}$（m³湿空气/s）

$$q_{\mathrm{v}}=Vv_{\mathrm{d}}=V(R_{\mathrm{a}}+dR_{\mathrm{v}})\frac{T}{p} \tag{4-52}$$

③ 干燥产品的质量流量　若不计干燥器内的物料损失，在干燥器内的干物料的质量不变，即：

$$m_0=m_1(1-w_1)=m_2(1-w_2) \tag{4-53}$$

式中　$m_1$、$m_2$——进出干燥器的物料流量，kg/s；

$w_1$、$w_2$——进出干燥器物料中的湿基含水量，kg$_水$/kg$_湿料$。

$$m_2=m_1(1-w_1)/(1-w_2) \tag{4-54}$$

**2. 预热器的热量衡算**

以预热器为控制体，忽略过程中的热损失，空气的能量守恒方程为：

$$Vh_0+Q_{\mathrm{p}}=Vh_1 \tag{4-55}$$

式中　$Q_p$——空气在预热器中获得的热量，kW。

　　$h_0$、$h_1$——预热器进出口空气的焓，kJ/kg干空气。

　　因此，预热器消耗的热量为：

$$Q_p = V(h_1 - h_0) \tag{4-56}$$

### 3. 干燥器的热量衡算

以干燥器为控制体，能量守恒方程为：

$$Vh_1 + m_0 c_{m1} t'_1 + Q_d = Vh_2 + m_0 c_{m2} t'_2 + Q_L \tag{4-57}$$

式中　$Q_d$——干燥器中补充的热量，kW；

　　　　$Q_L$——干燥器中损失的热量，kW；

　　$h_1$、$h_2$——干燥器进出口空气的焓，kJ/kg干空气；

$c_{m1}$、$c_{m2}$——进出干燥器物料的比热容，kJ/（kg干料·℃）；

　$t'_1$、$t'_2$——干燥器进出口物料的温度，℃。

干燥过程的热损失根据干燥设备的具体情况，参考有关传热学的手册计算。

### 4. 干燥过程的热效率

干燥过程的总热量消耗于：加热空气、加热湿物料、蒸发水分、损失于周围环境中。其中，只有蒸发水分的热量直接用于干燥目的。干燥过程中热量的有效利用程度是决定干燥过程经济性的重要方面，干燥过程热量利用的经济性可用热效率 $\eta_t$ 来表示：

$$\eta_t = \frac{\text{蒸发水分所需的热量}}{\text{向干燥系统输入的总热量}} \times 100\% = \frac{Q_1}{Q} \times 100\% \tag{4-58}$$

式中　$Q_1$——物料中水分汽化耗热量，kW；

　　　　$Q$——加入干燥系统的总热量，$Q = Q_d + Q_p$，kW；

　　　　$Q_d$——加入干燥器的热量，kW；

　　　　$Q_p$——加入预热器的热量，kW。

其中，物料中水分汽化耗热量（水分由液态温度 $t'_1$ 被加热并气化，在温度 $t_2$ 下以气态形式离开干燥器所需热量）为：

$$Q_1 = m_w(2501 + 1.88t_2 - 4.187t'_1) \tag{4-59}$$

式中　$t'_1$——物料进入干燥系统时的温度，℃；

　　　　$t_2$——废气出口温度，℃；

　4.187——水的比热容，kJ/(kg·℃)。

若忽略物料中水分带入的焓，上式简化为：

$$Q_1 \approx m_w(2501 + 1.88t_2) \tag{4-60}$$

通过以上分析，可以看出，提高干燥过程的热效率的途径如下。

① 湿物料应尽可能先机械去湿。

② 降低出口废气温度 $t_2$。降低 $t_2$ 可以提高热效率，但同时降低了干燥过程的传热推动力（$t_2 - t_w$）和传质推动力，干燥时间延长，干燥速率降低。若废气的出口温度过低以至于接近饱和状态，气体容易在设备或管道出口结露，导致物料返潮堵塞或腐蚀设备。一般为安全起见，废气出口温度须比进入干燥器气体的湿球温度高 20～50℃。

③ 回收废气的热量用以预热冷空气或冷物料。

④ 加强干燥设备和管路的保温，减少干燥过程热损失。

**5. 实际干燥过程的简化**

如果在干燥过程中物料的水分是在恒速干燥阶段除去的，设备的热损失（$Q_L = 0$）及物料的温度变化可以忽略（$t_1' = t_2'$），并且在干燥过程中未向干燥器补充热量（$Q_d = 0$），干燥器中气体传给物料的热量全部用于水分汽化。这种干燥过程气体的状态变化为等焓过程，称为理想干燥过程。临界水分较低、颗粒尺寸细小的松散物料的干燥过程可以简化为理想干燥过程。如前所述，在降速干燥阶段，物料内部的传热和传质会对干燥产生影响，使问题变得非常复杂。在大多数情况下，物料的干燥不能简单化为理想干燥过程处理。

目前，实际干燥过程主要通过实验或经验解决问题，在工程上可以根据物料和设备的具体情况对干燥过程进行某种程度的简化。通常所用的简化假定有以下几种。

① 假定在预热阶段物料的含水量不变，只是物料的温度发生变化，预热阶段仅发生气固两相间的传热过程。通常将物料的预热阶段忽略不计。

② 假定恒速干燥阶段为理想干燥过程。

③ 假定在物料的降速干燥阶段，气固两相温度呈线性关系。

**例 4-6** 在连续干燥器中，湿物料以 1.58kg/s 的速率送入干燥器中，要求湿物料从 $w_1 = 5\%$ 干燥至 $w_2 = 0.5\%$。以温度为 20℃、含湿量为 0.007kg/kg干空气、总压为 101.3kPa 的空气为干燥介质，空气预热温度为 127℃，废气出口温度为 82℃。设过程为理想干燥过程，试求：①空气用量；②预热器的热负荷。

**解** ① 干燥过程中干物料的处理量为

$$m_0 = m_1(1 - w_1) = 1.58 \times (1 - 0.05) = 1.5 (\text{kg干料/s})$$

湿物料进、出干燥器的干基含水量为

$$X_1 = \frac{w_1}{1 - w_1} = \frac{0.05}{1 - 0.05} = 0.0526 (\text{kg/kg干物料})$$

$$X_2 = \frac{w_2}{1 - w_2} = \frac{0.005}{1 - 0.005} = 0.00503 (\text{kg/kg干物料})$$

干燥过程蒸发水分的量：

$$m_w = m_0(X_1 - X_2) = 1.5 \times (0.0526 - 0.00503) = 0.0714 (\text{kg/s})$$

空气进入干燥器时的状态：

$$d_1 = d_0 = 0.007 \text{kg/kg干空气}$$

空气的焓值：

$$\begin{aligned} h_1 &= (1.01 + 1.88d_1)t_1 + 2501d_1 \\ &= (1.01 + 1.88 \times 0.007) \times 127 + 2501 \times 0.007 \\ &= 147.45 (\text{kJ/kg干空气}) \end{aligned}$$

空气离开干燥器时的状态：

$$h_2 = h_1 = 147.45 \text{ kJ/kg干空气}$$

$$t_2 = 82℃$$

$$d_2 = \frac{h_2 - 1.01t_2}{1.88t_2 + 2501} = \frac{147.45 - 1.01 \times 82}{1.88 \times 82 + 2501} = 0.0243 (\text{kg/kg干空气})$$

干燥过程中干空气用量：

$$V = \frac{m_w}{d_2 - d_1} = \frac{0.0714}{0.0243 - 0.007} = 4.13 (\text{kg干空气/s})$$

对应湿空气用量为：

$$V(1+d_0)=4.13\times(1+0.007)=4.16(\text{kg干空气}/\text{s})$$

② 空气进入预热器时的状态：

$$h_0=(1.01+1.88d_0)t_0+2501d_0$$
$$=(1.01+1.88\times0.007)\times20+2501\times0.007$$
$$=37.97(\text{kJ/kg干空气})$$

预热器的热负荷

$$Q=V(h_1-h_0)=4.13\times(147.45-37.97)=452.15(\text{kW})$$

在实际干燥过程的计算中，气体离开干燥器的状态需要由物料衡算式(4-48)和热量衡算式(4-57)联立求解来确定。在物料的干燥要求相同，气体进出干燥器的温度也相同的条件下，实际干燥过程中，由于有热损失及物料带走的热量，过程所需要的空气量及预热器的热负荷将有所增加。

### 本章小结

物料的干燥过程包括了热量的交换和质量的传递，是一个传热和传质的综合过程。

湿空气性质可由绝对湿度、相对湿度、含湿量、干球温度、湿球温度、绝热饱和温度、露点、湿空气的焓和比容等状态参数进行描述。空气在加热和冷却过程、加湿和去湿过程、干燥过程中，各状态参数发生相应的变化。

干燥过程中，根据水分被去除的难易程度，将物料中水分分为结合水和非结合水。结合水和非结合水的划分，仅与物料的性质有关，与干燥介质状态无关。根据水分能否用干燥方法去除可划分为平衡水分和自由水分。自由水分和平衡水分除与物料有关外，还取决于空气的状态。

干燥过程可分为恒速干燥和降速干燥两个阶段。恒速干燥阶段为外扩散控制阶段，其干燥速率主要受空气流速、含湿量、空气温度以及空气与物料的接触方式等因素的影响。降速干燥阶段为内部迁移控制阶段，热扩散、质量扩散及热湿扩散都会影响其干燥速率大小。

通过干燥过程的物料衡算和热量衡算可以确定干燥过程空气用量、热量的消耗，分析干燥过程的热效率。实际干燥过程可以进行某种程度的简化，主要通过实验或经验解决问题。

常用的干燥方法有对流干燥、传导干燥、热辐射干燥、场干燥等。

### 思考题

4-1 夏天，刚从冰柜里拿出的玻璃瓶装饮料，瓶子外表面总是有"露水"，请解释这种现象。

4-2 冬季，戴眼镜的人从室外寒冷环境下进入有暖气的房间，眼镜马上就模糊了，这是怎么回事？

4-3 北方空气干燥，南方空气湿润，根据学过的湿空气的性质解释一下。

4-4 比较湿空气的相对湿度、绝对湿度、含湿量等概念，在什么情况下用哪种表达？

4-5 湿空气的干球温度、湿球温度、露点大小关系如何？何时三者相等？

4-6 物料中的水分有哪几种？何谓平衡水分和自由水分？

4-7 对流干燥过程的特点是什么？

4-8 干燥分哪几个阶段？各个阶段有什么特点？

4-9 为提高干燥效率可以采取哪些措施？

4-10 坯体干燥过程的收缩和开裂是怎么产生的？采取哪些措施可以减少干燥废品？

4-11 湿空气状态变化的典型过程有哪些？各个过程的特征是什么？

4-12 常用的干燥方法有哪些？

## 习 题 ▶▶

4-1 下列三种空气作为干燥介质，问采用何者干燥推动力最大？何者最小？为什么？

(1) $t=60℃$，$d=0.015$kg/kg干空气；

(2) $t=70℃$，$d=0.040$kg/kg干空气；

(3) $t=80℃$，$d=0.045$kg/kg干空气。

4-2 已知大气压强 0.1MPa，温度 30℃，露点温度 20℃，求空气的相对湿度、含湿量、焓、水蒸气分压。

【答案】55.5%，0.015kg水蒸气/kg干空气，68.66kJ/kg干空气，2.3549kPa。

4-3 已知空气的干球温度和湿球温度分别为 30℃ 及 25℃，求空气的相对湿度、含湿量、焓、水蒸气分压、绝对湿度、露点，湿空气的密度。

【答案】65%，0.018kg水蒸气/kg干空气，76kJ/kg干空气，2.7kPa，0.0193kg/m³，23.5℃，1.13 kg/m³。

4-4 将干球温度为 27℃、露点温度为 22℃ 的空气加热到 80℃，试求加热前后空气的相对湿度的变化量。

【答案】69.24%。

4-5 将 20℃、$\varphi_1=15\%$ 的新鲜空气与 50℃、$\varphi_2=80\%$ 的热气体混合，$m_{a1}=50$kg/s、$m_{a2}=20$kg/s，且新鲜空气与废气的比热相同。如将混合气体加热到 102℃，问该气体的相对湿度和焓为多少？

【答案】3.12%，156.30 kJ/kg干空气。

4-6 在常压下，25℃ 时物料与空气之间的平衡关系为：

$\varphi=100\%$，平衡含水量 $X^*=0.02$kg水/kg干料

$\varphi=40\%$，平衡含水量 $X^*=0.007$kg水/kg干料

已知物料含水量为 0.25kg水/kg干料，干燥介质空气温度为 25℃，$\varphi=40\%$。求物料的自由含水量、结合水及非结合水含量。

【答案】0.243kg水/kg干料，0.02kg水/kg干料，0.23kg水/kg干料。

4-7 干球温度为 20℃、湿球温度为 16℃ 的空气经预热器加热到 50℃ 后送入干燥器中。空气在干燥器中绝热冷却，离开干燥器时的相对湿度为 80%，温度为 30℃，总压 100kPa。求：(1) 离开干燥器废气的焓。(2) 将 100m³ 的新鲜空气预热到 50℃ 所需的热量及在干燥器内绝热干燥过程中所吸收的水分。

【答案】(1) 86.56kJ/kg干空气；(2) 4819kJ，1.41kg。

4-8 一理想干燥器在总压为 100kPa 下，将湿物料水分由 50% 干燥至 1%，湿物料的处理量为 20kg/s。室外大气温度为 25℃，含湿量为 0.005kg水/kg干空气，经预热后送入干燥

器。废气排出温度为 50℃，相对湿度 60%。试求：(1) 空气用量；(2) 预热温度。

【答案】(1) 221.08 kg$_{空气}$/s；(2) 165℃。

4-9  物料在稳态空气条件下进行间歇干燥。已知恒速干燥阶段的干燥速率为 1.1kg/($m^2$ • h)，每批物料的处理量为 1000kg 干料，干燥面积 55$m^2$。试估计将物料从 0.15kg$_{水}$/kg$_{干料}$ 干燥到 0.005kg$_{水}$/kg$_{干料}$ 所需的时间。已知物料的平衡含水量为 0，临界含水量为 0.125kg$_{水}$/kg$_{干料}$。作为粗略估计，可设降速阶段的干燥速率与自由含水量成正比。

【答案】7.06h。

4-10  在恒定干燥条件下，将物料由含水量 0.33kg$_{水}$/kg$_{干料}$ 干燥到 0.09kg$_{水}$/kg$_{干料}$ 需要 7h，若继续干燥至 0.07kg$_{水}$/kg$_{干料}$，还需多少时间？已知物料的临界含水量为 0.16kg$_{水}$/kg$_{干料}$，平衡含水量为 0.05kg$_{水}$/kg$_{干料}$，设降速阶段的干燥速率与自由含水量成正比。

【答案】1.93h。

# 参 考 文 献

[1]  徐德龙，谢峻林. 材料工程基础 [M]. 武汉：武汉理工大学出版社，2008.
[2]  孙晋涛. 硅酸盐工业热工基础 [M]. 武汉：武汉理工大学出版社，2001.
[3]  王志魁. 化工原理 [M]. 北京：化学工业出版社，2005.
[4]  陈敏恒. 化工原理 [M]. 第2版. 北京：化学工业出版社，2001.
[5]  沈巧珍，杜建明. 冶金传输原理 [M]. 北京：冶金工业出版社，2006.
[6]  张美杰. 材料热工基础 [M]. 北京：冶金工业出版社，2008.
[7]  周勇敏. 材料工程基础 [M]. 北京：化学工业出版社，2011.

# 第五章　燃烧原理

**本章提要**

主要内容包括燃料热工特性、燃烧计算、燃烧理论与过程等，以解决什么是燃料、如何评价燃料品质、怎样通过燃烧计算解决应用问题、燃烧发生什么反应经历什么阶段等问题。

**掌握内容**

燃料的种类、组成与表示方法，燃料的性质，燃烧计算。

**了解内容**

燃烧理论，燃烧过程。

高温烧成是许多材料合成与制备的必备工序，此过程消耗大量热量。而燃料燃烧是目前工业窑炉获取热源的主要方式。了解燃料热工特性、燃烧理论和不同燃料燃烧过程，学会燃烧计算方法，以此为基础来指导燃料的选择与热工设备的设计选用，进而合理组织燃烧过程，对实现材料生产的优质、高效、低耗非常重要。

燃料指通过燃烧可获得热能并可利用热能的物质。燃烧是指燃料中的可燃物与空气发生剧烈的氧化反应，产生大量的热量并伴随有强烈发光的现象。燃烧可产生火焰且火焰可自行传播，这是它区别于其他化学反应的最主要特征。燃烧除要有一定比例的可燃物及氧化剂（空气）外，还需达到着火温度。燃烧过程中由缓慢的氧化反应转变为剧烈的氧化反应（即燃烧）的瞬间叫着火，转变时的最低温度叫着火温度。燃烧过程是一个极其复杂的过程，伴随有化学反应、物质流动、传热和传质等化学及物理过程，这些过程间相互影响、相互制约。

## 第一节　燃料的种类及组成

## 一、燃料的种类

燃料包括矿物燃料和生物燃料。

## （一）矿物燃料

矿物燃料种类很多，按其形态可分为固体、液体和气体三大类，按其来源可分为天然燃料和人工燃料两大类。表 5-1 列出了矿物燃料的分类。

表 5-1　矿物燃料的分类

| 种类 | 天然燃料 | 人工燃料 |
|---|---|---|
| 固体燃料 | 泥煤、褐煤、烟煤、无烟煤 | 焦炭、木炭、粉煤 |
| 液体燃料 | 石油 | 燃料油（汽油、煤油、柴油、重油、渣油等） |
| 气体燃料 | 天然气 | 液化石油气、焦炉煤气、高炉煤气、发生炉煤气 |

### 1. 固体燃料

天然固体燃料主要包括煤和可燃页岩，其中我国的能源结构以煤为主。煤是古代植物死后，埋于地下，在没有空气的条件下经长期地质和化学变化而形成的一种天然矿物。根据埋藏时间（炭化程度）的长短，分为泥煤、褐煤、烟煤和无烟煤。也可根据煤中挥发分或发热量大小进行分类。但由于煤的组成、结构与性质极其复杂，到目前为止还没有一种分类方法能概括所有煤种的物理化学性质及其各种工业用途。

泥煤是由植物刚刚变来的煤，含碳量最低；机械强度低，不宜长途运输。褐煤是泥煤经过进一步变化后生成的，由于能将热碱水染成褐色而得名；黏结性弱、吸水性较强，不宜长期储存。泥煤和褐煤只能作为地方性燃料使用。烟煤是一种炭化程度较高的煤，最大特点是具有黏结性，是炼焦的重要原料。根据黏结性的强弱及挥发分大小等指标，进一步将烟煤分为长焰煤、气煤、肥煤、结焦煤、瘦煤等不同的品种。无烟煤是炭化程度最高的煤，含碳量高，挥发分极少，发热量大；组织致密而坚硬，密度大，吸水性小，分布较广；主要缺点是受热时容易爆裂，可燃性较差不宜着火。

人工固体燃料主要包括煤的干馏残余物，包括焦炭、半焦炭等；另外还有木炭、粉煤等。

工业窑炉以烟煤和无烟煤的应用最为普遍。

### 2. 液体燃料

天然液体燃料主要指石油，也叫原油，是产于岩石中以碳氢化合物为主的油状黏稠液体。经分馏、裂解石油可制得各种人工石油产品，统称为燃料油。如将石油常压分馏可得到汽油、煤油、柴油等高质量燃料和常压渣油；将常压渣油减压分馏可得到减压渣油；将常压渣油裂化可得到裂化煤气、裂化汽油和裂化渣油。将三种渣油（常压渣油、减压渣油、裂化渣油）与裂化煤气、裂化汽油等按适当比例调和以达到一定指标的燃料油又称为重油（重质燃料油）。

目前工业窑炉普遍使用的是重油和渣油。

### 3. 气体燃料

在各种燃料中，气体燃料的燃烧最易控制，也最易实现自动调节。特别对于某些要求比较严格的加热炉或热处理炉，除电能外，气体燃料是最理想的燃料。此外，气体燃料可进行高温预热，可用低热值燃料来获得高燃烧温度并有利于节约燃料、降低燃耗。

天然气是一种优质气体燃料，在石油产区的称为油田气，在单纯天然气田的称为气田气，另还有煤层气、页层气等。人造气体燃料种类较多，包括石油加工过程中的副产品液化石油气、炼焦炉中炼焦的副产品焦炉煤气、高炉炼铁时的副产品高炉煤气、煤气发生炉中空气、少量水蒸气与煤或焦炭作用产生的发生炉煤气等。

工业中所采用的气体燃料以天然气、液化石油气和发生炉煤气居多。

（二）生物燃料

矿物燃料属不可再生能源。随着工业化的发展，能源需求大幅上升，能源短缺正成为制约世界经济社会发展的瓶颈问题之一，因此各国都大力发展可再生能源。为工业窑炉提供热能的可再生能源主要指生物燃料。

生物燃料是一种新型清洁燃料，是太阳能以化学能形式储存在生物中的一种能量，直接或间接来源于植物的光合作用，并以生物质为载体。生物质主要指农林废物（秸秆、锯末、甘蔗渣、稻壳等）、动物粪便、生活垃圾等。生物燃料蕴藏量极大，仅地球上的植物每年生产的生物燃料量，就相当于人类每年消耗矿物能的 20 倍。将生物质作为原材料，经深加工制得生物乙醇和生物柴油，用于工业窑炉供热。经粉碎、混合、挤压、烘干等工艺，制成的各种颗粒状、块状生物燃料现也已广泛用于小型锅炉。

## 二、燃料的组成及换算

实际使用的燃料大都是复杂的有机混合物，有可燃成分也有不可燃成分。为了有效合理选择、使用燃料，进而合理组织燃烧过程，首先要了解燃料组成的表示方法。固体、液体燃料的组成及换算与气体燃料差别很大，下面分别阐述。

（一）固体、液体燃料

固体、液体燃料的组成用各组分质量分数表示，有元素分析和工业分析两种表示方法。

### 1. 元素分析组成

从元素组成看，固体、液体燃料是由碳（C）、氢（H）、氧（O）、氮（N）、硫（S）五种元素及部分矿物杂质——灰分（$A$，Air）和水分（$M$，Moisture）组成，七者之和为 $100\%$。其中，碳、氢、部分硫为可燃成分，氧、氮、灰分、水分、部分硫（硫酸盐硫）为不可燃成分。在窑炉设计计算中，经常涉及实际空气量、实际烟气量、空气系数和实际燃烧温度等的计算，这些计算需使用燃料的元素分析数据。现在简要说明元素分析中各组分的性质。

（1）碳（C）和氢（H）

碳和氢是燃料中的主要可燃元素，热值分别为 32800kJ/kg、142000kJ/kg。氢热值约为碳热值的 4 倍，但它的含量比碳小得多。碳基本不以自由碳形式存在，而是与氧、氮、硫等结合在一起形成复杂的有机化合物。煤的炭化程度越高含碳量越大，各种煤的含碳量如表 5-2 所示。由于纯碳的着火与燃烧都比较困难，因此含碳量高的无烟煤难以着火和燃尽。煤中氢含量随炭化程度加深而增加，在接近无烟煤时又随炭化程度的提高而减少。燃料油中碳的干燥无灰基含量占 85%～88%，氢含量占 10%～14%。它们结合成各种碳氢化合物称为烃，包括烷烃、烯烃、环烷烃、芳香烃等。

表 5-2 　各种煤中含碳量 　　　　　　　　　　　　　　　　　　　　　　单位:%

| 煤的种类 | C | 煤的种类 | C |
|---|---|---|---|
| 泥煤 | 约 70 | 黏结煤 | 83～85 |
| 褐煤 | 70～78 | 强黏结煤 | 85～90 |
| 非黏结性煤 | 78～80 | 无烟煤 | ＞90 |
| 弱黏结性煤 | 80～83 | | |

（2）氧（O）和氮（N）

氧和氮是燃料中的不可燃元素，两者含量的增加势必降低可燃元素的含量。煤中氧含量随炭化程度的加深而减少，烟煤中氧含量为 2%～10%，无烟煤则小于 2%。氮在燃烧时常呈游离状态逸出，但高温下部分氮会形成 $NO_x$ 污染大气。燃料油中氧和氮含量一般很小，氧含量为 0.1%～1%，氮含量 0.2% 以下。绝大部分含氧、氮的化合物以胶状沥青物质的形式存在，所以含胶状沥青物质较多的油（如渣油），其含氧、氮量也高。

（3）硫（S）

硫是燃料中最有害的可燃元素。热值 9210kJ/kg，约为碳热值的 1/3，但其燃烧产物为 $SO_2$ 和 $SO_3$，遇水蒸气生成亚硫酸和硫酸蒸气，对大气、人体、设备、产品等危害性大，因此使用中应严格控制其含量。我国煤的含硫量范围很大（0.2%～0.8%），国家标准 GB/T 1522.4—2004 按硫含量把煤分为五级，即高硫煤、中高硫煤、中硫煤、低硫煤、特低硫煤。硫在煤中有无机硫（硫化物硫、硫酸盐硫）、有机硫和单质硫三种存在状态，除硫酸盐硫外，均可以燃烧。根据含硫量的高低，可将燃料油分为低硫油（S<0.5%）、中硫油（S=0.5%～1%）、高硫油（S>1%）。

（4）灰分（A）和水分（M）

灰分指燃料中所含矿物杂质（主要是碳酸盐、黏土矿物质及微量稀土元素等）或开采运输过程中掺杂进来的灰沙等矿物质在燃烧过程中经过高温分解和氧化作用后生成的一些固体残留物，主要成分有 $SiO_2$、$Al_2O_3$、$Fe_2O_3$、$CaO$ 及 $MgO$，此外还有 $K_2O$、$Na_2O$ 和 $SO_3$（以硫酸盐形式存在）。各种煤的灰分含量相差较大，一般为 5%～50%；燃料油中灰分较少，一般在 0.05% 以下。燃料中灰分量较高时，矿物质燃烧灰化要吸收热量，大量排渣要带走热量，因而降低了煤的发热量，影响了锅炉操作（如易结渣、熄火），加剧了设备磨损，并降低了设备的传热效率。因此，灰分的高低是评价固体、液体燃料优劣的重要依据。工业窑炉中，一般要求煤中灰分量应小于 20%，对燃料油的灰分更有严格限制。

水分也是燃料中的杂质。水分直接影响煤的使用、运输和储存。水分的存在会降低可燃成分的含量使燃料发热量降低，同时水分汽化会消耗热量，且增加烟气量使热损失增加。一般情况下，煤中的水分含量不应超过 1%，燃料油的水分含量不应超过 0.6%。

元素分析可参考 GB 47679《煤的元素分析法》进行测定，也可借助元素分析仪测定。但由于元素分析的复杂性且对仪器要求较高，因此一般由专门的化学分析实验室承担。

**2. 工业分析组成**

工业分析组成是针对固体燃料提出的简易方法。它并不是煤的原有组成，是人们用加热的方法将燃料中极为复杂的成分加以分解和转化而得到的组成。包括水分（M）、挥发分（V，Volatile Component）、灰分（A）、固定碳（FC，Fixed Carbon）四种成分，四者之和 100%。水分和灰分为不可燃成分，挥发分和固定碳为可燃成分。该组成可初步判断煤的种类、性质和工业用途，是了解煤质特性的主要指标，也是评价煤质的基本依据。工业分析组成是我国动力用煤成分分析的一个重要项目，被厂矿广泛使用。

（1）水分（M）

如第四章所述，煤中自由水分（游离水）包括非结合水（外在水）和物理化学结合水（内在水），非结合水机械附着在燃料表面或颗粒堆积大空隙中，可用自然干燥的方法去除；物理化学结合水吸附在煤内部毛孔中，亦可通过加热等方式去除。化学结合水（结晶水）则不属于干燥范围。工业分析组成中的水分不包括结晶水，即指空气干燥后煤样放在烘箱中在

102～105℃下加热至干燥状态所失去的水分。

（2）挥发分（$V$）

挥发分指将一定量的干燥煤样放在坩埚内，在（$900\pm10$）℃的马弗炉中加热 7min，煤样所失去的质量。包括结晶水、低分子烃类、碳氧化合物、氢气等挥发性成分和热分解产物。煤中挥发分含量会影响燃烧时火焰的长度及着火温度。一般来说，挥发分高的煤，着火温度低，火焰长，易着火。我国动力用煤按照煤中干燥无灰基挥发分大小进行分类：褐煤＞40％，烟煤 20％～40％，贫煤 10％～20％，无烟煤＜10％。

（3）灰分（$A$）

灰分是煤加热到规定温度（815℃）完全燃烧后的残留物。其性质在元素分析组成中已重点阐述。

（4）固定碳（$FC$）

固定碳是从测定煤样挥发分的焦渣中移去灰分后残余的物质。也就是从煤的测试试样质量中减去其中的水分、挥发分、灰分含量，剩下的就是煤的固定碳含量。固定碳实际上是煤中的有机质在一定的加热制度下产生的热解固体产物，与元素分析组成中的碳元素含量是不相同的两个概念，不仅含碳元素，还有氢、氧、氮等元素。

（二）组成表示基准

不管是元素分析组成还是工业分析组成，均以燃料中各组分的质量百分数表示，而燃料中所含水分和灰分量常随开采、加工、运输、储存、气候条件等变化而变化，给燃料研究带来不便。因此，采用不同的计算基准来表示燃料组成。

**1. 收到基（as received）**

收到基指使用单位收到的煤的组成，以全部组分总量为计算基准。在各组成的右下角以"ar"表示。对元素分析组成而言：

$$C_{ar}+H_{ar}+O_{ar}+N_{ar}+S_{ar}+A_{ar}+M_{ar}=100\% \tag{5-1}$$

收到基常因水分波动而不能准确反映燃料的基本燃烧性质，因此引入空气干燥基。

**2. 空气干燥基（air dry）**

将煤样在 20℃和相对湿度 70％的空气下连续干燥 1h 后质量变化不超过 0.1％，即认为达到空气干燥状态，对应的组成基准称为空气干燥基，简称空干基。在各组成的右下角以"ad"表示。此时燃料中的外在水已经逸出。对元素分析组成而言：

$$C_{ad}+H_{ad}+O_{ad}+N_{ad}+S_{ad}+A_{ad}+M_{ad}=100\% \tag{5-2}$$

实验室中的煤分析适宜采用空干基，一般煤质分析报告中给出的水分大都是空干基水分。但内在水分也不够稳定，因此引入干燥基。

**3. 干燥基（dry）**

干燥基指绝对干燥的煤的组成，简称干基，燃料组成中不再含有水分。这种基不受煤水分变动的影响，能比较稳定地反应成批储煤的真实组成。在各组成的右下角以"d"表示。对元素分析组成而言：

$$C_d+H_d+O_d+N_d+S_d+A_d=100\% \tag{5-3}$$

燃料中的灰分也易波动，因此引入干燥无灰基。

**4. 干燥无灰基（dry ash free）**

干燥无灰基是无水无灰的煤的组成，可排除外界条件的影响，较真实地反映燃料的燃烧性能。在各组成的右下角以"daf"表示。对元素分析组成而言：

$$C_{daf} + H_{daf} + O_{daf} + N_{daf} + S_{daf} = 100\% \qquad (5-4)$$

一般情况下，煤矿提供的是干燥无灰基组成，同一矿井不会存在很大变化。

上述四种组成表示基准间需根据物质平衡关系进行换算，以满足不同的使用需求。换算系数见表 5-3。

表 5-3　各种组成表示基准的换算系数①

| 已知的基准 | 要换算的基准 | | | |
|---|---|---|---|---|
| | 收到基（ar） | 空气干燥基（ad） | 干燥基（d） | 干燥无灰基（daf） |
| 收到基（ar） | 1 | $\dfrac{1-M_{ad}}{1-M_{ar}}$ | $\dfrac{1}{1-M_{ar}}$ | $\dfrac{1}{1-M_{ar}-A_{ar}}$ |
| 空气干燥基（ad） | $\dfrac{1-M_{ar}}{1-M_{ad}}$ | 1 | $\dfrac{1}{1-M_{ad}}$ | $\dfrac{1}{1-M_{ad}-A_{ad}}$ |
| 干燥基（d） | $1-M_{ar}$ | $1-M_{ad}$ | 1 | $\dfrac{1}{1-A_{d}}$ |
| 干燥无灰基（daf） | $1-M_{ar}-A_{ar}$ | $1-M_{ad}-A_{ad}$ | $1-A_{ad}$ | 1 |

① 表中换算系数可用于除水分以外的其余成分、挥发分和高位发热量的换算。

**例 5-1** 下列煤的元素分析组成所用基准各不相同，试将各组分都换算成收到基。

| 组分 | $C_{daf}$ | $H_{daf}$ | $O_{daf}$ | $N_{daf}$ | $S_{daf}$ | $A_{d}$ | $M_{ar}$ |
|---|---|---|---|---|---|---|---|
| 质量/% | 72 | 5 | 20 | 2 | 1 | 12.5 | 20 |

**解** 首先求灰分的收到基含量

$$A_{ar} = A_{d} \times (1-M_{ar}) = 12.5\% \times (1-20\%) = 10\%$$

根据 $A_{ar}$ 和 $M_{ar}$ 进行其他成分的换算

$$C_{ar} = C_{daf} \times (1-A_{ar}-M_{ar}) = 72\% \times (1-10\%-20\%) = 50.4\%$$

同理

$$H_{ar} = H_{daf} \times (1-A_{ar}-M_{ar}) = 5\% \times (1-10\%-20\%) = 3.5\%$$

$$O_{ar} = O_{daf} \times (1-A_{ar}-M_{ar}) = 20\% \times (1-10\%-20\%) = 14.0\%$$

$$N_{ar} = N_{daf} \times (1-A_{ar}-M_{ar}) = 2\% \times (1-10\%-20\%) = 1.4\%$$

$$S_{ar} = S_{daf} \times (1-A_{ar}-M_{ar}) = 1\% \times (1-10\%-20\%) = 0.7\%$$

为了深刻理解、掌握燃料的种类及其组成表示方法，表 5-4 列出了我国出产的各种煤的组成，图 5-1、图 5-2 分别给出了煤的两种组成表示方法（元素分析组成、工业分析组成）和四种组成表示基准的相互关系。

表 5-4　各种煤的组成　　　　　　　　　　　　　　　　单位：%

| 种类 | 产地 | 工业分析 | | | | | 元素分析 | | | | | 低位热值 |
|---|---|---|---|---|---|---|---|---|---|---|---|---|
| | | $M_{ar}$ | $M_{ad}$ | $A_{ad}$ | $A_{d}$ | $V_{daf}$ | $C_{daf}$ | $H_{daf}$ | $O_{daf}$ | $N_{daf}$ | $S_{daf}$ | $Q_{net}/(MJ/kg)$ |
| 无烟煤 | 阳泉 | 2.44 | 0.98 | 16.61 | — | 9.54 | 89.87 | 4.36 | 4.37 | 1.02 | 0.38 | 27.79 |
| 无烟煤 | 焦作 | 4.32 | 1.43 | 20.00 | — | 5.62 | 92.38 | 2.87 | 3.32 | 1.05 | 0.36 | 25.12 |
| 烟煤（瘦煤） | 铜川 | 1.62 | 0.70 | 17.18 | — | 15.58 | 84.23 | 3.30 | 5.51 | 1.13 | 5.83 | 28.45 |
| 弱黏结烟煤 | 大同 | 2.28 | 1.42 | 4.69 | — | 29.59 | 83.38 | 5.24 | 10.21 | 0.64 | 0.53 | 29.69 |
| 烟煤（气煤） | 淮南 | 4.6 | 2.5 | 18.6 | — | 36.1 | 84.47 | 6.24 | 1.42 | 6.50 | 1.37 | 24.97 |
| 烟煤（气煤） | 抚顺 | 3.5 | — | — | 7.89 | 44.46 | 80.3 | 6.1 | 11.6 | 1.4 | 0.6 | 27.81 |
| 烟煤（肥煤） | 开滦 | 5.0 | — | — | 28.00 | 32.00 | — | — | — | — | 1.73 | 23.35 |
| 褐煤 | 扎赉诺尔 | 19.17 | — | — | 7.67 | 48.69 | 66.61 | 7.11 | 24.62 | 1.56 | 0.26 | 19.85 |

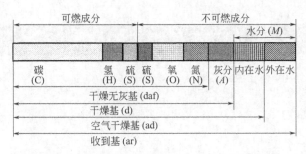

图 5-1　煤元素分析组成和四种组成基准的关系

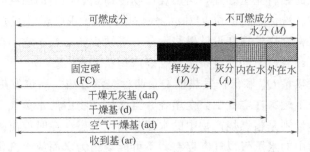

图 5-2　煤工业分析组成和四种组成基准的关系

### （三）气体燃料

　　气体燃料是由可燃成分和不可燃成分组成的混合气体。可燃成分主要有 CO、$H_2$、$CH_4$ 与其他烃类（饱和烃类如 $C_2H_6$、$C_3H_8$ 等，不饱和烃类如 $C_2H_4$、$C_2H_2$、$C_3H_6$、$C_4H_8$ 等）及 $H_2S$ 等；不可燃成分有 $CO_2$、$H_2O$、$N_2$、$O_2$、$SO_2$ 等。气体燃料的组成用各组分所占的体积百分比表示。考虑燃料中水蒸气影响的基准称为湿组分组成，用上标 v 表示，即：

$$CO^v + H_2^v + CH_4^v + C_mH_n^v + H_2S^v + CO_2^v + N_2^v + O_2^v + H_2O^v = 100\% \tag{5-5}$$

　　不考虑水蒸气的基准称为干组分组成，用上标 d 表示，即：

$$CO^d + H_2^d + CH_4^d + C_mH_n^d + H_2S^d + CO_2^d + N_2^d + O_2^d = 100\% \tag{5-6}$$

　　为了准确反映气体燃料的燃烧性能，在技术资料中大都使用干成分组成，而进行燃烧计算时又应当用湿成分组成，因为实际使用的是湿燃气。气体燃料干、湿成分组成的换算如下：

$$x^v = x^d(1 - H_2O^v) \tag{5-7}$$

式中　$H_2O^v$——$1m^3$ 湿气体燃料中所含水蒸气的体积，$m^3$。

　　若为冷煤气，通常认为是含有饱和水蒸气的煤气，其中水蒸气含量与煤气温度有关。热煤气中的水蒸气含量可由物料平衡算出。

　　表 5-5 列出了几种常见气体燃料的组成。

表 5-5　不同气体燃料的组成　　　　　　　　　　　　　　　　单位：%

| 种类 | CO | $H_2$ | $CH_4$ | $C_mH_n$ | $H_2S$ | $CO_2$ | $N_2$ | $O_2$ | 低位热值 $Q_{net}/(MJ/m^3)$ |
|---|---|---|---|---|---|---|---|---|---|
| 高炉煤气 | 27.0 | 2.0 | 1.0 | — | — | 12.0 | 58.0 | — | 3.99 |
| 焦炉煤气 | 6.8 | 57.0 | 22.3 | 2.7 | 0.4 | 2.3 | 7.7 | 0.8 | 17.52 |
| 发生炉煤气 | 30.6 | 13.2 | 4.0 | — | — | 3.4 | 48.8 | — | 6.753 |
| 天然气 | 0.1 | 0.1 | 97.7 | 1.1 | 0.3 | | 0.7 | — | 35.99 |

## 第二节 燃料的性质

### 一、发热量

#### （一）基本概念

单位质量或体积的燃料完全燃烧，当燃烧产物冷却到燃烧前的温度时所放出的热量称为燃料的发热量。固体、液体燃料单位 $kJ/kg$，气体燃料单位 $kJ/m^3$。发热量是燃料最重要的使用性质，是进行工程燃烧计算和设计燃烧设备不可缺少的参数。它不仅取决于燃料中可燃物的化学组成，而且还与燃料的燃烧条件及燃烧产物状态有关。

发热量有高位发热量 $Q_{gr}$ 和低位发热量 $Q_{net}$ 两种表示方法。高位发热量是评价燃料质量的标准，是指在常压下燃料在空气中完全燃烧并当燃烧产物中的水蒸气全部凝结为水时所放出的热量。低位发热量则是指燃烧产物中的水蒸气仍以气态存在时放出的热量。实际燃烧时温度很高，燃烧产物中的水蒸气以气态存在，不可能凝结为水而放出汽化热，因此燃烧计算选用低位发热量为基准。

对固体、液体燃料，$1kg$ 固体、液体燃料燃烧后生成的水量为（$M_{ar}+9H_{ar}$），水的汽化热为 $44.1kJ/mol$（$2450kJ/kg$），因此高位发热量和低位发热量之差为：

$$Q_{gr}-Q_{net}=2450(M_{ar}+9H_{ar})\times\frac{18}{22.4}(kJ/kg) \tag{5-8}$$

不同组成表示基准时，低位发热量的转换参考表 5-6。

表 5-6 各种组成表示基准煤的低位发热量换算公式[①]

| 已知的基准 | 要换算的基准 | | | |
|---|---|---|---|---|
| | 收到基 | 空气干燥基 | 干燥基 | 干燥无灰基 |
| 收到基 $Q_{net,ar}$ | $Q_{net,ar}$ | $(Q_{net,ar}+2500M_{ar})K-2500M_{ad}$ | $(Q_{net,ar}+2500M_{ar})K$ | $(Q_{net,ar}+2500M_{ar})K$ |
| 空气干燥基 $Q_{net,ad}$ | $(Q_{net,ad}+2500M_{ad})K-2500M_{ar}$ | $Q_{net,ad}$ | $(Q_{net,ad}+2500M_{ad})K$ | $(Q_{net,ad}+2500M_{ad})K$ |
| 干燥基 $Q_{net,d}$ | $Q_{net,d}K-2500M_{ar}$ | $Q_{net,d}K-2500M_{ad}$ | $Q_{net,d}$ | $Q_{net,d}K$ |
| 干燥无灰基 $Q_{net,daf}$ | $Q_{net,daf}K-2500M_{ar}$ | $Q_{net,daf}K-2500M_{ad}$ | $Q_{net,daf}K$ | $Q_{net,daf}$ |

① 表中换算系数 $K$ 同表 5-3 中相应的换算系数。

对气体燃料，$1m^3$ 干气体燃料燃烧后生成的水量为：

$$W_水=(H_2+2CH_4+H_2S+\frac{n}{2}C_mH_n)\times\frac{18}{22.4}(kg/m^3)$$

因此高位发热量和低位发热量之差为：

$$Q_{gr}-Q_{net}=2450(H_2+2CH_4+H_2S+\frac{n}{2}C_mH_n)\times\frac{18}{22.4}(kJ/m^3) \tag{5-9}$$

我国出产的几种煤和气体燃料的低位发热量分别见表 5-4 和表 5-5。当需要统计和比较燃料消耗量时，仅用质量或体积表示燃料是不够全面的，引入"标准燃料"的概念。目前规定，标准煤的低位发热量（收到基）为 $29270kJ/kg$；标准油的低位发热量为 $41820kJ/kg$；标准气的低位发热量为 $41820kJ/m^3$。

## （二）发热量的测定与计算

固体、液体燃料的高温发热量和低位发热量可由氧弹法测量弹筒发热量后计算获得，气体燃料可用气体量热计测定。采用测定的方法结果较为准确，但测定过程较为复杂，且需特定设备，工业中常利用经验公式近似计算燃料的低位发热量。

已知固体、液体燃料的元素分析组成，则有：

$$Q_{net,ar}=32793C_{ar}+98320H_{ar}-9100(O_{ar}-S_{ar})-2450(kJ/kg) \quad (5\text{-}10)$$

若仅有工业分析组成数据，对烟煤可按下列经验公式计算：

$$Q_{net,ad}=100K_0-(100K_1+2510)(M_{ad}+A_{ad})-1260V_{ad}-16750M_{ad}(kJ/kg) \quad (5\text{-}11)$$

式中，$M_{ad}$为修正项，仅当$V_{daf}<35\%$，且$M_{ad}>3\%$时才保留，其他情况均不计算；$K_0$为常数，按表5-7查得。

对无烟煤可按下列经验公式计算：

$$Q_{net,ad}=K_1-36000M_{ad}-38500A_{ad}-10000V_{ad}(kJ/kg) \quad (5\text{-}12)$$

式中　$K_1$——常数，按表5-8查得。

表 5-7 $K_0$ 值

| $K_0$ / $V_{daf}/\%$ | 焦渣特性 | | | | | | |
|---|---|---|---|---|---|---|---|
| | 1 | 2 | 3 | 4 | 5~6 | 7 | 8 |
| $10<V_{daf}\leqslant13$ | 352 | 352 | 354 | 354 | 354 | 354 | 354 |
| $13<V_{daf}\leqslant16$ | 337 | 350 | 354 | 356 | 356 | 356 | 356 |
| $16<V_{daf}\leqslant19$ | 335 | 343 | 350 | 352 | 356 | 356 | 356 |
| $19<V_{daf}\leqslant22$ | 329 | 339 | 345 | 348 | 352 | 356 | 358 |
| $22<V_{daf}\leqslant28$ | 320 | 329 | 339 | 343 | 350 | 352 | 354 |
| $28<V_{daf}\leqslant31$ | 320 | 327 | 335 | 339 | 345 | 348 | 354 |
| $31<V_{daf}\leqslant34$ | 306 | 325 | 331 | 335 | 341 | 348 | 350 |
| $34<V_{daf}\leqslant37$ | 306 | 320 | 329 | 333 | 339 | 345 | 348 |
| $37<V_{daf}\leqslant40$ | 306 | 316 | 327 | 331 | 335 | 343 | 348 |
| $V_{daf}>40$ | 304 | 312 | 320 | 325 | 333 | 339 | 343 |

表 5-8 $K_1$ 值

| $V_{daf}/\%$ | $V_{daf}\leqslant2.5$ | $2.5<V_{daf}\leqslant5.0$ | $5.0<V_{daf}\leqslant7.5$ | $V_{daf}>7.5$ |
|---|---|---|---|---|
| $K_1$ | 34332 | 34750 | 35169 | 35588 |

已知燃料的元素分析组成，则有：

$$Q_{net}=12600CO+10800H_2+35800CH_4+59000C_2H_4+63700C_2H_6+80600C_3H_6$$
$$+91200C_3H_8+118700C_4H_{10}+146000C_5H_{12}+23200H_2S\ (kJ/m^3) \quad (5\text{-}13)$$

# 二、其他热工性质

## （一）煤的特性

煤的工业分析值、发热量可初步评判煤的品质，但对合理科学选用燃料及燃烧设备及组织燃烧过程，还远远不够。煤的结渣性（焦渣特性和灰熔融特性）也是煤分析的重要物理量。热重分析、差热分析等现代研究手段则可获取更多煤的燃烧信息，进一步揭示煤的燃烧特性。

**1. 结渣性**

结渣性指煤在燃烧的高温状态下灰分（矿物质）黏结生成一定块度和足够强度焦块的能力。黏结能力指粒度小于 0.20mm 的煤，在隔绝空气条件下加热到一定温度时，煤粒相互黏结成焦块的能力。黏结性强是结渣性好的必要条件。煤的结渣性对煤的燃烧及燃烧设备影响较大。如果灰分熔点低，燃烧温度下易结渣并包裹可燃物，造成煤的不完全燃烧。同时由于受热面结渣，传热效率降低、烟气通路截面变小，通风阻力增大，导致燃耗增加。

（1）焦渣特性

焦渣是煤中水分及挥发分析出后在坩埚中的残留物，包括煤中的固定碳及灰分。焦渣特性随煤种不同而变化。根据焦渣特性则可以初步鉴定煤的结渣性。国家标准规定焦渣特性分为八级，如表 5-9 所示。

表 5-9　焦渣特性分级标准

| 焦渣特性代号 | 焦渣形状 |
| --- | --- |
| 1 级 | 全部呈粉状，没有互相黏着的颗粒 |
| 2 级 | 黏着状，手指轻压即碎成粉状 |
| 3 级 | 弱黏结状，手指轻压即碎成小块 |
| 4 级 | 不熔融黏结状，用手用力加压才能破裂成小块 |
| 5 级 | 不膨胀熔融黏结状，呈扁平饼状 |
| 6 级 | 微膨胀熔融黏结状，用手指压不碎，表面有银白色金属光泽和较小的膨胀泡 |
| 7 级 | 膨胀熔融黏结状，表面有银白色金属光泽，有明显膨胀，但膨胀高度≤15mm |
| 8 级 | 强膨胀熔融黏结，表面有银白色金属光泽，有明显膨胀，膨胀高度>15mm |

（2）灰熔融特性

灰熔融特性（煤灰的熔融性）是表征煤灰在高温下粘塑性变化的性质。煤灰成分的熔化温度见表 5-10。灰熔融特性与其成分和含量有关，因此煤灰没有确定的熔化温度。当灰分中 $SiO_2$、$Al_2O_3$ 含量多时，高温灰渣中易生成莫来石相，灰分软化温度高；当 $Fe_2O_3$、$Na_2O$、$K_2O$ 等含量多时，高温灰渣中易形成钙铝黄长石晶相，灰分软化温度降低。

表 5-10　煤灰中各组成的熔化温度　　　　　　　　　　　　　单位:℃

| 成分 | $SiO_2$ | $Al_2O_3$ | CaO | MgO | $Fe_2O_3$ | FeO | $Na_2O$ | $K_2O$ |
| --- | --- | --- | --- | --- | --- | --- | --- | --- |
| 熔化温度 | 2230 | 2050 | 2570 | 2800 | 1550 | 1420 | | 800~1000 |

灰分的熔点常采用三角锥法测定。将煤灰粉末制成小三角锥（边长 7mm、高 20mm），放在底座上，送至加热电路中按规定速度升温。当三角锥顶部尖端开始变圆或弯曲时，这一温度称为变形温度（DT）；当三角锥尖端弯倒至底座平面时，此时的温度称为软化温度（ST）；当三角锥熔融在底座平面上时的温度称为熔化温度（FT）。通常用软化温度（ST）判断燃料是否易结渣。判断煤种是否能液态排渣时，常使用熔化温度（FT）数值。

**2. 燃烧特性**

煤燃烧过程中的质量损失速度和热量变化一定层面上可反映其燃烧速度。因此可通过热分析获得煤的热重分析（TGA）曲线、差热分析（DTA）曲线、微分热重分析（DTGA）曲线来分别表征试样的质量、热量、失重率（单位时间损失的质量）随时间或温度的变化。

不同煤种着火和燃烧曲线具有不同的形状和特征值，体现出不同的燃烧特性。

图 5-3 为粉状烟煤微分热重分析曲线。图中有五个特征点：$A$ 为挥发分开始释放点；$B$ 为挥发分最大失重率对应点；$C$ 为固定碳开始着火点；$D$ 为固定碳最大失重率对应点；$E$ 表示煤已燃尽。首先确定着火温度。虽然挥发分着火温度低于固定碳，但对无烟煤、贫煤而言，其挥发分含量少，可认为固定碳失重峰起点对应温度为煤着火温度。对烟煤而言，要视燃烧曲线特征而定：如果挥发分失重峰大而高，并于固定碳失重峰前段有重复部分，则认为挥发分失重速度突然变大的驻点为煤的着火点，对应温度为着火温度；如果挥发分失重峰相对

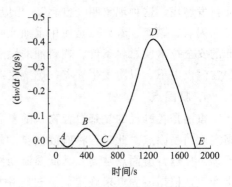

图 5-3 典型烟煤的燃烧特性曲线

比较独立，表明挥发分着火未足以引起固定碳着火，煤的着火温度仍取决于固定碳失重峰的起点。图 5-3 即为这种情况，因此此试样着火点为 $C$ 点。

根据微分热重分析曲线还可分析燃烧速度。挥发分失重峰、固定碳失重峰的宽窄代表了挥发分释放、固定碳燃烧的激烈程度，峰值大小代表了挥发分释放、固定碳燃烧的最大速度。$E$ 点对应的温度及时间大小代表煤燃尽的难易程度。

### （二）燃料油的特性

#### 1. 密度

在生产中，常常要根据燃料油的体积算出质量，或者进行相反换算，这就需要知道燃料油的密度。一般以相对密度值 $d_4^{20}$ 表示，即常温条件下（20℃）的燃油密度与 4℃时的纯水密度之比。相对密度在 0.9～1.0 的称为重质原油，小于 0.9 的称为轻质原油。各种燃料油的相对密度如表 5-11 所示。

表 5-11 常用燃料油的相对密度

| 燃料油 | 相对密度 | 燃料油 | 相对密度 |
|---|---|---|---|
| 车用汽油 | 0.712～0.731 | 柴油 | 0.831～0.862 |
| 航空汽油 | 0.73～0.75 | 重油 | 0.94～0.98 |

#### 2. 黏度

黏度是表征流体流动性能的指标，对燃料油的装卸、存储、过滤、输送及雾化均有较大影响。重油常用的黏度标准是以恩氏黏度（°E）来表示的，即在测定温度下油从恩格勒黏度计中流出 200ml 所需要的时间（s）与 20℃蒸馏水流出 200ml 所需的时间（约 52s）之比值。

重油的黏度随着压力升高而增大，随着温度的升高而降低。若重油的温度过低，黏度过大，会使装卸、过滤、输送困难，雾化不良；温度过高，则易使油剧烈气化，造成油罐冒顶，也容易使烧嘴发生气阻现象，使燃烧不稳定。

#### 3. 闪点、燃点、着火点

当燃料油被加热时，油表面将出现油蒸气。油温越高，油表面附近空气中油蒸气的浓度也就越大。当有火源接近时，若出现蓝色闪光，则此时油温达到"闪点"。闪火只是瞬间现象，它不会继续燃烧。若油温超过闪点，使油的蒸发速度加快，以致闪火后能继续燃烧（不

少于 5s），此时油温称油的"燃点"。再继续提高油温，则油表面的蒸气即使无火源接近也会自发燃烧，这种现象叫"自燃"，相应的油温称油的"着火点"。

闪点、燃点、着火点是使用重油或其他液体燃料时必须掌握的性能指标，它们关系到用油的安全技术及燃料条件。燃料油的燃点与闪点相差不大。储油罐中油的加热温度应严格控制在闪点以下，以防发生火灾；燃烧室或炉膛内的温度不应低于着火点，否则不利于燃烧。

**4. 凝固点**

重油是各种烃的复杂混合物，随着温度的降低黏度越来越大，当完全失去流动性时的最高温度叫凝固点。此时若将盛放油类的器皿倾斜 45°，则其中的燃油油面可在 1min 内保持不动。显然，凝固点越高，其低温流动性就越差。温度低于凝固点时，无法在管道中输送。生产上常根据凝固点来确定储运过程中的保温防凝措施。我国生产的重油的凝固点一般为 30～45℃，原油的凝固点在 30℃ 以下。

**5. 爆炸浓度极限**

当空气中燃料油蒸气达到一定浓度时，遇到明火或温度升高到某一值就会发生爆炸的浓度称为爆炸浓度极限，以％（体积百分数）或 $g/cm^3$ 表示。爆炸浓度极限有上限和下限。爆炸浓度上限是指可燃气体或油气在爆炸性混合物中的最高浓度值，反之下限是指最低浓度值。可燃气体浓度在爆炸浓度上限和爆炸浓度下限之间的浓度区域，即油品的爆炸范围。可燃物的爆炸浓度范围越大，则引起火灾和爆炸的危险性就越大。只有设法使油蒸气与空气混合物浓度处于爆炸范围之外，才不会发生爆炸。各种燃料油的爆炸浓度极限见表 5-12。

表 5-12　各种燃料油的爆炸浓度极限　　　　　　单位:％

| 名称 | 爆炸极限浓度 | | 名称 | 爆炸极限浓度 | |
|---|---|---|---|---|---|
| | 下限 | 上限 | | 下限 | 上限 |
| 柴油 | 0.5 | 4.1 | 重油（稀油） | 3.1 | 11.6 |
| 汽油 | 1.0 | 7.6 | 重油（稠油） | 4.7 | 10.5 |

**6. 残碳**

所谓残碳，是把重油在隔离空气的条件下加热时，蒸发出油蒸气后所剩下的一些固体碳素。这是燃烧器喷口堵塞和磨损的主要原因。残碳量高的燃料油，残碳的存在能提高火焰的黑度，有利于强化火焰的辐射传热能力；但在燃烧时易析出大量固体炭粒，不仅难以燃烧，而且会导致喷油嘴结焦堵塞，使燃料油雾化质量降低，燃烧状况恶化。

（三）气体燃料的特性

燃气开始燃烧时的温度称为着火温度。单一可燃气体在空气中的着火温度见表 5-13。在纯氧中的着火温度比在空气中低 50～100℃。同燃料油蒸气，可燃气体与空气的浓度达到某个范围时，一遇明火会发生爆炸。常见气体燃料的爆炸浓度极限见表 5-14。

表 5-13　单一可燃气体在空气中的着火温度　　　　　　单位：K

| 气体名称 | 氢 | 一氧化碳 | 甲烷 | 乙炔 | 乙烯 | 乙烷 | 丙烯 |
|---|---|---|---|---|---|---|---|
| 着火温度 | 673 | 878 | 813 | 612 | 698 | 788 | 733 |
| 气体名称 | 丙烷 | 丁烯 | 正丁烷 | 戊烯 | 戊烷 | 苯 | 硫化氢 |
| 着火温度 | 723 | 658 | 638 | 563 | 533 | 833 | 543 |

表 5-14　常见气体燃料的爆炸浓度极限　　　　　　　　　　　　　　　　单位:%

| 名称 | 爆炸极限浓度 | | 名称 | 爆炸极限浓度 | |
|---|---|---|---|---|---|
| | 下限 | 上限 | | 下限 | 上限 |
| 甲烷 | 5.0 | 15.0 | 焦炉煤气 | 4.5 | 35.8 |
| 乙烷 | 2.9 | 13.0 | 发生炉煤气 | 21.5 | 67.5 |
| 乙烯 | 2.7 | 34.0 | 水煤气 | 6.2 | 70.4 |
| 乙炔 | 2.5 | 80.0 | 干井天然气 | 5.0 | 15 |
| 苯 | 1.2 | 8.0 | 油田伴生气 | 4.2 | 14.2 |
| 氢气 | 4.0 | 75.9 | 液化石油气 | 1.7 | 9.7 |

# 第三节　燃烧计算

## 一、计算的目的与内容

燃料确定后需进行燃烧计算，为工业窑炉设计和操作的正确进行提供数据基础，主要包括分析计算、操作计算和燃烧温度计算三部分。分析计算主要指设计窑炉时，根据燃料组成和燃烧条件，计算单位质量（或体积）燃料燃烧所需的空气量、烟气生成量和烟气组成，以确定空气管道、烟道、烟囱、燃烧室尺寸、燃料用量及风机型号。燃烧过程是动态、复杂的综合传热传质过程，其过程控制也很重要，因此操作窑炉时需进行操作计算。通过测定实际烟气组成，计算空气系数（$\alpha$）和漏入空气量，以判断燃烧操作是否合理，窑炉各部位是否漏气，便于实时调节。在没有测定流量仪器的条件下，还可根据燃料和烟气组成确定实际小时所需空气量和烟气生成量。燃料燃烧还会放出大量热量，燃烧温度的计算也是燃烧计算的主要部分，有助于燃烧设备的合理选择和燃烧过程的实时调节。

## 二、分析计算

### （一）基本概念

#### 1. 理论空气量、实际空气量

理论空气量指单位质量（或体积）燃料中可燃组成完全氧化所需的最少空气量，用 $V_a^0$ 表示。固体液体燃料组成用质量分数表示，因此理论空气量单位是 $m_{空气}^3/kg_{燃料}$。气体燃料组成用体积分数表示，因此理论空气量单位是 $m_{空气}^3/m_{燃料}^3$。实际空气量则指实际燃烧操作供给的空气量，用 $V_a$ 表示，单位同理论空气量。

#### 2. 空气系数

在氧化气氛烧成时，为了保证燃料的完全燃烧，往往供给高于理论空气量的空气；而在某些燃烧装置中，根据生产工艺的需要，要求炉内形成还原性气氛，则需要供给略低于理论量的空气。实际空气量 $V_a$ 与理论空气量 $V_a^0$ 的比值用空气系数 $\alpha$ 表示，即：

$$\alpha = \frac{V_a}{V_a^0}$$

(5-14)

空气系数 $\alpha$ 值与燃料种类、燃烧方式、燃烧设备和燃烧气氛等有关，如表 5-15 所示。气体燃料易与空气混合，$\alpha$ 可取小些；其氧化气氛烧成时 $\alpha$ 常大于1；但若采用无焰燃烧，$\alpha$ 可小一些。对于要求保持炉内氧化气氛的炉子，为保证安全稳定燃烧，其 $\alpha$ 值变动范围一般在 1.05～1.3 之间。

**表 5-15　常见气体燃料的过剩空气系数**

| 燃料种类 | 燃烧方式 | 过剩空气系数 |
|---|---|---|
| 固体燃料 | 人工燃烧 | 1.2～1.4 |
| | 机械燃烧 | 1.2～1.3 |
| | 粉煤燃烧 | 1.05～1.25 |
| 液体燃料 | 低压喷嘴 | 1.10～1.15 |
| | 高压喷嘴 | 1.20～1.25 |
| 气体燃料 | 无焰燃烧 | 1.03～1.05 |
| | 有焰燃烧 | 1.05～1.20 |

### 3. 烟气量及烟气组成

理论烟气量指单位质量（或体积）燃料中可燃组成完全氧化所产生的最少烟气量，也可表示为单位质量（或体积）燃料与理论空气量进行完全燃烧所产生的烟气量，用 $V^0$ 表示。固体、液体燃料和气体燃料的单位分别是 $m^3/kg_{燃料}$ 和 $m^3/m^3_{燃料}$。理论烟气所含各组分的体积比例称为理论烟气组成，单位%。与空气量类似，与理论烟气量及理论烟气组成相对应的是实际烟气量 $V$ 及实际烟气组成。

### (二) 固体、液体燃料燃烧

### 1. 空气量的计算

(1) 理论空气量 $V_a^0$

以 1kg 固体或液体燃料为计算基准。已知收到基元素组成为：$C_{ar}$、$H_{ar}$、$O_{ar}$、$N_{ar}$、$S_{ar}$、$A_{ar}$、$M_{ar}$，$C_{ar}+H_{ar}+O_{ar}+N_{ar}+S_{ar}+A_{ar}+M_{ar}=100\%$。其中可燃组成为 $C_{ar}$、$H_{ar}$、$S_{ar}$，三种组成理论上完全燃烧发生下列化学反应：

$$C+O_2 \longrightarrow CO_2 \quad H_2+\frac{1}{2}O_2 \longrightarrow H_2O \quad S+O_2 \longrightarrow SO_2$$

标准状态下（0℃、101325Pa）1kmol 气体体积为 22.4$m^3$，部分需氧量由燃料中氧补充：

$$V_{O_2}^0=\left(\frac{C_{ar}}{12}+\frac{H_{ar}}{4}+\frac{S_{ar}}{32}-\frac{O_{ar}}{32}\right)\times 22.4 \tag{5-15}$$

式中　$V_{O_2}^0$——1kg 燃料燃烧理论所需氧气量，$m^3_{氧气}/kg_{燃料}$；

$\dfrac{O_{ar}}{32}$——1kg 燃料自身所含氧气的物质的量，kmol/kg。

空气组成中 $O_2$ 体积分数为 21%，因此，1kg 燃料燃烧理论所需空气量为：

$$V_a^0=V_{O_2}^0\times\frac{100}{21} \tag{5-16}$$

由上式计算的为理论干空气量。空气中水蒸气含量一般小于 $0.01kg_{水蒸气}/kg_{干空气}$，故在一般燃烧计算中水含量常被忽略。如需考虑空气中带入的水蒸气量，则需已知湿空气含湿量 $d$，按式(5-17)计算理论湿空气量 $[V_a^0]$：

$$[V_a^0]=V_a^0+V_a^0\times\frac{29}{22.4}\times d\times\frac{22.4}{18}=V_a^0(1+1.61d)(\text{m}^3/\text{kg}) \tag{5-17}$$

（2）实际空气量 $V_a$

理论空气量根据燃烧组成算出时，由式(5-14)可得：

$$V_a=\alpha V_a^0 \tag{5-18}$$

式中　$V_a$——1kg 燃料燃烧所需空气量，$\text{m}^3_{空气}/\text{kg}_{燃料}$，或简写为 $\text{m}^3/\text{kg}$。

**2. 烟气量及烟气组成的计算**

（1）理论烟气量 $V^0$ 及理论烟气组成

1kg 固体或液体燃料与理论空气量完全燃烧，烟气中含 $CO_2$、$H_2O$、$SO_2$、$N_2$ 四种气体。$CO_2$、$SO_2$ 为燃烧产物，理论 $CO_2$ 量、理论 $SO_2$ 量分别为：

$$V_{CO_2}^0=\frac{C_{ar}}{12}\times22.4(\text{m}^3/\text{kg})$$

$$V_{SO_2}^0=\frac{S_{ar}}{32}\times22.4(\text{m}^3/\text{kg})$$

$H_2O$ 来自燃料中水分 $M_{ar}$ 和燃烧产物，理论 $H_2O$ 量：

$$V_{H_2O}^0=\left(\frac{H_{ar}}{2}+\frac{M_{ar}}{18}\right)\times22.4(\text{m}^3/\text{kg})$$

$N_2$ 来自燃料中的 $N_{ar}$ 和空气，理论 $N_2$ 量：

$$V_{N_2}^0=\frac{N_{ar}}{28}\times22.4+V^0_{O_2}\times\frac{79}{21}(\text{m}^3/\text{kg})$$

因此理论烟气量为：

$$V^0=V_{CO_2}^0+V_{H_2O}^0+V_{SO_2}^0+V_{N_2}^0=\left(\frac{C_{ar}}{12}+\frac{H_{ar}}{2}+\frac{M_{ar}}{18}+\frac{S_{ar}}{32}+\frac{N_{ar}}{28}\right)\times22.4+V_{O_2}^0\times\frac{79}{21}(\text{m}^3/\text{kg}) \tag{5-19}$$

理论烟气组成为：

$$CO_2=\frac{V_{CO_2}^0}{V^0}\times100\% \tag{5-20}$$

$H_2O$、$SO_2$、$N_2$ 含量以此类推。

（2）实际烟气量 $V$ 及烟气组成

分为 $\alpha>1$ 和 $\alpha<1$ 两种情况。

① $\alpha>1$　当 $\alpha>1$ 时，实际空气供给大于理论空气量。1kg 固体或液体燃料与理论空气量完全燃烧，多余部分空气以烟气形式排出。实际烟气量为：

$$V=V^0+(\alpha-1)V_a^0(\text{m}^3/\text{kg}) \tag{5-21}$$

烟气含 $CO_2$、$H_2O$、$SO_2$、$N_2$、$O_2$ 五种气体。$CO_2$、$H_2O$、$SO_2$ 实际生成量同理论生成量：

$$V_{CO_2}=V_{CO_2}^0=\frac{C_{ar}}{12}\times22.4(\text{m}^3/\text{kg})$$

$$V_{H_2O}=V_{H_2O}^0=\left(\frac{H_{ar}}{2}+\frac{M_{ar}}{18}\right)\times22.4(\text{m}^3/\text{kg})$$

$$V_{SO_2}=V_{SO_2}^0=\frac{S_{ar}}{32}\times22.4(\text{m}^3/\text{kg})$$

$N_2$ 来自燃料中的 $N_{ar}$ 和实际空气，$N_2$ 量为：

$$V_{N_2} = \frac{N_{ar}}{28} \times 22.4 + V_a \times \frac{79}{100} = \frac{N_{ar}}{28} \times 22.4 + \alpha V_{O_2}^0 \times \frac{79}{21} (m^3/kg)$$

$O_2$ 来自多余空气，$O_2$ 量为：

$$V_{O_2} = (\alpha - 1) V_{O_2}^0 (m^3/kg)$$

实际烟气组成：

$$CO_2 = \frac{V_{CO_2}}{V} \times 100\% \tag{5-22}$$

$H_2O$、$SO_2$、$N_2$、$O_2$ 含量以此类推。

② $\alpha < 1$   当 $\alpha < 1$ 时，实际空气供给不足，燃料中将有部分可燃物质不能完全燃烧。此时的燃烧产物比较复杂，可能含有 $CO$、$H_2$、$CH_4$ 等可燃气体或 $H$、$O$、$HO$ 等自由原子、自由基，但不含 $O_2$。为简化计算，在一般工程计算中，对于此类不完全燃烧可近似认为其燃烧产物中含有 $CO$、$CO_2$、$H_2O$、$SO_2$、$N_2$ 五种气体，只含有 $CO$ 一种可燃气体。即假设氧量的不足使燃料中的碳不能全部氧化成 $CO_2$，有部分碳将生成 $CO$：

$$C + O_2 \longrightarrow CO_2 \tag{5-23a}$$
$$2C + O_2 \longrightarrow 2CO \tag{5-23b}$$

若将反应体系的不足氧量 $(1-\alpha)V_{O_2}^0$ 进行补充，则 $CO$ 可进一步氧化为 $CO_2$：

$$2CO + O_2 \longrightarrow 2CO_2 \tag{5-24}$$

因此根据式(5-24)，$CO$ 生成量为：

$$V_{CO} = 2(1-\alpha)V_{O_2}^0 (m^3/kg) \tag{5-25}$$

根据碳守恒

$$V_{CO_2} = \frac{C_{ar}}{12} \times 22.4 - 2(1-\alpha)V_{O_2}^0 (m^3/kg)$$

$H_2O$、$SO_2$ 实际生成量与理论生成量相同：

$$V_{H_2O} = V_{H_2O}^0 = \left(\frac{H_{ar}}{2} + \frac{M_{ar}}{18}\right) \times 22.4 (m^3/kg)$$

$$V_{SO_2} = V_{SO_2}^0 = \frac{S_{ar}}{32} \times 22.4 (m^3/kg)$$

$N_2$ 来自燃料中的 $N_{ar}$ 和实际空气，$N_2$ 量为：

$$V_{N_2} = \frac{N_{ar}}{28} \times 22.4 + V_{O_2} \times \frac{79}{21} = \frac{N_{ar}}{28} \times 22.4 + \alpha V_{O_2}^0 \times \frac{79}{21} (m^3/kg)$$

因此实际烟气量

$$V = \left(\frac{C_{ar}}{12} + \frac{H_{ar}}{2} + \frac{M_{ar}}{18} + \frac{S_{ar}}{32} + \frac{N_{ar}}{28}\right) \times 22.4 + \alpha V_{O_2}^0 \times \frac{79}{21} (m^3/kg) \tag{5-26}$$

对比式(5-19) 和式(5-26) 可得：

$$V = V^0 - (1-\alpha)V_{O_2}^0 \times \frac{79}{21} = V^0 - (1-\alpha)V_a^0 \times \frac{79}{100} (m^3/kg) \tag{5-27}$$

## （三）气体燃料

### 1. 空气量 $V_a$ 的计算

以 $1m^3$ 气体燃料为计算基准。已知组成为：$CO$、$H_2$、$CH_4$、$C_mH_n$、$H_2S$、$CO_2$、$H_2O$、$N_2$、$O_2$。其中可燃组成为 $CO$、$H_2$、$CH_4$、$C_mH_n$、$H_2S$，五种组成理论上完全燃烧发生下列化学反应：

$$CO + \frac{1}{2}O_2 \longrightarrow CO_2$$

$$H_2 + \frac{1}{2}O_2 \longrightarrow H_2O$$

$$CH_4 + 2O_2 \longrightarrow CO_2 + 2H_2O$$

$$C_mH_n + \left(m + \frac{n}{4}\right)O_2 \longrightarrow mCO_2 + \frac{n}{2}H_2O$$

$$H_2S + \frac{3}{2}O_2 \longrightarrow SO_2 + H_2O$$

根据化学计量比可直接得到：

$$V_{O_2}^0 = \frac{1}{2}CO + \frac{1}{2}H_2 + 2CH_4 + \left(m + \frac{n}{4}\right)C_mH_n + \frac{3}{2}H_2S - O_2 \tag{5-28}$$

式中　$V_{O_2}^0$——1m³ 气体燃料燃烧理论所需氧气量，$m_{氧气}^3/m_{燃料}^3$。

因此：

$$V_a^0 = V_{O_2}^0 \times \frac{100}{21} \tag{5-29}$$

式中　$V_a^0$——1m³ 气体燃料燃烧理论所需空气量，$m_{空气}^3/m_{燃料}^3$，或简写为 $m^3/m^3$。

1m³ 气体燃料燃烧理论所需实际空气量：

$$V_a = \alpha V_a^0 \, (m^3/m^3) \tag{5-30}$$

**2. 烟气量及烟气组成的计算**

（1）理论烟气量 $V^0$ 及烟气组成

1m³ 气体燃料与理论空气量完全燃烧时，烟气中含有 $CO_2$、$H_2O$、$SO_2$、$N_2$ 四种气体。其中，$CO_2$ 来自气体燃料中自带的 $CO_2$ 及 $CO$、$CH_4$、$C_mH_n$ 中碳的氧化，理论 $CO_2$ 生成量：

$$V_{CO_2}^0 = CO_2 + CO + CH_4 + mC_mH_n \, (m^3/m^3)$$

$H_2O$ 来自气体燃料中自带的 $H_2O$ 及 $H_2$、$CH_4$、$C_mH_n$、$H_2S$ 中氢的氧化，理论 $H_2O$ 生成量：

$$V_{H_2O}^0 = H_2O + H_2 + 2CH_4 + \frac{n}{2}C_mH_n + H_2S \, (m^3/m^3)$$

$SO_2$ 为 $H_2S$ 燃烧产物，理论 $SO_2$ 生成量：

$$V_{SO_2}^0 = H_2S \, (m^3/m^3)$$

$N_2$ 来自燃料中的 $N_{ar}$ 和空气，理论 $N_2$ 生成量：

$$V_{N_2}^0 = N_2 + V_{O_2}^0 \times \frac{79}{21} \, (m^3/m^3)$$

因此理论烟气量为：

$$V^0 = \left[CO_2 + CO + H_2 + H_2O + 3CH_4 + \left(m + \frac{n}{2}\right)C_mH_n + 2H_2S + N_2\right] + V_{O_2}^0 \times \frac{79}{21} \, (m^3/m^3) \tag{5-31}$$

理论烟气组成：

$$CO_2 = \frac{V_{CO_2}^0}{V^0} \times 100\% \tag{5-32}$$

$H_2O$、$SO_2$、$N_2$ 含量以此类推。

（2）实际烟气量 $V$ 及烟气组成

分为 $\alpha > 1$ 和 $\alpha < 1$ 两种情况。

当 $\alpha > 1$ 时，烟气中含有 $CO_2$、$H_2O$、$SO_2$、$N_2$、$O_2$ 五种气体。实际烟气量为：

$$V = V^0 + (\alpha - 1)V_a^0 \, (m^3/m^3) \tag{5-33}$$

$CO_2$、$SO_2$、$H_2O$ 实际生成量与理论生成量相同。$N_2$ 来自燃料中的 $N_2$ 和实际空气，$N_2$ 量为：

$$V_{N_2} = N_2 + \alpha V_{O_2}^0 \times \frac{79}{21} \, (m^3/m^3)$$

$O_2$ 来自多余空气，$O_2$ 量为：

$$V_{O_2} = (\alpha - 1)V_{O_2}^0 \, (m^3/m^3)$$

实际烟气组成：

$$CO_2 = \frac{V_{CO_2}}{V} \times 100\% \tag{5-34}$$

$H_2O$、$SO_2$、$N_2$、$O_2$ 含量以此类推。

以 $1 m^3$ 气体燃料为计算基准。当 $\alpha < 1$ 时，实际烟气量由两部分组成，即燃烧生成烟气量与未燃煤气量。若煤气按比例燃烧，则燃烧产生烟气量为 $\alpha V^0$。对于未燃的煤气量，由于 $1 m^3$ 气体燃料完全燃烧需要空气量为 $V_a^0$，但是，$\alpha < 1$，因此所缺的空气量为 $(1 - \alpha)V_a^0$，则

$$未燃的煤气量 = \frac{(1 - \alpha)V_a^0 \times 1}{V_a^0} = 1 - \alpha$$

因此 $1 m^3$ 气体燃料在 $\alpha < 1$ 时的实际烟气量（$m^3/m^3$）为：

$$V = \alpha V^0 + (1 - \alpha) \tag{5-35}$$

**例 5-2** 已知煤的收到基组成如下：

| 组分 | $C_{ar}$ | $H_{ar}$ | $O_{ar}$ | $N_{ar}$ | $S_{ar}$ | $M_{ar}$ | $A_{ar}$ |
|------|------|------|------|------|------|------|------|
| 质量/% | 87.5 | 11.0 | 0.15 | 0.75 | 0.5 | 0.06 | 0.04 |

当 $\alpha = 1.1$ 时，计算 1kg 煤燃烧所需空气量、湿烟气量、干烟气及湿烟气组成。

**解** 基准：1kg 煤

（1）空气量计算

理论氧气量

$$V_{O_2}^0 = \left(\frac{C_{ar}}{12} + \frac{H_{ar}}{4} + \frac{S_{ar}}{32} - \frac{O_{ar}}{32}\right) \times 22.4 = \left(\frac{0.875}{12} + \frac{0.11}{4} + \frac{0.005}{32} - \frac{0.0015}{32}\right) \times 22.4 = 2.25 (m^3/kg)$$

理论空气量 $V_a^0 = V_{O_2}^0 \times \frac{100}{21} = 2.25 \times \frac{100}{21} = 10.71 (m^3/kg)$

实际空气量 $V_a = \alpha V_a^0 = 1.1 \times 10.71 = 11.78 (m^3/kg)$

（2）湿烟气量计算

① 方法 1

理论烟气量

$$V^0 = V_{CO_2}^0 + V_{H_2O}^0 + V_{SO_2}^0 + V_{N_2}^0$$

$$=\left(\frac{C_{ar}}{12}+\frac{H_{ar}}{2}+\frac{M_{ar}}{18}+\frac{S_{ar}}{32}+\frac{N_{ar}}{28}\right)\times 22.4+V_{O_2}^0\times\frac{79}{21}$$

$$=\left(\frac{0.875}{12}+\frac{0.11}{2}+\frac{0.0006}{18}+\frac{0.005}{32}+\frac{0.0075}{28}\right)\times 22.4+2.25\times\frac{79}{21}$$

$$=11.34\ (\mathrm{m^3/kg})$$

实际烟气量 $V=V^0+(\alpha-1)V_a^0=11.34+(1.1-1)\times 10.71=12.41(\mathrm{m^3/kg})$

② 方法 2

$$V_{CO_2}=V_{CO_2}^0=\frac{C_{ar}}{12}\times 22.4=\frac{0.875}{12}\times 22.4=1.633(\mathrm{m^3/kg})$$

$$V_{H_2O}=V_{H_2O}^0=\left(\frac{H_{ar}}{2}+\frac{M_{ar}}{18}\right)\times 22.4=\left(\frac{0.11}{2}+\frac{0.0006}{18}\right)\times 22.4=1.232(\mathrm{m^3/kg})$$

$$V_{SO_2}=V_{SO_2}^0=\frac{S_{ar}}{32}\times 22.4=\frac{0.005}{32}\times 22.4=0.0035(\mathrm{m^3/kg})$$

$$V_{N_2}=\frac{N_{ar}}{28}\times 22.4+V_a\times\frac{79}{100}=\frac{0.0075}{28}\times 22.4+11.78\times\frac{79}{100}=9.312(\mathrm{m^3/kg})$$

$$V_{O_2}=(\alpha-1)V_{O_2}^0=(1.1-1)\times 2.25=0.225(\mathrm{m^3/kg})$$

实际烟气量

$$V=V_{CO_2}+V_{H_2O}+V_{SO_2}+V_{N_2}+V_{O_2}=1.633+1.232+0.0035+9.312+0.225=12.41(\mathrm{m^3/kg})$$

(3) 烟气组成计算

① 湿烟气组成

$$CO_2=\frac{V_{CO_2}}{V}\times 100\%=\frac{1.633}{12.41}\times 100\%=13.16\%$$

同理得：$H_2O=9.92\%$，$SO_2=0.03\%$，$N_2=75.1\%$，$O_2=1.81\%$

② 干烟气组成

干烟气量 $V_{干}=V_{CO_2}+V_{SO_2}+V_{N_2}+V_{O_2}=1.633+0.0035+9.312+0.225=11.17(\mathrm{m^3/kg})$

$$CO_2=\frac{V_{CO_2}}{V_{干}}\times 100\%=\frac{1.633}{11.17}\times 100\%=14.62\%$$

同理得：$SO_2=0.03\%$，$N_2=83.37\%$，$O_2=2.01\%$。

**例 5-3** 已知煤的收到基组成同例 5-2。假设燃烧时有机械不完全燃烧现象存在，烟灰中含 C 量 10%，灰分 90%；要求还原焰烧成，干烟气分析中 CO 含量 5%。计算：1kg 煤燃烧所需空气量、湿烟气量、干烟气及湿烟气组成。

**解** 基准：1kg 煤

(1) CO 生成量计算

由已知得：$\dfrac{C_{未燃}}{10\%}=\dfrac{A_{ar}}{90\%}$，所以，$C_{未燃}=\dfrac{A_{ar}}{90\%}\times 10\%=\dfrac{0.0004}{0.9}\times 0.1=0.00004(\mathrm{kg})$

$$n_{C_{燃}}=\frac{(C_{ar}-C_{未燃})\times 1000}{12}=\frac{(0.875-0.00004)\times 1000}{12}=72.91(\mathrm{mol})$$

设其中 $x$ mol C 生成 CO，则 $(72.91-x)$ mol C 生成 $CO_2$。烟气组成（mol）如下表：

| CO | $x$ |
|---|---|
| $CO_2$ | $72.91-x$ |
| $H_2O$ | $\left(\dfrac{H_{ar}}{2}+\dfrac{M_{ar}}{18}\right)\times 1000=\left(\dfrac{0.11}{2}+\dfrac{0.0006}{18}\right)\times 1000=55.03$ |
| $SO_2$ | $\dfrac{S_{ar}}{32}\times 1000=\dfrac{0.005}{32}\times 1000=0.16$ |
| $N_2$ | $378.38-1.88x$ |
| 干烟气量 | $x+(72.91-x)+0.16+(378.38-1.88x)=451.45-1.88x$ |
| 湿烟气量 | $451.45-1.88x+55.03=506.48-1.88x$ |

表中 $N_2$ 物质的量计算过程如下：

根据式(5-15)，$n_{O_2}=\dfrac{1}{2}n_{CO}+n_{CO_2}+\dfrac{1}{2}\times\dfrac{H_{ar}}{2}\times 1000+\dfrac{S_{ar}}{32}\times 1000-\dfrac{O_{ar}}{32}\times 1000$

$$=\dfrac{1}{2}x+(72.91-x)+\dfrac{0.11}{4}\times 1000+\dfrac{0.005}{32}\times 1000-\dfrac{0.0015}{32}\times 1000$$

$$=100.51-0.5x$$

$$n_{N_2}=\dfrac{N_{ar}}{28}\times 1000+n_{O_2}\times\dfrac{79}{21}=\dfrac{0.0075}{28}\times 1000+(100.51-0.5x)\times\dfrac{79}{21}$$

$$=378.38-1.88x$$

由题意干烟气中含 CO 5%，即：

$$\frac{x}{451.46-1.88x}\times 100\%=5\%$$

解得 $x=20.63$(mol)。

（2）1kg 煤燃烧干烟气及湿烟气组成如下表：

| 项目 | CO | $CO_2$ | $SO_2$ | $N_2$ | $H_2O$ |
|---|---|---|---|---|---|
| 烟气量/mol | 20.63 | 52.28 | 0.16 | 339.60 | 55.03 |
| 干烟气组成/% | 5.00 | 12.67 | 0.04 | 82.29 | |
| 湿烟气组成/% | 4.41 | 11.18 | 0.03 | 72.61 | 11.77 |

（3）1kg 煤燃烧所需空气量

$$V_a=n_{O_2}\times 22.4\times 10^{-3}\times\frac{100}{21}=(100.51-0.5\times 20.63)\times 22.4\times 10^{-3}\times\frac{100}{21}=9.62(m^3/kg)$$

1kg 煤燃烧所需湿烟气量

$$V=(506.48-1.88x)\times 22.4\times 10^{-3}=(506.48-1.88\times 20.63)\times 22.4\times 10^{-3}=10.48(m^3/kg)$$

**例 5-4** 某窑炉用燃料为发生炉煤气，其组成干基为：

| 项目 | $CO_2$ | CO | $H_2$ | $CH_4$ | $C_2H_4$ | $H_2S$ | $N_2$ |
|---|---|---|---|---|---|---|---|
| 含量/% | 4.5 | 29 | 14 | 1.8 | 0.2 | 0.3 | 50.2 |

湿煤气含水量为 4%。当 $\alpha=1.1$ 时，计算 1$m^3$ 煤气燃烧所需要的空气量和生成的烟

气量。

**解**　基准：$1m^3$ 煤气。已知干基，采用式(5-7) 换算成湿基，见下表：

| 项目 | $CO_2$ | CO | $H_2$ | $CH_4$ | $C_2H_4$ | $H_2S$ | $N_2$ | $H_2O$ |
|---|---|---|---|---|---|---|---|---|
| 含量/% | 4.32 | 27.84 | 13.44 | 1.73 | 0.19 | 0.29 | 48.19 | 4.0 |

(1) 空气量计算

理论氧量 $V_{O_2}^0 = \dfrac{1}{2}CO + \dfrac{1}{2}H_2 + 2CH_4 + 3C_2H_4 + \dfrac{3}{2}H_2S$

$$= \dfrac{0.2784}{2} + \dfrac{0.1344}{2} + 2 \times 0.0173 + 3 \times 0.0019 + \dfrac{3}{2} \times 0.0029$$

$$= 0.25 (m^3/m^3)$$

理论空气量 $V_a^0 = V_{O_2}^0 \times \dfrac{100}{21} = 0.25 \times \dfrac{100}{21} = 1.19 (m^3/m^3)$

实际空气量 $V_a = \alpha V_a^0 = 1.1 \times 1.19 = 1.31 (m^3/m^3)$

(2) 烟气量计算

理论烟气量 $V^0 = [CO_2 + CO + H_2 + H_2O + 3CH_4 + 4C_2H_4 + 2H_2S + N_2] + V_{O_2}^0 \times \dfrac{79}{21}$

$$= (4.32 + 27.84 + 13.44 + 4 + 3 \times 1.73 + 4 \times 0.19 + 2 \times 0.29 + 48.19)$$

$$\times \dfrac{1}{100} + 0.25 \times \dfrac{79}{21}$$

$$= 1.98 (m^3/m^3)$$

实际烟气量 $V = V^0 + (\alpha - 1)V_a^0 = 1.98 + (1.1 - 1) \times 1.19 = 2.10 (m^3/m^3)$

## 三、操作计算

在运转的锅炉上，每小时空气量及烟气量可直接测定，但当没有测定流量的仪器时，则可根据燃料及烟气组成计算得出。两种方法获得的空气量可互相校核。根据燃料及烟气组成还可计算出空气系数（$\alpha$），以了解燃料与空气的配合是否正常，分析燃烧操作是否合理。另外还可测定窑炉内不同负压处的烟气组成，从而计算漏入窑内的空气量。

### （一）实际烟气量与空气量的计算

已知燃料组成和烟气组成，可利用碳平衡计算烟气量，利用氮平衡计算空气量。即

碳平衡：燃料中的 C ＝烟气中的 C＋灰渣中的 C（质量平衡）

氮平衡：燃料中的 $N_2$ ＋空气中的 $N_2$ ＝烟气中 $N_2$（体积平衡）

**例 5-5**　已知某倒焰窑的收到基组成如下表：

| 项目 | $C_{ar}$ | $H_{ar}$ | $O_{ar}$ | $N_{ar}$ | $S_{ar}$ | $M_{ar}$ | $A_{ar}$ |
|---|---|---|---|---|---|---|---|
| 质量/% | 72 | 6 | 4.8 | 1.4 | 0.3 | 3.6 | 11.9 |

高温阶段在窑底处测定其干烟气组成如下表：

| 项目 | $CO_2$ | $O_2$ | $N_2$ |
|---|---|---|---|
| 体积含量/% | 13.6 | 5.0 | 81.4 |

灰渣分析：含 C 17%，含灰分 83%。计算当高温阶段每小时烧煤量为 300kg 时，该阶段每小时烟气生成量（$m^3/h$）及空气需要量（$m^3/h$）。

**解** 基准：1kg 煤

（1）烟气量计算

燃料中的 C 质量＝0.72kg。

设 1kg 煤生成的干烟气量为 $x\,m^3$，则：

$$烟气中的 C 质量=\frac{V_{CO_2}}{22.4}\times 12=\frac{13.6\% x}{22.4}\times 12\,(kg/kg)$$

由于，灰渣质量$=\dfrac{灰渣中的 C}{17\%}=\dfrac{灰分}{83\%}$，所以有：

$$灰渣中的 C 质量=\frac{0.119}{83\%}\times 17\%\,(kg/kg)$$

根据碳平衡，燃料中的 C 质量＝烟气中的 C 质量＋灰渣中的 C 质量，则：

$$0.72=\frac{13.6\% x}{22.4}\times 12+\frac{0.119}{83\%}\times 17\%$$

解得：$x=9.54\,(m^3/kg)$。

$H_2O$ 生成量 $V_{H_2O}=\left(\dfrac{H_{ar}}{2}+\dfrac{M_{ar}}{18}\right)\times 22.4=\left(\dfrac{0.06}{2}+\dfrac{0.036}{18}\right)\times 22.4=0.72\,(m^3/kg)$

湿烟气量 $V=x+V_{H_2O}=9.54+0.72=10.26\,(m^3/kg)$

每小时烧煤量为 300kg 时，每小时湿烟气生成量$=300V=300\times 10.26=3078\,(m^3/h)$

（2）空气量计算

燃料中的 $N_2=\dfrac{N_{ar}}{28}\times 22.4=\dfrac{0.014}{28}\times 22.4\,(m^3/kg)$。

设 1kg 煤燃烧所需空气量为 $y\,m^3$，则：

$$空气中的 N_2 量=0.79y\,(m^3/kg)$$
$$烟气中的 N_2 量=xV_{N_2}=9.54\times 81.4\%\,(m^3/kg)$$

根据氮平衡，燃料中的 $N_2$ 量＋空气中的 $N_2$ 量＝烟气中 $N_2$ 量，则：

$$\frac{0.014}{28}\times 22.4+0.79y=9.54\times 81.4\%$$

解得：$y=9.82\,(m^3/kg)$。

每小时烧煤量为 300kg 时，每小时空气需要量$=300y=300\times 9.82=2946\,(m^3/h)$

**例 5-6** 在例 5-3 基础上，煤的收到基组成不变，烟灰中含 C 量不变（10%），灰分 90%。干烟气分析中 CO 含量 5%，$CO_2$ 含量 12.67%，$SO_2$ 含量 0.04%，$N_2$ 含量 82.29%。计算：当高温阶段每小时烧煤量为 300kg 时，该阶段每小时烟气生成量（$m^3/h$）及空气需要量（$m^3/h$），并与例 5-3 计算结果对比。

**解** 基准：1kg 煤

（1）烟气量计算

燃料中的 C＝0.875kg。设 1kg 煤生成的干烟气量为 $x\,m^3$，则：

$$烟气中的 C 质量 = \left(\frac{V_{CO}}{22.4} + \frac{V_{CO_2}}{22.4}\right) \times 12 = \frac{5\% + 12.67\%}{22.4} x \times 12 (kg/kg)$$

由于灰渣质量 $= \dfrac{灰渣中的 C}{10\%} = \dfrac{灰分}{90\%}$，所以灰渣中的 C 质量 $= \dfrac{0.0004}{90\%} \times 10\% (kg/kg)$

根据碳平衡，燃料中的 C 质量 = 烟气中的 C 质量 + 灰渣中的 C 质量，则：

$$0.875 = \frac{5\% + 12.67\%}{22.4} x \times 12 + \frac{0.0004}{90\%} \times 10\%$$

解得：$x = 9.24 (m^3/kg)$。

$H_2O$ 生成量 $V_{H_2O} = \left(\dfrac{H_{ar}}{2} + \dfrac{M_{ar}}{18}\right) \times 22.4 = \left(\dfrac{0.11}{2} + \dfrac{0.0006}{18}\right) \times 22.4 = 1.23 (m^3/kg)$

湿烟气量 $V = 9.24 + 1.23 = 10.47 (m^3/kg)$

每小时烧煤量为 300kg 时，每小时烟气生成量 $= 300V = 300 \times 10.47 = 3141 (m^3/h)$

(2) 空气量计算

燃料中的 $N_2 = \dfrac{N_{ar}}{28} \times 22.4 = \dfrac{0.0075}{28} \times 22.4 \ (m^3/kg)$。

设 1kg 煤燃烧所需空气量为 $y \ m^3$，则：

$$空气中的 N_2 质量 = 0.79y (m^3/kg)$$

$$烟气中的 N_2 质量 = x V_{N_2} = 9.24 \times 82.29\% (m^3/kg)$$

根据氮平衡，燃料中的 $N_2$ + 空气中的 $N_2$ = 烟气中 $N_2$，则：

$$\frac{0.0075}{28} \times 22.4 + 0.79y = 9.24 \times 82.29\%$$

解得：$y = 9.62 (m^3/kg)$。

每小时烧煤量为 300kg 时，每小时空气需要量 $= 300y = 300 \times 9.62 = 2886 (m^3/h)$

### (二) 过剩空气系数 $\alpha$ 的计算

按测定的烟气组成计算过剩空气系数 $\alpha$ 值得方法较多，常用的有氧平衡法和氮平衡法。其中氧平衡法适用于在空气、富氧空气或纯氧中燃烧时，氮平衡法适用于在空气中燃烧时。

**1. 氧平衡法**

$$\alpha = \frac{实际需氧量}{理论需氧量} = \frac{理论需氧量 + 过剩氧量}{理论需氧量}$$

(1) 完全燃烧

理论需氧量全部消耗用于燃料的燃烧，可由烟气组成来计算。令 $RO_2$ 为烟气中 $CO_2$ 和 $SO_2$ 的百分含量之和，$H_2O$ 为烟气中水气的百分含量，$V_{O_2}^0{}'$ 和 $V_{O_2}^0{}''$ 分别为生成每立方米 $RO_2$ 和 $H_2O$ 的需氧量，则理论需氧量为：

$$V_{O_2}^0{}' \cdot RO_2 + V_{O_2}^0{}'' \cdot H_2O$$

过剩氧量为 $O_2$，则：

$$\alpha = \frac{(V_{O_2}^0{}' \cdot RO_2 + V_{O_2}^0{}'' \cdot H_2O) + O_2}{V_{O_2}^0{}' \cdot RO_2 + V_{O_2}^0{}'' \cdot H_2O} \tag{5-36}$$

设 $k$ 为单位质量燃料燃烧时的理论需氧量与该烟气中 $RO_2$ 百分含量的比值，即：

$$k = \frac{V_{O_2}^0{}' \cdot RO_2 + V_{O_2}^0{}'' \cdot H_2O}{RO_2} \tag{5-37}$$

实践证明，组成变动不大的同种燃料的 $k$ 值近似为常数，常用燃料的 $k$ 值见表 5-16。将式(5-37) 代入式(5-36)，得：

$$\alpha = \frac{k\,RO_2 + O_2}{k\,RO_2} \tag{5-38}$$

表 5-16　常用燃料的 $k$ 值（近似值）

| 燃料种类 | | $k$ 值 | 燃料种类 | | $k$ 值 |
|---|---|---|---|---|---|
| 焦炉炉气 | | 2.15 | 碳 | | 1.0 |
| 高炉煤气 | | 0.36 | 焦炭 | | 1.05 |
| 焦炉、高炉混合煤气 | 混合比 3∶7 时 | 0.72 | 无烟煤 | | 1.05～1.10 |
| | 混合比 4∶6 时 | 0.82 | 贫煤 | | 1.12～1.13 |
| 天然煤气 | | 2.0 | 烟煤 | 气煤 | 1.14～1.16 |
| 发生炉煤气 | 烟煤制成 | 0.75 | | 长焰煤 | 1.14～1.15 |
| | 无烟煤制成 | 0.64 | 褐煤 | | 1.05～1.06 |
| 重油 | | 1.35 | 混煤 | | 1.09 |

（2）不完全燃烧

烟气中仍有 $CO$、$H_2$、$CH_4$ 和碳粒等可燃成分。此时 $\alpha$ 值计算式为：

$$\alpha = \frac{k(RO_2 + CO + CH_4) + O_2 - (0.5CO + 0.5H_2 + 2CH_4)}{k(RO_2 + CO + CH_4)} \tag{5-39}$$

式中　$CO$、$H_2$、$CH_4$——烟气中各组成的百分含量。

**2. 氮平衡法**

$$\alpha = \frac{\text{实际空气量}}{\text{理论空气量}} = \frac{\text{实际空气量}}{\text{实际空气量} - \text{过剩空气量}} = \frac{\text{实际空气中 } N_2 \text{ 量}}{\text{实际空气中 } N_2 \text{ 量} - \text{过剩空气中 } N_2 \text{ 量}}$$

固体、液体燃料燃烧时，燃料中含氮量与燃烧空气中氮量比较很小，可以忽略。因此，可以看作烟气中氮量完全来自空气。过剩空气氮量可以用烟气中 $O_2$ 量来换算，因为烟气中的 $O_2$ 量只来源于过剩空气。则上式可转换成：

$$\alpha = \frac{N_2}{N_2 - \left(O_2 - \dfrac{1}{2}CO\right) \times \dfrac{79}{21}} \tag{5-40}$$

式中　$N_2$、$O_2$、$CO$——烟气中各组成的百分含量。

燃料中含氮量较高（如发生炉煤气）不能忽略，干烟气中又有 $CO$、$H_2$、$C_mH_n$ 及 $O_2$ 时：

$$\alpha = \frac{N_2 - \text{燃料中的 } N_2 \text{ 量}}{N_2 - \text{燃料中的 } N_2 \text{ 量} - \left\{O_2 - \left[\dfrac{1}{2}CO + \dfrac{1}{2}H_2 + \left(m + \dfrac{n}{4}\right)C_mH_n\right]\right\} \times \dfrac{79}{21}} \tag{5-41}$$

式中　$N_2$、$O_2$、$CO$、$H_2$、$C_mH_n$——烟气中各组成的百分含量。

**例 5-7**　已知条件同例 5-5，求空气系数 $\alpha$ 的值。

**解**　（1）氮平衡法。煤中含氮量与空气中氮量比较很小可忽略，可看做烟气中氮量完全来自空气，设 1kg 煤生成的干烟气量为 $x\,\text{m}^3$，则：

$$\alpha = \frac{N_2}{N_2 - O_2 \times \dfrac{79}{21}} = \frac{0.814x}{0.814x - 0.05x \times \dfrac{79}{21}} = 1.3$$

（2）氧平衡法。采用燃料是烟煤，查表 5-16，取中间值 $k=1.15$，则有：

$$\alpha=\frac{k\mathrm{RO_2}+\mathrm{O_2}}{k\mathrm{RO_2}}=\frac{k\mathrm{CO_2}+\mathrm{O_2}}{k\mathrm{CO_2}}=\frac{k\times0.136x+0.05x}{k\times0.136x}=1+\frac{5}{13.6k}=1+\frac{5}{1.15\times13.6}=1.3$$

## 四、燃烧温度计算

燃料燃烧时放出热量使燃烧产物（烟气）达到的温度称为燃料燃烧温度。燃烧温度可通过分析燃烧过程热量平衡关系求出。表 5-17 列出了燃料燃烧过程中热量收入与支出项目。

**表 5-17　燃料燃烧过程中热量收入和热量支出项目**

| 收入热量/(kJ/kg 或 kJ/m³) | 支出热量/(kJ/kg 或 kJ/m³) |
|---|---|
| 燃料的化学热 $Q_{net}$（燃料的低位发热量）<br>燃料带入的物理热 $Q_f=c_ft_f-c_{f0}t_{f0}\approx c_ft_f$<br>空气带入的物理热 $Q_a=V_a(c_at_a-c_{a0}t_{a0})\approx V_ac_at_a$ | 燃烧产物所含的物理热 $Q=Vc_wt_p$<br>由燃烧产物传给周围物体的热量 $Q_t$<br>由于机械不完全燃烧造成的热损失 $Q_{ml}$<br>燃烧产物中部分 $CO_2$ 和 $H_2O$ 高温下热分解消耗的热量 $Q_{dt}$<br>灰渣带走的物理热 $Q_{a,s}$ |

注：下标 f 为燃料，下标 a 为空气。$t_f$、$t_a$、$t_p$——燃料预热温度、空气预热温度、可燃烧产物实际温度，℃；$c_f$、$c_a$、$c_w$——燃料、空气、烟气对应温度下的比热容，kJ/(kg·℃)；$V_a$——实际空气量，m³空气/kg燃料（或 m³空气/m³燃料）；$V$——实际烟气量，m³/kg燃料（或 m³/m³燃料）。

### （一）理论燃烧温度

在稳态、绝热、完全燃烧条件下，如果输入燃烧室的全部热量都用来提高燃烧产物的温度，则称该温度为理论燃烧温度或绝热火焰温度，常用 $t_{th}$（℃）表示：

$$t_{th}=\frac{Q_{net}+Q_f+Q_a-Q_{dt}}{Vc_w} \tag{5-42}$$

在硅酸盐窑炉内的燃烧产物温度下，$CO_2$ 和 $H_2O$ 的分解量极小，故式 $Q_{dt}$ 项可忽略，改写成：

$$t_{th}=\frac{Q_{net}+c_ft_f+V_ac_at_a}{Vc_w} \tag{5-43}$$

当已知燃料性质时，应用上式很容易求得 $t_{th}$。但在计算时，由于烟气平均比热容 $c$ 随烟气温度而变化，因此需采用"迭代法"。表 5-18 为常用气体燃料的平均比热容，表 5-19 为不同燃料燃烧生成的燃烧产物的平均比热容。

**表 5-18　常用气体燃料的平均比热容**　　　　单位：kJ/(m³·℃)

| 温度/℃ | 天然气 | 发生炉煤气 | 焦炉煤气 |
|---|---|---|---|
| 0 | 1.55 | 1.32 | 1.41 |
| 200 | 1.76 | 1.35 | 1.46 |
| 400 | 2.01 | 1.38 | 1.55 |
| 600 | 2.26 | 1.41 | 1.63 |
| 800 | 2.51 | 1.45 | 1.70 |
| 1000 | 2.72 | 1.19 | 1.78 |

表 5-19　不同燃料燃烧生成的燃烧产物的平均比热容　单位：kJ/(m³·℃)

| 温度/℃ | 燃料种类 | | | |
|---|---|---|---|---|
| | 煤 | 重油 | 发生炉煤气 | 焦炉煤气 |
| 0 | 1.36 | 1.36 | 1.36 | 1.36 |
| 200 | 1.41 | 1.41 | 1.41 | 1.39 |
| 400 | 1.45 | 1.44 | 1.45 | 1.43 |
| 600 | 1.49 | 1.47 | 1.49 | 1.46 |
| 800 | 1.53 | 1.52 | 1.53 | 1.50 |
| 1000 | 1.56 | 1.55 | 1.56 | 1.54 |
| 1200 | 1.59 | 1.59 | 1.60 | 1.57 |
| 1400 | 1.62 | 1.62 | 1.62 | 1.60 |
| 1600 | 1.65 | 1.63 | 1.65 | 1.62 |
| 1800 | 1.68 | 1.65 | 1.68 | 1.64 |
| 2000 | 1.63 | 1.67 | 1.69 | 1.66 |

**例 5-8**　已知某发生炉煤气的低位发热量 $Q_{net}=5758kJ/(m^3·℃)$，燃烧所需的空气量 $V_a=1.315 m^3_{空气}/m^3_{煤气}$，实际烟气量 $V=2.07m^3/m^3_{煤气}$，发生炉煤气温度 $t_f$ 与空气温度 $t_a$ 均为 20℃，其中空气在 0~20℃ 的平均比热容为 $1.296kJ/(m^3·℃)$。计算理论燃烧温度 $t_{th}$。

**解**　查表 5-18 知发生炉煤气在 0~20℃ 的平均比热容为 $1.32kJ/(m^3·℃)$，则：

$$t_{th}=\frac{Q_{net}+c_f t_f+V_a c_a t_a}{Vc}=\frac{5758+1.32\times20+1.315\times1.296\times20}{2.07c}=\frac{5818.5}{2.07c}$$

即 $2.07ct_{th}=5818.5$

设 $t_{th}'=1800℃$，查表 5-19 知发生炉煤气燃烧产物的平均比热容 $c'=1.68$，则：

$$Q'=2.07\times1.68\times1800=6259.7>5818.5$$

设 $t_{th}''=1600℃$，$c''=1.65$，则：

$$Q''=2.07\times1.65\times1600=5464.8<5818.5$$

此时，$t_{th}$ 值必定在 $t_{th}'$ 与 $t_{th}''$ 之间，可用"内插法"来求 $t_{th}$，即：

$$\frac{t_{th}'-t_{th}}{t_{th}'-t_{th}''}=\frac{Q'-Q}{Q'-Q''}$$

$$\frac{1800-t_{th}}{1800-1600}=\frac{6259.7-5818.5}{6259.7-5464.8}$$

$$t_{th}=1689℃$$

### （二）实际燃烧温度

实际燃烧温度 $t_p$ 可在理论燃烧温度的基础上估算。人们根据不同窑炉操作情况，总结出实际燃烧温度与计算的理论燃烧温度的比值，这一比值称为窑炉的高温系数，用 $\eta$ 表示，即：

$$t_p=\eta t_{th} \tag{5-44}$$

$\eta$ 值与窑炉结构、燃料种类、燃烧方式、操作条件等因素有关。下面列出各种硅酸盐窑炉燃烧不同燃料时的 $\eta$ 值见表 5-20。

设计窑炉时，一般根据燃料组成及燃烧条件先计算理论燃烧温度，然后根据不同窑炉结构及条件选择合适的高温系数求得实际燃烧温度，以确定能否满足工艺要求。如计算得到的实际燃烧温度偏低，就需要分析理论燃烧温度影响因素，采取相应措施设法提高实际燃烧温度。

表 5-20 $\eta$ 值的经验数值

| 窑炉类型 | 使用燃料 | $\eta$ 值 |
|---|---|---|
| 玻璃池窑 | 重油、煤制气 | 0.65~0.75 |
| 水泥回转窑 | 煤粉 | 0.70~0.75 |
| 水泥干法窑 | 煤粉 | 0.75~0.80 |
| 陶瓷隧道窑 | 气体燃料 | 0.65~0.70 |
| 陶瓷倒焰窑 | 气体燃料 | 0.73~0.78 |

### （三）提高实际燃烧温度的途径

从式(5-44)可看出，欲使实际燃烧温度提高，可从下列方面提高理论燃烧温度。

**1. 选用高发热量燃料**

燃料发热量高，理论燃烧温度也高。但不能简单认为燃料发热量与燃烧温度成正比，因为理论燃烧温度还与燃烧产物有关。一般发热量高的燃料燃烧产物的容积也大，如甲烷（$CH_4$）发热量为戊烷（$C_5H_{12}$）的 1/4，但理论燃烧温度却仅低几十度。因此理论燃烧温度实际上与 $Q_{net}/V$ 的值有关。

**2. 控制适当的空气系数**

最高理论燃烧温度位于 $\alpha$ 略小于 1 处。$\alpha$ 远小于 1 时空气不足，产生化学不完全燃烧，实际燃烧温度较低；若 $\alpha$ 过大则生成的烟气量过多，也会使实际燃烧温度降低。

**3. 适当增加空气中氧含量**

图 5-4 表示了空气含氧量与理论燃烧温度的关系。若增加助燃空气中氧的浓度，则相对减少了 $N_2$ 含量，从而减少燃烧产物容积 $V$，将使燃烧温度得以提高。但当含氧量达到 40% 时，进一步提高含氧程度，理论燃烧温度的增加速度变慢。因此在工程中富氧空气的含氧量一般不超过 28%~30%。

**4. 预热空气或燃料**

预热空气或燃料，使燃料或空气带入物理显热增加，而又不会引起燃烧后烟气量的增多，因而可有效提高燃烧温度。但若为固体燃料，不易预热；若为液体燃料，亦受年度和安全等条件限制，所以通常采用预热空气的方法。实际生产中，大多采

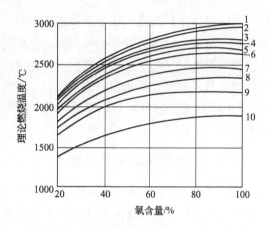

图 5-4 空气含氧量与理论燃烧温度的关系
1—焦炭；2—无烟煤；3—肥煤；4—重油；
5—焦炉煤气；6—褐煤；7—木柴；8—烟煤发生炉煤气；9—焦炭发生炉煤气；10—高炉煤气

用烟气余热来预热空气，不仅提高了预热温度，而且降低了排烟温度，有利于节能。计算方法见例 5-9。

**例 5-9** 例 5-8 中若高温系数 $\eta=0.80$，工艺上要求燃烧温度为 1450℃，则空气需预

热至多少度才能达到要求？

**解**　要求 $t_p = 1450℃$，则 $t_{th} = \dfrac{t_p}{\eta} = \dfrac{1450}{0.8} = 1813(℃)$

又有 $t_{th} = \dfrac{Q_{net} + c_f t_f + V_a c_a t_a}{Vc} = \dfrac{5758 + 1.32 \times 20 + 1.315 c_a t_a}{2.07 \times 1.68}$

得 $c_a t_a = 395.8$

设 $t'_a = 400℃$，查表 5-18 得 $c'_a = 1.329$，则 $1.329 \times 400 = 531.6 > 395.8$

设 $t''_a = 300℃$，$c''_a = 1.318$，则 $1.318 \times 300 = 395.4 < 395.8$

此时，$t_a$ 值必定在 $t'_a$ 与 $t''_a$ 之间，可用"内插法"来求 $t_a$，即：

$$\frac{400 - t_a}{400 - 300} = \frac{531.6 - 395.8}{531.6 - 395.4}$$

解得 $t_a = 300.29℃ \approx 300℃$，即空气需预热至 $300℃$。

实际生产中，也可通过减少燃烧向外界散失的热量来提高实际燃烧温度。加强燃烧室或窑炉的保温，以减少散热；增加小时燃料燃烧量，以减少每千克燃料的散热损失。但此时应注意传热速度，若传热速度不能相应增加，则往往会提高烟气出窑时的温度，使热效率降低，不符合经济要求。

## 第四节　燃烧理论与过程

### 一、燃料的燃烧理论

气体燃料中的可燃气体主要包括 $H_2$、CO 及气态烃类（$C_m H_n$）等；固体燃料燃烧时首先是挥发分逸出，然后是可燃气体和固态碳的燃烧；液体燃料受热气化形成气态烃类，同时在高温缺氧处，煤气中的重碳氢化合物裂解生成炭黑。因此，虽然固体、液体和气体燃料的化学组成各不相同，但从燃烧的角度看，各燃料均可归纳为两种基本组分：可燃气体（$H_2$、CO 及 $C_m H_n$ 等）和固态碳。要了解燃料的燃烧理论，需要首先了解这两种基本组分的燃烧原理。

#### （一）可燃气体组分的燃烧

已有研究表明，可燃气体的燃烧过程并不像上节燃烧计算表示化学方程式那样简单，而是按连锁反应进行。连锁反应的发生必须要有连锁刺激物（中间活性物）的存在，如 H、O 及 OH。它们是由于分子间的互相碰撞、气体分子在高温下的分解或电火花的激发而产生的。

氢的燃烧反应是按连续分支连锁过程进行，H 为连锁刺激物，其连锁反应方程如下：

总的反应式 $H + 3H_2 + O_2 \longrightarrow 2H_2O + 3H$。即一个活性氢原子经反应可产生三个活性氢原子，因此燃烧速度增加极快。在上述的连锁反应过程中，以反应 $H+O_2 \rightarrow OH+O$ 的速率最慢，它控制着整个连锁反应的总速度。

一氧化碳的燃烧与氢相似，其连锁反应过程如下：

$$H+O_2 \begin{cases} O+CO \longrightarrow CO_2 \\ \\ OH+CO \longrightarrow CO_2 \\ \qquad\qquad\quad H \end{cases}$$

在氢气或一氧化碳的燃烧过程中，需要 H、OH 连锁反应的刺激物质，因此必须要有氢气或水汽的存在产生刺激物加速反应的进行。氢燃烧时反应本身产生水汽；而一氧化碳的燃烧，加入适量的水汽对它是很有利的。如在一氧化碳与空气的混合物中加入少量水汽，能使着火温度降低。

气态烃的燃烧比氢或一氧化碳更复杂些。以甲烷为例，其连锁反应过程如下：

$$CH_4+O \longrightarrow CH_4O+O_2 \begin{cases} O \\ CH_4O \begin{cases} H_2O \\ HCHO+O_2 \begin{cases} H_2O \\ HCOOH \\ CO+O \longrightarrow CO_2 \\ O\text{-----------} \end{cases} \end{cases} \end{cases}$$

可知甲醛的存在，可产生 O 活性原子刺激物，对烃类的燃烧有利。

由上可知，气体燃料的燃烧是按连锁反应进行的。当气体燃料与空气的混合物加热至着火温度后，要经过一定的感应期后才能迅速燃烧，在感应期内不断生成含有高能量的连锁刺激物，此时并不放出大量热量，故不能立即使邻近层气体温度升高而燃烧，这一现象叫"延迟着火"。延迟着火时间不仅与气体燃料的种类有关，也与温度及压强有关。温度越高，压强越大，延迟着火时间越短。

### （二）固态碳的燃烧

前面可燃气体的燃烧是在整个容积中进行的均匀气相燃烧反应。与其不同的是，固态碳的燃烧是气固两相反应的物理化学过程，它是在碳表面上进行的。氧气扩散、吸附至碳粒表面与它进行化学反应，生成 CO 及 $CO_2$ 气体再由碳表面解吸、扩散至周围环境。这里的表面不仅指碳粒的外表面，还包括由碳粒表面裂缝（常称内孔）所构成的内孔表面。影响焦炭燃烧的主要因素有氧化剂浓度燃烧室温度、焦炭颗粒外形特性、灰分挥发分含量等。

**1. 碳与氧反应的机理**

碳与氧反应的机理有不同的假说，主要有以下 4 种，如图 5-5 所示。

（1）完全燃烧

如图 5-5(a) 所示。碳在表面完全氧化，生成二氧化碳：

$$C+O_2 \longrightarrow CO_2 \tag{5-45}$$

（2）不完全燃烧

如图 5-5(b) 所示。碳在表面仅氧化为一氧化碳：

$$C+\frac{1}{2}O_2 \longrightarrow CO \tag{5-46}$$

（3）滞后燃烧

如图 5-5(c) 所示。碳在表面仅氧化成一氧化碳，然后在离表面很近的气膜中与扩散进

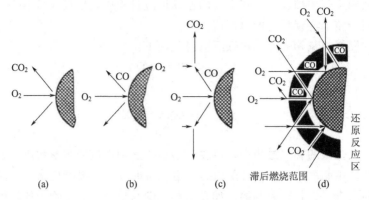

图 5-5　碳与氧反应的机理

来的氧反应生成二氧化碳：

$$C + \frac{1}{2}O_2 \longrightarrow CO$$

$$CO + \frac{1}{2}O_2 \longrightarrow CO_2 \tag{5-47}$$

（4）还原燃烧

如图 5-5(d) 所示。氧气完全消耗于滞后燃烧，没有达到固体表面。固体表面只有从气相扩散过来的二氧化碳，所以发生还原反应：

$$C + CO_2 \longrightarrow 2CO \tag{5-48}$$

CO 向外扩散，在颗粒四周的滞后燃烧层燃烧而变成 $CO_2$，即：

$$CO + \frac{1}{2}O_2 \longrightarrow CO_2$$

因此，二氧化碳向两个方向及固体表面和外界扩散。

上述前两种机理称为一次反应，后两种机理称为二次反应。目前被大家较普遍接受的是后两种燃烧机理。

**2. 燃烧反应过程控制机理**

由上可知，碳的燃烧过程同时受化学动力学与扩散动力学的影响，其燃烧速度与化学反应速度和气体扩散速度有关。平衡条件下，化学反应速度和气体扩散速度相等，即：

$$u = kC = \alpha_{ks}(C_0 - C) \tag{5-49}$$

式中　$k$——化学反应速度常数；

$C_0$——气流中（无穷远处）的氧气浓度；

$C$——碳表面处的氧气浓度；

$\alpha_{ks}$——扩散速度系数，与气流的相对速度成正比，与粒子直径成反比。

式(5-49) 可进一步写成：

$$u = \frac{C_0 - C}{\dfrac{1}{\alpha_{ks}}} = \frac{C}{\dfrac{1}{k}} = \frac{C_0 - C + C}{\dfrac{1}{\alpha_{ks}} + \dfrac{1}{k}} = \frac{C_0}{\dfrac{1}{\alpha_{ks}} + \dfrac{1}{k}} \tag{5-50}$$

如图 5-6 所示，低温时（约 800℃以下）化学反应速度常数很小，$k \ll \alpha_{ks}$，$1/\alpha_{ks}$ 项可忽略，则 $u \approx kC_0$，燃烧速度决定于化学反应速度常数。此阶段燃烧速度随温度升高急剧增加，而与气流速度无关，称为动力控制区（动力区）。此时提高燃烧环境温度是提高燃烧速度的最有效方式。

当温度升高至一定程度时（约 1000℃ 以上），$k \gg \alpha_{ks}$，$1/k$ 项可忽略，则 $u \approx \alpha_{ks} C_0$，即燃烧速度决定于扩散速度常数。这一阶段为扩散控制区（扩散区）。此时改变温度对提高碳燃烧速度影响不太明显，而提高氧气浓度或增加气流紊流程度则更有效。低温和高温之间，$1/\alpha_{ks}$ 和 $1/k$ 大小相差不多，燃烧处于过渡区，化学反应、氧气扩散联合控制。

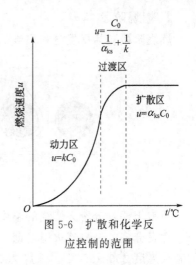

图 5-6　扩散和化学反应控制的范围

## 二、燃料的燃烧过程

### （一）气体燃料的燃烧过程

气体燃料与空气同为气相，可直接混合，因此气体燃料的燃烧过程主要包括三个阶段：气体燃料与空气的混合、着火和燃烧。

气体燃料与空气的混合是一个物理过程，比较缓慢，因此混合速度和混合完全程度对燃烧速度和燃烧完全程度起决定作用。气体燃料与空气混合达到一定浓度并加热到着火温度后发生着火进而燃烧。气体燃料着火有两种机理，分别是自燃和点燃，大多数工程燃烧依靠点火来建立稳定燃烧工况。点火以后，通过热传导和物质扩散等方式使邻近的未燃气体燃料逐步燃烧。

根据可燃气体与空气的混合方式，可将气体燃料燃烧（以下简称为燃气）分成长焰燃烧、短焰燃烧和无焰燃烧。

### （二）液体燃料的燃烧过程

目前硅酸盐工业使用的液体燃料（以下简称为燃料油）一般为重油或渣油。由于燃料油的沸点总是低于其着火温度，在燃烧室内燃料着火前处于蒸气状态。燃料油的燃烧包含了油加热蒸发、油蒸气和助燃空气的混合以及着火燃烧三个过程。由于燃油蒸气与空气之间的扩散、混合速率远远低于化学反应速率，因此类似气体燃料的扩散燃烧。

强化燃料油燃烧的基本途径主要有三种，即提高雾化速率、加强燃油液雾与助燃空气的混合、保证燃烧室内具有足够高的温度。其中雾化速率是制约燃烧速率的关键。

为了加速油的蒸发，工业上有两种燃烧方法：雾化燃烧法和汽化燃烧法。还有一种新的烧油技术——油掺水乳化燃烧。即将一部分水加入油中，或者是油中本来含有较多的水分，经强烈搅拌使之成为油水乳状液，然后经过喷油嘴燃烧。

### （三）固体燃料的燃烧过程

固体燃料的燃烧过程可以分为准备、燃烧和燃尽三个阶段。

#### 1. 准备阶段

准备阶段包括干燥、预热和干馏，其热量来源为燃烧室内灼热火焰、烟气、炉墙及其邻近已燃的燃料。固体燃料受热后首先是 110℃ 左右干燥，物理水分全部逸出后干燥结束。温度继续上升到一定程度开始分解放出挥发物，最后剩下固体焦炭，这一过程称作干馏。

### 2. 燃烧阶段

燃烧阶段包括挥发分和焦炭的着火和燃烧，如图 5-7 所示。

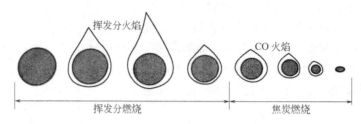

图 5-7　煤粒的燃烧过程

通常把挥发分着火燃烧的温度粗略看作固体燃料的着火温度。

挥发分多的燃料着火温度低；反之，挥发分少着火温度高。例如大气压下褐煤在空气中的着火温度 250～350℃，烟煤 250～400℃，挥发分最少的无烟煤则要 350～500℃。

当逸出的挥发分达到一定的温度和浓度时，先于焦炭着火燃烧形成一层明亮的火焰前锋。随着时间的推移，挥发分火焰逐渐缩短直至完全消失，这说明挥发分已经基本燃尽。

挥发分对固体燃料燃烧过程有较大影响。挥发分的析出和燃烧为焦炭的着火与燃烧提供能量，同时挥发分析出后焦炭内部将形成众多孔洞，增加了焦炭反应的总表面积，使燃烧速度有所提高。但挥发分本身燃烧消耗很大一部分空气，可能造成局部或阶段缺氧化剂的现象，使燃烧速度下降。

焦炭是固体燃料的主要燃质，发热量一般占总发热量的一半以上。

焦炭燃烧时焦炭周围出现极短的蓝色火焰，这是焦炭表面的不完全燃烧产物 CO 扩散到周围空气中进行燃烧形成的。由于焦炭燃烧是气固两相反应，完全燃烧比挥发分困难。因此，如何保证焦炭的燃烧迅速和完全，是组织燃烧过程的关键之一。在这一阶段，要保持较高的温度条件，供给充足的空气，并且要保证空气和燃料的充分混合。

### 3. 燃尽阶段

燃尽阶段是固体燃料特有的，液体和气体燃料没有燃尽阶段。

焦炭即将烧完时会在外壳包一层灰渣，造成氧气扩散困难，从而使燃烧进程缓慢，尤其是高灰分燃料就更难燃尽。另外灰分的升温消耗部分热量，使燃烧温度降低。这一阶段放热量不大，所需空气量少，但仍需保持较高温度并给予一定时间，尽量使灰渣中的可燃质完全燃烧。但是灰分对燃烧也有有利的一面，灰分中一些矿物质（主要是碱金属）可以增加焦炭的反应活性，提高焦炭燃烧速度，起到催化燃烧的作用。

固体燃料的燃烧技术一般分为火床燃烧、火室燃烧和流化床燃烧三种形式。根据流化速度不同，将流化床分为鼓泡流化床（BFB）和循环流化床（CFB）。循环流化燃烧方式具有燃料适应性好、污染物排放量低、燃烧效率高、灰渣可进行多种综合利用等优点不仅适用于工业锅炉，也适用于大型电站锅炉，具有宽广的应用和发展前景。

我国能源供需矛盾突出、环境污染日趋严重。其中能源供给紧张可能会成为我国经济发展的薄弱环节。因此，人们一直致力于拓宽能源供给渠道的多样化、挖掘和开发使用低品位低热值的能源、同时寻求有利于环境保护的高效洁净燃烧技术。现已提出无焰燃烧技术、多孔介质预混气体超绝热燃烧、煤的催化燃烧技术、煤的燃烧前净化技术（选煤、动力配煤与型煤、炉前脱硫、水煤浆）、低 $NO_x$ 燃烧技术（低过量空气燃烧、空气分级燃烧、燃料分级燃烧、烟气再循环）等多种燃烧技术。

## 本章小结 ▶▶

　　燃料指通过燃烧可获得热能并可利用热能的物质。目前工业窑炉普遍使用的矿物燃料是烟煤、无烟煤、重油、渣油、天然气、液化石油气和发生炉煤气。

　　固体、液体燃料的组成常用各组分所占质量分数表示，有元素分析组成和工业分析组成两种组成表示方式，收到基、空气干燥基、干燥基、干燥无灰基四种组成表示基准。元素分析用碳（C）、氢（H）、氧（O）、氮（N）、硫（S）、灰分（A）和水分（M）七种组分表示。工业分析组成包括水分（M）、挥发分（V）、灰分（A）、固定碳（FC）四种组分。气体燃料的组成用各组分所占的体积百分比表示，有湿成分和干成分两种组成表示基准。

　　发热量是评价燃料质量的重要热工特性。煤的结渣性（焦渣特性、灰熔特性）和燃烧特性也是反应煤品质的重要参数。燃料油密度、黏度、闪电、燃点、着火点、凝固点、爆炸浓度极限、残碳，气体燃料的着火温度、爆炸浓度极限等是保证燃料安全有效使用的重要性质。

　　确定燃料燃烧所需空气量、燃烧产生的烟气量及其烟气组成、燃烧温度是进行燃烧计算不可缺少的组成部分。

　　燃烧是指燃料中的可燃物与空气发生剧烈的氧化反应，产生大量的热量并伴随有强烈发光的现象。工业燃烧属于普通燃烧。研究燃料的燃烧可以从研究可燃气体、固态碳这两种基本组成的燃烧过程入手。可燃气体的燃烧是按连锁反应进行的，在经过一定感应期后迅速燃烧。固态碳的燃烧是气固两相反应的物理化学过程，主要反应机理是滞后燃烧和还原燃烧，低温时为动力控制机理，高温时为扩散控制机理。

　　气体燃料燃烧有混合、着火、燃烧三个过程，长焰、短焰、无焰三种燃烧方式，其中混合速度和混合完全程度对燃烧其决定性作用。燃料油的燃烧有雾化、蒸发、混合、着火燃烧四个过程。雾化程度的好坏其决定作用。固体燃料的燃烧有准备、燃烧和燃尽三个阶段，其燃烧技术一般分为火床燃烧、火室燃烧和流化床燃烧（鼓泡流化床和循环流化床）三种形式。

　　开发低品味低热值煤的高效洁净燃烧技术是燃料燃烧的研究热点。

## 思考题 ▶▶

5-1　矿物燃料分哪三类？常见的固体燃料、液体燃料、气体燃料有哪些？

5-2　什么是生物燃料？目前已在生产和使用的是哪两种？

5-3　固体燃料的组成为什么要用四种基准表示？它们各适用于哪些场合？

5-4　固体、液体燃料组成的表示方法和气体燃料为什么不同？有何不同？

5-5　燃烧计算分为那两个主要部分？计算的目的是什么？不同条件下如何快速计算出燃料燃烧所需空气量产生烟气量？

5-6　影响燃料燃烧温度的影响因素有哪些？如何提高燃料的实际燃烧温度？

5-7　有人认为燃料发热量越高，其理论与实际燃烧温度也越高，分析该说法是否正确并说明原因。

5-8 试述着火温度和燃烧温度的区别。

5-9 简述固体、液体、气体燃料的燃烧过程。结合不同燃料的燃烧过程，简述为什么说燃料燃烧是一个伴随有化学反应、动量传递、传热、传质的综合物理化学过程？

5-10 目前煤的高效洁净燃烧技术有哪些？

5-11 燃料燃烧污染有哪些？如何控制？

5-12 循环流化床技术、无焰燃烧技术、多孔介质预混气体超绝热燃烧技术、催化燃烧技术各有什么特点？

## 习题

5-1 已知某种煤的工业分析值为：$M_{ar}=3.84\%$，$A_d=10.35\%$，$V_{daf}=41.02\%$。试计算它的收到基、干燥基、干燥无灰基的工业分析组成。

【答案】干燥无灰基：$V_{daf}=41.02\%$，$FC_{daf}=58.98\%$。收到基：$V_{ar}=35.36\%$，$A_{ar}=9.95\%$，$FC_{ar}=50.85\%$。干燥基：$V_d=36.77\%$，$A_d=10.35\%$，$FC_d=52.88\%$。

5-2 某种烟煤成分为：

| 项目 | $C_{daf}$ | $H_{daf}$ | $O_{daf}$ | $N_{daf}$ | $M_{ar}$ | $A_d$ |
|---|---|---|---|---|---|---|
| 质量/% | 83.21 | 5.87 | 5.22 | 1.90 | 4.0 | 8.68 |

试计算各基准下的元素化学组成。

【答案】干燥无灰基：$S_{daf}=3.80\%$。收到基：$C_{ar}=72.95\%$，$H_{ar}=5.15\%$，$O_{ar}=4.58\%$，$N_{ar}=1.67\%$，$S_{ar}=3.33\%$。干燥基：$C_d=75.99\%$，$H_d=5.36\%$，$O_d=4.77\%$，$N_d=1.74\%$，$S_d=3.47\%$，$A_d=8.68\%$。

5-3 某煤气收到基组成如下：

| 项目 | $CO_2$ | CO | $H_2$ | $CH_4$ | $O_2$ | $N_2$ | $H_2O$ |
|---|---|---|---|---|---|---|---|
| 体积/% | 4.5 | 19.3 | 48.0 | 13.0 | 0.8 | 12.0 | 2.4 |

计算干煤气的组成、密度、高位发热量和低位发热量。

【答案】干煤气组成如下：

| 项目 | $CO_2$ | CO | $H_2$ | $CH_4$ | $O_2$ | $N_2$ |
|---|---|---|---|---|---|---|
| 体积/% | 4.61 | 19.77 | 49.18 | 13.31 | 0.82 | 12.30 |

密度$0.643kg/cm^3$，高位发热量$1.41\times10^4kJ/m^3$，低位发热量$1.25\times10^4kJ/m^3$。

5-4 已知某窑炉用煤的收到基组成为：

| 项目 | $C_{ar}$ | $H_{ar}$ | $O_{ar}$ | $N_{ar}$ | $S_{ar}$ | $M_{ar}$ | $A_{ar}$ |
|---|---|---|---|---|---|---|---|
| 质量/% | 75.0 | 6.8 | 5.0 | 1.2 | 0.5 | 3.5 | 8.0 |

空气系数$\alpha=1.2$，计算：(1) 实际空气量（$m^3/kg$）；(2) 实际烟气量（$m^3/kg$）；(3) 烟气组成。

【答案】(1) 10.0m³/kg；(2) 10.47m³/kg；(3) 烟气组成：$CO_2=13.37\%$，$SO_2=0.03\%$，$H_2O=7.69\%$，$N_2=75.55\%$，$O_2=3.34\%$。

5-5 已知某烟煤组成为：

| 项目 | $C_{daf}$ | $H_{daf}$ | $O_{daf}$ | $N_{daf}$ | $S_{daf}$ | $M_{ar}$ | $A_d$ |
|---|---|---|---|---|---|---|---|
| 质量/% | 83.21 | 5.87 | 5.22 | 1.90 | 3.8 | 4.0 | 8.68 |

试求：(1) 理论空气量 (m³/kg)；(2) 理论烟气量 (m³/kg)；(3) 如某加热炉用该煤加热，热负荷为 $1.7\times10^4$kW，空气系数 $\alpha=1.35$，求每小时供风量 (m³/h)，烟气生成量 (m³/h) 及烟气成分。

【答案】(1) 7.81m³/kg；(2) 8.19m³/kg；(3) $2.16\times10^4$m³/h；$2.24\times10^4$m³/h；烟气成分：$CO_2=12.45\%$，$SO_2=0.21\%$，$H_2O=5.73\%$，$N_2=76.36\%$，$O_2=5.25\%$。

5-6 某窑炉以发生炉煤气为燃料，其组成为：

| 项目 | $CO_2$ | CO | $H_2$ | $CH_4$ | $C_2H_2$ | $O_2$ | $N_2$ | $H_2S$ | $H_2O$ |
|---|---|---|---|---|---|---|---|---|---|
| 体积/% | 5.5 | 26.0 | 12.5 | 2.5 | 0.5 | 0.2 | 47.0 | 1.3 | 4.5 |

空气系数 $\alpha=1.2$，计算：(1) 实际空气量 (m³/m³)；(2) 实际湿烟气量 (m³/m³)；(3) 干烟气及湿烟气组成。

【答案】(1) 1.558m³/m³；(2) 2.36m³/m³；(3) 湿烟气组成：$CO_2=14.83\%$，$SO_2=0.55\%$，$H_2O=10.08\%$，$N_2=72.03\%$，$O_2=2.31\%$。干烟气组成：$CO_2=76.49\%$，$SO_2=0.61\%$，$N_2=80.11\%$，$O_2=2.57\%$。

5-7 某焦炉煤气成分为：

| 项目 | $CO_2$ | CO | $H_2$ | $CH_4$ | $C_2H_4$ | $O_2$ | $N_2$ | $H_2O$ |
|---|---|---|---|---|---|---|---|---|
| 体积/% | 2.93 | 8.89 | 55.99 | 25.40 | 2.44 | 0.49 | 1.57 | 2.29 |

用含氧量为 30% 的富氧空气燃烧，试求：

(1) 富氧空气消耗量 m³/m³；(2) 燃烧产物成分及密度。

【答案】(1) 3.45m³/m³；(2) 烟气成分：$CO_2=10.20\%$，$H_2O=27.60\%$，$N_2=58.93\%$，$O_2=3.27\%$。密度 1.205kg/m³。

5-8 某倒焰窑所用煤的收到基组成为：

| 项目 | $C_{ar}$ | $H_{ar}$ | $O_{ar}$ | $N_{ar}$ | $S_{ar}$ | $M_{ar}$ | $A_{ar}$ |
|---|---|---|---|---|---|---|---|
| 质量/% | 72 | 6 | 4.8 | 1.4 | 0.3 | 3.6 | 11.9 |

高温阶段在窑底处测定其干烟气组成为：

| 项目 | $CO_2$ | $O_2$ | $N_2$ |
|---|---|---|---|
| 体积/% | 13.6 | 5.0 | 81.4 |

灰渣分析：含 C 17%，灰分 83%。

高温阶段每小时烧煤量为 400kg，计算该阶段每小时烟气生成量 (m³) 及空气需要量 (m³)。

【答案】4108m³；3928m³。

5-9 例 5-8 中，若空气温度 $t_a$ 提高为 400℃，其中空气在 400℃ 的平均比热容为 1.34kJ/(m³·℃)。试求：(1) 理论燃烧温度 $t_{th}$；(2) 高温系数 $\eta = 0.80$ 时的实际燃烧温度。

【答案】(1) 1875℃；(2) 1500℃。

# 参 考 文 献

[1] 孙晋涛.硅酸盐工业热工基础 [M].重排本.武汉：武汉理工大学出版社，2006.

[2] 徐德龙，谢峻林.材料工程基础 [M].重印版.武汉：武汉理工大学出版社，2012.

[3] 霍然.工程燃烧理论 [M].合肥：中国科学技术出版社，2001.

[4] 刘圣华，姚明宇.洁净燃烧技术 [M].北京：化学工业出版社，2006.

[5] 雅克·范鲁 (Siaak van Loo)，耶谱·克佩耶 (Jaap Koppeian) [M].生物质燃烧与混合燃烧技术手册 [M].田宜水，姚向君译.北京：化学工业出版社，2008.

[6] 俞珠峰.洁净技术发展与应用 [M].北京：化学工业出版社，2004.

[7] 路春美，程世庆，王永征.循环流化床锅炉设备与运行 [M].北京：中国电力出版社，2003.

[8] 林宗虎，魏敦崧，安恩科，李茂德.循环流化床锅炉 [M].北京：中国电力出版社，2004.

[9] 张小成.陶瓷蜂窝体传热及气体流动特性数值模拟研究 [D].沈阳：辽宁科技大学，2007.

[10] 史俊瑞.多孔介质中预混气体超绝热燃烧机理及其火焰特性的研究 [D].大连：大连理工大学，2007.

# 附录

## 附录 1　缓变流中动压强的分布规律

在缓变流中同一过水断面的任一点，其压强与位置的关系满足：$z+\dfrac{p}{\gamma}=$常数。

证明：设有一缓变流段，在其上取一过水断面，在该断面上任取一长为 $dn$，底面积为 $dA$ 的一小液柱，分析受力如附录图。

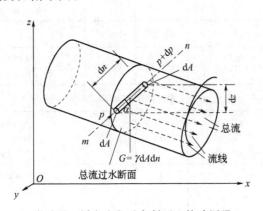

附录图　缓变流段过水断面上的动压强

由于缓变流段，离心力不计；液柱侧面及两底面的黏性内摩擦力均与液柱轴线 $mn$ 正交（各流线间质量不穿越，过水断面垂直于流线）；作用在液柱侧面的动压强沿侧面内法线，与 $mn$ 正交；上、下液面的动压强分别为 $p$ 与 $p+dp$；重力 $G$ 与 $mn$ 的交角 $\alpha$。

沿 $mn$ 方向建立平衡方程，即：

$$p\,dA-(p+dp)dA-r\,dA\,dn\cos\alpha=0$$

经整理可得：

$$dp+\gamma dz=0$$

积分上式可得：

$$p+\gamma z=常量$$

两边同除以 $\gamma$，可得：

$$z+\frac{p}{\gamma}=常量。$$

## 附录 2　国际制、工程制单位换算表

| 物理量名称 | 工程制单位 | | 国际制单位 | | 换　算　关　系 |
|---|---|---|---|---|---|
| | 中文符号 | 英文符号 | 中文符号 | 英文符号 | |
| 长度 | 米 | m | 米 | m | |
| 质量 | $\dfrac{千克力 \cdot 秒^2}{米}$ | $\dfrac{kgf \cdot s^2}{m}$ | 千克 | kg | $1kg \cdot s^2/m=9.80665kg$<br>$1kg=0.101972kgf \cdot s^2/m$ |
| 力 | 千克力 | kgf | 牛 | N | $1kgf=9.80665N$<br>$1N=0.101972kgf$ |
| 时间 | 秒 | s | 秒 | s | |
| 压力（压强） | 千克力/米²<br>千克力/厘米²<br>标准大气压<br>毫米水柱<br>毫米汞柱 | kgf/m²<br>kgf/cm²<br>atm<br>mmH₂O<br>mmHg | 帕 | Pa | $1kgf/m^2=1mmH_2O=9.80665Pa$<br>$1kgf/cm^2（工程大气压）=98.0666kPa$<br>$1atm=101.325kPa$<br>$1mmHg=133.332Pa$ |
| 密度 | $\dfrac{千克力 \cdot 秒^2}{米^4}$ | $\dfrac{kgf \cdot s^2}{m^4}$ | 千克/米³ | kg/m³ | $1kgf \cdot s^2/m^4=9.80665kg/m^3$<br>$1kg/m^3=0.101972kgf \cdot s^2/m^4$ |
| 速度 | 米/秒 | m/s | 米/秒 | m/s | |
| 动力黏度 | $\dfrac{千克力 \cdot 秒}{米^2}$ | $\dfrac{kgf \cdot s}{m^2}$ | 帕·秒 | Pa·s | $1kgf \cdot s/m^2=9.80665Pa \cdot s$<br>$1Pa \cdot s=0.101972kgf \cdot s/m^2$ |
| 运动黏度 | 米²/秒 | m²/s | 米²/秒 | m²/s | |
| 功、能、热 | 千克力·米<br>千卡<br>千瓦·时 | kgf·m<br>kcal<br>kW·h | 焦 | J | $1kgf \cdot m=9.80665J$<br>$1kcal=4186.8J=4.1868kJ$<br>$1kW \cdot h=3600kJ$ |
| 功率热流 | 千克力·米/秒<br>千卡/时<br>（米制）马力 | kgf·m/s<br>kcal/h | 瓦 | W | $1kgf \cdot m/s=9.80665W$<br>$1W=0.101972kgf \cdot m/s$<br>$1kW=1.359 马力$<br>$1 马力=0.7355kW$<br>$1kcal/h=1.163W$ |
| 温度 | 摄氏度 | ℃ | 开 | K | $T(K)=t(℃)+273.15$ |
| 比热容 | 千卡/（千克力·摄氏度） | kcal/(kgf·℃) | 焦/（千克·开） | J/(kg·K) | $1kcal/(kgf \cdot ℃)=4.1868kJ/(kg \cdot K)$<br>$1kJ/(kg \cdot K)=0.239kcal/(kgf \cdot ℃)$ |
| 热导率 | 千卡/（米·时·摄氏度） | kcal/(m·h·℃) | 瓦/（米·开） | W/(m·K) | $1kcal/(m \cdot h \cdot ℃)=1.163W/(m \cdot K)$<br>$1W/(m \cdot K)=0.8598kcal/(m \cdot h \cdot ℃)$ |
| 传热系数 | 千卡/（米²·时·摄氏度） | kcal/(m²·h·℃) | 瓦/（米²·开） | W/(m²·K) | $1kcal/(m^2 \cdot h \cdot ℃)=1.163W/(m^2 \cdot K)$<br>$1W/(m^2 \cdot K)=0.8598kcal/(m^2 \cdot h \cdot ℃)$ |

注：将 m、kg、s、K 代入量纲式中的 L、M、T、θ 就是国际单位制用基本量表示的关系式。

## 附录3　常用材料的物理参数

### (1) 金属的物理参数

| 材料名称 | 20℃ 密度 $\rho$ /(kg/m³) | 20℃ 比热容 $C_p$ /[J/(kg·℃)] | 20℃ 热导率 $\lambda$ /[W/(m·℃)] | 热导率 $\lambda$/[W/(m·℃)] −100℃ | 0℃ | 100℃ | 200℃ | 300℃ | 400℃ | 600℃ | 800℃ | 1000℃ | 1200℃ |
|---|---|---|---|---|---|---|---|---|---|---|---|---|---|
| 纯铝 | 2710 | 902 | 236 | 243 | 236 | 240 | 238 | 234 | 228 | 215 | | | |
| 铝合金(92Al-8Mg) | 2610 | 904 | 107 | 86 | 102 | 123 | 148 | | | | | | |
| 铝合金(87Al-13Si) | 2660 | 871 | 162 | 139 | 158 | 173 | 176 | 180 | | | | | |
| 纯铜 | 8930 | 386 | 398 | 421 | 401 | 393 | 389 | 384 | 379 | 366 | 352 | | |
| 青铜(89Cu-11Sn) | 8800 | 343 | 24.8 | | 24 | 28.4 | 33.2 | | | | | | |
| 黄铜(70Cu-30Zn) | 8440 | 377 | 109 | 90 | 106 | 131 | 143 | 145 | 148 | | | | |
| 铜合金(60Cu-40Ni) | 8920 | 410 | 22.2 | 19 | 22.2 | 23.4 | | | | | | | |
| 纯铁 | 7870 | 455 | 81.1 | 96.7 | 83.5 | 72.1 | 63.5 | 56.5 | 50.3 | 39.4 | 29.6 | 29.4 | 31.6 |
| 灰铸铁(C≈3%) | 7570 | 470 | 39.2 | | 28.5 | 32.4 | 35.8 | 37.2 | 36.6 | 20.8 | 19.2 | | |
| 碳钢(C≈0.5%) | 7840 | 465 | 49.8 | 50.5 | 47.5 | 44.8 | 42.0 | 39.4 | 34.0 | 29.0 | | | |
| 碳钢(C≈1.0%) | 7790 | 470 | 43.2 | | 43.0 | 42.8 | 42.2 | 41.5 | 40.6 | 36.7 | 32.2 | | |
| 碳钢(C≈1.5%) | 7750 | 470 | 36.7 | | 36.8 | 36.6 | 36.2 | 35.7 | 34.7 | 31.7 | 27.8 | | |
| 铬钢(Cr≈5%) | 7830 | 460 | 36.1 | | 36.3 | 35.2 | 34.7 | 33.5 | 31.4 | 28.0 | 27.2 | 27.2 | 27.2 |
| 铬钢(Cr≈13%) | 7740 | 460 | 26.8 | | 26.5 | 27.0 | 27.0 | 27.0 | 27.6 | 28.4 | 29.0 | 29.0 | |
| 铬钢(Cr≈17%) | 7710 | 460 | 22 | | 22 | 22.2 | 22.6 | 22.6 | 23.3 | 24.0 | 24.8 | 25.5 | |
| 铬钢(Cr≈26%) | 7650 | 460 | 22.6 | | 22.6 | 23.8 | 25.5 | 27.2 | 28.5 | 31.8 | 35.1 | 38 | |
| 铬镍钢(18~20Cr/8~12Ni) | 7820 | 460 | 15.2 | 12.2 | 14.7 | 16.6 | 18.0 | 19.4 | 20.8 | 23.5 | 26.3 | | |
| 铬镍钢(17~19Cr/9~13Ni) | 7830 | 460 | 14.7 | 11.8 | 14.3 | 16.1 | 17.5 | 18.8 | 20.2 | 22.8 | 25.5 | 28.2 | 30.9 |
| 镍钢(Ni≈1%) | 7900 | 460 | 45.5 | 40.8 | 45.2 | 46.8 | 46.1 | 44.1 | 41.2 | 35.7 | | | |
| 镍钢(Ni≈3.5%) | 7910 | 460 | 36.5 | 30.7 | 36.0 | 38.8 | 39.7 | 39.2 | 37.8 | | | | |
| 镍钢(Ni≈35%) | 8110 | 460 | 13.8 | 10.9 | 13.4 | 15.4 | 17.1 | 18.6 | 20.1 | 23.1 | | | |
| 镍钢(Ni≈44%) | 8190 | 460 | 15.8 | | 15.7 | 16.1 | 16.5 | 16.9 | 17.1 | 17.8 | 18.4 | | |
| 镍钢(Ni≈50%) | 8260 | 460 | 19.6 | 17.3 | 19.4 | 20.5 | 21.0 | 21.1 | 21.3 | 22.5 | | | |
| 锰钢(12~13Mn/3Ni) | 7800 | 487 | 13.6 | | | 14.8 | 16.0 | 17.1 | 18.3 | | | | |
| 锰钢(Mn≈0.4%) | 7860 | 440 | 51.2 | | | 51.0 | 50.0 | 47.0 | 43.5 | 35.5 | 27 | | |
| 铅 | 11340 | 128 | 35.3 | 37.2 | 35.5 | 34.3 | 32.8 | 31.5 | | | | | |
| 铂 | 21450 | 133 | 73.3 | 73.3 | 71.5 | 71.6 | 72.0 | 72.8 | 73.6 | 76.6 | 80.0 | 84.2 | 88.9 |
| 银 | 10500 | 234 | 427 | 431 | 428 | 422 | 415 | 407 | 399 | 384 | | | |

（2）耐火材料的物理参数

| 材料名称 | 密度 $\rho$ /(kg/m³) | 最高使用温度 /℃ | 平均比热容 $C_p$ /[kJ/(kg·℃)] | 热导率 $\lambda$ /[W/(m·℃)] |
|---|---|---|---|---|
| 黏土砖 | 2070 | 1300~1400 | $0.84+0.26\times10^{-3}t$ | $0.835+0.58\times10^{-3}t$ |
| 硅砖 | 1600~1900 | 1850~1950 | $0.79+0.29\times10^{-3}t$ | $0.92+0.7\times10^{-3}t$ |
| 高铝砖 | 2200~2500 | 1500~1600 | $0.84+0.23\times10^{-3}t$ | $1.52+0.18\times10^{-3}t$ |
| 镁砖 | 2800 | 2000 | $0.94+0.25\times10^{-3}t$ | $4.3-0.51\times10^{-3}t$ |
| 滑石砖 | 2100~2200 | | 1.25(300℃时) | $0.69+0.63\times10^{-3}t$ |
| 莫来石砖(烧结) | 2200~2400 | 1600~1700 | $0.84+0.25\times10^{-3}t$ | $1.68+0.23\times10^{-3}t$ |
| 铁矾土砖 | 2000~2350 | 1550~1800 | | 1.3(1200℃时) |
| 刚玉砖(烧结) | 2600~2900 | 1650~1800 | $0.79+0.42\times10^{-3}t$ | $2.1+1.85\times10^{-3}t$ |
| 莫来石砖(电融) | 2850 | 1600 | | $2.33+0.163\times10^{-3}t$ |
| 煅烧白云石砖 | 2600 | 1700 | 1.07(20~760℃时) | 3.23(2000℃时) |
| 镁橄榄石砖 | 2700 | 1600~1700 | 1.13 | 8.7(400℃时) |
| 熔融镁砖 | 2700~2800 | | | $4.63+5.75\times10^{-3}t$ |
| 铬砖 | 3000~3200 | | $1.05+0.29\times10^{-3}t$ | $1.2+0.41\times10^{-3}t$ |
| 铬镁砖 | 2800 | 1750 | $0.71+0.39\times10^{-3}t$ | 1.97 |
| 碳化硅砖 甲 | >2650 | | | 9~10(1000℃时) |
| 碳化硅砖 乙 | >2500 | 1700~1800 | $0.96+0.146\times10^{-3}t$ | 7~8(1000℃时) |
| 碳素砖 | 1350~1500 | 2000 | 0.837 | $23+34.7\times10^{-3}t$ |
| 石墨砖 | 1600 | 2000 | 0.837 | $162-40.5\times10^{-3}t$ |
| 锆英石砖 | 3300 | 1900 | $0.54+0.125\times10^{-3}t$ | $1.3+0.64\times10^{-3}t$ |

（3）隔热材料的物理参数

| 材料名称 | 密度 $\rho$ /(kg/m³) | 允许使用温度 /℃ | 平均比热容 $C_p$ /[kJ/(kg·℃)] | 热导率 $\lambda$ /[W/(m·℃)] |
|---|---|---|---|---|
| 轻质黏土砖 | 1300 | 1400 | | $0.41+0.35\times10^{-3}t$ |
| | 1000 | 1300 | $0.84+0.26\times10^{-3}t$ | $0.29+0.26\times10^{-3}t$ |
| | 800 | 1250 | | $0.26+0.23\times10^{-3}t$ |
| | 400 | 1150 | | $0.092+0.16\times10^{-3}t$ |
| 轻质高铝砖 | 770 | 1250 | | |
| | 1020 | 1400 | $0.84+0.26\times10^{-3}t$ | $0.66+0.08\times10^{-3}t$ |
| | 1330 | 1450 | | |
| | 1500 | 1500 | | |
| 轻质硅砖 | 1200 | 1500 | $0.22+0.93\times10^{-3}t$ | $0.58+0.43\times10^{-3}t$ |
| 硅藻土砖 | 450 | 900 | $0.113+0.23\times10^{-3}t$ | $0.063+0.14\times10^{-3}t$ |
| | 650 | | | $0.10+0.228\times10^{-3}t$ |
| 膨胀蛭石 | 60~280 | 1100 | 0.66 | $0.058+0.256\times10^{-3}t$ |
| 水玻璃蛭石 | 400~450 | 800 | | $0.093+0.256\times10^{-3}t$ |
| 硅藻土石棉粉 | 450 | 300 | | $0.07+0.31\times10^{-3}t$ |
| 石棉绳 | 800 | | 0.82 | $0.073+0.31\times10^{-3}t$ |
| 石棉板 | 1150 | 600 | | $0.16+0.17\times10^{-3}t$ |
| 矿渣棉 | 150~180 | 400~500 | 0.75 | $0.058+0.16\times10^{-3}t$ |
| 矿渣棉砖 | 350~450 | 750~800 | | $0.07+0.16\times10^{-3}t$ |
| 红砖 | 1750~2100 | 500~700 | $0.80+0.31\times10^{-3}t$ | $0.47+0.51\times10^{-3}t$ |
| 珍珠岩制品 | 220 | 1000 | | $0.052+0.029\times10^{-3}t$ |
| 粉煤灰泡沫混凝土 | 500 | 300 | | $0.099+0.198\times10^{-3}t$ |
| 水泥泡沫混凝土 | 450 | 250 | | $0.10+0.198\times10^{-3}t$ |

（4）建筑材料的物理参数

| 材料名称 | 密度 $\rho$ /(kg/m³) | 比热容 $C_p$ /[kJ/(kg·℃)] | 热导率 $\lambda$ /[W/(m·℃)] |
|---|---|---|---|
| 干土 | 1500 | | 0.138 |
| 湿土 | 1700 | 2.01 | 0.69 |
| 鹅卵石 | 1840 | | 0.36 |
| 干沙 | 1500 | 0.795 | 0.32 |
| 湿沙 | 1650 | 2.05 | 1.13 |
| 混凝土 | 2300 | 0.88 | 1.28 |
| 轻质混凝土 | 800～1000 | 0.75 | 0.41 |
| 钢筋混凝土 | 2200～2500 | 0.837 | $1.55+2.9\times10^{-3}t$ |
| 块石砌体 | 1800～7000 | 0.88 | 1.28 |
| 地沥青 | 2110 | 2.09 | 0.7 |
| 石膏 | 1650 | | 0.29 |
| 玻璃 | 2500 | | 0.7～1.04 |
| 干木板 | 250 | | 0.06～0.21 |

注：表中除钢筋混凝土的热导率是温度的函数外，其他均为20℃时的参数值。

（5）液体燃料的物理参数

| 名称 | $t$/℃ | $\rho$ /(kg/m³) | $C_p$ /[kJ/kg·℃] | $\lambda$ /[W/(m·℃)] | $a\times10^4$ /(m²/h) | $\mu\times10^4$ /Pa·s | $\nu\times10^6$ /(m²/s) | $Pr$ |
|---|---|---|---|---|---|---|---|---|
| 汽油 | 0 | 900 | 1.800 | 0.145 | 3.23 | | | |
| | 50 | | 1.842 | 0.137 | 2.40 | | | |
| 柴油 | 20 | 908.4 | 1.838 | 0.128 | 3.41 | 5629 | 620 | 8000 |
| | 40 | 895.5 | 1.909 | 0.126 | 3.94 | 1209 | 135 | 1840 |
| | 60 | 882.4 | 1.980 | 0.124 | 4.45 | 397.2 | 45 | 630 |
| | 80 | 870 | 2.052 | 0.123 | 4.92 | 173.6 | 20 | 200 |
| | 100 | 857 | 2.123 | 0.122 | 5.42 | 92.48 | 108 | 162 |
| 润滑油 | 0 | 899 | 1.796 | 0.148 | 3.22 | 38442 | 4280 | 47100 |
| | 40 | 876 | 1.955 | 0.144 | 3.10 | 2118 | 242 | 2870 |
| | 80 | 852 | 2.131 | 0.138 | 2.90 | 319.7 | 37.5 | 490 |
| | 120 | 829 | 2.307 | 0.135 | 2.70 | 103 | 12.4 | 175 |
| 变压器油 | 20 | 866 | 1.897 | 0.124 | 2.73 | 315.8 | 36.5 | 481 |
| | 40 | 852 | 1.993 | 0.123 | 2.61 | 142.2 | 16.7 | 230 |
| | 60 | 842 | 2.093 | 0.122 | 2.49 | 73.16 | 8.7 | 126 |
| | 80 | 830 | 2.198 | 0.120 | 2.36 | 43.15 | 5.2 | 79.4 |
| | 100 | 818 | 2.294 | 0.119 | 2.28 | 30.99 | 3.8 | 60.3 |

## 附录4　烟气的物理参数

| $t$ /℃ | $\rho$ /(kg/m³) | $C_p$ /[kJ/(kg·℃)] | $\lambda\times10^2$/[W /(m·℃)] | $a$ $\times10^6$/(m²/s) | $\mu$ $\times10^6$/Pa·s | $\nu$ $\times10^6$/(m²/s) | $Pr$ |
|---|---|---|---|---|---|---|---|
| 0 | 1.295 | 1.042 | 2.28 | 16.9 | 15.8 | 12.20 | 0.72 |
| 100 | 0.950 | 1.068 | 3.13 | 30.8 | 20.4 | 21.54 | 0.69 |
| 200 | 0.748 | 1.097 | 4.01 | 48.9 | 24.5 | 32.80 | 0.67 |
| 300 | 0.617 | 1.122 | 4.84 | 69.9 | 28.2 | 45.81 | 0.65 |
| 400 | 0.525 | 1.151 | 5.70 | 94.3 | 31.7 | 60.38 | 0.64 |
| 500 | 0.457 | 1.185 | 6.56 | 121.11 | 34.8 | 76.30 | 0.63 |
| 600 | 0.405 | 1.214 | 7.42 | 150.9 | 37.9 | 93.61 | 0.62 |
| 700 | 0.363 | 1.239 | 8.27 | 183.8 | 40.7 | 112.1 | 0.61 |
| 800 | 0.330 | 1.264 | 9.15 | 219.7 | 43.4 | 131.8 | 0.60 |
| 900 | 0.301 | 1.290 | 10.00 | 258.0 | 45.9 | 152.5 | 0.59 |
| 1000 | 0.275 | 1.306 | 10.90 | 303.4 | 48.4 | 174.3 | 0.58 |
| 1100 | 0.257 | 1.323 | 11.75 | 345.5 | 50.7 | 197.1 | 0.57 |
| 1200 | 0.240 | 1.340 | 12.62 | 392.4 | 53.0 | 221.0 | 0.56 |

注：本表是指烟气在压力等于101325Pa（760mmHg）时的物理参数。烟气中组成气体的体积分数为：$V_{CO_2}=13\%$，$V_{H_2O}=11\%$，$V_{N_2}=76\%$。

# 附录5　干空气的物理参数

$(p=1.01\times10^5\,Pa)$

| $t$ /℃ | $\rho$ /(kg/m³) | $C_p$ /[kJ/(kg·℃)] | $\lambda\times10^2$/[W /(m·℃)] | $a$ $\times10^6$/(m²/s) | $\mu$ $\times10^6$/Pa·s | $\nu$ $\times10^6$/(m²/s) | $Pr$ |
|---|---|---|---|---|---|---|---|
| −50 | 1.584 | 1.013 | 2.04 | 12.7 | 14.6 | 9.24 | 0.728 |
| −40 | 1.515 | 1.013 | 2.12 | 13.8 | 15.2 | 10.04 | 0.728 |
| −30 | 1.453 | 0.013 | 2.20 | 14.9 | 15.7 | 10.80 | 0.723 |
| −20 | 1.395 | 0.009 | 2.28 | 16.2 | 16.2 | 11.61 | 0.716 |
| −10 | 1.342 | 1.009 | 2.36 | 17.4 | 16.7 | 12.43 | 0.712 |
| 0 | 1.293 | 1.005 | 2.44 | 18.8 | 17.2 | 13.28 | 0.707 |
| 10 | 1.247 | 1.005 | 2.51 | 20.0 | 17.6 | 14.16 | 0.705 |
| 20 | 1.205 | 1.005 | 2.59 | 21.4 | 18.1 | 15.06 | 0.703 |
| 30 | 1.165 | 1.005 | 2.67 | 22.9 | 18.6 | 16.00 | 0.701 |
| 40 | 1.128 | 1.005 | 2.76 | 24.3 | 19.1 | 16.96 | 0.699 |
| 50 | 1.093 | 1.005 | 2.83 | 25.7 | 19.6 | 17.95 | 0.698 |
| 60 | 1.060 | 1.005 | 2.90 | 26.2 | 20.1 | 18.97 | 0.696 |
| 70 | 1.029 | 1.009 | 2.96 | 28.8 | 20.6 | 20.02 | 0.694 |
| 80 | 1.000 | 1.009 | 3.05 | 30.2 | 21.1 | 21.09 | 0.692 |
| 90 | 0.972 | 1.009 | 3.13 | 31.9 | 21.5 | 22.10 | 0.690 |
| 100 | 0.946 | 1.009 | 3.21 | 33.6 | 21.9 | 23.13 | 0.688 |
| 120 | 0.898 | 1.009 | 3.34 | 36.8 | 22.8 | 25.45 | 0.686 |
| 140 | 0.854 | 1.013 | 3.49 | 40.3 | 23.7 | 27.80 | 0.684 |
| 160 | 0.815 | 1.017 | 3.64 | 43.9 | 24.5 | 30.09 | 0.682 |
| 180 | 0.779 | 1.022 | 3.78 | 47.5 | 25.3 | 32.49 | 0.681 |
| 200 | 0.746 | 1.026 | 3.93 | 51.4 | 26.0 | 34.85 | 0.680 |
| 250 | 0.674 | 1.038 | 4.27 | 61.0 | 27.4 | 40.61 | 0.677 |
| 300 | 0.615 | 1.047 | 4.60 | 71.6 | 29.7 | 48.33 | 0.674 |
| 350 | 0.566 | 1.059 | 4.91 | 81.9 | 31.4 | 55.46 | 0.676 |
| 400 | 0.524 | 1.068 | 5.21 | 93.1 | 33.0 | 63.09 | 0.678 |
| 500 | 0.456 | 1.093 | 5.74 | 115.3 | 36.2 | 79.38 | 0.687 |
| 600 | 0.404 | 1.114 | 6.22 | 138.3 | 39.1 | 96.89 | 0.698 |
| 700 | 0.362 | 1.135 | 6.71 | 163.4 | 41.8 | 115.4 | 0.700 |
| 800 | 0.329 | 1.156 | 7.18 | 188.8 | 44.3 | 134.8 | 0.713 |
| 900 | 0.301 | 1.172 | 7.63 | 216.2 | 46.7 | 155.1 | 0.717 |
| 1000 | 0.277 | 1.185 | 8.07 | 245.9 | 49.0 | 177.1 | 0.719 |
| 1100 | 0.257 | 1.197 | 8.50 | 276.2 | 51.2 | 199.3 | 0.722 |
| 1200 | 0.239 | 1.210 | 9.15 | 316.5 | 53.5 | 233.7 | 0.724 |

## 附录6　在饱和线上水蒸气的物理参数

| $t$ /℃ | $p$ $\times10^{-5}$/Pa | $\rho$ /(kg/m³) | $h$ /(kJ/kg) | $r$ /(kJ/kg) | $C_p$/[kJ/ (kg·℃)] | $\lambda\times10^2$/[W /(m·℃)] | $a\times10^3$ /(m²/h) | $\mu\times10^6$ /Pa·s | $\nu\times10^6$ /(m²/s) | $Pr$ |
|---|---|---|---|---|---|---|---|---|---|---|
| 0 | 0.00611 | 0.004847 | 2501.6 | 2501.6 | 1.8543 | 1.83 | 7313.0 | 8.022 | 1655.01 | 0.815 |
| 10 | 0.012270 | 0.009396 | 2520.0 | 2477.7 | 1.8594 | 1.88 | 3881.3 | 8.424 | 896.54 | 0.831 |
| 20 | 0.02338 | 0.01729 | 2538.0 | 2454.3 | 1.8661 | 1.94 | 2167.2 | 8.84 | 509.90 | 0.847 |
| 30 | 0.04241 | 0.03037 | 2556.5 | 2430.9 | 1.8744 | 2.00 | 1265.1 | 9.218 | 303.53 | 0.863 |
| 40 | 0.07375 | 0.05116 | 2574.5 | 2407.0 | 1.8853 | 2.06 | 768.45 | 9.620 | 188.04 | 0.883 |
| 50 | 0.12335 | 0.08302 | 2592.0 | 2382.7 | 1.8987 | 2.12 | 483.59 | 10.022 | 120.72 | 0.896 |
| 60 | 0.19920 | 0.1302 | 2609.6 | 2358.4 | 1.9155 | 2.19 | 315.55 | 10.424 | 80.07 | 0.913 |
| 70 | 0.3116 | 0.1982 | 2626.8 | 2334.1 | 1.9364 | 2.25 | 210.57 | 10.817 | 54.57 | 0.930 |
| 80 | 0.4736 | 0.2933 | 2643.5 | 2309.0 | 1.9615 | 2.33 | 145.53 | 11.219 | 38.25 | 0.947 |
| 90 | 0.7011 | 0.4235 | 2660.3 | 2283.1 | 1.9921 | 2.40 | 102.22 | 11.621 | 27.44 | 0.966 |
| 100 | 1.0130 | 0.5977 | 2676.2 | 2257.1 | 2.0281 | 2.48 | 73.57 | 12.023 | 20.12 | 0.984 |
| 110 | 1.4327 | 0.8265 | 2691.3 | 2229.9 | 2.0704 | 2.56 | 53.83 | 12.425 | 15.03 | 1.00 |
| 120 | 1.9854 | 1.122 | 2705.9 | 2202.3 | 2.1198 | 2.65 | 40.15 | 12.798 | 11.41 | 1.02 |
| 130 | 2.7013 | 1.497 | 2719.7 | 2173.8 | 2.1763 | 2.76 | 30.46 | 13.170 | 8.80 | 1.04 |
| 140 | 3.614 | 1.967 | 2733.1 | 2144.1 | 2.2408 | 2.85 | 23.28 | 13.543 | 6.89 | 1.06 |
| 150 | 4.760 | 2.548 | 2745.3 | 2113.1 | 2.3142 | 2.97 | 18.10 | 13.896 | 5.45 | 1.08 |
| 160 | 6.181 | 3.260 | 2756.6 | 2081.3 | 2.3974 | 3.08 | 14.20 | 14.249 | 4.37 | 1.11 |
| 170 | 7.920 | 4.123 | 2767.1 | 2047.8 | 2.4911 | 3.21 | 11.25 | 14.612 | 3.54 | 1.13 |
| 180 | 10.027 | 5.160 | 2776.3 | 2013.0 | 2.5958 | 3.36 | 9.03 | 14.965 | 2.90 | 1.15 |
| 190 | 12.551 | 6.397 | 2784.2 | 1976.6 | 2.7126 | 3.51 | 7.29 | 15.298 | 2.39 | 1.18 |
| 200 | 15.549 | 7.864 | 2790.9 | 1938.5 | 2.8428 | 3.68 | 5.92 | 15.651 | 1.99 | 1.21 |
| 210 | 19.077 | 9.593 | 2796.4 | 1898.3 | 2.9877 | 3.87 | 4.86 | 15.995 | 1.67 | 1.24 |
| 220 | 23.198 | 11.62 | 2799.7 | 1856.4 | 3.1497 | 4.07 | 4.00 | 16.338 | 1.41 | 1.26 |
| 230 | 27.976 | 14.00 | 2801.8 | 1811.6 | 3.3310 | 4.30 | 3.32 | 16.701 | 1.19 | 1.29 |
| 240 | 33.478 | 16.76 | 2802.2 | 1764.7 | 3.5366 | 4.54 | 2.76 | 17.073 | 1.02 | 1.33 |
| 250 | 39.776 | 19.99 | 2800.6 | 1714.5 | 3.7723 | 4.84 | 2.31 | 17.446 | 0.873 | 1.36 |
| 260 | 46.943 | 23.73 | 2796.4 | 1661.3 | 4.0470 | 5.18 | 1.94 | 17.848 | 0.752 | 1.40 |
| 270 | 55.058 | 28.10 | 2789.7 | 1604.8 | 4.3735 | 5.55 | 1.63 | 18.280 | 0.651 | 1.44 |
| 280 | 64.202 | 33.19 | 2780.5 | 1543.7 | 4.7675 | 6.00 | 1.37 | 18.750 | 0.565 | 1.49 |
| 290 | 74.461 | 39.16 | 2767.5 | 1477.5 | 5.2528 | 6.55 | 1.15 | 19.270 | 0.492 | 1.54 |
| 300 | 85.927 | 46.19 | 2751.1 | 1405.9 | 5.8632 | 7.22 | 0.96 | 19.839 | 0.430 | 1.61 |
| 310 | 98.700 | 54.54 | 2730.2 | 1327.6 | 6.6503 | 8.02 | 0.80 | 20.691 | 0.380 | 1.71 |
| 320 | 112.89 | 64.60 | 2703.8 | 1241.0 | 7.7217 | 8.65 | 0.62 | 21.691 | 0.336 | 1.94 |
| 330 | 128.63 | 76.99 | 2670.3 | 1143.8 | 9.3613 | 9.61 | 0.48 | 23.093 | 0.300 | 2.24 |
| 340 | 146.05 | 92.76 | 2626.0 | 1030.8 | 12.2108 | 10.70 | 0.34 | 24.692 | 0.266 | 2.82 |
| 350 | 165.35 | 113.6 | 2567.8 | 895.6 | 17.1504 | 11.90 | 0.22 | 26.594 | 0.234 | 3.83 |
| 360 | 186.75 | 144.1 | 2485.3 | 721.4 | 25.1162 | 13.70 | 0.14 | 29.193 | 0.203 | 5.34 |
| 370 | 210.54 | 201.1 | 2342.9 | 452.6 | 81.1025 | 16.60 | 0.04 | 33.989 | 0.169 | 15.7 |
| 374.15 | 221.20 | 315.5 | 2107.2 | 0.0 | ∞ | 23.80 | 0.00 | 44.992 | 0.143 | |

## 附录 7　在饱和线上水的物理参数

| $t$/℃ | $p$ ×$10^{-5}$/Pa | $\rho$ /(kg/m³) | $h$ /(kJ/kg) | $C_p$/[kJ/ (kg·℃)] | $\lambda$×$10^2$/[W /(m·℃)] | $a$×$10^3$/ (m²/h) | $\mu$×$10^6$ /Pa·s | $\nu$×$10^6$ /(m²/s) | $\beta$×$10^4$ /K$^{-1}$ | $\sigma$×$10^4$ /(N/m) | $Pr$ |
|---|---|---|---|---|---|---|---|---|---|---|---|
| 0 | 1.013 | 999.9 | 0 | 4.212 | 55.1 | 13.1 | 1788 | 1.789 | −0.63 | 756.4 | 13.67 |
| 10 | 1.013 | 999.7 | 42.04 | 4.191 | 57.4 | 13.7 | 1306 | 1.306 | +0.70 | 741.6 | 9.52 |
| 20 | 1.013 | 998.2 | 83.91 | 4.183 | 59.9 | 14.3 | 1004 | 1.006 | 1.82 | 726.9 | 7.02 |
| 30 | 1.013 | 995.7 | 125.7 | 4.174 | 61.8 | 14.9 | 801.5 | 0.805 | 3.21 | 712.2 | 5.42 |
| 40 | 1.013 | 992.2 | 167.5 | 4.174 | 63.5 | 15.3 | 653.3 | 0.659 | 3.87 | 696.5 | 4.31 |
| 50 | 1.013 | 988.1 | 209.3 | 4.174 | 64.8 | 15.7 | 549.4 | 0.556 | 4.49 | 676.9 | 3.54 |
| 60 | 1.013 | 983.2 | 251.1 | 4.179 | 65.9 | 16.0 | 469.9 | 0.478 | 5.11 | 662.2 | 2.98 |
| 70 | 1.013 | 977.8 | 293.0 | 4.187 | 66.8 | 16.3 | 406.1 | 0.415 | 5.70 | 643.5 | 2.55 |
| 80 | 1.013 | 971.8 | 335.0 | 4.195 | 67.4 | 16.6 | 355.1 | 0.365 | 6.32 | 625.9 | 2.21 |
| 90 | 1.013 | 965.3 | 377.0 | 4.208 | 68.0 | 16.8 | 314.9 | 0.325 | 6.95 | 607.2 | 1.95 |
| 100 | 1.013 | 958.4 | 419.1 | 4.220 | 68.3 | 16.9 | 282.5 | 0.295 | 7.52 | 588.6 | 1.75 |
| 110 | 1.43 | 951.0 | 461.4 | 4.233 | 68.5 | 17.0 | 259.0 | 0.272 | 8.08 | 569.0 | 1.60 |
| 120 | 1.98 | 943.1 | 503.7 | 4.250 | 68.6 | 17.1 | 237.4 | 0.252 | 8.64 | 548.4 | 1.47 |
| 130 | 2.70 | 934.8 | 546.4 | 4.266 | 68.6 | 17.2 | 217.8 | 0.233 | 9.19 | 528.8 | 1.36 |
| 140 | 3.61 | 926.1 | 589.1 | 4.287 | 68.5 | 17.2 | 201.1 | 0.217 | 9.72 | 507.2 | 1.26 |
| 150 | 4.76 | 917.0 | 632.2 | 4.313 | 68.4 | 17.3 | 186.4 | 0.203 | 10.3 | 486.6 | 1.17 |
| 160 | 6.18 | 907.4 | 675.4 | 4.346 | 68.3 | 17.3 | 173.6 | 0.191 | 10.7 | 466.0 | 1.10 |
| 170 | 7.92 | 897.3 | 719.3 | 4.380 | 67.9 | 17.3 | 162.8 | 0.181 | 11.3 | 443.4 | 1.05 |
| 180 | 10.03 | 886.9 | 763.3 | 4.417 | 67.4 | 17.2 | 153.0 | 0.173 | 11.9 | 422.8 | 1.00 |
| 190 | 12.55 | 876.0 | 807.8 | 4.459 | 67.0 | 17.1 | 144.2 | 0.165 | 12.6 | 400.2 | 0.96 |
| 200 | 15.55 | 863.0 | 852.5 | 4.505 | 66.3 | 17.0 | 136.4 | 0.158 | 13.3 | 376.7 | 0.93 |
| 210 | 19.08 | 852.3 | 897.7 | 4.555 | 66.5 | 16.9 | 130.5 | 0.153 | 14.1 | 354.1 | 0.91 |
| 220 | 23.20 | 840.3 | 943.7 | 4.614 | 64.5 | 16.6 | 124.6 | 0.148 | 14.8 | 331.6 | 0.89 |
| 230 | 27.98 | 827.3 | 990.2 | 4.681 | 63.7 | 16.4 | 119.7 | 0.145 | 15.9 | 310.0 | 0.88 |
| 240 | 33.48 | 813.6 | 1037.5 | 4.756 | 62.8 | 16.2 | 114.8 | 0.141 | 16.8 | 285.5 | 0.87 |
| 250 | 39.78 | 799.0 | 1085.7 | 4.844 | 61.8 | 15.9 | 109.9 | 0.137 | 18.1 | 261.9 | 0.86 |
| 260 | 46.94 | 784.0 | 1135.1 | 4.949 | 60.5 | 15.6 | 105.9 | 0.135 | 19.7 | 237.4 | 0.87 |
| 270 | 55.05 | 767.9 | 1185.3 | 5.070 | 59.0 | 15.1 | 102.0 | 0.133 | 21.6 | 214.8 | 0.88 |
| 280 | 64.19 | 750.7 | 1236.8 | 5.230 | 57.4 | 14.6 | 98.1 | 0.131 | 23.7 | 191.3 | 0.90 |
| 290 | 74.45 | 732.3 | 1290.0 | 5.485 | 55.8 | 13.9 | 94.2 | 0.129 | 26.2 | 168.7 | 0.93 |
| 300 | 85.92 | 712.5 | 1344.9 | 5.736 | 54.0 | 13.2 | 91.2 | 0.128 | 29.2 | 144.2 | 0.97 |
| 310 | 98.70 | 691.1 | 1402.2 | 6.071 | 52.3 | 12.5 | 88.3 | 0.128 | 32.9 | 120.7 | 1.03 |
| 320 | 112.90 | 667.1 | 1462.1 | 6.574 | 50.6 | 11.5 | 85.3 | 0.128 | 38.2 | 98.10 | 1.11 |
| 330 | 128.65 | 640.2 | 1526.2 | 7.244 | 48.4 | 10.4 | 81.4 | 0.127 | 43.3 | 76.71 | 1.22 |
| 340 | 146.08 | 610.1 | 1594.8 | 8.165 | 45.7 | 9.17 | 77.5 | 0.127 | 53.4 | 56.70 | 1.39 |
| 350 | 165.37 | 574.4 | 1671.4 | 9.504 | 43.0 | 7.88 | 72.6 | 0.126 | 66.8 | 38.16 | 1.60 |
| 360 | 186.74 | 528.0 | 1761.5 | 13.984 | 39.5 | 5.36 | 66.7 | 0.126 | 109 | 20.21 | 2.35 |
| 370 | 210.53 | 450.5 | 1892.5 | 40.321 | 33.7 | 1.86 | 56.9 | 0.126 | 264 | 4.709 | 6.79 |

## 附录 8  某些材料在法线方向上的黑度

| 材料名称 | $t/℃$ | $\varepsilon$ | 材料名称 | $t/℃$ | $\varepsilon$ |
|---|---|---|---|---|---|
| 表面磨光的铝 | 20～50 | 0.06～0.07 | 没有加工的铸铁 | 900～1100 | 0.87～0.95 |
| 商用铝皮 | 100 | 0.090 | 镀锌发亮的铁皮 | 30 | 0.23 |
| 在600℃氧化后的铝 | 200～600 | 0.11～0.19 | 商用涂锡铁皮 | 100 | 0.07 |
| 磨光的黄铜 | 38～115 | 0.10 | 生锈的铁 | 20 | 0.61～0.85 |
| 无光泽发暗的黄铜 | 20～350 | 0.22 | 磨光的钢 | 100 | 0.066 |
| 在600℃氧化后的黄铜 | 200～600 | 0.59～0.61 | 轧制的钢板 | 50 | 0.56 |
| 磨光的铜 | 20 | 0.03 | 磨光的不锈钢 | 100 | 0.074 |
| 氧化后变黑的铜 | 50 | 0.88 | 合金钢(18Cr-8Ni) | 500 | 0.35 |
| 粗糙磨光的铁 | 100 | 0.17 | 生锈的钢 | 20 | 0.69 |
| 磨光过的铸铁 | 200 | 0.21 | 镀锌钢板 | 20 | 0.28 |
| 车削过的铸铁 | 800～1025 | 0.60～0.70 | 镀镍钢板 | 20 | 0.11 |
| 氧化后的镍铬丝 | 50～500 | 0.95～0.98 | 高岭土粉 | — | 0.3 |
| 铂 | 1000～1500 | 0.14～0.18 | 水玻璃 | 20 | 0.96 |
| 银 | 20 | 0.02 | 水 | 0 | 0.97 |
| 石棉布 | — | 0.78 | 雪 | 0 | 0.8 |
| 石棉纸板 | 20 | 0.96 | 磨光浅色大理石 | 20 | 0.93 |
| 石棉粉 | — | 0.4～0.6 | 沙子 | — | 0.60 |
| 石棉水泥板 | 20 | 0.96 | 硬橡皮 | 20 | 0.95 |
| 水(厚度>0.1mm) | 50 | 0.95 | 煤 | 100～600 | 0.81～0.79 |
| 石膏 | 20 | 0.8～0.9 | 焦油 | — | 0.79～0.84 |
| 焙烧过的黏土 | 70 | 0.91 | 石油 | — | 0.8 |
| 磨光木料 | 20 | 0.5～0.7 | 玻璃 | 20～100 | 0.94～0.91 |
| 石灰 | — | 0.3～0.4 | 玻璃 | 250～1000 | 0.87～0.72 |
| 磨光的熔融石英 | 20 | 0.93 | 玻璃 | 1100～1500 | 0.70～0.67 |
| 不透明石英 | 300～835 | 0.92～0.68 | 不锈明玻璃 | 20 | 0.96 |
| 耐火黏土砖 | 20 | 0.85 | 含铅耐热玻璃及Pyrex玻璃 | 260～540 | 0.95～0.85 |
| 耐火黏土砖 | 1000 | 0.75 | 上釉陶瓷 | 20 | 0.92 |
| 耐火黏土砖 | 1200 | 0.59 | 白色发亮的陶瓷 | — | 0.70～0.75 |
| 硅砖 | 1000 | 0.66 | 水泥 | — | 0.54 |
| 耐火刚玉砖 | 1000 | 0.46 | 水泥板 | 1000 | 0.63 |
| 镁砖 | 1000～1300 | 0.38 | 在铁表面上的白色搪瓷 | 20 | 0.90 |
| 表面粗糙的红砖 | 20 | 0.88～0.93 | 锅炉炉渣 | 0～100 | 0.97～0.93 |
| 抹灰的砖体 | 20 | 0.94 | 锅炉炉渣 | 200～500 | 0.89～0.78 |
| 硅粉 | — | 0.3 | 锅炉炉渣 | 600～1200 | 0.78～0.76 |
| 硅藻土粉 | — | 0.25 | 锅炉炉渣 | 1400～1800 | 0.69～0.67 |

## 附录9 无限大平板 $\theta_m/\theta_0$、$\theta/\theta_m$ 及 $\theta/\theta_0$ 的计算图

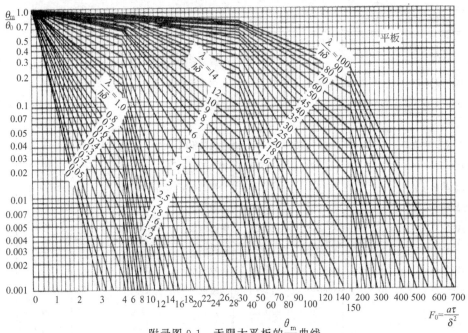

附录图 9-1 无限大平板的 $\dfrac{\theta_m}{\theta_0}$ 曲线

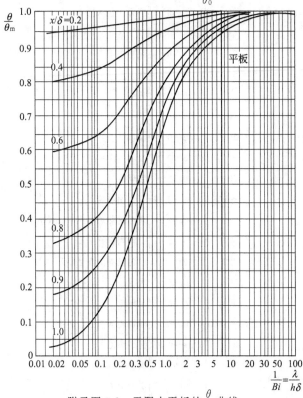

附录图 9-2 无限大平板的 $\dfrac{\theta}{\theta_m}$ 曲线

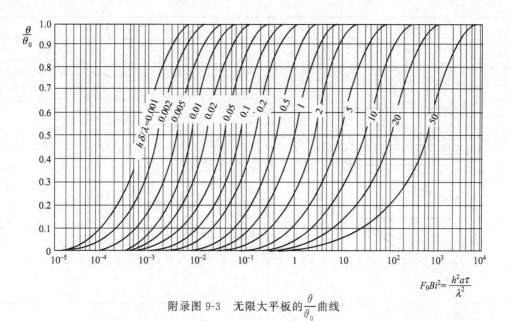

附录图 9-3　无限大平板的 $\dfrac{\theta}{\theta_0}$ 曲线

$$F_0 Bi^2 = \frac{h^2 a \tau}{\lambda^2}$$

# 附录 10　计算辐射系数和核算面积的公式和图

| 相互位置和表面形状 | 辐射角系数和核算面积 |
|---|---|
| 1. 两个无限大的平行平面<br> | $\varphi_{12} = \varphi_{21} = 1$<br>$A_{12} = A_{21} = A_1 = A_2$ |
| 2.（1）两表面形成封闭系统,其中一个是凹面,另一个是平面或凸面<br><br>（2）一个凸面位于另一个物体内<br> | $\varphi_{12} = 1$<br>$\varphi_{21} = \dfrac{A_1}{A_2}$<br>$A_{12} = A_{21} = A_1$ |

| 相互位置和表面形状 | 辐射角系数和核算面积 |
|---|---|
| 3. 两个任意位置的平面,它们之间的距离与它们的面积尺寸相比是很大的,且它们的表面中心法线在一个平面上 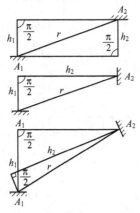 | $\varphi_{12}=\dfrac{h_1h_2}{\pi r^4}A_2$ <br><br> $\varphi_{21}=\dfrac{h_1h_2}{\pi r^4}A_1$ <br><br> $A_{12}=A_{21}=\dfrac{h_1h_2}{\pi r^4}A_1A_2$ |
| 4. 两个彼此平行而相等的矩形 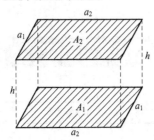 | $\varphi_{12}=\varphi_{21}=\dfrac{2}{\pi}\left[\dfrac{\sqrt{1+A_1^2}}{A_1}\arctan\dfrac{A_2}{\sqrt{1+A_1^2}}\right.$ <br><br> $+\dfrac{\sqrt{1+A_2^2}}{A_2}\arctan\dfrac{A_1}{\sqrt{1+A_2^2}}-\dfrac{1}{A_1}\arctan A_2$ <br><br> $\left.-\dfrac{1}{A_2}\arctan A_1+\dfrac{1}{2A_1A_2}\ln\dfrac{(1+A_1^2)(1+A_2^2)}{1+A_1^2+A_2^2}\right]$ <br><br> 式中 $A_1=\dfrac{a_1}{h},A_2=\dfrac{a_2}{h}$ <br> $A_{12}=A_{21}=a_1a_2\varphi_{12}$ |
| 5. 两个不同宽度的无限大的平行平面 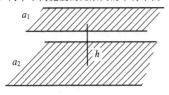 | $\varphi_{12}=\dfrac{1}{2A_1}\left[\sqrt{4+(A_1+A_2)^2}-\sqrt{4+(A_2-A_1)^2}\right]$ <br><br> $\varphi_{21}=\dfrac{1}{2A_2}\left[\sqrt{4+(A_1+A_2)^2}-\sqrt{4+(A_2-A_1)^2}\right]$ <br><br> 式中 $A_1=\dfrac{a_1}{h},A_2=\dfrac{a_2}{h}$ <br><br> $A_{12}=A_{21}=\dfrac{h}{2}\left[\sqrt{4+(A_1+A_2)^2}-\sqrt{4+(A_2-A_1)^2}\right]$ |
| 6. 两个相互垂直具有共同边线的矩形 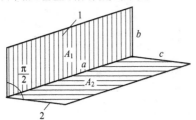 | $\varphi_{12}=\dfrac{1}{\pi}\left[\arctan\dfrac{1}{B}+\dfrac{C}{B}\arctan\dfrac{1}{C}-\sqrt{C^2-1}\arctan\dfrac{1}{\sqrt{B^2+C^2}}\right.$ <br><br> $+\dfrac{C}{4B}\ln\dfrac{C^2(1+B^2+C^2)}{(1+C^2)(B^2+C^2)}$ <br><br> $+\dfrac{B}{4}\ln\dfrac{B^2(1+B^2+C^2)}{(1+C^2)(B^2+C^2)}$ <br><br> $\left.-\dfrac{1}{4B}\ln\dfrac{1+B^2+C^2}{(1+B^2)(1+C^2)}\right]$ <br><br> 式中 $B=\dfrac{b}{a}$, $C=\dfrac{c}{a}$ <br> $A_{12}=ab\varphi_{12}$ |

| 相互位置和表面形状 | 辐射角系数和核算面积 |
|---|---|
| 7. 微元面 $dA$ 与矩形 $A$ 相互平行，且矩形的一个顶点在 $dA$ 面中的法线方向上<br>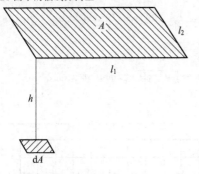 | $\varphi_{dAA} = \frac{1}{2\pi}\left[a_1\arctan\frac{a_1}{L_1}L_2 + a_2\arctan\frac{a_2}{L_2}L_1\right]$<br><br>式中 $L_1 = \frac{l_1}{h}, L_2 = \frac{l_2}{h}$,<br><br>$\qquad a_1 = \frac{L_1}{\sqrt{1+L_1^2}}, a_2 = \frac{L_2}{\sqrt{1+L_2^2}}$<br><br>$\varphi_{AdA} = \varphi_{dAA}\, dA\,\frac{1}{A}$<br><br>$A_{dAA} = \varphi_{dAA}\, dA = \varphi_{AdA}A$<br><br>当 $L_2 = \infty$ 时, $\varphi_{dAA} = \frac{L_1}{4\sqrt{1+L_1^2}} = \frac{a_1}{4}$<br><br>当 $L_1 = \infty$ 和 $L_2 = 0$ 时, $\varphi_{dAA} = \frac{1}{4}$ |
| 8. 微元面积 $dA$ 与矩形 $A$ 相互垂直<br>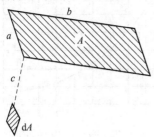 | $\varphi_{dAA} = \frac{1}{2\pi}\Big[\arcsin\frac{1}{\sqrt{1+C^2}}$<br><br>$\qquad - \frac{1}{\sqrt{1+(BC)^2}} - \arcsin\frac{1}{\sqrt{1+B^2+C^2}}\Big]$<br><br>式中 $B = \frac{b}{a}, C = \frac{c}{a}$ |
| 9. 微元球面 $dA$ 中心的法线通过矩形一顶点<br>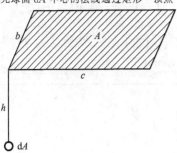 | $\varphi_{dAA} = \frac{1}{4\pi}\arcsin\frac{BC}{\sqrt{1+B^2+C^2+B^2C^2}}$<br><br>式中 $B = \frac{b}{h}, C = \frac{c}{h}$<br><br>对于无限大平面, $B = \infty$ 时:<br><br>$\varphi_{dAA} = \frac{1}{4\pi}\arcsin\frac{C}{\sqrt{1+C^2}}$<br><br>对于无限大平面, $B = \infty, C = \infty$ 时:<br><br>$\varphi_{dAA} = \frac{1}{8}$ |
| 10. 两个平行圆，其圆心都在同一法线上<br>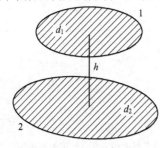 | $\varphi_{12} = \frac{4+D_1^2+D_2^2-\sqrt{(4+D_1^2+D_2^2)^2-4D_1^2D_2^2}}{2D_1^2}$<br><br>$\varphi_{12} = \frac{4+D_1^2+D_2^2-\sqrt{(4+D_1^2+D_2^2)^2-4D_1^2D_2^2}}{2D_2^2}$<br><br>式中 $D_1 = \frac{d_1}{h}, D_2 = \frac{d_2}{h}$<br><br>$A_{12} = \frac{\pi h^2}{4}\left[\sqrt{1+\left(\frac{D_2+D_1}{2}\right)^2} - \sqrt{\left(\frac{D_2-D_1}{2}\right)^2-1}\right]$<br><br>当两个圆的直径相等时: $d_1 = d_2 = d$<br><br>$\varphi_{12} = \varphi_{21} = \frac{2+D^2-2\sqrt{1+D^2}}{D^2}$<br><br>$A_{12} = A_{21} = \frac{\pi h^2}{4}(\sqrt{1+D^2}-1)^2$ |

| 相互位置和表面形状 | 辐射角系数和核算面积 |
|---|---|
| 11. 两个直径相同的平行圆柱体<br /> | $\varphi_{12} = \varphi_{21} = \dfrac{1}{\pi}\left[ \arcsin D + \sqrt{\dfrac{1}{D^2} - 1} - \dfrac{1}{D} \right]$<br /><br />式中 $D = \dfrac{d}{s}$<br /><br />$A_{12} = A_{21} = s\left[ \sqrt{1 - D^2} + D\arcsin D - 1 \right]$ |
| 12. 一无限大平面与一管簇相互平行<br />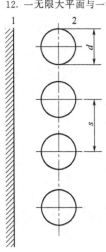 | 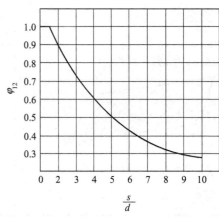<br />$\dfrac{s}{d}$<br /><br />$\varphi_{12} = 1 - \sqrt{1 - \left(\dfrac{d}{s}\right)^2} + \dfrac{d}{s}\arctan\sqrt{\left(\dfrac{s}{d}\right)^2 - 1}$<br /><br />$\varphi_2 = \dfrac{1}{\pi}\left[ \dfrac{s}{d} - \sqrt{\left(\dfrac{s}{d}\right)^2 - 1} + \arctan\sqrt{\left(\dfrac{s}{d}\right)^2 - 1} \right]$<br /><br />$A_{12} = A_{21} = \varphi_{12}s = \varphi_{21}d$ |
| 13. 一个凸面位于两平行平面之间,凸面的尺寸与平行平面相比较是很小的<br />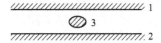 | $\varphi_{12} = \varphi_{21} = 1$<br />$\varphi_{23} = \varphi_{13} = 0$<br />$\varphi_{31} = \varphi_{32} = \dfrac{1}{2}$<br /><br />$A_{13} = A_{31} = A_{23} = A_{32} = \dfrac{1}{2}A_3$<br /><br />$A_{12} = A_1 = A_2$ |
| 14. 两个表面形成封闭系统,其表面均为凹面<br />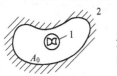 | $\varphi_{12} = \dfrac{A_0}{A_1}$<br /><br />$\varphi_{21} = \dfrac{A_0}{A_2}$<br /><br />$A_{12} = A_{21} = A_0$<br />式中 $A_0$——相当于拉紧的表面,即"等效表面" |

| 相互位置和表面形状 | 辐射角系数和核算面积 |
|---|---|
| 15. 三个无限延伸的凸面组成的封闭体系<br> | $\varphi_{12}=\dfrac{1}{2}\left(1+\dfrac{A_2}{A_1}-\dfrac{A_3}{A_1}\right)$<br>$A_{12}=\dfrac{1}{2}(A_1+A_2-A_3)$<br>$\varphi_{21}=\dfrac{1}{2}\left(1+\dfrac{A_1}{A_2}-\dfrac{A_3}{A_2}\right)$<br>$A_{21}=\dfrac{1}{2}(A_1+A_2-A_3)$<br>$\varphi_{13}=\dfrac{1}{2}\left(1+\dfrac{A_3}{A_1}-\dfrac{A_2}{A_1}\right)$<br>$A_{13}=\dfrac{1}{2}(A_1+A_3-A_2)$ |
| 16. 四个无限延伸的凸面组成的系统<br> | $A_{12}=\dfrac{1}{2}(A_{AC}+A_{BD}-A_3-A_4)$<br>$A_{13}=\dfrac{1}{2}(A_1+A_3-A_{AC})$<br>$A_{14}=\dfrac{1}{2}(A_1+A_4-A_{BD})$<br>$\varphi_{kn}=\dfrac{A_{kn}}{A_k}$，参看第 16 条 |